"博学而笃志，切问而近思。"

(《论语》)

博晓古今，可立一家之说；
学贯中西，或成经国之才。

复旦博学·复旦博学·复旦博学·复旦博学·复旦博学·复旦博学

作者简介

　　王建疆，上海师范大学人文学院二级教授，博士生导师，文艺学博士点负责人，中华美学学会理事，中国文艺理论学会理事。著有《自调节审美学》《澹然无极》《修养 境界 审美》《自然的空灵》《反弹琵琶》《别现代：空间遭遇与时代跨越》《别现代：话语创新与国际学术对话》《别现代：作品与评论》等，荣获省部级社科成果一等奖三次，二等奖三次，完成国家社科基金项目四项，鉴定品第优秀。其创构的别现代理论（The theory of Bie-modern）产生了国际影响，美国和欧盟的大学已建有研究别现代理论的学术机构。自调节审美、内审美、意境生成、中国审美形态、敦煌艺术再生、跨越式停顿、切割、英雄空间、生命股权、深别等，是其美学体系的重要范畴。

新闻出版总署"十一五"国家重点图书

首批上海高等教育精品教材

复旦博学 · 文/学/系/列 · 精华版

审美学教程

王建疆 /主编

复旦大学出版社

http://www.fudanpress.com.cn

内容提要

　　本书为面向全国高等院校的美学专业教材，又为普通高校文理科学生共同使用的美育通识教材，同时亦可供广大的美学工作者和一般的社会读者群阅读使用。

　　除绪论外，全书共分五编，依次为审美活动论、审美形态论、艺术审美论、审美文化论、审美人生论，其中对于审美学的学科归属、审美的性质、特点和规律等基本问题，进行了尤为详尽的阐述。本书不同于其他美学教材的一个突出特点，是致力于将审美放在人生修养的框架下给予足够的观照和评判，旨在提高研读者的审美能力和人生境界；同时，全书也贯彻了通过自我调节而达到审美境界的审美实践观，体现了美和审美在审美活动中同步生成的现代审美生成论思想，展示了从修养到境界再到内审美的审美学路径。

目　　录

审美学科论

第一章　审美学的学科性质和研究对象

第一节　审美学的学科性质

一、美学为什么是审美学？

"美学"是一个习惯性的表述,很容易被理解为研究美的学问或研究美的科学,好像有一个孤立的、与人无关的"美"等待我们去研究,但在现实中却找不到这个与人无关的"美"。因此确切地说,美学应该是审美感性学,简称审美学。审美学就是研究审美现象、审美规律的人文学科。

(1) 从辞源上讲,把美学称为审美学有其语义学和学科发展史上的根据。被称为"美学之父"的德国美学家鲍姆加登(A. G. Baumgarten, 1714—1762)在他于1735年写的博士论文《关于诗的哲学默想录》中,首次把认识对象分为"可理解的事物"和"可感知的事物"两种,并指出,"'可理解的事物'是通过高级认知能力作为逻辑学休系去把握的;'可感知的事物'(是通过低级的认知能力)作为知觉的科学或'感性学'的对象来感知的"[1]。显而易见,鲍姆加登是把我们今天称之为美学的学科归结为与逻辑学相对的感性学范畴。1750年,他根据自己的讲义整理出版了专门研究感性认识的专著,题为 Aesthetica(拉丁文,德语是 Asthetik,英语为 Aesthetics),即是"感性学"的意思。情趣、情调、趣味、感觉、感悟、体验、爱好、喜悦、激动等等兼具人的艺术品味和审美鉴赏的主观活动,都在这个"感性学"的范围。正因为如此,鲍姆加登才有了"美学之父"的尊称。

"感性学"在翻译和流布的过程中,出现了不同的汉译和日译。英国来华传教士罗存德1866年所编的《英华词典》(第一册)将 Aesthetics 译为"佳美之理"和"审美之理"。德国来华著名传教士花之安(Ernst Faber)率先创用"美学"一词。1873

---

① 鲍姆加登《美学》,文化艺术出版社,1987年,第169页。

年,他以中文方式首次提到"美学"一词。1875 年,在中国人谭达轩编辑出版、1884 年再版的《英汉辞典》里,Aesthetics 则被译为"审辨美恶之法"。1900 年,侯官人沈翊清在福州出版《东游日记》,提到日本师范学校开设"美学"与"审美学"课程之事。接下来是最早介绍西方美学思想的中国人颜永京,他将 aesthetics 译为"艳丽之学"。1902 年,王国维在一篇题为《哲学小辞典》的译文中,较早介绍了"美学"的简单定义:"美学者,论事物之美之原理也。"并译 Aesthetics 为"美学"、"审美学"。1903 年,汪荣宝和叶澜编辑出版了近代中国第一部具有现代学术辞典性质的《新尔雅》一书。该书较早以通俗的辞典形式给"审美学"等词下了定义:"研究美之性质及美之要素,不拘在主观客观,引起其感觉者,名曰审美学。"这种定义,由于《新尔雅》一书的多次重版而得到了较为广泛的传播。关于"审美"一词,《汉语外来词词典》将其列为源于日本的原语借词,但上述英国来华传教士罗存德 1866 年所编的《英华词典》(第一册)将此词译为"审美之理"之"审美",而这部辞典很早就传到日本并对日本创译新名词产生过影响。1879 年,它被日本学者改题为《英华和译字典》翻刻发行,后来又在日本出现了几次增订本,流布相当广泛。可见,"审美"一词的语源在中国近代汉语中,而非在日本。日本是"审美"一词的译用国。至于"审美学"一词,则可能是日本学者在"审美"一词基础上的课程设置,它在日本很长时间里是同"美学"一词并用的意义相同的词汇①。总之,Aesthetics,即现在"美学"一词的拉丁语、德语和英语原意是"感性学"、审美学;其最早的译文(1866 年)也是"审美",而非美。把美学改为审美学,名正言顺。

就学科发展而言,国内已从 20 世纪 80 年代起有刘东《西方的丑学》公开声明:"Aesthetics 的科学译语,既不是'美学',也不是'丑学',而应是'感性学'本身。"②之后,王世德出版了《审美学》(山东人民出版社,1987 年),王建疆出版了《自调节审美学》(甘肃人民出版社,1993 年)。迄今为止,以"审美学"或以"××审美学"命名的教材和专著以及说法不下三十种。因此,从语义上和学科发展的实际来讲,美学被称为审美学或审美感性学,也是理所当然的。

(2) 从哲学基础上讲,审美学更符合关系本体而非实物本体的思想。存在分为三种,一种是实体的存在,表征着存在者的物质属性。另一种是思维和意识的存在。第三种存在是人们不大注意到的主观意识与客观实体之间的关系存在。对对

---

① 　见黄兴涛《"美学"一词及西方美学在中国的最早传播》,《哲学动态》2000 年第 7 期。
② 　刘东《西方的丑学》,四川人民出版社,1986 年,第 269 页。

象、价值和真理的不断反省和发问，也是一种存在，而且是更高级、更与人的生命息息相关的存在。审美就属于这第三种存在。这种存在是关系的存在，是意识反思的存在，是生成的存在。审美学学科的确立是美学研究深入的必然结果。研究者的视域从客观实在转向主观经验，从实物本体转向关系本体，从研究美转向研究审美现象和审美关系，本身就带来了对美学学科的全新认识。这种全新视域和全新认识符合当今世界范围内人文学科的研究由实物中心进入系统中心，由现成进入生成的发展趋势。从客观实在转向主观经验，从实物本体转向关系本体，就首先意味着审美对象已从现成的客观实体存在变为生成的关系存在。审美学就是充分体现这种关系存在的学科。

（3）从思维方式上讲，审美学更符合生成论而非现成论的思想。从审美生成论的思想出发，更容易理解日趋复杂、变异的当代审美文化和后现代文艺问题。生成，英语 becoming①，德语 Werden，表示正在形成而又未完成的状态。即从 A 到 B 的过程中，但它既不是 A，又不是 B②。因此，生成又称"方兴未艾"③。审美就是这种有机的生成过程，而不是现成不变的或一劳永逸的现象。"美"就是这种在审美活动中生成的有机动态系统，是一种非实体的关系、价值、效应、经验和形式。就拿身体审美来说，究竟以清瘦为美，还是以肥硕为美，并无一定的标准，而是以特定时代、特定人群的特定趣味为转移，是一个不断转换、不断生成的过程。因此，审美学较之传统的美学来，更能把握住生生不已的审美现象。

（4）从学科的统摄性、通约性上讲，中国古代没有关于美是什么的学说，但关于审美的理论却十分丰富。不仅很早就有老子讲"涤除玄览（鉴）"、"致虚守静"，庄子讲"得至美而游乎至乐"，而且后来许许多多的诗论、文论、画论、乐论，也都是讲审美、讲鉴赏的，而没有专门去探讨什么是美这样的问题。因此，用"审美学"就会有更大的包容性或普适性。

（5）从审美的本质上讲，美学把"美"作为研究对象，审美学把"审美"作为研究对象，实质上都体现了不同的存在论和本体观。"审美"更多地体现了关系，体现了实践，体现了活动。以日常生活中的服饰审美为例，对服饰的选择并不是一种与人绝缘的孤立的"美"对象，而是与特定时代、特定地点、特定时节中的人的存在和与人的穿戴密切相关的审美现象，它是与穿戴者的合体、舒适、功用、愉悦息息相关，

---

① 参见德勒兹、加塔利《卡夫卡：走向少数族文学》等书。
② 赵敦华《西方哲学简史》，北京大学出版社，2001 年，第 13 页。
③ 王一川《意义的瞬间生成》，山东文艺出版社，1988 年，第 207 页。

并与旁人的目光、品评等联系在一起的一种被视为有无眼光、有无品位的主观评价活动,但这种主观评价并非是没有客观标准的任意行为,而是基于服饰(客体)的形式美因素(款式、色彩、线条、质感)和主体(我,别人,我眼中的别人和别人眼中的我)对服饰的选择这样的主客体关系之上,是一种跟功用连在一起的审美活动。一旦离开了这种主客体关系,那么,对于一套休闲服装跟一套西装革履之间,甚或对于一套长袍马褂跟一套道具服装之间的有关美丑和品位的品评,就会因为没有所指而变得毫无意义。审美自然包括美以及对美的感悟,而传统美学中的"美"却未必就必然包含审美。美是在审美中生成的,而审美却未必是在"美"中存在的。所以,就现在通行的个别美学教材已经开始把美学作为研究审美现象和审美活动的学科来对待的现实而言,把美学直接界定为审美学,更符合审美现象的特点。

审美学区别于传统美学的地方还在于,它从艺术和人生两个方面考察审美现象,把美和美感置于审美活动的现实关系中,作为一个有机整体进行研究,而不是从主客分离的立场进行解析。因此,我们认为,审美是人获得审美感受并进而获得精神解放的感性活动过程。美则是在这种感性活动过程中生成的价值关系、人生体验、人生境界和艺术形式的感性凝聚或形象显现。离开了审美活动的美,只是观念中的假设,或概念中的抽象,而非现实中的事实。正是基于以上几点理由,我们把美学称为审美学。

值得注意的是,知识界也已经开始注意到欣赏者主体或审美主体的存在。如1993年版的《牛津英语指南》(麦克阿瑟出版公司)就写道:"美学是哲学的一个分支,它关注的是对美和趣味的理解,以及对艺术、文学和风格的鉴赏。它要回答的问题是:美或丑是内在于所考察的对象之中呢? 还是在欣赏者的眼里? 在其他一些事物中,美学也力图分析在讨论这些问题时所使用的概念和论点,考察心灵的审美状态,评价作为审美陈述的那些对象。"虽然尚未明确提出美学应研究审美关系,也未能从整体上实现视域的根本转变,审美学尚未完全摆脱美学的遮蔽,但较之把美作为孤立的实在对象研究的方法来,这种顾及审美主客体关系的定义无疑是一种历史的进步。

二、为什么说审美学是一门人文学科?

1. 把审美学定义为学科和科学的不同说法

(1)《美国学术百科全书》说:"美学是哲学的一个分支,其目标在于建立艺术和美的一般原则。"美学作为哲学的分支显然不在科学范围之内。

（2）意大利《哲学百科全书》认为美学是"将美与艺术作为对象的哲学学科"。学科就是学科,不一定属于科学。

（3）法国的《美学辞典》将美学分别定义为"美的玄思"和"艺术的哲学和科学"。这里的美学具有学科和科学的双重属性。

（4）德国《哲学史辞典》解释为:"'美学'一词已成为哲学分支的代名词,研究的是艺术和美。"显然,哲学的分支不同于自然科学,也不同于社会科学。

以上定义的共同点在于,一是认为美学的研究对象是艺术和美,二是认为美学是哲学的一个分支。但在美学究竟属于人文学科,还是属于科学方面,常常表现出模棱两可。

至于国内美学界,以教科书为例,也相应地存在着把美学界定为学科和科学的两种不同说法。

2. 审美学作为人文学科的几点根据

人文学科,英语 humanities,按 1978 年出版的朗文《现代英语词典》的解释,指对无关科学研究范畴的文学、语言、历史的研究。我们认为,审美学是不同于自然科学和社会科学的人文学科。

首先,在研究过程中,审美学跟人文学科一样,具有强烈的主观介入。人文学科在对事物的本质、规律探讨的同时,始终关注人的生存、价值、意义,这与自然科学的只关心研究对象的本质和规律而不关心人的问题是不同的。同时,人文学科在研究过程中相当程度上表现出价值理想和价值判断,具有明显的情感倾向。也就是说,在人文学科的研究过程中,主体强烈地卷入其中。如对现代艺术、民族艺术的看法,就不可避免地打上了研究者的是非好恶的主观色彩,因此,目前在世界范围内,美学家对现代艺术、现代性、民族艺术、民族传统的研究是没有也很难有统一的认识的。

其次,在研究对象上,审美学的研究对象不同于自然科学的研究物质,物质结构和力、能量的转换,也不同于社会科学如经济学、管理学等的研究社会结构、社会生产力变化、经济指标和管理指标等硬件和软件,它本身不具有实体性。像文艺美学研究中的情景、形象、风格、意象、意境、神妙、气韵等,本身都不是实体,而是文学文本在接受者大脑中的情感效应,往往因人因时而异,"一千个读者就有一千个哈姆雷特",没有一个严格统一的标准。

第三,在研究结果上,审美学与人文学科一样,不同于自然科学和社会科学的研究成果和研究结论的可反复验证性,主要表现为基于一定主张和一定事实的主观判断,这种主观判断是无法在科学意义上进行验证的。像美是主观的还是客观的这些问题一直争论不休,就在于它们虽然可以论证、推演,但始终无法验证。研究结论往往随研究者与对象间关系的变化而变化。永恒不变的美的定义是不存在的,而且任何关于美的定义都不具有决定性的意义。

最后,审美学与人文学科一样,在研究方法上虽然也注重方法的科学性,但并不追求自然科学和社会科学在研究中的定量分析、反复实验、数据验算,也不一定注重自然科学和社会科学的绝对客观性、精准性,而是注重论证的逻辑性和对象发展的历史性,力争达到历史与逻辑的统一。因此,在某种意义上说,正是在这样的方法主导下,同样一部美学史,或者同样一部文学史,往往会有很大的不同。同样一本美学教程,其中的体系往往五花八门。而且,人们始终无法用一种统一的方法来进行体系的统一,因此,"重写文学史"、"重写美学史"的呼吁总是不绝于耳。

根据以上四点理由,我们认为,审美学是一门人文学科而不是社会科学,更不是自然科学。

第二节　审美学的研究对象和方法

审美学是不同于社会科学的人文学科,它的研究对象应该是关系存在而非实物存在,是生成的存在而非现成的实在。

一般美学研究是先假定美学研究的对象是美。美学研究美似乎具有先天的不容置疑的合法性。

(1)《大英百科全书》(1964 年版)说:"它是关于美及其在艺术和自然领域中的表现的认识。"美学是关于美的。

(2)《美国学术百科全书》说:"美学是哲学的一个分支,其目标在于建立艺术和美的一般原则。"美学是要建立美的原则。

(3)意大利《哲学百科全书》认为美学是"将美与艺术作为对象的哲学学科"。美学的对象是美。

(4)法国的《美学辞典》将美学分别定义为"美的玄思"和"艺术的哲学和科学"。

(5)德国《哲学史辞典》解释为:"'美学'一词已成为哲学分支的代名词,研究的是艺术和美。"美学研究美。

(6)日本《広辞苑》(1984 年版)说:"阐明自然和艺术中美之本质与结构的学问,它以美的一般现象为规定,对其内外条件和基础发展进行阐明规定。"美学研究美的本质与结构。

以上关于美学研究对象的定义的共同点在于,它们认为美学研究艺术美和自然美。与此不同,我们认为,除了自然美和艺术美外,审美对象还有社会审美或社会美的范畴,这一点不可忽视。另外,审美学特别关注研究对象是关系对象还是实体对象,是生成对象还是现成对象。这是因为审美本身面对的是活动的然而又是不确定的对象;是关系的对象即意识参与其中的对象,而非与主体意识无关的实物对象;是生成的对象而非现成的对象。这些研究对象的不同构成了审美学既不同于自然科学,又不同于一般的社会科学的人文学科的性质。因此,审美学的研究对象应该形成一个系统层次,在这个系统的第一级次上是研究整个的审美现象,包括艺术审美、自然审美、社会审美三个方面的整体现象。在这个系统的第二个级次上是研究构成整个审美现象的主客体关系。在这个系统的第三个级次上是研究构成这种主客体关系的审美活动。美是在审美活动中生成的。审美活动是构成整个审美关系、进而构成整个审美现象的核心关键。恰如一幅太极图,第一级次构成了整个图形,第二级次构成了阴阳两面,第三级次构成了阴阳两面的界线。整个太极的运行就是围绕这个界线展开的,它是整个审美现象变化发展的轴心。

既然审美学是一门人文学科,以研究审美活动和审美关系构成的审美现象为自己的研究对象,那么,它的研究方法就必然具有综合性特点。审美学的研究方法应该是综合的方法。既有哲学、人文学科的体验、感悟的方法,如对诗歌和艺术的鉴赏;又有一般社会科学的分析、判断、归纳、演绎的方法,如对艺术文本的分析;而且还不排除自然科学观察和实验的方法,如对颜色、形状的观察和对心理的分析等。事实上,审美学诞生之日起就同时在使用这些方法,只是有所侧重而已,因而审美学的研究方法应该是以哲学方法为主的综合性方法。从审美学方法论演变历史来讲,表现为在从哲学方法到心理学方法,又从心理学方法到哲学方法的自上而下与自下而上方法的有机统一①。

同时,审美学的研究方法又是个性化的方法。也就是每个审美学研究者在综合的方法中根据自己的知识结构、情趣爱好有自主的、独立选择的方法。例如我国著名美学家朱光潜与宗白华就各自有各自的研究方法。虽然两位大师都有很深的西学基础,都有留学欧洲的经历,但朱光潜先生善于从西方的哲学和逻辑结合中西审美实例进行深入浅出的分析,娓娓道来,既使人明白豁朗,又使人感到亲切生动。

---

① 参见李斯托威尔《近代美学史评述》,蒋孔阳译,上海译文出版社,1980 年。

宗白华先生则善于从中国古代道家的思想阐述中国古今的审美实例,不用西方式的逻辑推理,却能把中国的审美精神言简意赅地表达净尽,给人一种"神遇"之感。因此,对于研究审美学的人来说,富有个性的研究方法是特别值得提倡的。

第三节　审美的意义及审美学的学习方法

一、审美的意义

审美有什么用处?人类为什么会出现审美现象?这是任何一个善于思考的人都有可能问到的问题。

关于这个问题,历来有审美可以娱乐、消遣、享受的说法,也有审美可以熏陶、陶冶、教育的说法。应该说,这些说法都部分地接触到审美的功能和作用问题,都有一定的道理。但这些道理还只是浅表的,尚未涉及审美功用的根本。黄海澄先生在他的《系统论、控制论、信息论美学原理》一书中首次把审美作为一种人类和人类社会的调节机制来对待,提出"把审美机制作为起调节作用的一个制导系统来看"[1]。这种调节机制就像道德和法律这些调节机制一样须臾不可缺少。但不同于法律机制的强制性和道德机制的半强制性,审美调节机制把人对于人类和人类社会系统生存与发展目标的追求变成了个体自觉的心理倾向,从而对美的事物和美的言行,情喜爱之,心向往之,行效仿之,从而达到审美的似无用而实际上有大用的效果。这种说法无疑是深刻的,也是符合审美的实际的。20世纪的人们经历过法西斯战争对人性美和人体美的亵渎和摧残的年代,而那些年代也正是法律、道德、审美的调节机制出现问题,整个人类系统或某个国家系统处于紊乱的时代。同样,把爱美、审美作为小资情调和封建意识加以痛批的年代,也正是社会动荡、民生凋敝、整个国民经济处于崩溃的边缘的时代。因此,我们应该从人类和人类社会系统存在和发展的高度来审视审美的意义和价值,从而更自觉地维护审美,进行审美,努力构建一个全面和谐发展的社会。

二、学习审美学的方法

学习审美学,应该有以下几个契入点,或者说是入口。从学习审美学的目的来

---

[1]　黄海澄《系统论、控制论、信息论美学原理》,湖南人民出版社,1986年,第42页。

讲,如果仅仅是为了学好美学知识,取得较好成绩,那么学习课本就够了,预习、听讲、复习,把课本读透,把布置的思考题认真完成,把必要的参考文献读过就可以了;如果学习审美学出于实用的目的,那光靠学习课本、理论当然是不够的,还需要学习技术层面的知识,比如服饰审美、音乐审美、绘画审美、诗歌审美等;如果学习审美学出于自我反思,自我修养,认清人生意义、生命价值,那么大量的阅读,包括跨方向的阅读都是必要的,但仍然不够,它还往往需要更深层次的自我反思和个人的生活经历。把人生体验、人生修养、人生境界与艺术鉴赏结合起来思考,将传统与现代沟通,力图在人文修养的大背景下寻找自我审美的位置。

就学好美学课本而言,我们在课程设置上于每章的后面列出与学生学习程度比较贴近的思考题。

思考题:

1. 怎样理解审美学的人文学科性质?
2. 审美学存在的根据是什么?
3. 结合审美学的研究方法谈谈学习审美学的方法。

第二章　审美的性质和规律

第一节　审美的性质

一、审美是对人的本质和本质力量的感性观照

黑格尔在《美学》中举例说"一个小男孩把石头抛在水里,以惊奇的神色去看水中所现的圆圈,觉得这是一个作品,在这作品中他看出他自己活动的结果"①。这种在自己的"作品"中看出自己活动的过程和体验就叫审美经验或审美体验。审美经验就是以乐为主要特征的各种体验过程的凝聚态。爱、愉悦、欢乐、幸福都因价值实现或理想得到满足而产生美好感受,这种感受往往具有某种感性形式,因而属于审美的范畴。同样,崇高感、悲剧感也因主体在受到压抑后的昂扬和苦痛后的净化而产生精神上的自由和解脱。因此,黑格尔在其《美学》中曾说:"审美带有令人解放的性质。"②审美不是简单的对于对象的直观反映,而是人的主观精神积极参与的一种精神创造,因此,它是心灵获得自由和解放的情感体验过程。这个过程又是有机的、动态的过程,常常被称为审美活动。

审美的本质在于人自身,审美的本质就是对人的本质、本质力量和理想的观照。所谓人的本质,就是人不同于其他动物的根本属性,马克思把人的本质称为"人的社会关系的总和"。所谓人的本质力量,就是指属于人的热情、勇气、信念、力量、技巧、智慧等。所谓理想,就是人的本质和本质力量在想象中的延伸,是对现实中的人由于自身本质力量的限制而产生的缺憾的精神性弥补。所谓观照,就是在直觉中的审视,包括对外在形象的观照和对内在心理感受的观照,即佛家和道家所说的"内照"。

---

① 黑格尔《美学》第一卷,商务印书馆,1982 年,第 39 页。
② 黑格尔《美学》第一卷,第 147 页。

审美是作为人类和人类社会系统的调节机制而出现的,具有历史必然性,也就是说,支配审美天性的是审美的调节机制。审美的本质在于人的本质、本质力量和理想的显现所引起的愉悦的情感反应。审美的过程是人的本质、本质力量和理想生成的过程,是人的本质、本质力量和理想由遮蔽到澄明的过程,是人的存在确证的过程。

如前所述,"审美"一词作为汉语,最早产生于英国来华传教士罗存德 1866 年所编的《英华词典》(第一册)。此词典首次将 Aesthetics 译为"佳美之理"和"审美之理"。但在古汉语中没有"审美"一词,只有"审"和"美"两个单纯词。《说文解字》:"宋(審),知宋谛也。从宀从采。"徐锴注曰:"宀,覆也,采,别也。包覆而深别之。宋(審),悉也。"审美的审就是对事物进行深入的了解,以便跟其他事物区别开来。关于"美"字,《说文解字》:"美,甘也。从羊从大。羊在六畜主给膳也,美与善同意。"徐铉注曰:"羊大则美,故从大。"若从文字上讲,现代汉语中的"审美"一词已与古代汉语中的"审"和"美"全然不同。如果顺着传统的词义来看,"审美"恰好是对能满足口腹之乐的东西"深别之",即对功利性进行分析,这正好与近代美学所揭示的审美和美是无关概念、无关功利的原理相左。

审美作为对人的本质、本质力量和理想的感性观照,具有以下三种类型,两种模式、三种形态。

第一,审美主体的本质和本质力量及其理想的形象的自动的表现。如在表演艺术中,剧情、思想、情感、理想等通过演员的动作、台词和表演展现开来,使人的本质、本质力量和理想得到了充分的表现。

第二,审美主体对审美对象中的人的本质力量或理想的发现。如观众对剧情、思想、情感、理想、形象、演技、动作、表情、声调、布景等的欣赏,就是对人的创造中所表现出来的人的本质、本质力量和理想的发现。正是这种发现,才会产生台上与台下的呼应和共鸣。

第三,审美主体对审美对象的模仿、再现。由于观众在艺术欣赏中产生的强烈共鸣,使他们产生冲动,进而模仿演员的动作、语言、表情等,于是就有了模仿再现,有了新一轮的艺术创造活动。观众包括其中潜在的未来的艺术家对于审美对象和艺术的模仿再现,实质上仍是对人的本质、本质力量和理想的模仿再现和模现。

从审美活动这三种类型来看,审美就是人的本质、本质力量或理想的形象表现、形象发现和形象模现,其中表现之中有发现,发现之中也有模现,模现包含着发现和表现,三者是紧密联系和辩证统一的,很难将它们截然分开。

　　除了审美的以上三种类型外,依据不同标准,审美还有以下两种模式三种形态。

　　审美的两种模式:第一,主动型审美与被动型审美。前者指有意识地进行审美活动,如参加音乐会、参观画展、阅读文学作品等。后者指无意之间获得审美享受。第二,单纯型审美(康德所谓"纯粹美"、"自由美")与关系中的审美(康德所谓"依存美"、"附庸美")类型。前者指审美跟功利和理性毫无关系,如对自然美景的欣赏。后者指审美可能与一定的社会观念联系在一起。如对社会美中的国旗、国徽、大阅兵等的欣赏。

　　如果从审美的接受方式和层次深浅上来分,又有三种审美形态:第一,感官型审美。指日常审美中离不开对象和外在感官参与的审美。第二,内审美。指在暂时脱离对象,外在感官不参与其中的内省型、内景型、纯粹精神型审美。这在中国古代儒释道的修养型审美活动中尤为突出。过去的美学研究者们按照西方美学的框架进行研究,对中国古代审美实践研究不够,因而没有引起对于内审美的关注①。第三,递进型审美。指从感官型审美的悦耳悦目经由内在的悦心悦意,最后达到精神境界的悦志悦神②的内审美。这种审美形态具有过程性特点,比较典型地体现在文学鉴赏尤其是诗歌审美鉴赏从声律音韵之美到内容之美再到境界之美——言外之意、象外之象、味外之旨、境外之境的欣赏过程中。这种欣赏的过程就是审美生成包括美的生成的过程。

　　尽管依据不同的标准从不同的角度可以对审美活动进行多种分类,但以上类型和模式都说明审美的本质就在于人的本质、本质力量和理想的形象表现、形象发现、形象模现和生成过程。

二、审美是多质多层次的情感反应

　　审美具有多种多样的情感色调。就现实生活审美与艺术审美而言,情感的色调大不相同。一般而言,现实生活审美以快乐、愉悦为主色调;而艺术审美则比较复杂,主色调不甚分明。悲喜愁怨、感愤兴怒在艺术作品中往往一应俱全。现实生活审美与艺术审美之间具有不可替代性,人们在现实生活中取得的美感经验往往

---

　　① 美学界关于内审美的说法,最早见于王建疆《修养　境界　审美》,中国社会科学出版社 2003 年版第一编第二章,又见王建疆《审美的另一世界探密——对"内审美"新概念的再思考》,《中国人民大学报刊复印资料·美学》2004 年第 7 期。

　　② 参见李泽厚《美学四讲》,多本辑录。

要比在文学艺术欣赏中取得的审美经验单纯一些、分散一些。这是因为现实生活审美来自于情感与对象的契合,如邂逅相遇、一见钟情等,较少联想和想象的成分。而艺术欣赏,尤其是文学欣赏则主要建立在想象和理解的基础上,因而感知和情感就丰富得多、复杂得多、深刻得多。同样是戍边将士思念亲人,在《诗经·东山》、杜甫《月夜》、现代歌曲《十五的月亮》中所蕴含的情感丰富性和复杂性是与那些真正驻守在边关的军人的孤独感受不同的。同时,人们在现实中无法承受的痛苦,在悲剧中却可以产生震撼人心的审美效果,从而使得欣赏者的灵魂得到净化。卡西尔在《人论》中说:"如果在现实生活中我们不得不承受索福克勒斯《俄狄浦斯王》或莎士比亚的《李尔王》中的所有感情的话,那我们简直就难免于休克和因紧张过度而精神崩溃了。但是艺术把所有这些痛苦和凌辱、残忍与暴行都转化为一种自我解放的手段,从而给了我们一种用任何其他方式都不可能得到的内在自由。"①这大概与古希腊的净化说有关,讲的也是艺术欣赏的特殊性。

艺术审美的情感色调之所以多彩,而现实生活审美的情感色调之所以单调,就在于在现实中人无法也不愿承受快乐之外的东西,而在艺术审美活动中,人却能够也愿意感受各种非愉悦、非快乐的东西,这就是艺术接受的超越现实的地方。文学作品中的人物身遭不幸,但毕竟不是我们自己遭受不幸,因而我们可以同情,但未必感到不幸。这也就是说,文艺使我们与真实的现实之间保持了审美的距离,因此,不管是什么样的情感,我们都可以感受、体验、欣赏。

除此之外,文艺审美的多色彩还有其内在的原因。就体裁而言,有悲剧的沉重、喜剧的轻松;有诗歌的耐人回味、散文的激荡情怀;小说的曲折生动和戏剧的悬念与冲突等。就内容而言,则情感色调更为丰富,如《离骚》、《悲回风》等令人叹息,《祥林嫂》令人压抑,《俄狄浦斯王》令人震撼,《水浒传》令人亢奋,《红楼梦》令人悒郁等。在同一部作品中,往往是各种色调并存,悲喜哀乐,苦辣酸甜,一应俱全。可以说,人生百态、人生百味,都在审美经验的体验范围之内。正因为如此,人们在欣赏文艺作品时,就不单纯地表现为喜悦,相反,烦恼、焦虑、激动、流泪、愤怒、发泄等也时常伴随着审美主体。因此,审美不等于美感,审美大于美感。美感只是这种体验过程中积极的、暖色的情感色调,是一种愉悦的心理体验。除了美感之外,审美还有许多其他色调的体验,如崇高感、悲剧感等。

审美大于美感的原因在于:第一,审美是人的情感的表现。人的情感多种多

————————

①　卡西尔《人论》,上海译文出版社,1985年,第190页。

样,因而审美经验就有多种情感色彩。既有美感,也有痛感。中国古代把人的感情分为喜、怒、哀、乐、爱、恶、欲七种。17世纪法国的笛卡儿认为人的原始情绪包括惊奇、爱悦、憎恶、欲望、欢乐和悲哀六种。现代心理学对人的原始感情的划分更细,有十几种之多。但这些情绪大致可以分为愉快—不愉快、注意—拒绝、激活水平三类。这就构成了审美体验或审美经验的复杂性。单从愉快—不愉快这一维度来看审美,是无法解释人在审美时的情感的复杂性的。

第二,审美有类型之分。类型包括自然美、社会美、艺术美,有内审美和感官型审美之分,有悲剧、喜剧、崇高、优美之别。类型不同,审美感受的效果也就不同。如崇高使人压抑,同时又使人升华;优美使人爱怜,使人恬静。自然美一般产生或优美或崇高两种情感色调,其中的感知和情感成分占主要地位。而艺术美和社会美则使人产生更多观念联想,情感、想象、认知等心理因素往往作用在一起。

第三,层次有高雅与低俗的不同。即所谓阳春白雪和下里巴人的区别。对于文化修养很高的人来说,原始、粗俗的山歌或衣饰是很难激活其情感的,在他们身上往往表现为轻蔑、冷淡等情感反应。同样,对于文化层次很低的人来说,古典文学、高雅艺术对他们的情感激活水平也是很低的,很大程度上表现为疑虑、烦闷、低沉、肉欲的情感反应。设若给《阿Q正传》中的阿Q、王胡、小D们讲《红楼梦》,大概都会进入想入非非的色欲之境的。阿Q"闹革命"那阵子想的就是革命成功后想要哪个女人就要哪个女人。既然审美涉及如此众多情感色调和审美的类型,又有层次高低的区别,那么,审美的情感反应就很难是单一的悦乐。

按照当代美国美学家托马斯·门罗《走向科学的美学》一书的说法,"'美'这个词已经不时兴,并为老练的批评家所摈弃,这不仅是由于'美'这个词会造成理论上的困难,而且还因为它使人联想到多愁善感的艺术爱好者们所具有的天真和狂热的感情"①。事实上,美、美感这类词在现实生活实践中,在很多时间和很多场合是被"靓"、"帅"、"酷"、"刺激"等所代替。也就是说,审美已从愉悦走向惊异、刺激、兴奋等情感领域。

总之,审美是由对人的本质、本质力量和理想的观照所引起的多质多层次的情感反应。

三、审美与悦乐的关系

关于审美与快感的联系,历来有不同的说法。大致可以分为快乐派、混同派、

---

① 托马斯·门罗《走向科学的美学》,中国文联出版公司,1984年,第400—401页。

以苦悦乐派和忧虑不幸派。

第一,快乐派。古希腊和中国早已有之。德莫克利特认为:"大的快乐来自对于美的作品的瞻仰"①,伊壁鸠鲁派认为,美即美感,"你说的美便是快感,因为如果美不是最令人愉快的事物,它就不成其为美"②。亚里士多德在他的《伦理学》中从六个方面总结了审美感受的特点,这就是:(1)在观看和倾听中获得的"极其愉快的经验";(2)使人专注于美色而使意志中断;(3)美感有时会过于强烈,但也不会像其他过量的经验那样令人厌倦;(4)这种美感经验为人所独有;(5)不能把美感仅仅归因于人的生理感官;(6)审美愉快直接来自于对对象感觉本身,而非来自于它所引起的联想。从中世纪的托马斯·阿奎那到启蒙时代的休谟、博克,再到康德,都认为审美感受就是一种愉快的经验。这些都是我们可以从《西方美学家论美和美感》一书中随手翻到的。

近代英国美学史家鲍山葵说:"首先,最起码的审美经验是一种快感,或者是一种对愉快事物的感觉——当我们注意到它时,它先就是这种情形。"③接着鲍山葵写近代美学史的李斯托威尔伯爵在其《近代美学史评述》一书中专列第二章《快乐论》,对西方近现代美学史上产生了重大影响的美感即快乐的"快乐派"予以评述。美国自然主义美学家桑塔耶那认为,"美是在快感的客观化中形成的,美是客观化了的快感"④。

波兰现象学美学家英迦登说:"我们饱尝着这种魅力,而在这样给我们满足的同时,审美特质对我们就成了一种特殊的价值,这种价值不是由冷漠的判断来评价的,而是我们直接感受到的。它使我们产生一阵新的强烈情绪,这种情绪现在真的成了一种快感,由眼前的景象所引起的喜悦和安逸,一阵'沉醉'——就好像沉醉于浓郁的花香中一样。"⑤

在中国古代,《论语·述而》中记载孔子听《韶》乐而三月不知肉味,说:"不图为乐之至于斯也。"《庄子·田子方》有"得至美而游乎至乐"的说法。《荀子·乐论》认为"乐(yuè)者,乐(lè)也,人情之所必不免也,故人不能无乐"。也都是属于美感快乐一派的。

---

① 《西方美学家论美和美感》,商务印书馆,1980 年,第 18 页。
② 塔塔尔凯维奇《古代美学》,中国社会科学出版社,1991 年,第 171 页。
③ 鲍山葵《美学三讲》,人民文学出版社,1965 年,第 2 页。
④ 桑塔耶那《美感》,中国社会科学出版社,1982 年,第 33—35 页。
⑤ 英迦登《对文学艺术作品的认识》,中国文联出版公司,1988 年。

美学家李泽厚也认为,美感的实质是悦乐,包括悦耳悦目、悦心悦意和悦志悦神这样三个层次①。

第二,混同说。审美是否就是单一的快感或单纯的乐呢? 答案为否。柏拉图在他的《菲列布斯篇》中以苏格拉底的名义说:

> 我们的论证所达到的结论就是这样:在哀悼里,在悲剧和喜剧里,不仅是在剧场里而且在人生中一切悲剧和喜剧里,还有在无数其它场合里痛感都是和快感混合在一起的。②

德国人类学家卡西尔在其《人论》一书中指出:我们在对一书的感受中很难说是感受到了哪种单纯的或单一的情感性质,而是感受到了生命本身的动态过程,是在相反的两极——快乐与悲伤、希望与恐惧、狂喜与绝望之间的持续摆动过程。"在每一首伟大的诗篇中——在莎士比亚戏剧,但丁的《神曲》,歌德的《浮士德》中——我们确实都一定要经历人类情感的全域……我们所听到的是人类情感从最低的音调到最高的音调的全音阶;它是我们这个生命的运动和颤动"③。

第三,除了以上的快乐说、混同说外,还有一个以悲痛表达悦乐之说。钱锺书曾引述古今中外诗人艺术家关于审美感受的论述,认为"文词之美令人心痛",正应了李白"寒山一带伤心碧"中的"伤心"一词。在北方方言中,"心痛"或"心疼"可以用来表达对可爱并且长得漂亮的小孩的赞美,也可用于表示令人痛苦、惋惜之意。因此,古诗中"可肠断"、"伤心碧"等,往往说明景色的美好引起人的情感波动。这是以反说正,反而突出了景色的优美和审美感受的深度。因此,钱锺书引述心理学原理,指出:"人感受美物,辄觉胸隐然痛,心怦然跃,背如冷水浇,眶有热泪滋等种种反应。"④说明了美感的复杂性和深刻性。

第四,忧郁和不幸说。现代主义诗歌鼻祖、法国象征派诗人波德莱尔在《随笔》中写道:"我并不主张欢乐不能与美结合,但我的确认为欢乐是美的装饰品中最庸俗的一种,而忧郁却似乎是美的灿烂出色的伴侣。我几乎不能想象任何一种美会没有'不幸'存在其中。"这段话,可以为像《恶之花》中的爱情诗《魂》(le ReYenant)作注解。这个"魂"是从阴世回到生前住处来的萦绕不散的魂。在波德莱尔的爱情诗中,我们再也看不到像彭斯的《一朵红红的玫瑰》或海涅的《乘着歌声的双翼》那

---

① 见李泽厚《美学四讲》美感部分第四节,多本辑录。
② 伍蠡甫《西方文论选》上卷,上海译文出版社,1979 年,第 43 页。
③ 卡西尔《人论》,上海译文出版社,1985 年,第 190—191 页。
④ 钱锺书《管锥编》第三册,中华书局,1979 年,第 946—951 页。

种奔泻欢腾的爱情了。但是在波德莱尔的阴冷中,却有着发冷的激情:"像蛇一样紧紧缠绕,像魂一样牢牢执著。苦难吞噬了一切,幸福不属于我们,让幸福者凭借一片温存去主宰你吧,而我主宰你,却情愿凭借恐怖!"——这种与苦难融合为一的一往情深,是以往的诗歌语言从未表现过的。自波德莱尔以来,现代艺术确实如日本美学家今道友信所说,表现出"非美倾向"。这种非美倾向表现在审美感受上就是努力表现非愉悦感,甚至是痛感,从而引起了审美特点和审美趣味的进一步嬗变。

总之,审美是以悦乐为主色调,同时又包含多种情感色彩的多质多层次的情感体验。但特别值得一提的是,在艺术鉴赏中,在复杂的情感体验中,不管是痛苦也好,颓废也好,艺术审美都离不开控制论目的的制约。这就是说,审美中的痛苦是为了摆脱痛苦,而不是为了得到痛苦。如果人们是为了痛苦才去鉴赏艺术,那么,人的整个世界的存在都将失去意义。因此,我们不得不承认,这里确实有着审美目的的制约性。

第二节 审美的规律

审美是人类一种高级的精神活动,它是在主体与客体的关系中,在随机的选择运动中,在直觉与逻辑、意识与潜意识、理性与非理性的既矛盾对立又辩证统一的关系中存在并发展的。审美经验涉及主体审美心理的多种因素,感情、想象、感觉、认知等都是审美心理中不可缺少的因素,更主要的是这些主观因素与不断变化的客观条件构成复杂的关系,因此,审美的规律也就隐藏在复杂的现象后面,不易为人们发现。为了便于把握,特归纳为八大规律。

一、主客体关系质律和主体间关系质律

现代系统论认为,一个系统与另外一个系统发生作用,就会产生一种新的质,一种新的系统。新的系统不是两个系统的简单相加,其功能可以大于也可能小于两个系统的简单相加。也就是说,两个系统发生作用可以产生无数新质。用公式来表述,是 $1+1 \neq 2$。审美就是主体与客体之间发生关系而产生一种新的体验的过程。在这一过程中,主客体相互作用,既有我们前面所说的客体形象地显现了人的本质、本质力量或理想的美,也有主体对这种美的发现。单独的形象显现不能构成审美经验,而没有形象显现的发现也不是真正的审美发现。只有当客体的形象显

现与主体的发现相结合,呈现为"我看到"、"我听到"、"我感到"、"我想到"时,才能产生审美经验。被我们今天称之为自然美和形式美的,也是在与人类主体的相互关系中,在漫长的历史过程中生成的审美对象。自然常在,亘古弥新,但如果离开了人,就无所谓美与不美。桂林山水是旅游胜地,是自然美的典范,但二亿多年前这里却是海底。经过沧海桑田的巨变,这里成了喀斯特地貌,形成了今天人们心目中的美景。但在魏晋之前,这里也只是被视为贫瘠的土地而未被人们欣赏的。所以,正如柳宗元所说,"美不自美,因人而彰"。自然是因为与人的关系才美的。自然美是围绕人与自然的关系而转移、而生成的,并不存在先天的、现成的、亘古不变的所谓自然美。形式美的情况也与之相仿。对称、比例、和谐、多样、统一等,都是因为符合了人类自身的生理的、心理的需要才被视为是美的。原始社会生产力水平低下,人们主要依靠自身的肢体去生存,如果身体由于残疾而不谐调,那么,在险恶的环境中就很难生存。正是这种现实的需要,决定了原始人在心理上树立了对称、和谐等为美的牢固的心理倾向,并在人类的后代中遗传、强化、发展了下来。离开了人,离开了人与形式的关系,一切形式美的根据将无从说起。

在美学的四大流派中,主客观统一美论是一个较易被人们接受的理论,它看到了机械美论和主观美论的缺陷,于是认为美是主客观的统一。在它看来,审美事实的构成既离不开客体的审美属性,又离不开主体的主观心理,因此美存在于心物之间。统一论从表面上看起来似乎合情合理,但仔细推敲,却发现了它的主观美论的实质。不错,个体审美事实的构成是离不开主观的心理作用,但作为对美的本质的规定,却不能以个体的审美事实为准,而是要以抽象的一般为准,也就是以某一系统的审美经验为准。审美事实(具体、个别)的构成离不开主观,并不等于美的存在(抽象、普遍)离不开个人的主观。审美事实不等于美,只有对所有审美事实的抽象概括才能达到美的本质的规定。主观也不等于主体。主体包括了主观,并远远大于主观。美离不开作为主体的系统的人,但并不等于美离不开作为个别人的主观。主客观统一美论只从个体主观与审美事实的构成上界定美的本质,必然陷入主观美论的泥淖。审美主客体关系质律,揭示了人类审美经验产生的三大因素,即主体、客体、主客体关系,以及这三大因素间的辩证关系,对千百年来一直困扰人们的美学问题作出了自己的回答,成功地避免了机械论、主观美论和主客观统一美论的缺陷,无疑将美学研究推进了一大步。

审美的主客体关系质律在文艺鉴赏中又被表述为主体间关系质律。即把文学作品不再作为一个简单的客体,而是一个作者与读者的对话和互动结构,是一个体验和经验的发生结构,从而在文艺鉴赏活动中形成主体间的有机互动,根据鉴赏主体或接受主体条件的变动或不同的语境而不断地呈现出充满个性的、鲜活的审美经验。李白有"相看两不厌,只有敬亭山",辛弃疾有"我见青山多妩媚,料青山见我应如是",可以说是人与自然的互动。而孟浩然的《宿建德江》,王维的《鹿柴》、《竹里馆》、《辛夷坞》等"入禅之作",都以景物的与人若即若离的情义缱绻,或"江清月近人",或"复照青苔上"、"明月来相照"来表现空寂的禅心,从而将禅心与景观融为一个生命主体,达到不分彼此的地步。杜甫"水流心不竞,云在意俱迟"(《江亭》)、"岸花飞送客,樯燕语留人"(《发潭州》)等在赋予景物情感的同时,又赋予景物主体的意识和行为,不仅使有限的字句具有了更多表现空间,而且通过花的"送客"和燕的"留人"把离别之情表达得委婉曲折,更富有人情味和情感深度,形成诗人与读者间的深度互动。不过,值得注意的是,这里的主体间性仍然是在诗人与景物、读者与诗人之间的多重交互作用中生成的,是关系的,而非单一的;是客观的,而非主观的;是有机的,而非机械的。总之,主客体关系质律和主体间关系质律,是审美中普遍遵循的规律。

二、审美与美同步生成发展律

黄海澄先生认为:"美是生成的,它的生成过程与能够欣赏它的主体的系统发育与发展过程有同步性和耦合关系,它是适应主体系统发育和发展过程中的自调节的需要而产生,并在与能够欣赏它的主体系统相互作用中发展的。"[①]我们在这一观点的基础上又引入了个体与群体的辩证关系,认为美是在人类开始第一次审美时才产生的。在没有审美之前,事物只有自然的(生物的、化学的、物理的)属性而无审美的属性,只有当人类有了审美的时候,作为对象的事物的自然属性才有了审美的意义。审美不仅标志着美的诞生,而且标志着整个审美现象的产生。只有通过审美,才使人的本质、本质力量或理想得以形象地表现或发现,也只有人的本质、本质力量或理想的形象的表现或发现才会有审美现象。在审美产生之前,宇宙万物就已经存在,但对我们的祖先来说并不具有审美的意义。只有当我们的祖先第一次从对象上,或从自己身上发现了人的本质或本质力量时,宇宙万物才开始与人有了亲和力,人才有了审美的感觉。美与审美同步生成、共同发展,是在审美的一刹那间产生的。机械美论认为,美的发生、发展史就是宇宙的发生、发展史。这种

---

① 黄海澄《系统论、控制论、信息论美学原理》,湖南人民出版社,1986年,第64页。

观点不仅缺乏历史的根据,而且也缺乏逻辑上的支持,即在人类产生之前,宇宙万物对人又有什么意义呢?美随宇宙发生的观点,与那种认为世上的人都死光了,照样存在的观点一样悖理,是一种只见实物、不见关系,只见元素、不见整体的实物中心论。主观美论认为美就是美感,因此没有美的发生史,有的只是美感的发生史。有的主观派代表人物(如克罗齐等人)甚至把整个人类的历史也只视为心灵的发展史,荒谬至极。正统的劳动实践派美学认为,美是在人的劳动中产生并发展起来的。这种观点较前两种观点有更多的合理成分。但我们认为,劳动的确可以产生美,但劳动并不能产生所有的美。在达尔文看来,人类在会劳动之前就已经有了大量的社会活动,并能从自身或对象身上表现或发现自身的本质、本质力量,从中取得在现在看来是非常低级原始的审美经验了。而且,作为审美来看,并非先创造了美的对象或所谓人的本质对象化了以后才去审美的,而是相反,当主体在发现、表现自己的本质、本质力量的同时,也就产生了美和审美。因此,那种认为先有美、后有审美或先有审美后有美的审美发生发展观还是一种线型思维方式。审美与美同步生成发展律是运用唯物辩证法和现代系统思想,对审美发生学和发展史的一种新解释,它有利于消除审美发生学和发展史上机械唯物论、唯心主义和形而上学的线性思维方式的影响,廓清审美发生发展的本来面目。

三、发现与表现辩证律

我们认为,审美是对人的本质、本质力量或理想的形象的发现或表现。发现主要是就欣赏而言,表现则主要是就创作及其创作过程中的欣赏而言。除了发现与表现外,还有模拟再现,它是对于美的发现和模拟再现,具有表现的内容,但又不完全同于表现。它是在发现的基础上所进行的表现,因而叫模现。模现是发现与表现的综合。审美过程中的发现与创作过程中的表现实际上是互通的。欣赏中,在发现人的本质、本质力量或理想的形象的同时,欣赏主体也在用自己的想象、理想、品格、感情、经历、文化、知识、审美修养等人的本质、本质力量去印证审美对象,去参与对象中人的本质力量的表现,因而在发现的同时又在不自觉地进行表现或再创造。创作过程中与表现相伴随的是发现,创作者或发现自己的作品中人的本质、本质力量或理想的形象显现,或从观众和读者那里反馈来的良性信息中发现自身本质力量的对象化,或在表演过程中体会到了少有的快乐,这种体会本身就是一种审美发现。

总之,审美过程中的发现与表现是辩证地统一在一起的。

四、无为而为与有为而为辩证律

审美在大多数情况下,对于大多数人来讲是一种无为而为、不期而至的体验。审美是人们摆脱现实中烦扰和困苦的一种手段。但人们一般不去使用这种手段,在他们看来,偶尔得到一次审美的快乐也就行了,何必有意识地去追求审美的快乐呢?再者,审美的确不是一种需要人们用意志控制的事,你越是要自己产生审美体验,你越得不到审美体验。因为审美是在一种自由轻松的心境下的体验,你用意去控制它,反而显得紧张、沉重。另外,审美主要是一种感情上的体验,而不是理性上的认识,所以,越是清醒,越是刨根问底,就越容易丧失审美的感觉。佛家讲松、静、定、慧,主张在完全放松入定的情况下觉悟。我们主张带着轻松愉快的心情审美,同时又以审美的心情轻松快乐地生活。但在有些情况下,对于有些人来说,仅仅有这种无为而为的审美还是不够的。在面对新的高级的审美对象时,或者采用无为而为、任其自然的态度,失之交臂,或者细心体验,有时甚至不惜反复研讨反复咀嚼,最终有所发现。高级的审美对象之所以高级,在于它具有广博深厚的思想含义和艺术底蕴,它像宝藏一样大部分是埋在地下的,这就需要欣赏者自己去挖掘、去发现,否则就是身入宝山空手回了。对于追求高层次审美效果的人,特别是对艺术家来说,他不仅需要而且必须去进行这种有为而为的审美。人们对于审美之所以会有这两种完全不同的态度和方式,原因在于审美对象本身具有文野高下之分,审美主体本身也有层次高低之别。听一支山歌,用不着去进行有为而为的审美。但如果是欣赏《红楼梦》,可就不是用不期而至的无为而为能够奏效的,如不尽心研阅,是不可能得到充分的审美体验的。有为而为与无为而为之间是可以相互转化的。高层次的欣赏者不可能仅仅欣赏高层次的审美对象而错过了不期而至的审美,他在多数情况下仍在享受来自无为而为的审美快乐。而低层次的欣赏者如果经过适当的诱导或指导,也可能开始对特定的审美对象进行研阅和回味,从而进行有为而为的审美。回想每个文化人的成长过程,他的文学艺术修养最初还不是在语文老师、音乐美术老师的循循诱导下,通过学习而逐步培养起来的?再者,对象本身的级次也和主体的层次一样是随着时间变化的。在这个层次上被认为是高级的,在另一个层次上可能是低级的。低层次的经过努力可以向高层次发展,高层次的也可能因停滞不前而降为低层次的审美。因此,审美经验是无为而为与有为而为之间的辩证统一。

五、审美经验决定性与随机性辩证律

审美经验产生于主客体的相互关系之中。由于主体、客体、主客体关系都是客观的,所以审美经验的产生受到一定的客观规律的制约。审美经验的品格、性质也都会受到这三种因素的制约。比如,在一般情况下,让小学程度的人去读《红楼梦》,或让大学文化水平的人去听山歌、童谣,都很难产生审美体验。这就是马克思所说的,一个对象的意义是取决于主体的感觉所能达到的程度的。一部雅俗共赏的艺术作品,不同层次的欣赏者都能从中得到不同层次的审美享受。人们欣赏悲剧,不会产生喜剧的效果,反之亦然。人们欣赏阿Q形象,绝不会将他与武松形象混淆。这就是审美经验的决定性特征,它受主客体之间的客观关系制约。但是,主客体关系对于审美经验的制约并非严格决定的,随机的现象到处都有。这是因为,客体是处在一定时空中的客体,主体也是处在不断变化中的主体。决定主体审美心理的因素很多,情绪、情感、环境、气氛、语境等等,这些本身就是在社会交往中比较易变的因素。在主客体构成的审美关系中,主客体处在变化中,主客体关系也处在变化中,而且由于主体审美心理方面变量与参数的增多,随机涨落加大。一个审美能力很强的人,面对适合他欣赏的对象,也可能因为心绪烦乱而未产生审美经验,甚至出现破坏审美对象的事。同时,主体也可能受一时环境或身心健康方面的原因影响,产生错觉、幻想或者对对象的歪曲。这些随机现象大量存在于审美活动中,因而不能视其为偶然现象或个别现象,而应把它看作一种规律性的表现。随机性是规律性的补充,它说明事物的复杂性和人类认识的有限性。决定性或规律性与随机的关系是当代自然科学和哲学探讨的一个尖端问题。有人认为世界是决定的、有规律的,而另外的观点却认为世界是随机的、无规律的。在我们看来,审美中的规律性与随机性同时存在着,谁也取代不了谁。审美就是这种决定性与随机性的辩证统一。一方面,规律性在支配着审美的正常进行;另一方面,随机性又在不断地打破审美的常规,表现出新、奇、怪来,从而在客观上丰富着审美经验。

六、意识与潜意识转化律

人们在审美时往往并不需要明确的理性认识或逻辑思维,而是仅凭一种本能的、直觉的反应来把握审美对象的。这就使得审美具有直觉性的特点,这种直觉性表现在对美的形象的瞬间反应上。是美是丑毋须任何逻辑推理即可作出判断。这种直觉反应或本能反应的基础就是无意识。无意识又叫潜意识,并非没有意识,而

是对于意识或曰显意识而言的。它深深地扎根于人类的精神结构中,积淀着人类全部的精神文明成果。按精神分析学派代表人物之一的荣格的划分,人的精神结构区分为意识、个人无意识和集体无意识三个层次。意识就像海岛露出水面的部分,而无意识却像海岛隐藏在水面之下的更为广大的部分。人的无意识有三个来源,一是人类动物祖先那里遗传下来的;二是在人类社会生活的历史中积淀下来的;三是当代社会生活造成的。人类审美心理结构的大部分也处在集体无意识中,因此,人们审美时本能的、直觉的反应占主要地位。普列汉诺夫就说过:"欣赏艺术作品,就是不顾任何有意识的利益考虑而欣赏那些对种族有益的东西(对象、现象或心境)的描绘。"但是,"不顾任何有意识的利益考虑"并不等于主体意识不到自己在审美,以及主体对美做出有意识的判断。事实上,审美总是处在有意与无意之间的"恍兮惚兮"状态中,否定无意识的直觉当然是错误的,但不承认有意识的观照也不符合事实。在审美过程中,主体既可以先从无意识的直觉反应渐渐进入有意识的观照,也可以是从有意识的观照渐次沉入无意识反应上去。有意识与无意识之间并没有绝对界限,它们在一定条件下可以互相转化。把握住这种转化的规律,对于审美欣赏和审美创造来说,都将开辟新的天地。如海明威、马尔科斯等著名作家,就是有"想好了第二天要写的就搁笔,好让潜意识替我工作"的意识——潜意识转换法,而成功地写出一部又一部的著名作品的。

七、直觉与理性辩证律

审美是一种靠直觉进行的情感反应,这是毋须赘述的事实,但也有人认为美只有通过理性才能领略,而审美中产生的愉快,也与感觉无关。这显然是与审美的事实相违背的。人们欣赏一朵花的美,就在于主体在情感上对花做出直觉的反应。如果没有这种直觉,而是靠逻辑推理去研究花的美,那么,这就不是审美,而是认知了。当然,审美也不完全排斥认知,但直觉却是审美的根本特征。从逻辑分析看,审美和认知是人们把握世界的两种不同方式,各有各的功能。如果连在审美领域中都要用认知取代直觉的话,那么,人类的直觉功能还有什么用处呢?从审美发生学上看,早在人类有了逻辑思维能力之前,原始人就已经开始了审美活动。如北美红种印第安人以佩带野兽的皮、爪、齿、牙、骨等为美,澳洲土人以腰间所缠的三百条兔尾向人炫耀。人们问他们为何以此为美呢,他们说不上来,但就是感到美。心理学也证明,在人类产生逻辑思维能力之前,经历了一个前逻辑思维阶段,这个阶段的显著特征就是用直觉来把握一切外界事物,这种直觉能力一直保留到了产生逻辑思维能力的时候,并且还随着人类理性思维能力的提高不断地发展着。如果否认审美的直觉性特点,人类的祖先在产生逻辑思维之前就不会有审美的活动了。但事实却恰恰相反。因此,否定审美直觉性特点的说法是毫无根据的。普列汉诺夫、鲁迅等人都曾讲过审美的直觉性问题。普氏说过,美总是对我们的直感能力发生作用,而不是对我们的逻辑能力发生作用。鲁迅也说,美的享乐的特殊性,即在那直觉性。这都是符合事实的精辟概括,值得我们深思。

在有人否认审美直觉性的同时,更多的、影响更大的却是西方非理性主义的片面夸大和推崇非理性的直觉,以及它在创作与欣赏中的作用,排斥、贬抑理性,把直觉与理性视同水火。克罗齐认为,美感即直觉,直觉即创造,即表现,即美。他认为,人们在审美时只要想到共相(概念),就破坏了表现,就没有美了。他还认为,根本不存在"直觉的理智"或曰"理智的直觉",直觉与理智是相互排斥的。柏格森则认为,理性只与机械的、僵死的物质相联系,无创造力,而只有直觉才能领悟生命冲动本身。生命冲动的创造性活动也就是自由意志。克罗齐与柏格森的这些观点,成了现代西方非理性主义美学的哲学基础之一。在现代西方非理性主义美学家看来,审美在根本上是排斥理性的,作家艺术家只有当进入迷狂状态后才能写出真正的作品。这种观点显然是违反审美事实和心理科学的。现代心理学认为,人们的直觉能力包括感性直觉与理性直觉两个部分。感性直觉只能把握事物的表面现象,而理性直觉却能把握事物的本质、规律和意义。我们平时讲的灵感,就是在直觉基础上的一种顿悟,即从经验材料不经过概念、判断、推理的逻辑历程而直接产生新思想。这种灵感,不仅在艺术创造中广泛使用,而且在科学发明和日常生活中也都广泛使用,我们既不能将它归结为纯粹的逻辑认识,也不能将它视为纯粹的感性,而是一种统一着感性和理性的顿悟。这种顿悟也就是人们的潜意识(沉积在大脑中的人类文明或平日里的理性思考)突然被外界激活,一下子跨越了逻辑思维过程而产生的形象、意境、理解、理论和对事物底蕴的把握等意识活动。因此,人的比较高级的直觉活动是离不开理性的。动物只有低级的感性直觉能力而无高级的理性直觉能力。只有人类才兼有低级的感性直觉能力和高级的理性直觉能力。直觉因为是一种跨越逻辑的顿悟,因此,与它对立的是逻辑而不是理性。直觉和逻辑指的是对事物的认知途径、程序和方法,而感性和理性则标志着对于对象的认识的深刻程度。这是两种不同的参照,不能混淆,更没有理由将直觉与理性对立起来。人们在审美过程中,始终离不开对形象的直觉,但这种直觉本身又伴随着非逻辑的理性,而顿悟就是一种理性的直觉。越是高级的审美对象越是需要审美主体高度的理性直觉。主体理性直觉能力的大小标志着主体整个的文化水平和审美修养的高低。总之,审美的过程是一个直觉与理性辩证统一的过程。

八、同化—调节辩证律

瑞士心理学家皮亚杰的《发生认识论原理》认为,人们是以一定的认知结构来认识和把握外界事物的。认知结构的形成是一个不断建构的过程,一种认知结构一旦形成就造成一种认知心理图式(Scheme),遇到外界新事物就用这种图式去同化(assimilation)它,把它纳入现成的图式去解释,但当这种图式无法同化外界事物时,认知机制就设法调节(accommodation)自己的认知结构,而形成新的认知图式。在大多数情况下,审美这一目的不需要我们努力就能实现,完全符合康德所说的"无目的的合目的"性质,审美经验的产生也只是原有的审美心理图式对于审美现象的契合或"同化"。但在有的情况下,比如面对崭新的高级形态的艺术,原有的心理图式无法去同化它。对此,主体或者避而远之,形成封闭的"自我中心",或者通过调节来实现。如按后者进行,就会带来审美中"有目的的合目的"现象。

正如审美有"无目的的合目的"和"有目的的合目的"两种情况一样,审美主体的自我调节也分为无意识和有意识的两种形式。具体地说,就其心态和行为方面的调节而言是有意识的,如导演、摄影师们千方百计地摄取自己最满意的镜头,戏剧大师们对一字一腔、一招一式的反复琢磨和最佳体验,就是通过有意识地调节自己的审美心态和行为来获得最佳审美经验的。但就其心理结构的调节来说却是无意识的,因为审美主体无法意识到自己的审美心理结构到底发生了什么变化。审美主体的自我调节就是这种有意识的功能调节与无意识的结构调整的有机统一。审美的"调节作用"也要通过自调节审美来实现。

自调节审美不仅仅是技术操作问题,更主要的是个审美心理的建构问题。同化与调节是审美心理结构建构中两个不可或缺的方面。审美心理结构是在同化—调节的相互作用中建构起来的。审美经验的产生和发展既是同化的结果,又是调节的产物。在调节的后面有着同化的基础——因同化不了才需要调节;在同化的后面又有着调节的功劳——调节的目的在于同化。同化的作用在于使人审面前能审之美;调节的作用却在使人审面前暂时无法能审之美。同化使人稳定在一定的水平上,使人产生自然而然的反应或反映;调节却使人打破这种稳定,从而不断地进入新的、更高的审美层次。因此,主体自调节审美的直接结果是主体审美心理结构的进一步完善和审美能力的进一步提高,从而能够更多地接受美的信息,更进一步、更充分地审美。不仅人类的审美心理结构是在同化—调节的辩证运动中建构起来的,而且人类的审美经验的产生和发展,既是同化的结果,又是调节的产物。没有调节的同化是非常有限的故步自封的同化。正如冯友兰先生所说:"阳春白雪,和者寡,只就一时一地的流行而言,如此一时一地之人不是封闭其心理,终可以欣赏之。"①由于审美经验的产生与发展总是离不开同化—调节的辩证运动,因此,同化—调节律应成为审美的基本规律。

自调节审美律首先建立在审美的一般规律基础之上,服从审美的一般规律。比如相对于审美主客体关系质律来说,就只能在肯定对象具有审美属性的前提下进行自我调节,从而审美。再比如,相对于直觉与理性辩证律和有目的与无目的辩证律来说,就不能硬性地控制自己用逻辑和意志去审美,而是要在直觉把握的前提下,调整自己,进一步领略作品开显的佳妙之处。

自调节审美学的审美目的论把审美当成主体自觉的情感追求和价值创造活动,因此它非常重视审美欣赏和审美创造过程中审美目的的实现。为了实现审美目的,主体无论在创作中还是在欣赏中都必须注意反馈调节。在创作中,作者根据审美的目的进行身心两方面的调整进入最佳创作状态,然后根据审美目的进行构思,最后根据审美目的进行修改、调整,直到作品完成。作者为了实现自己的审美目的,需要不断地进行自我校正和调整,还要不断地对自己的构思和已写成的部分以及整个作品进行欣赏、体验、回味,直到满意为止。反馈的方式很多,非常具体,古今中外许多作家、艺术家的创作经验谈,就是对各种反馈调节的最好说明。在欣赏中,同样存在着反馈调节问题。叶圣陶先生说:"我们鉴赏文艺,最大的目的无非是接受美感的经验,得到人生的受用。要达到这个目的,不能够拘泥于文字。必须驱遣我们的想象,才能够通过文字,达到这个目的。"他还以王维"大漠孤烟直,长河落日圆"为例,指出,"要领会这两句话,得睁开眼睛来看","在想象中睁开眼睛来,看这十个文字所构成的一幅图画"。"假如死盯着文字而不能从文字看出一幅图画来,就感受不到这种愉快了"②。这种驱遣想象,通过文字看出图画的过程,就是跨越逻辑思维达到理性直觉的顿悟的过程,是读者不断地进行反馈调节的过程。审美中的反馈调节往往是与对象所包含的美的程度以及对象的知名度有关的,只有当你感到或听到这是一部名作或一首名诗时,你才会不断地调整自己,使自己达到

---

① 冯友兰《新理学》第八章《艺术》。见《冯友兰选集》(下),北京大学出版社,1998 年,第 113—115 页。
② 叶圣陶《叶圣陶谈创作》,上海文艺出版社,1982 年,第 134 页。

领略作品的目的。这里的反馈主要在于欣赏主体不断地探寻是否领会了对象的审美底蕴。这种反馈调节本身就是在建立主客体之间的,还有主体间的审美关系,是实现审美目的的有效手段。当然,自调节审美作为审美的规律,同时也是一个多质多层次的有机系统,其自我调节方式也是包括生理、心理、意识、潜意识、自觉、非自觉、心态、行为、内在、外在等诸多方面的系统工程,但其中最为关键的地方还在于审美心理的深层建构方面。

思考题:

1. 怎样理解审美的性质?

2. 结合自己的审美经历,就审美规律的某一点谈谈自己的切身体会。

3. 你认为自我调节与审美经验有联系吗? 为什么?

第一编

审美活动论

第一章　审美活动的性质和特点

　　对美的追求是人类永恒的追求,审美活动是人类一切活动中最基本的活动之一。审美是当下的感性直觉活动,在审美活动中产生的审美快感与在日常生活中产生的功利快感有根本性的不同,与在科学研究活动及日常生活中所产生的认知快感也有极为明显的区别。

第一节　审美是当下的感性直觉活动

一、审美活动的形象性和超象性

　　每当我们看一幅画,特别是山水画的时候,总有一种人在画中的感觉,以致久久徘徊其间,流连忘返。这样的画往往带给我们澄明和安详,产生美的享受。宋代马远的《踏歌图》就是这样一幅画:阳春时节,清静明秀的山坳里,几位老者带有几分醉意欢歌笑语。近处一棵枯树,细干疏枝,虬曲多姿,矫健刚遒。矮处杂树盘屈,树影婆娑。旁边兀石横陈,石壁苍忽,古朴厚拙。石边草木深秀,向远处伸展。云雾缭绕于山涧,亦真亦幻。稍远处松林点点,静远空濛。松林边缘楼观隐约,俨然世外仙境。远处奇峰突起,近处硬石凸现,山环水抱间溪径幽深。烟云流润,野趣竞显,一派禅趣意象。整幅图画笔墨细润,线条简逸,色彩清秀,构图自然,反映了作者纯净清雅、淡泊宁静的情怀,给人以简淡悠然之感受。

　　观赏中国绘画,最容易得到这种自然而又自由的审美享受。究其原因,正如宗白华所说:

　　　中国绘画里所表现的最深心灵究竟是什么?答曰,它既不是以世界为有限的圆满的现实而崇拜模仿,也不是向无尽的世界作无尽的追求,烦闷苦恼,彷徨不安。它所表现的精神是一种深沉静默地与这无限的自然,无限的太空浑然融化,体合为一。①

中国绘画强调意境之美。意境的生成,既有赖于绘画中直接的形象表现,又有赖于欣赏者想象、联想和感情介入的作用。意境的生成过程,就是这两方面叠合互渗的过程。

绘画是一种视觉艺术,它主要通过具体的形象传达出作者的思想感情,作品中的情绪、情感和境界都是通过形象传达出来的。当绘画中的形象呈现在读者的静观中逐渐明朗之时,我们往往会经由对其形象的品味而获得某种超象性。

所谓超象性,就是既生发于形象又超越了形象的这样一种特性。所谓超象,就是既在形象之内又在形象之外、既具有哲理意味又带有情感趣味的东西。例如绘画中的意境可以使我们在不知不觉中形成宁静致远的向往乃至优雅高贵的气质,这向往、气质就属于超象性的东西。如果说形象性大多来自作品本身(其余部分则为欣赏者所补充),那么超象性更多是来自欣赏者。超象性的获致有赖于欣赏者生活阅历的丰富、文化修养的深厚和审美能力的提高。超象性的形成与主题思想的表达或呈现密切相关,也就是说,作者在其生动形象的表达中往往传递了某种价值观,读者则往往凭借自己的阅历、经验、知识、志趣等与作者交流,在交流的过程中进入而又超越形象。超越的突出表现就是中国唐宋诗论家所说的"象外之象"、"景外之景"、"言外之意"和"韵外之旨"、"味外之旨"。超象性成了衡量艺术成就高度的一个重要标准。

以上是就绘画来谈审美活动的形象性和超象性问题。形象性和超象性在诗歌中又是怎样一种情形呢? 诗歌的形象性是在主体通过解读语言而获得感觉并产生联想与想象的过程中凸显的。诗人通过以语言展现形象从而把对外界的感觉与一定的思想感情融合在一起,其作品所蕴含的形象可以给读者以鲜明的印象和强烈的感受。我们一旦在丰富的感知的基础上借助于想象和联想进一步感受,就可以把握通过文学语言而呈现的诗歌的形象性。例如欣赏唐代诗人王维的《终南别业》:

　　　中岁颇好道,晚家南山陲。兴来每独往,胜事空自知。行到水穷处,坐看云起时。偶然值林叟,谈笑无还期。

这首诗意在极写隐居终南山的闲适怡乐、随遇而安之情。前两联叙述自己中年以后信奉佛教,于晚年寓于辋川别墅,过着隐居生活的闲情逸致。第三联写在山

---

① 宗白华《中国艺术意境之诞生》,《美学散步》,上海人民出版社,1981 年,第 69 页。

中独行,随意而安,自由自在。通过对一行、一到、一坐、一看的描写,开显了诗人悠闲至极的心境。此二句流传甚广,人们对之有各种感受和理解。近人俞陛云评论说:"行至水穷,若已到尽头,而又看云起,见妙境之无穷。可悟处世事变之无穷,求学之义理亦无穷。此二句有一片化机之妙。"(《诗境浅说》)这里的"化机之妙"就是超以象外的无限意味。诗人周梦蝶则道:"行到水穷处,不见山,不见水,却有一片幽香,泠泠在目,在耳,在衣。"又可以说以超象表现形象,二者相得益彰。除此之外,"行到水穷处,坐看云起时",还可以说最为集中地表现了诗人的生活情操和禅机智慧,体现了诗人对理想境界的向往,这种智慧和向往就属于超象性的东西。这种超象性不仅将诗人的悠闲自得、超然物外的风采表达得淋漓尽致,而且在无为闲适的随机偶遇中将形而上的抽象之道巧妙地化为诗情画意和道心禅趣,达到了极高的艺术成就,给人以极为丰厚的美感,无论是在朦胧含蓄方面还是在灵动自然方面,都大大超过了有限形象性的能指和所指。

　　当然,诗人要创造出读者愿意亲近的诗意之美,首先还要通过凸显诗歌的形象性来实现。诗歌的形象性为诗歌空灵的意象、宜人的节奏、美妙的旋律所奠定和丰富。诗的形象性往往洋溢着强烈的生命意味,个中包蕴诗人丰富的思想感情,从而带有强烈的个性色彩,并可以使自然之物也充满情感和意趣。抽象的述说和直截平淡的表达不可能成就诗歌,诗歌追求的是令人回味无穷的意蕴,这种意蕴又是与其形象显现水乳交融的。诗人往往有如同画家一样的灵感,其创作可以使诗歌产生如同绘画所产生的栩栩如生的艺术效果,也就是说,诗人能让读者在品味诗情的同时体味出画意。诗歌的形象性表达是一种视觉艺术的主观呈现,诗人在充满诗情画意的审美表现中,往往传达出某种理想、信念与追求,自然而然地引发出读者的哲理性思考,从而增加诗歌艺术表现的深度和广度。形象性和超象性有机地结合在一起,就会既形象生动感人又内涵深刻隽永,也就是说,属于超象性的思想意蕴融会于生动的艺术形象之中,自我显现自己,抽象的思想从而获得了鲜活的生命,而这种鲜活的生命形象也因深刻的思想内涵而获得了灵魂。二者相依相生,从而使得作品中的一切都化合为一个有机的整体。

　　综上所述,审美的形象性是指审美活动诉诸人的感觉和感情,从而形成具体生动的、强烈的感染力那样一种情状。审美活动总是通过感性形式反映外在世界和内在心灵的过程,它包含具体可感性、鲜明生动性和情感感染性等特点。审美的超象性则是指审美活动往往能生发出具有鲜明的个性色彩和深刻的人生哲理的理想、信念、意蕴等,它通常包括社会历史哲思和宇宙人生体验两方面的内容。

二、审美的感官性与精神性

让我们先结合宁浩导演的电影《疯狂的石头》来谈谈审美的感官性问题。

《疯狂的石头》讲述的是三股力量围绕着一块价值连城的翡翠进行较量的故事。一方是工艺厂保卫科科长包世宏,一方是房地产公司冯老板请来的香港国际大盗麦克,还有一方是由道哥、小军和黑皮三人组成的地方贼伙。这三方由于翡翠的价值、用途以及不务正业、泡妞成性的人物谢小盟而发生了具体联系。这是一出笑剧,故事背景是山城重庆。电影运用了大量重庆的方言俚语,整个故事情节洋溢着浓厚的乡土气息。

故事由重庆某濒临倒闭的工艺品厂在推翻旧厂房时发现一块价值连城的翡翠而起:工艺品厂为之搞了一个展览,希望卖出天价以改善几个月发不出工资的局面。不料国际大盗麦克和本地以道哥为首的小偷团伙都盯上了翡翠,以其各自的"专业技能"向翡翠步步逼近。为了获得翡翠,他们在着力对付学刑侦出身的工艺品厂保卫科科长包世宏的同时,相互拆台。这样一个故事框架,其具体的艺术处理可以有多种多样的可能,简而言之,可以有两种不同的趋向:一种是表现较为丰厚、深刻的思想意蕴,一种是仅仅停留在表现某种较为浅表的生活趣味和审美趣味,从而博得当下不经意、事后也无须反思的轻松愉快的笑声而已。《疯狂的石头》所体现出来的是后一种趋向,这大体上可从其细节的组合、语言的展现和情节的安排三方面看出来。

就细节的组合来说,电影一开头就着意制造了一连串笑料:冯董助理的宝马车被撞,是因为包世宏驾驶的车没有拉闸而自动下滑;车没有拉闸,他们下车朝天大骂,是因为一个易拉罐从天而降,砸破了他们的车前玻璃,包世宏匆忙地离开驾驶室,对着从头上经过的缆车破口大骂;易拉罐从天而降则因为谢小盟在缆车上泡妞被女孩踩了一脚失手掉落。而由于撞车引起的争执转移了交通警察的注意力,以搬家为名在光天化日之下偷盗的道哥等三人被警察盘问之后又意外地得以逃离。这一连串颇为搞笑的细节组合,是足以让不少观众不假思索地忍俊不禁的。

就语言的展现来说,秦秘书(怒对包世宏):"狗日的,高科技啊,无人驾驶! 没看到啊,别摸我(BMW,即宝马车标志),开不了不要开嘛!"道哥(一本正经地对打电话催他带她出游的女友):"你们这些个女人哪,就是不明白,这个阶段正是我事业的上升期,我怎么能走得开呢?"小军(疑惑地):"我们没做过这买卖啊,这是绑架啊,我们不专业。"谢小盟(悲叹地):"我在香港是专攻人体艺术的。结果被生生地逼成一个小报记者。你说,这不是逼良为娼吗?"黑皮(在厕所里):"2002 年的第一泡屎,比去年来得更晚一些。2003 年的第二泡屎,不知道什么时候才能来得更早一些。"诸如此类的人物语言,不能说不符合人物的性格和其所处的情景,但未免总有点"哗众取宠"——有意引起观众的笑声的意味。

就情节的安排来说,作者的用心不可谓不巧妙:一个线索物件——翡翠,一个线索人物——谢小盟,可谓丝丝入扣地交接在一起了。先是谢小盟为了勾引道哥的相好菁菁用赝品将翡翠换了去,而谢小盟与菁菁幽会被发现后,道哥又把真翡翠当假翡翠派人掉包换回了假翡翠,当道哥发现换回去的翡翠才是真的时候,只好采用绑架勒索的方法要谢厂长拿翡翠换他的儿子,偏偏谢厂长已决意不要这个败家子。随着剧情的发展,道哥一伙和冯老板等人最后都以事败身亡而告终。故事的结局不可谓不完满而快人意,但因为刻意巧合的匠心未免太露,总是难以使人有较深的思索与感悟。

总的来看,《疯狂的石头》是一部纯娱乐的商业电影,它通过生活情景的戏说、流行意象的恶搞、歌曲俚语的引用、人生俗相的效仿营构了一出彻头彻尾的搞笑剧。它以满足感官愉悦、博得观众笑声为主旨,展示了貌似贴近日常生活实则拼贴整合臆造的故事情节。它没有表现任何深刻的主题,仅仅为了娱乐观众而已。这样一种情境所生发的只是"感官性快感",其特点是一方面不无情感体验贯穿其间,另一方面又始终仅仅以满足耳目视听的愉悦需要为限。在此基础上进行的审美活动可称之为感官型审美活动①。

审美的感官性体现为在审美活动中追求浅表的耳目视听等感官满足,它执持的是一种快乐原则、享受原则,跟价值、理想、信念和理性等没有什么关系。诚然,不能简单地说感官性审美不好,实际上,在大众的艺术欣赏活动中,个体的感性成分占有突出的地位。给欣赏者以耳目视听上的享受,这是艺术作品的不二法门,因为只有使读者或观众得到耳目视听上的愉悦,艺术欣赏活动才得以进行,深层次的审美接受才可能形成。可以想象,不喜欢戏曲的人观看戏曲表演多半不会产生愉悦之感,相反地会生出抵触情绪乃至拒斥态度。我们肯定感官性审美的基础性作用,就因为任何审美活动都离不开感官性审美,感官性审美并不必然和精神性审美相冲突,相反,它可以成为通往精神性审美的有效途径。不可否认,感官性审美主

---

① 参见王建疆《审美的另一世界探秘——对"内审美"新概念的再思考》,《西北师大学报》2004 年第 3 期。

要满足感官上的审美享受,给予人的自由度是相当有限的,如果止步于此,就可能面临消解意义的危险。在科学技术日益发达、物质生活不断丰富的现代社会,我们追求物质享受的愿望日渐提高,而肤浅的视听艺术也越来越多地充斥着文化娱乐市场,这种过眼烟云般的娱乐大餐并不能给我们的心灵留下多少值得回味的东西。如果我们让感官性的东西过多地充斥于我们的日常的审美活动,就容易产生审美疲劳,甚至于产生空虚、无聊、浮躁之感,进而感觉到生活轻飘飘的,没有多少意思,这就离我们所要追求的自由、愉悦、丰富、自足的理想的生活境界相去甚远了。因此,不是感官性审美本身有什么问题,而是应当如何看待感官性审美的意义、把感官性审美置于什么样的地位的问题。

显然,审美不能只停留在感官层面,而要从感官的层面上升到精神的层面。拿听音乐来说,对经典音乐的欣赏需要经过一个由浅入深、由感官到精神的发展、提升过程,这样才可能充分地感悟音乐作品的精神内涵。因此,必要的审美心理准备和鉴赏的知识储备是不可或缺的。首先,要对乐曲产生的时代背景有比较全面的了解。如欣赏贝多芬的《英雄交响曲》,应该了解法兰西的历史和拿破仑的生平以及作者当时的创作心态;欣赏阿炳的《二泉映月》,最好是了解他当时在街头卖艺时的凄苦情形,以便更深切地体味作品所传达的感情。其次,要掌握基本的音乐知识,如旋律、节奏、体裁、曲式、和声结构等知识,以便分析、把握乐曲的基本特点。再次,要反复聆听作品,以更好地进入和体悟作品所传达的精神性境界。就音乐来说,感官层面上的欣赏只可以感觉到音乐的优美动听,精神层面上的欣赏才可以感受到音乐的"弦外之音",领悟到其思想精神与文化内涵。

艺术家的创作往往是对其所感受的生活世界的情感性反应或反映,艺术家的精神情操、人格力量、艺术品味、审美趋向等会自然而然表现在其作品中。真正的艺术精神总是趋向于终极关怀的,它强调人生的个性自觉和存在价值,昭示崇高人格的自由境界。优秀作品所体现的艺术精神总是出自豁达的胸怀的,它包蕴强烈的超越意识,涵容艺术家的才能、志向、修养与情操,体现艺术家对生活的真诚,因而它能满足人类高层次的心理需求,对人的本质、本质力量的张扬具有内在的推动作用。这样的作品,是具有精神震撼力和思想穿透力的,它既能潜移默化地陶冶人的性情,又能给人以深刻的哲理性启示,使欣赏者在体会其"神韵"的同时,品味出其深厚的文化底蕴。

总之,在审美活动中,精神性欣赏需要以感官性欣赏作为基底,而感官性欣赏则要以精神性欣赏为灵魂。这就要求欣赏者在生活阅历、思想性格、审美情趣、艺术才能以及文化修养各方面都有相当的积累,以更好地进入随时准备在其面前敞开的艺术世界。

"内审美理论"作为当代审美学研究的新成果,对审美精神性问题作了专门的研究,认为内审美是相对于具有外在客观对象的视觉和听觉的审美而言的一种完全内在的、封闭的、独特的个人审美体验。内审美有如下几个特征:(1)无需对象引起,属于没有形象或形式的纯粹精神型审美;(2)无需感官参与,是大脑呈现内景的审美;(3)纯粹大脑审美,即纯然基于想象和联想的审美①。例如有一部电影叫《肖申克的救赎》,主角杜佛伦·安迪因向监狱放扬声音乐,被罚囚两个星期。别人认为独囚最难熬,度日如年,但安迪不这样认为,他觉得这是他过得最舒服的两个星期,因为有莫扎特在他的脑中、心底陪着他,他在被囚期间虽然不能听到莫扎特的音乐,但可以通过回忆来欣赏。"音乐之美是夺不走的","有音乐才不会忘记","世上有些东西是关不住的","在人的内心,有他们管不到而完全属于你的东西,那就是'希望'"。发生在杜佛伦·安迪身上的这样一种现象,就是内审美。内审美是一种超象的精神型、境界型的高层次审美,它与感官型审美相对,展示了审美的层次性和丰富性特征。著名美学家李泽厚先生在《美学四讲》中将美感分为悦耳悦目型、悦心悦意型和悦志悦神型三种,无疑也是对美感丰富性和阶段性的科学表达,涉及感官型审美与精神型审美的区别,对于我们正确认识审美的属性问题具有很大的启迪意义。

三、审美感受的三个层次

审美感受即审美主体对审美客体的感受。具体说来,审美感受是人们对美的事物的创造性的反应与接受,在审美感受中人们能体验到精神上的愉悦和享受。审美感受是一个复杂的生成过程,可以分为三个阶段:准备阶段、实现阶段和完成阶段。

1. 准备阶段

审美感受的准备阶段即审美态度的凸显阶段。审美感受是基于一定的审美态度而发生的。审美态度是审美活动之初所必需的一种特殊的心理状态,它要求审美主体从日常生活中超脱出来,持一种非实用功利态度(也称超功利态度)。这种非实用功利态度也叫做审美注意,它不对对象进行功利方面的计较,也不对对象进行科学分析,而是把注意力集中在对象本身,感受对象的形式,对对象的色彩、线条、形状等形式因素及其整体予以观照,并调动起以往的审美经验,通过对对象的

---

① 王建疆《修养 境界 审美:儒道释修养美学解读》,中国社会科学出版社,2003年,第13、16页。

感性直观体味其间流露出来的人生自由的情调、意味、精神、境界等。

2. 实现阶段

实现阶段是审美感受最重要的环节。这个阶段包含有审美感知、审美想象、审美领悟、审美情感等互相关联、互相影响的诸多心理因素。这些因素在审美感受中发挥着重要的作用。

(1) 审美感知。审美感知是审美感觉和审美知觉的合称。审美感觉是人们通过眼、耳、鼻、舌、身等感觉器官对美的事物的个别属性的直接感受,属于感性阶段;审美知觉是大脑通过感受器官获得对于美的事物多方面属性的整体认识,是感性和理性相结合的阶段。审美感知的特点是具有强烈的主观性、情感性和独创性。它既有感官性愉悦,又有包含信仰追求、价值观念、人生理想和审美情趣等多种因素在内的精神性愉悦。

(2) 审美想象。审美想象是在审美感知的基础上由情感推动而形成的创造性感受活动。它是在经验、情感和理性的渗透下构建起来的精神世界。黑格尔曾经说过:"真正的创造就是艺术想象的活动。这种活动就是理性的因素,就其为心灵的活动而言,它只有在积极企图涌现于意识时才算存在。"①

(3) 审美领悟。审美领悟是指渗透在审美感知和审美想象过程中的直觉性理解,是主体以某种感性的形式对客体意蕴的把握与领会。例如欣赏一幅画,其色彩、线条、构图等形式因素都需要从我们的感性直觉出发,去把握和体会,从而激发起内心的想象和深思。美国美学家乔治·桑塔耶纳说:"事实上,对我们来说,所谓形式——它差不多是美的同义语——往往是肉眼可见的东西:它是所见之综合。然而形式的效果是构造性想象之产物,在这之前光有色彩的效果;这种效果是纯粹感性的,在本质上并不比其他任何感觉的效果强些,但是因为它比其他感觉效果更不涉及事物的知觉,所以它更容易成为美的一个因素。"②在审美领悟中,对形式的感性把握和对内在意蕴的理性把握是紧紧结合在一起的。如欣赏莫奈的《日出·印象》,在画家表现的意境中,我们一旦捕捉到自然风光别有意味的美妙瞬间,这时候景物的外部轮廓便不再重要,重要的是光色的自然变化以至空气的怡人流动给人的微妙感受。捕捉自然风景的转瞬即逝及其机趣,这是莫奈观察世界、把握世界的独特方式。这可作为阿恩海姆如下所言的一种印证:"一个艺术家

---

① 黑格尔《美学》第一卷,商务印书馆,1981 年,第 50 页。

② 桑塔耶纳《美感》,中国社会科学出版社,1982 年,第 50 页。

的创作智慧不仅表现在形式的铺排和构造中,同样表现在这些形式与意义的深刻程度上。"①

（4）审美情感。审美活动始终伴随有审美情感,艺术作品具有感人的魅力,在极大程度上就是因为其形象显现灌注了艺术家丰富的审美情感。所谓审美情感,就是人以一定的审美态度观瞻、感受和体验具有美的意味的现象时所生发或所倾注的情感。审美情感不同于因与个人的切身利益相关而产生的情感。我们读小说、看电影、听音乐所感受到的悲伤、痛苦、喜悦、绝望等情感与我们在日常生活中所生发的情感是有所不同的,它使我们同客观事物的实用功利性保持一定的距离,使我们的思想境界得以升华。例如,悲剧可以对观众起到净化灵魂的作用。审美情感的寄寓和呈现与对象的形式展现或呈现密切相关,因此,审美情感的寄寓和呈现过程也就是审美主体的创造性行为过程。正如德国美学家恩斯特·卡西尔所说:"艺术的情感是创造性的情感。它是那种我们生活在形式的生命中而感受到的情感。"②在审美活动中,情感和想象的相互作用使审美对象的各种形式因素及其总和更强烈地唤起审美主体对审美对象的情感反应。因此,在艺术活动中,寻找独特的情感表达方式往往成为创作主体追求的焦点,最大限度地调动自己的感受、想象和联想能力以恰当地把握作品的表达方式,并进而以情感反应的方式把握其深层意蕴,这是为欣赏主体所应当具备的必要素质。

3. 完成阶段

经过实现阶段的审美感知、审美领悟、审美想象、审美情感等具体实践和综合积累之后,审美主体往往会对整个审美活动进行一番回味以至反思。人们的审美情趣、审美理想、审美观念、审美人格等正是在无数次的审美感受特别是其完成阶段中形成的,人们的审美感受力也是在这样一次又一次的感受活动中逐渐提高的。历史地看,审美感受是一个不断深化的过程,一个由浅入深、由简单到复杂的积累过程,是一个人形成全面的审美素质的过程。只要我们经常进行审美活动,用纯洁的心灵去感受美好的事物,就可以不断提高自己的审美能力和精神境界。

第二节　审美快感与功利快感的区别

审美的特点在于形象直觉性、活动性、整体(关系)性、生成性、愉悦性、经验性

---

① 阿恩海姆《视觉思维》,光明日报出版社,1987 年,第 389—390 页。
② 恩斯特·卡西尔《符号·神话·文化》,东方出版社,1988 年,第 106 页。

（与先验性相对）、过程性、求新性和个体性等。但就审美的本质特点而言,却只能在与功利快感和认知快感的比较中才能把握。

一、直觉与逻辑的区别

1. 直觉

直觉是审美活动过程的一个重要特征,它是不经过严密的逻辑思维而直接认识事物或现象的本质规律的思维活动,是直接的洞察、迅速的理解和瞬间的判断。审美直觉是审美活动中经常出现的心理现象,在艺术创作活动中表现为艺术家灵感突然闪现,在一瞬间便发现和把握了构思对象的底蕴及其意义,在艺术欣赏活动中则表现为欣赏主体在感受艺术形象的当下,一下子领悟到其意蕴及其韵味,在随之而来的积极的想象活动中获得心灵的自由。

审美直觉有如下几方面特点:(1)直接性和瞬间性。在审美活动中,审美主体调动自己的全部经验,通过丰富的想象对审美对象进行整体性把握,迅速地做出判断。它不是通过概念、判断、推理等逻辑方式一步步分析、归纳出来的,而是通过顿悟的方式,依循于事物的感性形式而捕捉到事物的底蕴。

(2)情感性和自由性。审美对象是浸染了人的情感的存在物,在审美直觉中,审美主体以充满着情感的心灵,以自己的人生体验以及文化积累去感受审美对象的形式从而把握其底蕴。在主体的审美直觉过程中,主体和客体达到了全方位的沟通,原先潜藏于主体内心深处的某种记忆被激活了,或某种心绪被触动了,或某种意趣被强化了,主体从而得到畅快淋漓的情感释放。就艺术活动来说,艺术作品是艺术家自由创造的结果,是物我两忘的审美体验的结晶,是其理想信念、人生态度的个性化表达,它充分体现了人的本质力量的自由发挥可以达到怎样的程度。相应地,艺术欣赏主体可以在感受艺术作品的过程中与似曾相识的自由意志、创造欲望相遇。这自由意志、创造欲望为主体经常想得到实现但在现实中却始终没有得到实现,而在一次又一次的艺术欣赏活动中,这自由意志、创造欲望往往都理想地"实现"了。

(3)创造性和整体性。审美直觉不是对事物的分散的、局部的、片面的、细节上的慢慢推敲,而是对对象的创造性与整体性的瞬间把握。它具有无意识性,因而其穿透力难以估量;它突破了思维定势,因而其创造性极其明显;它以丰厚的知、情、意、趣等因素的积累为基础,因而所获得的建构往往具有美妙的严整性。

具有上述特点的审美直觉是非常重要的。在审美直觉的状态下从事创作的艺术家得以充分发挥自己的主观能动性,在思维过程中形成飞跃,实现创新。审美直觉对于欣赏者同样重要,它可以使欣赏主体迅速地进入作品所呈现的艺术世界,在美妙的感同身受过程中充实与提升自己的精神境界。

审美直觉与本能不无关系但又不完全是一种先天本能,没有一定的文化艺术修养和审美经验积累,任何人都不可能产生审美直觉。如同马克思所说:"如果你愿意欣赏艺术,你就必须是一个有艺术修养的人。""对于非音乐的耳朵,再美的音乐也没有意义。"①审美直觉的有无取决于审美主体的艺术经验和艺术修养的有无,也取决于其艺术灵性的强弱。

2. 逻辑

"逻辑"一词在英文中为"Logic",它包含有思想、原则、理性、规律的意思。这个词来源于古希腊哲学家赫拉克利特的逻各斯(Logos)一词,其本义是言语、思维和理性。逻辑思维就是以语义的、分析的和推理的方式进行的思维。抽象是逻辑思维的基本特征,所以逻辑思维又称为抽象思维。逻辑思维以抽象的分析与综合、归纳与演绎为主要的思维方法,以抽象的语言符号为基本的表达样式。因此,逻辑思维是以推理为呈现方式以达到认识事物的目的的思维方式。

逻辑思维具有确定性、严谨性和一致性,从而保证了推理的有效性。在现代自然科学、社会科学以至人文学科中,这种思维形式都具有重要的意义。要对一个事物作出科学的认识,需要通过全面的观察、细致的分析、高度的综合,借助于归纳或演绎得出结论。逻辑思维是认识事物本质的一种途径,它是通过对研究对象去粗取精、去伪存真、由表及里、由浅入深地探索把握对象,通过对事物的特殊性与普遍性对立统一关系的分析揭示事物的本质与发展规律的。

逻辑思维有许多优点,如思路清晰、概念明确、井然有序、少盲目性等,因而在人类的认知领域中发挥着至关重要的作用。其中,数学思维对逻辑思维诸多优点的体现尤为突出。数学思维就是运用数学语言即数学观点、原理、方法及其呈现方式进行的思维,其目的是借助于一定的演算对作为客观事物的一种抽象的数与形及其关系的分析、研究,揭示出事物存在与发展的规律。属于逻辑思维的数学思维同以想象活动为基本形式的艺术思维并不是截然对立的,而是有某种内在关系。早在古希腊时期,哲学家毕达哥拉斯就认为可以从数的角度去认识事物,并提出了"数是万物之源,又是一切事物存在的形式"的观点,他还最早发现了在艺术创作和

---

① 《马克思恩格斯论艺术》第一卷,人民文学出版社,1960年,第244、204页。

设计中广泛运用到的"黄金比例"。毕达哥拉斯学派将美学形式的概念确定为数理形式,第一次使用了形式美概念,其理论对古希腊建筑和雕塑产生了巨大的影响。德国数学家和哲学家莱布尼茨提出用数学方法去研究逻辑问题,开创了数理逻辑先河。而列奥纳多·达芬奇的许多艺术创作都追求符合数学秩序,其艺术构图按严格的比例进行,他简直就是以科学的方法作画。

逻辑思维以科学性为其特征,直觉思维则更多地具有艺术色彩,二者在相当程度上确实可以视为对立的两种思维方式,它们在不同的领域中发挥主要作用。但另一方面,就如同在科学活动中并非不会被运用到直觉思维,直觉思维在科学活动中并非没有意义一样,逻辑思维在艺术活动等审美活动中并非不会被运用到。逻辑思维不单是在解读艺术与美学理论中起着举足轻重的作用,就是对于艺术创作构思和艺术作品解读也具有不可或缺的意义。因此,逻辑思维不但在人文学科中被广泛地运用,就是在各种各样的艺术实践中也时常被使用到。

二、无功利性与功利性的区别

功利性本来是指运用某些工具和手段以达到某种目的的活动所具有的特性,这些活动的主体以满足一定的主观欲望、取得一定的实际利益为其目的。对于美和审美活动,人们则通常一方面强调其非功利性即无直接功利性的一面,另一方面也指出,美和审美能以其独特的形态和形式满足人的精神需要,而满足精神需要就属于广义的功利性。如下看法几乎成了一种共识:作为一种精神活动的审美活动,从其过程及其效应来看,功利性与非功利性达到了高度的统一。美和审美一方面超出了个人狭隘的功利打算和利害感,不具备任何实际的功利性;另一方面,它也因此而能够提高人的精神境界,使人对庸常的生活有所超越,从而达到使人的作为符合社会进步要求的长远的功利目的。

1. 无功利性

关于审美活动中的无功利问题,爱德华·布洛举过一个非常著名的"海上遇雾"的例子:

> 乘船的人们在海上遇着大雾,是一件最不畅快的事。呼吸不灵通,路程被耽搁,固不用说;听到若远若近的临船的警钟,水手们手慌脚乱地走动,以及船上的乘客们的喧嚷,时时令人觉得仿佛有大难临头似的,尤其使人心焦气闷。船像不死不活地在驶行,茫无边际的世界中没有一块可以暂时避难的干土,一切都任不可知的命运去摆布,在这种情境中最有修养的人也只能做到镇定的

程度。但是换一个观点来看,海雾却是一种绝美的景致。暂且不去想到它耽误了程期,不去想实际上的不舒畅和危险,姑且聚精会神地去看它这种现象,看这幅轻烟似的薄纱,笼罩着这平谧如镜的海水,许多远山和飞鸟被它盖上一层面网,都现出梦境的依稀隐约,它把天和海联成一气,你仿佛伸一只手就可握住在天上浮游的仙子。你的四周全是广阔、沉寂、秘奥和雄伟,你见不到人世的鸡犬和烟火,你究竟在人间还是在天上,也有些犹豫不易决定。这不是一种极愉快的经验吗?①

这就是说,当我们切断与海雾的利害关系时,我们和海雾就共处于一种和谐的审美境界之中。正因为如此,我们说审美活动是暂时忘却现实利益关系的自由的活动,它使人进入一种以享受美本身为快乐的忘我的境界,它可以使人内心丰富,情感发达。

审美活动的无功利性,就是指审美主体暂时放弃对审美客体的实用功利考虑,相对于对象形式进行非功利性的观照。审美活动的无功利性意味着:任何一个对象成其为审美对象,它就必定是当下地脱离了实际功利的东西;审美主体之所谓审美心胸,就是用非实用功利而不是实用功利的眼光观照对象。

关于审美活动的无功利性,中外美学史上都有许多明确的表述。在中国,老子早已提及审美是无功利要求的,他反对过分贪恋色、声、味等而落入功利性的羁绊之中,要人们"涤除玄览",也就是在保持内心纯净的前提下观道、审美。庄子提出"心斋"、"坐忘"、"乘物以游心"以臻于自由自在的审美境界。禅宗提出"无念为宗"的思想。苏东坡主张"不可留意于物"而应"游于物之外"。王国维则有"出乎其外"、"轻视外物"等论说。在西方,关于审美的无功利性的述说也是源远流长的。例如托马斯·阿奎那认为:"美在本质上是非关欲念的。"②康德说:"美是无一切利害关系的愉快的对象。"③

事实证明,摆脱了实用功利性束缚的审美观照可以使人暂时忘却乃至在很大程度上解除劳苦之感,从而进入一种自由的精神境界之中。审美活动是一种精神性的活动,它所追求的是永恒的价值而不是实际的利益,它所满足的不是浅表的物质性需求,而是深刻的精神性需求,它所产生的作用及其效果因而是长久的。

---

① 转引自朱光潜《朱光潜美学文集》第一卷,上海文艺出版社,1982年,第21页。
② 托马斯·阿奎那《神学大全》第二卷第二十七章。
③ 康德《判断力批判》上册,商务印书馆,1985年,第48页。

2. 功利性

所谓功利性,指的是人们对事物持实用的态度,要满足的仅仅是欲望和感官的需要,所关注的是切身的利害关系,是从客体中得到了什么或能得到什么。功利性原则就是实用性的原则,也就是着眼于实际利益,甚至于不惜以满足一时之需为限的原则。基于功利性原则的愿望与要求往往与物质上的追求有直接或间接的关系。

上面提到过海上遇雾的例子,因海上遇雾,无论是乘客还是海员都感到烦闷、焦虑、恐惧、不安,这就是一种功利性态度使然。如此情境之中,人们所关心的往往不是或首先不是审美,而是自我的安危。的确,大难临头,一般人因生死未卜、安危难料而心焦气闷,这是很正常的,如布洛所说:"在这种情境中,最有修养的人也只能做到镇定的程度。"在日常生活中,人们对事物大多执持功利性的态度,因为人要持续生存和发展,首先要解决的往往是最具有现实性的问题。功利性态度的流露是人们日常生活风貌最为常见的一面,功利性态度的影响及其效果构成了人们日常生活内容的一个重要部分,这就是在文学艺术方面功利论者并不在少数的基本原因所在。不少功利论者不无道理地认为,文学艺术的价值就在于它是针对现实、反映现实乃至于可以改变现实的。其道理就在于,有一部分文艺作品确实在不同程度上具有这样的作用,而几乎任何时代都需要有相当数量这样的作品即体现了自觉的现实主义态度的作品创作出来,以符合发展变化着的现实生活的需要。然而,有些功利论者有意无意地走向了极端,无视文学艺术的内在规定与基本规律,片面地赋予文学艺术以非常实用的功利性,并且希望这样一种不切实际的"作用"经常性地立竿见影——他们要求文艺创作随时紧密结合或联系实际,更多地甚至主要地反映政治、道德乃至于经济等方面的内容。在这后一种倾向影响下"创作"出来的作品,往往少有审美价值甚至无审美意味可言,就不足为奇了。

功利性态度对审美观念以及艺术观念的影响,可以从三种范围或者说三个层次来看,那就是:个人的功利性态度及其影响,群体的功利性态度及其影响,社会化的功利性态度及其影响。如果说,上述两种功利论者主要涉及前两个层面的话,那么,当代社会的大众文化所蕴含的审美趣味和审美倾向,就相当明显地体现出社会化的功利性态度对审美观念以及艺术观念的影响了。大众文化从其根底上说是一种功利性文化,其本色就是推崇实用功利;而日新月异的现代技术发明的成果,带来商业文明的繁荣昌盛和现代传播的极度扩展,又使得精英文化出现了趋近于平民文化、世俗文化乃至实用文化的倾向。如此一来,就使得艺术成为一种消费行为,甚至有时与经济消费行为混淆不清。那些因突出娱乐性、消遣性和刺激性,以满足普通人的感官快感和欲望为目的的属于大众文化的文艺,尽管它们大都太过于注重包装而多少忽略了内容的恰当与否,不重视深度而注重平面化、视觉化,拒绝经典,追求流行,却赢得了为数众多的接受者,并且呈现出方兴未艾的趋势。从审美满足主体的不同层次需求的角度来看,不能不承认,这相当突出地显示了感官性审美相对于精神性审美的胜利。应该看到,在这样一种文化情态下面,深含着既具有现实性又具有历史性的功利的二律背反问题。

三、功利性的二律背反及其他

1. 无目的与合目的性的二律背反

所谓二律背反是指两个互相排斥但都可以论证的命题之间的矛盾。二律背反是具有历史规律性的矛盾。审美活动的无目的与合目的性的二律背反,具体表现为活动主体通常无意于追求什么显性功利而活动结果却常常表现为某种隐性功利的获得。所谓显性功利,就是某些人对审美活动"具体功利目的"的预设、悬想或寻求。比如看到人体艺术作品就想到占有对象。所谓隐性功利,就是在审美活动中似无所求却最终达到了某种意义深远的功利目的。例如,我们观看世界名画常常没有什么实用功利目的,但在欣赏的过程中,我们受到了深深的感染乃至心灵的震撼,从而拓展了我们的艺术思维空间,提高了我们的精神境界。这种与具体功利目的无涉而又达到了完善自我目的的潜移默化的审美效果就体现了审美活动的隐性功利。

审美活动可以丰富人的感情,从而提高人的修养,更具体地说,审美活动可以增进人的艺术鉴赏力,陶冶人的审美情操,这就是审美活动无目的的合目的性,也就是审美活动的隐性功利之所在。说审美活动具有无目的的合目的性,这不是有点自相矛盾吗?应该说,如果笼统地在同一平面上来看审美活动的无目的与合目的性,这二者确实显得是相互矛盾的,但实际上,这二者是在同一活动的不同层面或者说是在不同的境域中体现出来的。审美活动无目的,是说审美活动之初以至整个审美活动之中,审美主体无意于要达到什么具体的目的,而审美活动的合目的性,则是就如下情况而言的:审美活动往往能使审美主体在活动的当下达到一种了无欲望、无拘无束的自由状态,从而有利于审美主体在其时及其后不由自主地或自觉自愿地品味人生的基本意义以至追寻人生的终极目的,因而对个人的生活有更深切的感受、更自觉的反思和更自觉的提升。这正是审美活动的隐性功利之所在,审美活动的合目的性就是指其活动过程及结果能够使审美主体进入这样的状态。

如此看来,所谓审美活动的无目的与合目的性的二律背反,就在于其深远的合目的性的获得要以无直接目的为前提,而在活动开始和活动过程中无直接目的的情态总是隐含着曲折隐晦而又水到渠成的合目的性于其间。如果说任何体现了二律背反的现象都是符合历史发展规律的现象的话,审美活动的无目的与合目的性的二律背反,其符合历史发展规律之处就表现在:审美活动的基本价值的实现即其合目的性的呈现或获得有赖于活动过程的顺利进行,而审美活动要顺利进行,必须在活动之始就切断主体与实际功利的关系。"不识庐山真面目,只缘身在此山中。"人的现实生活情态就常常是这样,这在审美活动与日常生活的关系中特别清楚地呈现出来:人要更清楚地看到自己在日常生活中的"庐山真面目",不能不从烦劳的日常生活抽身出来,对自身的本来面相作陌生化的静观默察。也就是说,如果人类的历史不管从个体还是群体的角度来看都是在现实性与超越性对立统一的过程中行进的话,那么,日常生活是以其现实性的展开而蕴含了超越性的趋向,审美活动则以其超越性的凸显而表现出对现实性的关注。质言之,人类正是在现实与超越循环往复的运动中展露出其行进的轨迹以及无限的前景的。

2. 系统功利和群体功利及其关系

"系统"一词,来源于古希腊语,是由部分构成整体的意思①。现代的一般系统论把系统定义为:由若干要素以一定结构形式联结构成的具有某种功能的有机整体②。"功利"一词有三层含义:(1)功效;(2)利益;(3)功名利禄。从形态学的角度看,功利可分为非系统功利和系统功利两种;从社会学的角度看,则功利可分为社会功利、个体功利和群体功利三种。

个体功利即个体对功名利禄的追求及其实现;群体功利即裨益于某一群体的

----

①　系统思想源远流长,但作为一门科学的系统论,人们公认是美籍奥地利人、理论生物学家 L·V·贝塔朗菲(L. Von. Bertalanffy)创立的。他在 1952 年发表"抗体系统论",提出了系统论的思想。1973 年提出了一般系统论原理,奠定了这门科学的理论基础。确立这门科学学术地位的是他于 1968 年发表的专著:《一般系统理论——基础、发展和应用》(General System Theory: Foundations, Development, Applications),该书被公认为是这门学科的代表作。

②　贝塔朗菲强调,任何系统都是一个有机的整体,它不是各个部分的机械组合或简单相加,系统的整体功能是各要素在孤立状态下所没有的新性质。系统中各要素不是孤立地存在着,每个要素在系统中都处于一定的位置上,起着特定的作用。系统论的基本思想:世界上任何事物都可以看成是一个系统,系统是普遍存在的,我们应该把所研究和处理的对象,当作一个系统,从整体上分析系统组成要素、各个要素之间的关系以及系统的结构和功能,还有系统、组成要素、环境三者的相互关系和变动的规律性,根据分析的结果来调整系统的结构和各要素关系,使系统达到优化目标。

功用。要实现社会功利,需要借助于限制性享受、知识传授、约束性指导、道德教化及精神期盼等文化手段的作用。个体功利又分为个体政治功利、个体经济功利及个体名誉功利等,其实用性通常都是相当明显的。群体功利由于具有群体性因而可以说属于广义的社会功利,但它与狭义的社会功利即其作用具有很高程度的社会性的社会功利明显不同,因为群体功利在团体形成的随机性、范围的可变性、趣味的包孕性以及个体的密接性等方面都是狭义的社会功利所无从比拟的。

上文说过,美与审美所具有的功利性是一种隐性的功利,因此,美与审美的系统功利和群体功利都是在隐性功利这一意义上说的。俄国思想家、美学家普列汉诺夫有个著名的观点,认为人最早是从功利的观点来看事物和现象的,后来才逐渐从审美的观点来看待事物和现象。这一观点受到我国许多著名学者的引述和赞赏。鲁迅先生就曾接着普列汉诺夫讲:"功用由理性而被认识,但美则凭直感的能力而被认识。享乐着美的时候,虽然几乎并不想到功用,但可由科学的分析而被发见。所以美的享乐的特殊性,即在那直接性,然而美的愉悦的根柢里,倘不伏着功用,那事物也就不见得美了。"①鲁迅这段话揭示了美感的感性直觉性与理性功利性的二重性特点。康德在他著名的《判断力批判》中提出审美四契机说,他认为,鉴赏判断即审美判断是无关利害、不凭概念、无目的但又合乎目的、愉快的情感反应。康德的审美四契机说对近代和现当代美学都产生了而且正在产生着巨大的影响,当代关于审美问题的探讨没有哪个是能够绕过四契机说而展开的。因此,人们称康德为近代美学之父,不无道理。王国维也说:"凡自然之物,无不与吾人有利害关系,纵非直接,亦必间接相关系者也。苟吾人而能忘物与我之关系而观物,则自然界之山明水媚、鸟飞花落,固无往而非华胥之国,极乐之土也。"②是说如果能做到忘我、忘物、忘利,则无往而不美。

美感与功利快感的区别在于,美感是远离利害计较的直觉反应,而功利快感却是得到某种现实利益后的满足;美感只与系统功利有关,因而是主体意识不到的,而功利快感却更多地与个人功利有关。因此,义气和义举的形象表现在社会美的范畴内被认为是美的行为,也是构成文学中英雄形象的基本要素,而只关个人利益、与系统利益无关的恩惠,包括贿赂所致的恩惠则不具备美的品格。比如说,民族英雄的事迹是美的,而叛徒和小偷的行为却是丑的。这显然是以公义与私利为

---

① 《鲁迅全集》第四卷,人民文学出版社,1987年,第263页。
② 《王国维文集》第一卷,中国文史出版社,1997年,第3页。

· 49 ·

区别标准的。这种公义有时具有超越敌我双方的利益而受到敌我双方的同时尊崇和赞赏,原因并不在于敌对的消除,而在于忠诚、勇敢、坚忍、守节等品性符合群体的利益,有利于群体的稳定①。而背叛、怯懦、脆弱、变节等品性对任何一个团体和系统的生存构成了威胁。就自然生理构造而言,凡是合乎人类生存发展目的的就美,否则就不美。《歌德谈话录》中讲到"例如达到结婚年龄的姑娘,她的自然定性是孕育孩子和给孩子哺乳,如果骨盆不够宽大,胸脯不够丰满,她就不会显得美。但是骨盆太宽大,胸脯太丰满,也还是不美,因为超过了符合目的的要求"②。尽管歌德的"目的"是自然目的,但实际上仍然是人自身的目的,是人作为一个种系而非个体的生存、繁衍、发展的系统功利决定了女性人体美的特点。与此相反,鲁迅笔下的杨二嫂被描写成"圆规",就显示了其作为女性的最大遗憾——干瘪无臀部,骨瘦无胸脯,因而很丑。这些都说明美在很大程度上离不开系统功利的无意识制约。但美感永远不是对于原因的分析,而是直觉反应。因此,社会的、群体的功利之于审美的关系,只有通过分析才能把握,在现实的审美活动中是意识不到的。

但值得注意的是,现代美学反对康德的以无利害的静观来界定美的说法,而是把审美与功利联系在一起。来自现代科技支撑的实用美学就主张最好用的或功能最强大的如战斗机等往往也是最美的,而受商业规律制约的广告图像的审美更体现了经济利益的审美包装。这在后面的审美文化论一编中我们再展开详论,这里暂且不作深议。

第三节　审美快感与认知快感的区别

一、认知快感来自认知结果

认知,指人类认识事物、获得知识的活动,包括知觉、记忆、学习、言语、思维以及实际地解决问题等过程。按照认知心理学的观点,人的认识活动是对外界信息进行积极加工的过程。认知的目的是通过对认知对象的了解,揭示对象的本质和规律。认知快感就是主体因达到了认知目的而产生的快感。

----

① 参见黄海澄《系统论、控制论、信息论美学原理》第三章,湖南人民出版社,1996年。
② 《歌德谈话录》,第133—134页。

有许多人爱好科学,因为科学的认知能给人以强烈的快感。科学理论和科技发明使人类的生活水平得到了极大的提高,科学家的认知快感主要源于其认知结果及其对人民大众生活的改善。最近几百年来,科学在不断地影响人类的生活。蒸汽机、电灯、电报、电话、铁路、汽车、飞机等等,既给我们带来了极大的便利,也很大程度上丰富了我们的生活;生物学和医药学方面的发明使人类的健康得到了更多的保障,使人类的生命得到了更好的保护;科学使大多数人脱离了繁重的体力劳动,而机械化、电气化使社会的生产能力大大提高。20世纪后半叶以来,科学技术在人类的生活中发挥着更加重要的作用。而所有科学技术成果的取得及其卓有成效的应用,都与接连不断、步步推进的科学家们的认知结果密不可分。因此,科学家们在其长期工作的过程中,常常有认知快感产生。

可以说,人类的任何活动都是伴随着认知,与其认知结果分不开的,人的生活境遇有多广阔,认知的发生及其作用的范围就有多广阔。就拿日常生活活动来说,无论是衣、食、住、行,哪一方面是无需人们去了解、去熟悉、去掌握的呢?就人在社会交往活动中所形成和发展着的精神需要来说,凡能给人以某种满足从而给人以某种快感的尊敬、喜欢、赞美、荣誉、尊严、威信、朋友、知己、信赖等等,都是与他人对自己的认知和自己对自己的认知分不开的。

人们的认知过程,包括注意、知觉、表象、记忆、思维、推理以及语言等要素。在具体的认知活动中,这些要素常常是交织在一起的,并因此而发生相互作用。进一步说,人的情感、情绪、动机、习惯、意趣、性格等等也都直接或间接地与人的认知活动及其结果有关。因此,人的认知快感的生发,可能是由某种知觉、记忆、思维或语言所引起,但认知快感的提高或者说强化总是与某一特定的认知结果分不开的。医生攻克了治疗顽症的难关,科学家突破了某一技术瓶颈,学生解开了某一道难题,等等,都会产生随此结果而来的欣喜和欢乐。这种欣喜和欢乐是对认知结果的肯定,是对理想胜利的赞美,但并不一定与认知结果的形象和外在形式有关。如对癌症和艾滋病的进一步认识所取得的疗效引起认知快感,但这种快感绝非来自癌症和艾滋病本身的丑陋形象。因此可以说,美感与认知快感的区别在于,美感可由对象的外在形象直接引起,如花容月貌引起直觉性的美感,未必需要认知的参与,而且如果用化学化验的方法去分析花瓣的娇艳,或用显微镜去观察美人的玉容,往往只会带来丑恶和恐惧。与此相反,任何认知快感却都需要建立在对对象的分析、认识的基础上。

按照黄海澄先生的说法,审美活动虽然主要是一种价值(审美价值)评价活动,或者说对审美价值的感情反应活动,"价值评价和对价值的感情反应不是认知活动,不应当像认识主义者所做的那样统统归入认识论"。但是,"除了某些内源性的感情之外,价值评价和对价值的感情反应都需要以对于价值的认识作为桥梁和中介。人类的评价心理结构图式的形成和发展也需要认识的参与"①。因此,尽管任何审美都主要不是一种认知活动,而是一种以情感反应和意蕴品味为基本形式的价值感悟活动,但并非任何审美活动都可以完全脱离认知活动,这在文学鉴赏方面表现得尤为突出。如果对语言、语义、主题、背景等无所认识,那么,进一步的审美体验也就无法进行。但是,这种认识必须是在文学形象、文学形式或文学情境中伴随着形式感觉和情感体验、形象演进而展开的,而不是独立进行的。因此,在审美活动中产生的快感是一种综合了感受、想象、情感、理解等多种因素的审美快感,而不是单纯的认知快感,认知的快感已经在审美过程中被改造、整合、化合为审美的整体感了。比如,《水浒传》中"路遇不平,拔刀相助"的认知快感就被浸润在了这些性格鲜明的英雄豪杰的形象展现以及读者和观众与此相伴生的情感共鸣中了,而与我们在接受语文课教学中的段落分析、主题概括时因符合标准答案而产生的认知快感颇为不同。

　　总之,审美快感与认知快感有着非常明显的不同。认知快感来自认知结果而非认知对象,而审美快感来自对象本身而非科学结论。认知快感因来自认知结果,故延续的时间明显较短;而审美快感因来自对象本身,更准确地说,来自对对象的感受过程,因而时起时伏,延续的时间相对较长,亦即审美快感的发生是具有一定的过程性的。人的审美快感发生的过程性更好地体现了审美的无目的而合乎目的的特性。

二、审美快感随审美体验而生

　　任何体验都属于生命活动过程。审美体验是审美主体在特定的心境和时空条件下,通过其感受、想象与理解,在对象世界中品味美的意蕴、在美的底蕴中感悟生活意义的心理活动过程。审美体验是最能够充分展示人的自由自觉意识及其对理想境界的追寻的一种体验,因而可说是最高的体验。审美体验使人获得生命的高扬、生活的充实、对自身价值的肯定和对生活世界的体悟。就其形式来说,审美体验是一种直觉——对形象的直觉。如何达到这种直觉,却需要静虑去私的心理前提。也就是说,审美主体与审美对象之间须保持一定的心理距离才会形成审美体验。所谓心理距离,是指审美者撇开功利性的、实用性的考虑,以一种超脱的态度

----

　　①　黄海澄《价值、感情与认知》(下),《暨南学报》(哲学社会科学版)1994年第4期。

来观照对象。但就审美中的状态来说,审美体验是一种移情。所谓移情就是设身处地地体会对象,将主体的情感、趣味投射到对象有生气的结构中去。例如诗人把自己的不畏强暴的性格和情感投射到菊花身上,然后再去讴歌菊花的不畏严寒和美丽。当审美主体把自己的情感趣味外射到对象中去同时又把对象的形象意味吸收到自身时,就进入了"物我同一"的审美境界。审美快感由此而生。

审美快感作为审美体验的结果,是审美情感的释放、精神的放松。它是这样一种感觉:其基础层面是主体对客体的感官性直接感应,深层内涵则是精神方面的愉悦。审美快感与审美感受含义上是相通的,不同只是在于:"审美感受"强调的是通过感知而接受,"审美快感"则强调因感知而快适。因感知而快适,这意味着审美体验的发生,而审美体验过程的全部内容,既包括因感知而快适,又包括在快适中感知,这二者互生互融,因而审美快感与审美体验基本上是同步的。

以欣赏协奏曲《梁祝》为例。这部作品以浙江的越剧唱腔为素材,用奏鸣曲式写成。它综合采用交响乐与中国民间戏曲音乐的表现手法,描绘了梁祝相爱、抗婚、化蝶的情感与意境。其结构分为呈现部、展开部和再现部三部分。

(1)呈现部。在轻柔的弦乐颤音背景上,长笛吹出了优美动人的鸟鸣般的旋律,接着,双簧管以柔和抒情的引子,展示出一幅风和日丽、春光明媚、桃红柳绿、百花盛开的画面。其后,独奏小提琴模仿古筝、竖琴和琵琶,演奏出的音乐以轻松的节奏、跳动的旋律描绘了梁祝三载同窗、共读共玩、追逐嬉戏等情景。这部分行将结束时,音乐徐缓直至成为断断续续的音调,表现了祝英台有口难言、欲言又止的情态。而在弦乐颤音背景上出现的梁、祝对答,摹现出十八相送、长亭惜别、恋恋不舍的画面。当听众感受并体验这悠然、活泼、缠绵、温馨的和谐的生活氛围时,审美快感油然而生。

(2)展开部。音乐突转为低沉阴暗。阴森可怕的大锣与定音鼓,惊惶不安的小提琴,把听众带入悲剧性的抗婚情节之中。铜管以严峻的节奏、阴沉的音调,表现出封建势力的凶暴与残酷。独奏小提琴以戏曲散板的节奏,表现出祝英台的悲痛与惊惶。接着,乐队以强烈的快板全奏,衬托出小提琴所演奏的反抗音调,表现出祝英台誓死不屈的反抗精神。其后,矛盾对立的上述两种音调在不同的调性上不断出现,最后达到了高潮——强烈的抗婚场面。乐队全奏时洋溢着对幸福生活的向往与憧憬,接踵而来的却是由铜管奏出的音调所体现出来的强大的封建势力的重压。再后来,音乐急转直下,弦乐快速的切分节奏激昂而果断,独奏的散板与乐队齐奏的快板交替出现。此时加入的板鼓,变化运用京剧倒板与越剧嚣板的手法,生动地表现出祝英台在坟前悲愤交加的情景。小提琴在和声、配器乃至整个处理上较多地运用了戏曲的表现手法,将祝英台时而呼天抢地、悲痛欲绝,时而低回婉转、泣不成声的状态刻画得栩栩如生。突然间,发展着的乐曲由二拍子变为三拍子,呈现出祝英台向苍天作最后的控诉;接着锣鼓齐鸣,呈示出祝英台纵身投坟的突发情景,乐曲进入最高潮。如果说对这一部分的展开所进行的体验,听众更多的是感受到悲痛、焦虑、激愤和惋惜的话,那么,乐曲达到最高潮的那一刹那已经预示着听众将会在其后不久——在"痛定思痛"的回味即再度体验中感受到某种因灵魂得到净化而带来的审美快感了。

(3)再现部。长笛奏出美妙的旋律,伴着竖琴的级进滑奏,使观众犹如进入了仙境一般。在加弱音器的弦乐背景上,第一小提琴与独奏小提琴先后加弱音器重奏出那余音犹在的爱情主题。随后,钢琴在高音区轻柔地演奏五声音阶的起伏音型,并多次移调,仿佛梁祝在天上翩翩起舞,向着人间播撒忠贞不渝的爱情的光辉。这部分可以说是整个乐曲的意蕴的概括性呈现,它所突出的是虽柔弱却又坚韧的爱情基调及其感人至深的生命意味,所张扬的是人追求合情合理的幸福生活的激情、潜能及其永恒价值,从而使人在现实生活中不知不觉地形成的或大或小相类或相关的心理淤积得到情感性的或情绪性的消解或消散,因而获得审美快感。

总之,体验是主体的一种直接生命感性活动。它与主体的意志、目的、愿望、情感紧密结合在一起。体验是人生的一种反思方式。人通过反思人生,洞悉生命的困境和存在的有限,并由此获得人生意义的理解。在审美体验之中,主体成其为满怀激情地追寻生命终极意义的人。如果说审美体验因其内容及情景的多样性而常常给人以多味俱全的人生况味的感受的话,那么,凡审美体验都能给审美主体带来审美快感,而无审美体验就难以得到审美快感则同样是可以肯定的。

思考题:

1. 什么是审美活动的形象性? 什么是审美活动的超象性? 二者有什么样的关系?

2. 审美的感官性和审美的精神性分别指的是什么? 二者关系如何?

3. 审美快感与功利快感有何区别?

4. 审美快感与认知快感有何区别?

5. 内审美有何特征? 请举例说明。

6. 审美快感是如何随审美体验而产生的?

第二章　审美活动的生成和发展

美和审美不是先在的、现成的,而是生成的,这大体上已经成为当代美学界的一个共识。但是对于美和审美究竟如何生成的问题,各美学流派还一直在深入探讨中。20 世纪 80—90 年代形成的新实践美学在美和审美的生成问题上基本上坚持了实践美学的一贯观点,认为美和审美最终是在人类的以物质生产为中心的整个社会实践之中生成的。具体来说,美和审美是在以物质生产为中心的社会实践达到一定自由的程度时,在实践—创造的一定自由之中,随着自然的人化和人的自然化而生成的。人对现实的审美关系显现在现实对象之上就成其为美,触发于意识活动之中就成其为审美(美感)。美和审美是同时生成于以物质生产为中心的社会实践之中的,美和审美不可分割。总之,美和审美生成于实践之中,并随着实践的发展而不断发展。

第一节　审美的历史性生成

审美主体与审美对象是审美活动的两个基本要素,审美主体与审美对象在审美活动中相互依存、相互作用从而使审美活动不断发展和丰富起来,并同时也丰富了审美主体和审美客体本身。因此,审美的历史性生成问题,体现为审美主体和审美客体与审美活动之间的关系问题。

一、美在审美中生成

美是审美主体与审美客体相互作用生成的一种特殊价值,审美活动是审美主体与审美客体相互作用的过程。美只有在审美活动中才得以呈现,亦即才现实地生成。从时间性的角度来说,并不是先有审美主体、审美对象的存在才有审美活动的发生,而是审美活动的发生与审美主体和审美对象的现身是共时性的。在审美活动之前或审美活动之外,没有审美主体和审美对象可言,也没有美可言。

　　传统美学是把对美的本质的探讨作为美学研究的重点的,把美看成是一个先于审美活动而存在的实体,仿佛美就现成地摆放在那里,等着人们来欣赏。按照这样的看法,审美活动仅仅具有把美和美感联系起来的意义,审美活动仅仅是一种认识过程,是先在的美得以呈现的一种手段而已。

　　马克思的看法与此不同。马克思的《1844 年经济学哲学手稿》为美学带来了重大的变革和启示,它通过审美主体与审美客体相互统一的对象化活动来把握美和审美之实质,科学地说明了美的生成与审美活动的关系。

　　在马克思看来,所谓美的问题,根本上是人的问题,具体地说就是作为人的本质力量的重要内容——审美能力在现实的实践活动中历史地生成的问题。马克思说:"只是由于属人的本质的客观地展开的丰富性,主体的、属人的感性的丰富性,即感受音乐的耳朵、感受形式美的眼睛,简言之,那些能感受人的快乐和确证自己是属人的本质力量的感觉,才或者发展起来,或者产生出来。"①马克思反对离开人和人的活动来抽象地谈论美的问题,而始终从人的现实生成的角度来谈论美以及美对人的依存性和对人的肯定意义。

　　美和审美是生成的,随着人的社会实践的发展,随着人的本质的丰富性在实践中的展开,美和审美才产生、发展和丰富起来。不是先有审美对象才有了审美主体,而是审美对象和审美主体的形成是具有同步性的,也就是说,人的审美能力的生成过程,就是审美对象的生成过程。

　　马克思认为,"五官感觉的形成是以往世界历史的产物",正是在包括审美实践在内的社会实践的基础上,人通过各种各样的对象化活动,不断地在对象身上直观自身的本质力量,从而形成"有音乐感的耳朵"、"能感受形式美的眼睛"。其感觉器官日益敏锐并富有理性和创造性,从而成为审美的人。关于这一点,马克思是这样说的:"只有音乐才能激起人的音乐感;对于不辨音律的耳朵来说,最美的音乐也毫无意义,音乐对它说来不是对象,因为我的对象只能是我的本质力量之一的确证,从而它只能像我的本质力量作为一种主体能力而自为地存在着那样对我来说存在着,因为对我来说,任何一个对象的意义(它只有对那个与它相适应的感觉说来才有意义)都以我的感觉所能感知的程度为限。"②马克思的话既揭示出审美活动发生的历史必然性,也说明了美作为对象并不存在于审美活动之外,而是具体地生成并存在于审美活动之中。事实正是如此。一件艺术品,当它还没有被人以审美的态

---

①②　马克思《1844 年经济学哲学手稿》,人民出版社,1979 年,第 79 页。

度去观照和体验时,也就是说还没有进入审美活动之中时,它虽然已具有审美属性,但还不是作为审美对象存在。审美属性只是审美对象可能形成的一种条件,但还不是美本身,更不是审美活动。只有在具体的审美活动中,审美对象形成的可能性才会转化为现实性。马克思曾经在《政治经济学批判》导言里举例说,铁路如果不是有火车来开,运东西,那么铁路就不是现实的铁路;衣服如果不穿就不是现实的衣服;房屋如果没有人去住,它就不是现实的房屋。同样道理,如果一部艺术品不成其为审美活动的对象,那就不是现实的艺术作品,不是现实的审美对象。海德格尔就曾说过,当荷尔德林的诗集与德国战士的行军水壶和枪刺放在一起的时候,艺术是不存在的。自然美也一样,自然界的山山水水、云雾霞光、花草虫鱼、飞禽走兽等等成其为美,都是在我们的审美活动中呈现出来的。总之,离开了审美活动,既没有审美对象也没有审美主体,美也就无从产生了。

马克思指出:"……从主体方面来看:只有音乐才能激起人的音乐感;对于没有音乐感的耳朵说来,最美的音乐也毫无意义,不是对象,因为我的对象只能是我的一种本质力量的确证,也就是说,它只能像我的本质力量作为一种主体能力自为地存在着那样对我存在,因为任何一个对象对我的意义(它只是对那个与它相适应的感觉说来才有意义)都以我的感觉所及的程度为限。所以社会的人的感觉不同于非社会的人的感觉。只是由于人的本质的客观地展开的丰富性,主体的、人的感性的丰富性,如有音乐感的耳朵、能感受形式美的眼睛,总之,那些能成为人的享受的感觉,即确证自己是人的本质力量的感觉,才一部分发展起来,一部分产生出来。因为,不仅五官感觉,而且所谓精神感觉、实践感觉(意志、爱等等),一句话,人的感觉、感觉的人性,都只是由于它的对象的存在,由于人化的自然界,才产生出来的。五官感觉的形成是以往全部世界历史的产物。"[①]这说明了:(1)审美主体不可能离开审美对象孤立地存在;(2)主体的审美感觉与审美能力是在"人化的自然界"即人化的对象世界中产生出来并得到确证的;(3)包括审美感觉在内的人的"主观感觉",是长期实践活动的历史产物,是从全部人类不断的实践中发展与丰富起来的。

因此,当我们说审美主体的时候,就意味着首先有审美活动在进行,同时又有审美对象存在。正是审美活动将审美主体与审美客体联系在一起,终结了主客二分的非审美活动。正是在审美活动中,审美对象才要求并规定着主体成为审美主体,而审美对象的出现又必须以审美主体的存在为前提。因此,我们只有通过考察

---

① 《马克思恩格斯全集》第四十二卷,人民出版社,1979年,第125—126页。

审美活动才有可能真正把握审美主体与审美对象及其审美关系,才能更深入地理解美的生成原理。

二、美在审美中发展

美生成之后,并不是一成不变的,它会随着审美活动的发展而发展,从而呈现出历久弥新的活力和生命力,同时,发展着的美也在推动着审美活动的发展,也就是说,美的发展过程即审美活动的发展过程,乃是一个不断升华的过程。

人类的审美活动,最初是与制造生产工具的活动紧密联系在一起的。人类制造工具的活动,最初无疑是完全出于实用功利目的的活动,而一旦人的自我意识形成,人在其生命活动中观照到自己的本质力量并从中体验到创造的乐趣,其目的就不仅限于满足实用功利的需要了,审美需要开始在人的意识中萌芽,而人同时希望能在创造性的活动中能动地表现自己,实现自己。从大量的考古学成果中,我们可以发现人类的审美意识从无到有、从不自觉到自觉、从初级到高级的演变过程。例如,旧石器时代的蓝田人和北京人所制作的石器还相当简单和粗糙,型体很不规整,且多为一器多用;旧石器中期的大荔人、丁村人所制作的石器,则在器用功能方面有了分化,人们开始对形式美有意识地追求,除了每每呈现出规整、对称、均衡的特点之外,光洁度也大大提高了,并大多富有韵律感。到了旧石器晚期和新石器时代,人类制作的石器工具不仅在功能方面高度分化,而且外表更为精美,制作工艺表现出更高的技巧和水平。这是一个由简单到复杂、由粗糙到精致的发展变化过程。在人的生产活动中,人的审美意识得到了不断的发展和提升,同时,不美的东西变成了美的东西,而美的东西显得更美。在人的生产活动中,工具形式之所以变化与发展,首先和更多地由于满足使用方便、顺手的需要使然。而当人使用经过改造的工具而较好地达到了预期目的时,人感觉到了获得成功的快乐,从而对这些使用起来颇为顺手的工具也产生了满意的感觉。于是原先所产生的实用功利快感已被超越,审美快感获得了足够的空间,并不断有所发展,审美意识也就随之形成和发展了,人们对美的要求也相应地越来越高。所以说,美是在审美活动中不断发展的。

马克思说:"动物只是按照它所属的那个种的尺度来建造,而人却懂得以任何种的尺度来进行生产,并且懂得怎样处处都把内在的尺度运用到对象上去;因此,人也按照美的规律来建造。"①说人在生产实践中按照"美的规律"来塑造物体,也就

① 《马克思恩格斯全集》第四十二卷,人民出版社,1979年,第97页。

等于说,人在生产实践过程中富于创造性的活动就是审美活动。事实正是如此,人们在生产制作过程中,根据"美的规律"把色彩、线条、光泽度等美的要素应用到物体的设计上,从而使物体获得更多的审美因素,更富于审美价值。在工具的装饰化造型与装饰大量出现的新石器时代,器物装饰与装饰化造型也大量出现在日常生活用品与其他器物的装饰上。出土的历史文物证明,一些新石器时代的工具上已经有了刻纹装饰和图案装饰:浙江河姆渡出土的古刀,上面刻有鸟纹;一个彩陶纺轮上则绘有太极图案,那是用"一根相反相成的 S 形线,把整个画面分成两个阴阳交互的两极,这两极围绕一个中心回旋不息,形成一虚一实,有无相生,前后上下相随的一种核心运动"[①]。这说明,人们在生产中按照"美的规律"来制造物品,既使物品富有审美价值,也推动了审美活动的发展。

除了工具的制作和器物的装饰以外,人体装饰作为表现审美意识的又一种重要手段,也很能体现出美在审美活动中的发展。包括服饰在内的人体装饰,其起因是复杂的,性的吸引、对付威胁、保护自己、力量的显现与技巧的展示、图腾崇拜以及表示等级差别等等都是人体装饰产生的原因。在装饰用以展示力量与技巧方面,普列汉诺夫发现:"野蛮人在使用虎皮、爪和牙齿或是野牛的皮和角来装饰自己的时候,他是在暗示自己的灵巧和有力,因为谁战胜了灵巧的东西谁就是灵巧的人,谁战胜了大力的东西谁就是有力的人。"[②]一般来说,原始部落中只有打到猎物的人才有资格佩带以猎物的某一部分制作的装饰品,它们以感性直观的形式展示佩带者的勇敢、灵巧、技能等等,佩带者由此而感受到自己的生命活力,从而得到快乐。这也就是马克思所说的:"人只有凭借现实的感性的对象才能表现出自己的生命。"[③]当一个人因佩带这些装饰品而受到部落中人们的尊重——装饰品展示着他曾为集体带来的利益时,他的心中就充满了喜悦。诸如此类的装饰品的美与审美正是在人佩带它获得荣耀从而产生喜悦之情的过程中获得发展的。

今天我们称之为形式美的标准,对称、均衡、节奏、和谐、比例等等都是从人类最原初的一些审美活动中发展起来的。人们在装饰时,开始时只对那些符合自己目的的对象形式产生好感,然后他们把这种形式以及在工具制作与器物生产中所获得的能使自己感到愉快的形式用到人体装饰上去。但是他们不是不经加工改造就使用他们的装饰品的,而是基于一定的审美态度予以加工,赋予它们审美的因

---

① 雷圭元《中国图案作法初探》,上海人民美术出版社,1979 年,第 41—42 页。
② 普列汉诺夫《普列汉诺夫美学论文集》(Ⅰ),人民出版社,1979 年,第 314 页。
③ 《马克思恩格斯全集》第 42 卷,人民出版社,1979 年,第 168 页。

素,使之具有更高的审美价值。他们将兽皮切成条子,将牙齿、小石头、螺壳整齐地排列成串,把羽毛结成束子或冠顶,或织成衣服。在这些不同的装饰中,形式美的原则逐渐形成了,而人们的装饰活动也逐步摆脱了吸引异性、表征力量、恫吓敌人等原初功能,成为纯然愉悦活动主体的一种方式,于是,装饰品显得更美丽,实际上也更富于审美价值了。

美的发展固然离不开人类的物质实践活动,而同时也离不开人类的精神活动。这首先体现于人类的想象力的产生与发展。想象具有相当重要的意义。有了想象,人们在物质生产活动中受到的限制才有突破的可能;想象使得审美活动内容更为丰富,使美显现出千姿百态来。原始巫术、图腾崇拜、禁忌、文身、神话传说等等或多或少具有审美意味的事物都是想象力的产物。图腾崇拜、巫术仪式是人们为了达到劳动的目的而进行的。如狩猎民族的野牛舞,它是狩猎活动的组成部分,其用意是召唤野牛。狩猎者一般要连续跳上几天这种舞,直到野牛出现为止。这种舞蹈是狩猎者为了在狩猎中能成功捕获猎物的一种祈祷仪式:他们通过自己的想象萌生出一种意绪并使之具体化,然后用跳舞这种感性的形式表达出来。每当人们在跳了几天的野牛舞后,野牛真的出现并被捕获了,他们就会认为是这种精神活动起了作用,从而对这种精神活动的形式产生极大的信任感与满足感。久而久之,人们只要看到这种活动形式就感到愉快,产生对它的审美需要,这种活动形式因而逐渐发展成为审美活动的形式。

人的精神活动,还包括对自然的崇拜。祭祀活动中发展出对自然的欣赏,后来发展为把自然物与自然现象人格化,并从中直观自身。我国先秦时期,儒家学派创始人孔子说过"智者乐水,仁者乐山"[①],那是因为山水可以作为具有美德的君子的象征。汉代刘向在《说苑》中记载:"子贡问曰:'君子见大水必观焉,何也?'孔子曰:'夫水者,君子比德焉。遍予而无私,似德;所及者生,似仁;其流卑下句倨皆循其理,似义;浅者流行,深者不测,似智;其赴百仞之谷而不疑,似勇……是以君子见大水必观焉尔也。'"[②]孔子欣赏山水,实质上是欣赏山水所象征的道德,即所谓"比德"。这形成了我国对自然物与自然现象审美的一种文化传统。中国人对梅、兰、竹、菊的特殊喜好,也是从"比德"传统发展而来的。梅、兰、竹、菊的自然属性所体现的形式美,是人们所喜爱的。历代仁人志士都喜欢以梅、兰、竹、菊自喻,他们把

① 《论语·雍也》。
② 《中国美学史资料选编》上册,北京大学哲学系美学教研室编,中华书局,1980年,第112页。

梅、兰、竹、菊人格化美化的同时,也提升了自己的人格。因此,梅、兰、竹、菊自然而然地成了君子的写照。从对自然的崇拜到对自然的欣赏,说明美在审美中从物质形式到精神形式的不断发展、演变。

第二节　审美的当下性生成

一、审美是感性整合理性的活动

任何审美活动都有一定的感性整合理性的作用。在审美活动中,感性是如何整合理性的呢?首先让我们来认识感性与理性。在人与世间万事万物之间,由于人认识上的需要,形成了各种各样的主客体关系。于是,如果说任何客体都是一客观存在物的话,那么,凡客体总是相对于一定的主体及其能力来说的,主体所具有的能力之一就是能够将世界中纷繁复杂的种种事物予以归类,使其归属于某一种类,然后人基于其分类,通过概念、判断、推理等逻辑方法,透过现象把握事物的本质。这样一种能力,人们称为知性或理性。由于这种能力最直接也最显明地体现了人的认识和把握事物的能力,因而它被视为作为主体的人最为基本的能力。相对于这种能力,人也有感觉、知觉、表象等能力,这种能力人们称之为感性。知性或理性在人的功利性较强的生活活动中是占主导地位的,但在非功利的审美活动中,则常常是感性经验整合理性知识,把理性知识甚或理解过程融会在感知、想象和情感之中,从而达到与审美主体的个性有机结合,构成形象性与情感性兼备的情境,取得感性直观的审美效果。如张若虚的《春江花月夜》和李白的《月下独酌》都是千古传唱的名诗,其中充满了对宇宙人生的思考。但这种思考都是在月夜的形象化、感性化系统中随着情感的起伏波动自然而然地渗透、流露出来的,而不是以抽象的形式表现出来的。这种理性思考的自然而然的渗透和流露,就是感性整合理性的结果。

就人们的认识活动来说,理性(知性)具有超越感性和具象的特点。其超越性主要表现为相对于感性经验而显出"不仅仅这么多",也就是说,在科学的认识活动中,人们从不停留在感性经验的直接性和质朴性之中,而是对感性经验进行整理,从而抽绎出概念性的意义来。这样一种过程就是理性整合感性的过程,也就是理性在感性经验"是"的基础上追求"为什么"(原因)和"是什么"(意义)的过程。对科学的认识活动来说,其目的就是求"真",即探求现象的本质,因而理性超越就体现为"透过现象看到本质"。不言而喻,理性超越是抽象性的,它整合经验所得出的是与经验状态截然不同的东西,即非感性的理性形式。

在出土的古代文物中我们可以看到很多陶器上刻印有各式各样的纹饰,这些纹饰并非动物纹样,而是抽象的几何纹,有曲线、直线、水纹、漩涡纹、三角形锯齿纹等等。关于这些几何纹获得的起因和来源,意见和争论很多,现在获得较多认同的是这些几何形纹饰与图腾崇拜有关。这些几何纹饰把感性的具体形式抽象化为象征性的符号,它们不是纯粹的几何图案,而是观念意识物态化活动的符号和标记。这些符号形式凝聚了原始人的社会意识,表现了其如醉如狂的情感及观念。这些几何图形具有超模拟的内涵和意义与超感觉的性能和价值,也就是说,呈现为自然形式里积淀社会内容,感性自然中积淀理性成果。这种貌似理性整合感性的抽象图案,实质上仍然是通过感性化的形式整合了原始人的理性意识。

感性整合理性的过程是不断地赋予感性的材料以意义的过程,也就是使意义浅淡且零散的材料转化为有意味的形式的过程。我们从仰韶、马家窑的好些文物中可以比较清楚地获知,其几何纹饰是由具有写实性的动物形象逐渐变为抽象化符号的。由再现(模拟)到表现(抽象)化,由写实到符号化,这是由内容到形式的积淀过程,也是英国美学家贝尔所说的"有意味的形式"形成的过程。也就是说,在后世看来似乎只是美观的装饰而没有具体内容的抽象的几何纹饰,其实在其形成之初是有着非常重要的内容和相当确定的含义(即原始巫术礼仪的图腾含义)的。也就是说,在我们看来似乎是作为"纯"形式而存在的几何纹饰,对原始人来说却不只是给人以均衡对称之感的形式而已,在原始人眼里那是包含复杂的观念、具有想象的意义的东西。总之,巫术礼仪的图腾形象逐渐抽象化为纯形式的几何图案(符号)之后,其原始图腾含义不但没有消失,反而增强了。这样一个由动物形象符号演变为抽象几何纹饰的过程,就是内容积淀为形式,想象、观念积淀为感受的过程。在这个过程中,感性材料变成了有意味的形式。

感性整合理性的结果,使得感性的材料既呈现为形式又具有丰富的意味。例如,以饕餮为突出代表的青铜器,作为原始祭祀礼仪的符号标记,在上古人的幻想中有着巨大的原始力量,从而成为神秘、威吓、恐怖的象征。各种各样的饕餮纹样乃至于其他青铜器所有的纹饰都在突出一种指向深渊的原始力量,突出其神秘所映现出来的畏怖、恐惧、残酷和凶狠。饕餮等青铜器之所以具有神秘的力量,不在于这些怪异的动物形象有怎样的威力,而在于这些怪异形象的雄健的线条、深凸的刻饰,体现了一种无限的、原始的、难以言表的原始宗教情感、观念和理想。从时代背景与历史因由来看,其沉着、坚实、稳定的造型,极其集中地反映了人类进入文明社会之前所经历的"有虔秉钺,如火烈烈"(《诗经·商颂》)的野蛮时代的氛围。

二、审美是一种情感反应或反映

审美作为人对世界把握的一种方式,作为一种反映或反应,其实质不仅是从物质上把握客体,更是从精神上把握世界。人对世界的审美把握,主要是从精神上对世界的把握,它是人对世界的精神把握的一种特殊方式,它构成了艺术活动的本质。人对世界的审美掌握,是通过创造出具有艺术意味的"作品"来实现的。如同物质生产实践活动一样,艺术生产实践活动或准艺术生产活动也是经由一定的实践主体(人),运用一定的工具(器),改造一定的材料(物),造出新的东西(物)来的过程。以文学创作活动为例,文学是以饱含着审美情感的文学形象为中介来反映现实的,这就决定了文学的对象只能是现实生活中使作家感动并引发了作家的审美体验的东西,如同车尔尼雪夫斯基所说:"艺术的范围……包括现实(自然和生活)中一切能使人——不是作为科学家,而是作为一个人——发生兴趣的事物。"①凡是不能与作家在情感上发生联系从而引发审美体验的东西,就不会反映到作品中成为作品的对象。

世界是非常广阔的。在光怪陆离、万象纷呈的各种事物中,最容易引起作家情感活动、形成审美体验的莫过于人的生活、思想、情感和命运了,文学作品要塑造出鲜明生动的人物形象,就必须从描写活生生的现实关系入手。作家创作的目的,就是通过对思想性格的刻画,对生活命运的描写,与读者一起去洞察人生境遇,体察人生况味,探寻人生价值,由此而体现出文学所承担的社会责任和人文关怀。正是在这样的意义上,我们说,文学是人类审美地掌握世界的一种方式。

审美反映总是以具体的感性现实作为对象的,这种感性现实不是作为科学事实而是作为价值事实而存在。价值事实是一种主体性的事实,它以主体需要的存在为依据,以主体需要的变化为转移。这就决定了审美把握的过程是一种价值评价过程。例如文学,其作品向我们传达的就主要不是作家对于感性对象的认识,而是作家的生活体验和情感态度。拿《阿Q正传》来说,作者的基本用意并不像有些批评家所说的那样是总结辛亥革命失败的教训,而是表达了对中国劳动人民中表现出来的精神麻木的深切忧虑,对造成这一心理状态的延续了千百年的封建愚民

---

① 车尔尼雪夫斯基《生活与美学》,周扬译,人民文学出版社,1957年,第97页。

政策的深刻批判,以及唤起广大人民群众思想觉悟的热切愿望。《阿Q正传》之所以成为震撼时代的力作,是因为作品对社会状况的现实及其历史的深刻揭示,更因为作家在作品中倾注了忧国忧民的伟大情怀。又如书法艺术,它同一切种类的艺术一样,实质上也是一定的社会生活在人类头脑中的反映。书法艺术的美,是现实生活中各种事物的形态美在书法家头脑中反映的产物。当我们面对书法艺术作品时会产生出美或不美之感,这一方面是由于书法艺术所营构出来的形体与客观现实中的形体这样或那样地类似,另一方面还由于书法家于其作品中注入了某种情感、情趣或意趣,简言之,由于书法艺术既反映客观的存在又表现主体的情感,从而成为书法家对世界的一种审美掌握方式。书法艺术是书法家在"外师造化,中得心源"即主客观整合的过程中营构出表现生动丰富的生命之美的方式,正如宗白华先生所说:书法中的"字已经不仅是一个表达概念的符号,而是一个表现生命的单位";"有了骨、筋、肉、血,一个生命体诞生了。中国古代的书家要想使'字'也表现生命,成为反映生命的艺术,就须用它所具有的方法和工具在字里表现出一个生命体的骨、筋、肉、血的感觉来。但在这里不是完全像绘画,直接模示客观形体,而是通过较抽象的点、线、笔画,使我们从情感和想象里体会到客体形象里的骨、筋、肉、血,就像音乐和建筑也能通过诉之于我们情感及身体直感的形象来启示人类的生活内容和意义"①。因此,书法尤其能够表现出空阔灵动的意境,尤其能够传达出人们对人生宇宙的思考,成为体现人的情感反应或反映的最具意味的形式美。

三、审美是感悟

审美是感悟,指的是审美活动中审美主体对审美对象的超越逻辑推理的直接感受和领悟,是一种高级的审美接受活动。在审美活动中,主体可以从作为一种有限存在的审美对象中看到人生的永恒性和宇宙的无限性,进入审美的最高境界。中国古代美学特别强调审美感悟。

中国古代美学家认为,审美活动是人全身心投入的一种行为,它"既是一种精神性的即'心'的体验与顿悟,又是一种肉体性的即'身'的把握与操作"②。早在两千多年前,老子就提出了"涤除玄鉴"的主张。所谓"涤除",就是洗涤、清除心中的杂念,"玄鉴(览)"则是指达到一种深邃灵妙的心境。老子认为,要想观照恍恍惚惚

---

① 宗白华《中国书法里的美学思想》,《哲学研究》1962年第1期。
② 张涵、史鸿文《中华美学史》,西苑出版社,1985年。

的道,就必须除却心中的尘垢,做到心净如镜。这种观道的态度近乎审美的态度。后来,庄子又发挥了老子的这一思想,提出"心斋"说和"坐忘"说。"坐忘"说主张以一种"忘我"的态度去享受大道圣境之美,做到"堕肢体,黜聪明,离形去智",形同槁木,心如死灰,以进入审美的状态。要实现对大道的观照,只能靠"感悟"、"体悟"而不能凭"官知",庄子是这样说的:"无听之以耳,而听之以心;无听之以心,而听之以气!耳止于听,心止于符。气也者,虚而待物者也。唯道集虚,虚者,心斋也。"①说的是光凭视听感官是无法把握道的,只有"虚而待物",通过"气"的神悟才能把握大道的实质,达到审美的最高境界。儒家代表人物荀子则提出了"虚壹而静"的主张:"'人何以知道?'曰:'心。''心何以知?'曰:'虚壹而静。'""虚壹而静,谓之大清明。"②就是说,要想观道、知道、悟道,必须做到虚空心胸,即"不以所已臧害所将受";专壹其志,即"不以夫一害此一";静以观之,即"不以梦剧乱知"。总之,荀子认为,只有具备虚壹而静的审美态度,才可能体悟到"道"的"大清明"。由此可见,中国美学在先秦时期已有审美感悟的思想。

魏晋时期,一方面是受老庄思想影响的玄学诗人寄情于山水,致力于在自然山水中领悟"道"的奥秘;另一方面,来自印度的佛教在与中华本土文化对峙、融合的过程中逐渐玄学化,从而对各种审美创造活动产生了影响,许多人在诗歌、音乐、绘画等创作活动中追求理趣与领悟,追求澄怀味象的玄意等。唐宋以来,佛学鼎盛,禅宗佛教重"悟"的意趣渗入了中国文人的审美思维之中,经过长时间的相濡相融,儒、道、释三家终于合流,从此,感悟成为许多文人最为推崇的审美思维方式。

宋代的严羽对审美感悟作了系统的阐述,他在《沧浪诗话》中说:"夫诗有别材,非关书也;诗有别趣,非关理也。而古人未尝不读书,不穷理。所谓不涉理路、不落言筌者,上也。诗者,吟咏情性也。盛唐诸人惟在兴趣,羚羊挂角,无迹可求。故其妙处透彻玲珑,不可凑泊,如空中之音,相中之色,水中之月,镜中之象,言有尽而意无穷。"③严羽在《沧浪诗话》中是以禅喻诗,以悟论诗,他强调写诗、读诗都需要有悟性,必须进入"得句如得仙,悟笔如悟禅"的境界。其主张体现了中国艺术对"意境"的强调:"长于思与境偕,乃诗家之所尚。"④有意境的作品必定有一种超越作者原意的禅性和昭示情愫的张力,使人回味、探寻以至顿悟于其间。如读王维的诗,只要

---

① 《庄子·人间世》。

② 《荀子·解蔽》。

③ 宋严羽《沧浪诗话校释·诗辨》,郭绍虞校释,人民文学出版社,1998年。

④ 唐司空图《与王驾评诗书》。

不仅仅是于诗中寻画,而是透过其诗所呈现的画面把握禅机,就会豁然开朗地进入到微妙隽永的诗境中去,感受到境与神会的真气扑人。意境深蕴的佳作,能够给欣赏者以双重的感应:形骸俱释的陶醉和一念而省的彻悟。一切伟大的诗不独能使我们得到审美的愉悦,而且能导引我们参悟宇宙的微妙和人生的奥义。所谓参悟,是说在诉诸我们的感觉和想象的同时诉诸我们的理智,使我们整个人格都受到感化与陶冶。所以欣赏艺术不是要把握任何极具客观性的物象,而是要感受充溢着情感意趣的意象,从而获得审美感悟。刘勰说的"言不尽意,圣人所难",梅尧臣说的"含不尽之意,见于言外",所强调的都是审美感悟。中国绘画讲究虚实相生,中国诗歌推崇"意在言外",中国音乐追寻"此处无声胜有声",所注重的也都是审美感悟。

审美感悟是与主体对生活的感悟密不可分的。每个人的感悟都以自己的生活经验、人生阅历为基础。生活经验越丰富,人生阅历越复杂,乃至于经历的苦难和挫折越多,其感悟就越深刻。苦难和挫折以否定的形式反映出人的自由与尊严的价值,在人生中遇到的突出矛盾与剧烈冲突面前,人能够更清楚地意识到自我存在的尊严及其价值,萌发出强烈的肯定自我的同时也肯定他人的愿望,从而对人生及其意义有更多的体验和领悟。中国老百姓常讲的"伟人多磨难"、"家贫出孝子",说的就是人经过了许多挫折,体验到人生之不易,领悟到生命无可替代的价值,从而更加热爱生命,追求人生价值。审美活动中的感悟,与生活中的体验和领悟是一脉相通的。

审美活动可分为两个阶段:其初级阶段是悦耳悦目,即给人以感官愉快和满足;其高级阶段则是悦神悦志,在这个阶段中人丰富了对人生、宇宙的情感体验,并获得以"瞬刻即永恒"、"瞬刻即无限"为其心理感应特点的直观领悟。这种审美感悟与主体对生活、生命、人生的感悟是直接联系在一起的。中国古典诗歌特别能显示出审美感悟与人生感悟的关系,这里举两首古诗为例。一首是王安石的《题西太一宫壁》:"杨柳鸣蜩绿暗,荷花落日红酣。三十六陂春水,白头相见江南。"前三句写景,写江南的艳丽阳春。落到末一句,全部景象却笼罩以致渗透了无限的人生惆怅,回忆的愁思和重逢的欣慰交缠在一起,说不清、道不尽的人生况味油然而生。另一首是马致远的《天净沙·秋思》:"枯藤老树昏鸦,小桥流水人家,古道西风瘦马,夕阳西下,断肠人在天涯。"前四句写景,最后一句写人生体验,于是,全篇所写的自然之景全化为人生之景,且浓重的落寞哀愁流泻并涌动于其间。上述的两首诗都清楚地显现了:审美感悟实质上是审美主体人生感悟的升华。

第三节　审美活动的历史发展

审美活动产生于以劳动为中心的人类实践总体之中,而人类的社会实践是不断变化发展的,审美活动也必然随着社会实践的变化发展而变化发展。这样,审美活动也就呈现出共同性和差异性两个方面。因此,有必要从发生学和社会学的角度对审美活动之异同进行讨论。

一、审美的异中之同

一旦人有了审美需要,审美活动就有可能发生。人们有各种各样的审美判断,同一事物,有的人认为美,有的人认为不美。其所以如此,是因为每个人的审美理想和审美趣味都会有所不同。审美理想和审美趣味在很大程度上决定着一个人会作出怎样的审美判断。

审美理想就是主体通过想象在头脑中构造出来的美的理想形态,即主体心目中认为完善的美的观念。审美理想的形成是审美主体在长期的审美实践中,通过不断积累审美经验,提高自己的审美修养,使自己的审美体验不断升华,从而形成的高层次、高品位的审美追求。审美理想在主体的审美心理结构中处于很高的位置,并且,它一旦形成就具有较强的稳定性,在主体的审美活动中发挥着持久而重要的作用。

审美活动中不同主体对同一个对象会作出不一样的审美判断,因为审美理想在一定程度上决定着审美主体对于审美对象的选择以及价值认定。审美理想作为一种具有导向性、规范性的观念,本身就是一种相对稳定的价值取向。主体要选择怎样的事物作为自己的审美对象并与之建立怎样的关系,都与他的审美理想联系在一起。只有符合主体的审美理想的对象才会被纳入到其审美活动中来,否则就难以引起主体的留意。小说《红楼梦》中贾府里的焦大不会喜欢林妹妹,但贾宝玉却对她一见倾心,爱慕不已,原因就在于焦大与贾宝玉有着完全不同的审美理想。当然,审美理想这种规范主导作用是以一种宏观形式进行的,也就是说,审美理想只是宏观地规定审美对象的选择范围,至于主体在特定的时间和条件下会选择哪一个审美对象,则更多地取决于主体当下的需要。在不同的审美理想的作用下,不同的主体对于同一个对象作出的审美判断可能会大相径庭。例如同样面对落日余辉,李商隐表达的是"夕阳无限好,只是近黄昏"的惆怅与叹息,而叶剑英则抒发了"老夫喜做黄昏颂,满目青山夕照明"的豪迈情怀。再如陆游与毛泽东对梅花也作出了不同的审美判断。如此等等,审美理想实际上都充当了宏观的审美标准。

审美趣味也是一个影响人们在审美活动中作出不同审美判断的因素。审美趣味是个人在审美活动和审美评价中表现出来的爱好和倾向,具有鲜明的个性特征。它是先天和后天、生理与社会等多种因素共同作用形成的,因而千差万别,各不相同。

审美活动一方面因个人的审美理想、审美趣味的不同而呈现出千差万别,而同时也存在着普遍性的一面。因为没有脱离普遍性的特殊性,因此我们不能把审美活动中的个性与共性分割开来。审美活动中产生共同性的原因从生理和心理发生来看也是很复杂的。

第一,人类具有相同的生理和心理基础,并且遵循着大致相近的心理活动规律。所有的个人,无论其所属种族、阶级地位、时代状况、地域环境如何不同,都有基本的生理结构和生理机制,都有相同的感受器官和神经系统。并且,人们的审美需要、审美感知、审美思维、审美情感、审美意志等,也都有大致相同的心理活动规律。比如,正常人对特定颜色的感受是大致相同的:看到红色会兴奋激动,感到温暖;看到绿色会产生平静感,甚而产生与永恒、和平、希望等有关的联想……而联想在相似律、接近律、对比律、关系律方面的呈现也是大致相同的。这些都构成了主体在审美活动中产生大致相近的美感的主体条件和主体方面的基础。

第二,社会实践作为人类本质力量的对象化活动所具有的共同性。人类的一切社会实践,都是人的本质力量得以对象化的活动,而美正是产生于这种使人们能够在自己所创造出来的对象世界中直观到自己本质力量从而产生愉悦的社会实践之中的。一切社会实践都毫无例外地对人的本质力量有所肯定,因而那些充分肯定了人的本质力量的创造物——尤其是艺术作品,所引起的人们的愉悦之情就有其大体相似的一面。如同马克思所说:"我的劳动是自由的生命表现,因此是生活的乐趣。"[1]

审美活动的共同性除了上述发生学方面的原因外,还有其社会学方面的原因。

不同时代、不同民族、不同阶级、不同地域的人们也可能产生大致相同或相近的审美,这就是审美活动的共同性。毛泽东说过:"各个阶级有各个阶级的美,各个阶级也有共同的美。'口之于味,有同嗜焉。'"[2]这说明,虽然人们之间存在着许多

---

① 《马克思恩格斯全集》第42卷,人民出版社,1979年,第37—38页。
② 转引自何其芳《毛泽东之歌》,《人民文学》1977年第9期。

审美差异,但也会有某种能够使所有的人都产生美感的东西一以贯之,因此,实际上不能把审美活动所具有的差异性和共同性分割开来。

形成共同美的原因也是很复杂的。

(1) 美的东西都是合规律性和目的性的,只要一种事物能体现出一定的内在规律性并能满足人的要求,它就会呈现出美来。处于上升时期的阶级,一般都是符合历史发展的趋势并打着全人类代表的旗号的,而实际上它也代表着历史的主潮和大多数人的利益,因此他们的审美理想及审美趣味也大多具有历史的进步性,所以能广泛地引起人们的共鸣。例如古希腊罗马的艺术反映的是当时奴隶主阶级的审美意识,却并不因此而不具有着"永恒的魅力"。其史诗、雕塑、戏剧等都反映了当时的社会发展和人们的审美趣味。艺术家们把自己的审美理想和社会理想结合起来熔铸到他们的艺术作品中,使他们的艺术作品获得了不朽的生命力,使以后各个不同阶级、不同民族、不同地域的人民都获得美的享受,像《荷马史诗》、雅典娜、阿波罗的雕像等都是如此,它们都是当时的时代象征。文艺复兴时代意大利的绘画名作——拉斐尔的圣母系列像、达芬奇的《蒙娜丽莎》、米开朗琪罗的《西斯廷教堂壁画》等,都是资产阶级文艺的精品,反映了西方资产阶级处于上升时期的审美意识,符合时代的潮流,因此广为人们喜爱。我国唐代的诗歌,是中国士人阶层处于特定时期的审美意识的表达,其艺术之光也一直闪耀着,现在还有许多诗作经常被人们吟诵,这些诗作对读者的精神世界具有很大的感染力。

(2) 审美对象都是以形式诉诸我们的视觉,然后才进一步深入我们的心理、唤起我们的美感的。审美对象的形式美能引起较明显的共同审美感觉。形式美感是从社会实践过程中高度概括出来的,因而较少受到时代、民族、阶级和地域的直接影响。例如中国古代的陶器、青铜器的造型和色彩,中国的书法艺术刚劲、飘逸的风格,中国画中的山水花鸟以及反映此类题材的艺术作品能给以人某种形式的美感。还有一些艺术作品,虽然其内容已不一定能立刻唤起人们的共鸣,但是它的形式却引起人们长久的爱好,如昆曲、京剧等许多传统剧目的唱腔、招式、脸谱等,就是如此。

二、审美的同中之异

审美活动在其发展过程中显示出差异性的一面,表现在时代性、民族性、阶级性、地域性和个体性上。而同时,审美活动在其随着历史发展而发展的过程中,始终会保持着某种共同性,即在不同的时代、不同的民族、不同的阶级、不同的地域、不同的个体之间表现出大致相同或相近的审美意识。

(1) 审美活动的时代性。审美活动由于时代不同而显示出的差异性,就是审美活动的时代性。这从许多历史文献和艺术作品中可以看出。我国汉民族不同时代的审美观念和标准是不尽相同的。西周时期以至春秋时代,人们喜爱"窈窕淑女",以苗条为美女的标志。战国时代,人们喜爱细腰美人,以致史书上有这样的记载:"楚王好细腰,宫中多饿殍。"到了唐代,则以肥为美,绝代佳人杨贵妃就是丰腴的。原始时代,人们以文身、刺面为美,而现代文明人则一般不以此为美了。任何一个民族或地域的文学史、绘画史、音乐史、舞蹈等艺术发展史,都记载了审美活动随着时代的不同而发生演变的事实。

(2) 审美活动的民族性。每一个民族都有自己的审美标准,因民族不同而显示出的审美差异性,就是审美活动的民族性。亚洲人、欧洲人、非洲人由于其文化传统的差异,因此在审美心理、审美活动中都带有本民族的文化特色。如中国人的"龙"、"凤"图腾,在中国人眼中是吉祥、喜庆的象征,是很美的,但对其他国家的人来说,它就不一定是美的了。德国哲学家黑格尔说:"一个欧洲美人不会叫一个中国人乃至非洲霍腾套特族人喜爱,因为中国人的美概念和黑人的不同,而黑人的美概念和欧洲人的又不同。"①我们中国人一般以黑眼珠为美,可是欧洲白人则以黄头发蓝眼睛为美,这也充分体现出审美活动民族性的差异。

(3) 审美活动的阶级性。审美活动由于阶级不同而显示出的差异性,就是审美活动的阶级性。每个阶级都有自己的审美观念和标准。面色鲜嫩红润、体格健壮是乡下美女的标志,而纤手细足、弱不禁风则为上流社会的美女特征。鲁迅曾说过的焦大不会爱林妹妹,实际上意味着阶级差别,也就是审美的差别之一。在阶级社会里,审美的阶级性确实存在,但并不是时时处处都明显地表露出来的,而是随着社会的阶级矛盾和阶级斗争的不同状况而表现出不同情状,有时隐晦,有时鲜明。比如在阶级矛盾缓和、阶级斗争并不明显的情况下,人们的穿衣戴帽并不见得有十分明显的阶级性。但是,在阶级矛盾尖锐、阶级斗争激烈的形势下,人们的服饰就显示出突出的阶级性。例如,在我国辛亥革命前后风雨飘摇的动荡时期,长袍马褂外加瓜皮帽,是封建遗老遗少的装束,西装革履手持文明棍,则是假洋鬼子(买办资产阶级)的服饰,革命者则是一身特有的中山装而后学生装。这些不同阶级的服饰就显示了不同阶级的审美趣味。

(4) 审美活动的个体性。审美活动还会因为个体不同而显示出差异性,这就是

---

①　黑格尔《美学》第一卷,朱光潜译,商务印书馆,1979 年,第 55 页。

审美活动的个体性。审美活动的个体性主要是因人的生活经历、文化修养、性格气质、能力爱好等不同而显示出来的。有的人喜爱古典音乐，有的人喜爱通俗音乐，有的人喜爱诗歌，有的人则喜爱小说……这些都与由不同的个性所决定的审美趣味密切关联。甚至个体有时生理、心理的变化也会带来审美的不同。列夫·托尔斯泰的《战争与和平》中的主角之一安德列曾在初春之际两次穿过同一块橡树林，但感受截然不同。第一次是带着战败且受伤后心灵与肉体的双重痛苦去朋友劳斯托夫家的，因而他眼中的橡树林是死气沉沉、毫无美感可言的。而当他在劳斯托夫家与老朋友畅谈开怀，并赢得了劳斯托夫的妹妹劳斯托娃的芳心后回家再次经过同样一片橡树林时，春天、生机、生命、美好的感受一起向他袭来，他陶醉了。

（5）审美活动的级次性。由于不同文明、不同民族、不同阶级、不同国家在发展历史、发展水平上的差别，导致了审美的级差。如后工业文明的后现代审美，就与农业时代的审美有很大的不同。现代社会伴随着资本主义全球化进程，商业和技术日益统治了审美文化，时尚意识形成一种潮流。产品的更新换代，明星的瞬间即逝，形式的花样翻新等等，都在以极快的节奏拉开了现代审美与原始审美、古代审美的鸿沟，从而形成审美的巨大级差。虽然我们绝对不能说现代艺术审美就一定比中国古代社会产生的诗情画意的艺术审美更高级，但这种级差的突出表现正好说明了审美的生成性和发展性特点，同时也为审美差异性的根源提供了新的参照。

总之，审美活动是随着社会生活而变化发展的。我们既要看到审美活动的差异性，也要看到审美活动的共同性。同时，还要注意到异中有同，同中有异，不能把审美活动中显示出来的差异性和共同性绝对化、孤立起来而忽视任何一个方面。

思考题：

1. 为什么说美是在审美中生成的？
2. 为什么说审美是感性整合理性的活动？
3. 审美的异中之同的根据是什么？
4. 审美的同中之异的原因是什么？
5. 为什么说审美反映的对象不是作为科学事实而是作为价值事实而存在？
6. 何为审美感悟？审美感悟具有什么特点？

第三章　审美经验的心理过程

近代以来,美学关注的中心已经由"什么是美"的问题转移到了"在美感经验中我们的心理活动是什么样"[①]的问题,亦即对审美经验极为重视,其表现就是把审美活动看成人的生命活动的展开方式之一,而不是从某种虚构的观点去审视和拷问鲜活的审美现象。这是美学向审美学的真正回归。

审美经验是审美主体在具体的审美活动中,全身心地与审美对象融合为一体产生的生理与心理同频共振、交相叠合的感受和体验。审美经验的生成是多种心理活动的聚合,审美经验因主体和对象之间的相互作用而建构。

第一节　审美心理结构中的四个要素

感知、想象、情感、理性等心理活动是构成审美经验的几种最基本的要素。它们既是静态的、共时性的心理结构,也是动态的、历时性的生成过程。

一、感知

人时时都与周围世界发生感性、直接的交往关系,所依靠的是人体的感觉器官。外界事物的客观属性直接作用于人体相应的感觉器官,例如声之于耳、色之于目等,引起人相关的生理性刺激从而产生神经冲动并传导给大脑,使人的大脑形成对事物个别属性的把握,这一过程就是感觉。

清代思想家王夫之说:"身之所历,目之所到,是铁门限。"[②]无论在日常生活还是在审美活动中,感觉都是作为人类生命活动意义的现实载体在起作用的。马克思说,人的一切活动都以他的感觉为阈限。确实,一旦人的感觉机能出现了故障,

---

① 朱光潜《文艺心理学》,《朱光潜全集》第一卷,安徽教育出版社,1987年,第205页。
② 王夫之《姜斋诗话》,人民文学出版社,1961年。

人就难以充分感觉外在世界,其心理活动或艺术活动就有可能流于虚妄、片面。如果说感觉对客观事物的把握是个别的、零散的、随机的话,那么知觉就是在此基础上加工和整理材料而达到对于对象的完整把握。这种把握包括对事物的外部特征如形状、色彩、空间等的整体性形象把握,也包括对整体形象中的意味等因素的体会。因而,知觉不是对感觉到的事物个别属性的简单相加,而是在内在世界与外在世界互动的过程中构成的对事物的整体性反应。这突出体现在知觉的选择性上。人在生活中的感觉经验会形成诸多心理图式,只有与之相似的外物结构才能充分调动它的功能。现代心理学中的"差异原理"告诉我们,那些与"心中的图式"有差异但又不是完全生疏的"眼前图式"最容易引起知觉的敏感。"万绿丛中一点红"就意味着,在同一时刻,人的知觉总是会选择少数刺激强度大的、对比鲜明的、运动着的、多维变化的刺激物体作为对象。

知觉的选择性还体现在人的意图、需要、愿望的参与。"雁过也,正伤心,却是旧时相识。"凡接近人的兴趣以及与人生经验相关的刺激都容易成为人的知觉对象。在具体的知觉活动中,人的知觉活动还与人的心境和文化环境密切相关。人的生活境遇和文化语境不同,所形成的世界图式就可能不同,面对相同的刺激物,心理期待不同的人就可能形成不同的心像。同样是在听《二泉映月》,有的人泪流满面,有的人则一脸茫然。总之,知觉是与人的所有活动几乎都有关联的极端复杂的心理过程,它总在寻找适合自己的事物,并在不断地探究、触摸、反省。

当然,在具体的经验活动中,并不存在先感觉再知觉的严格分割。二者经常交织在一起,因而常合称为感知活动。

人的感知是自然性和社会性统一的过程。人的感知觉是人化自然的产物,即属于在人改造自然的过程中逐渐得到提升的人的本质力量。马克思指出:"五官感觉的形成是以往全部世界历史的产物。"人的感知能力是随着社会的推进、文化的发展和历史的演进而更加敏锐、更富有理性和创造性的。人的感觉的成熟是人的社会化的结果和表征。

审美感知一方面来源于日常感知,另一方面又有其独特性。审美感知是在人的情感的强烈渗透中展开的。"泪眼问花花不语,乱红飞过秋千去。"花是植物,不可能说话,也不可能回应人的心情,它飞到哪儿都与任何主观意愿无关,那是同样无主观意愿的风推动的。但张先为什么要对之提问,甚而责怪它不理解自己呢?以科学眼光度之,此人必为"疯子",而以艺术眼光度之则不然。首先,审美知觉不是知识判断和科学归类,而是对人的内在世界与外在世界关联的情感性把握。其次,审美感知的积极选择能力常常表现在对对象的形式属性的关注。这些感性形式往往都是鲜明、和谐、新奇的,最能引发审美感知的诧异,触动更高级的心理愉悦和情感升华。我们在游漓江发现"九马画山"时异常兴奋,就因为它在突兀的群山中是独一无二的,不仅画面广阔,且线条柔和,黑白有致,若隐若现地形成了一幅生动的骏马图,因而外在的形式结构与人的内心结构得到契合。最后,审美感知是以完形的方式来把握对象的,具有很强的整体性。这种整体性主要表现为审美主体与审美对象之间达到物我不分、主客统一的混沌状态。"庄生晓梦迷蝴蝶,望帝春心托杜鹃",是人变成了蝶还是蝶变成了人? 一时说不清也无须说清,一旦说破,所有的体验就荡然无存了。

总而言之,审美感知是审美活动中对象的形式结构和主体感知结构相契合而形成的心理状态,审美感知是审美经验中最基础的机制。

二、想象

想象是人脑将记忆中的表象(在记忆中保持的客观事物的形象)间的暂时联系重新组合,并对之进行加工和改造来创造新形象的思维过程。想象活动可分为初级形式和高级形式两种形态。前者即简单联想,可细分为接近联想、类似联想和对比联想等若干形式。后者指再造性想象和创造性想象。它们在审美经验中扮演着不同的角色。

在时空上比较接近的事物更容易调动人们的已有经验,更容易在人的头脑中联系在一起,也就是说,只要人们感知到其中一个或某个方面时就会自然地联想到另一个或另一方面,从而成其为接近联想。"君住长江头,我住长江尾。日日思君不见君,唯有长江水。"见水思人,情似流水,正属于这样一种联想。齐白石的中国画《蛙声十里出山泉》,寥寥几笔勾勒出一群欢快游动的蝌蚪,使人联想到蛙鸣阵阵、流水淙淙的山涧,这是人们的记忆中蛙与蝌蚪与水的生存关联使然。

把在性质上具有相似性的事物联系在一起的想象就是类似联想。我们常用的比喻、拟人等修辞手法都是以此为基础的。"细看来,不是杨花,点点是离人泪","有人说,高山上的湖水是淌在地球表面上的一颗眼泪",这是晶莹灵动、清澈圆润、飘飘洒洒而颇能勾起人的伤感的类似性将花、水与泪关联在了一起。唐代皎然在《诗式》中说:"取象曰比,取义曰兴",所强调的就是类似联想,是以事物的外在特征与内在意味及人的情感世界的相似性作为基点而产生的。

对比联想就是由感知和回忆某一事物而想到与之具有相反特点的其他事物。

这种主要由不同事物在性质和特征的对比关系而触发的联想,并不是为了凸显对其中某一事物的感受,而是为了强化对事物之间关系的理解和体验。"落花人独立,微雨燕双飞",就是一方面看到微风细雨中相互追逐嬉戏、自由自在的对对燕子,一方面想到站在缤纷落花中的孤单的我,这一对照凸显了人心中的孤寂和对远方情人的思念,增强了作品的艺术感染力。

以上三种想象都是在当下感知材料的基础上形成的,因此必然受到当下感知对象的限制,其创造力和普遍性也有一定的局限性。与之不同,再造性想象和创造性想象则充分发挥了主体的能动性,在不必依赖当下感知的情况下创造出新的事物形象,它一头连着现实,一头连着理想,从而在生活和审美之间架起了一道桥梁。

再造性想象是指主体在自己或他人已有的知觉表象基础上加工和综合形成新的事物形象的思维活动。它不是简单的复现或再现的过程,而是主体依据自己的生活经验和文化结构等能动地建立表象间联系的过程。这种想象在艺术欣赏中出现频率最高。一般说来,艺术作品都隐藏着融会了艺术家人生体验的形象,它是接受者借以展开再造性想象的基础,也是想象不信马由缰的因由。例如,人们不可能把贾宝玉想象成大大咧咧的莽汉,也不可能把林黛玉想象成热情潇洒的现代女性。同时,艺术作品所蕴藏的形象又都有待接受者补充的空白点。因此,再造性想象所形成的形象与作品蕴藏的形象之间、不同接受者所想象的形象之间往往是大同小异的。"一千个读者就有一千个哈姆雷特",说的仅仅是在不改变哈姆雷特总体特征的情况下,人们关于他的身体、表情、行为方式等细节的想象不可能全部一致,而非说每一个读者心目中的哈姆雷特迥然不同。

创造性想象是主体创造性地调动生活体验从而产生全新的表象的心理过程。生活中的幻想和艺术创作中的形象构想都是这样一种过程。创造性想象也并非空穴来风,所想象出来的无论多么离奇古怪,在想象主体积累表象与衍化表象的历程中都可以找到蛛丝马迹。鲁迅先生曾说:再天才的文学形象创作,都是有根有据的。妖魔鬼怪也就是三只眼,多几个手臂而已[①]。动画片《千与千寻》中出现的长着犄角、拖着尾巴、穿着衣服、泡女人、嗜好垃圾、发出动物声音、闻不得人的味道的似人又似动物的怪物,其实正是宫琦骏在物欲横流的日本社会中观察到的众生丑态图景的变形。求变求新的创造性想象充分地体现了主体的意向、情感和趣味等。主体会在既有的表象中寻求灵感和资源,但绝对不会因此戴上这样或那样的镣铐,

① 参见《鲁迅全集》第六卷,人民文学出版社,1957年,第219页。

他会根据自己的意愿和情趣有意识地增加、减少、挪移、拼贴、组装,以便将不同的事物表象或不同时空中的感悟糅合起来,形成令人耳目一新的表象。

　　想象是审美经验中的一个核心因素,创造性想象在艺术创造活动中能促成艺术家将人们熟知、单调甚至刻板的生活经验转换成扣人心弦的艺术形象。如刘勰所说:"文之思也,其神远矣! 故寂然凝虑,思接千载;悄焉动容,视通万里;吟咏之间,吐纳珠玉之声;眉睫之前,舒卷风云之色:其思理之致乎!"①在情感的驱动下,想象可以打破时空的界限,超越日常思维和日常语言的制约,造成既出人意料之外又在人意料之中的惊颤效果。可以说,审美想象是激活人的审美体验的强心针。

三、情感

　　"蜡烛有心还惜别,替人垂泪到天明。"杜牧这句诗读来让人怦然心动,原因就是诗句充满了情感。情感是审美活动中最活跃的心理因素,它不仅诱发其他的心理过程,而且驱动它们趋于深入。它融贯在审美活动的全过程。

　　格式塔心理学派认为,任何事物本质上都是一种力的结构,人的情感是人的内在心理对外在世界的一种反应,它是在两者同形同构或者异质同构地对应时产生的一种共鸣。阿恩海姆说:"那种推动我们自己情感的力,与那些作用于整个宇宙的普遍性的力,实际上是同一种力。"②如果某种外在事物具有的物理力和人的内在世界的心理力在大脑电力场中融会贯通,人的情感与该物的形式就会相互沁濡,这样,外物就似乎有了人的喜怒哀乐。这样一种理论,克服了单一地从客观或主观方面看待情感活动的片面性,强调了情感活动的生成性,但它的不足在于并没有突出情感的属人的历史实践性。

　　马克思主义认为,情感是社会历史的产物,它是主体与客体相互作用所形成的一种体验活动,这活动当然有其生理性基础,但本质上是人类的对象化实践活动。其属人的本质是在人不断证实其本质力量的对象化过程中形成的。对象化活动的结果是双方面的:一方面是人的感觉和感情的人化,另一方面则是自然的人化。前者是说,人类在千百万年的改造自然的历史实践中,从动物性身体中超越出来,形成了自由自觉地对待自己和世界的心理能力。后者是说,人生活的世界不再具有完全的原初性,而是烙上了人的意志和行动的印记,人从中总能体验到自己的存

---

　　①　刘勰《文心雕龙·神思》,人民文学出版社,1958年。
　　②　阿恩海姆《艺术与视知觉》,中国社会科学出版社,1984年,第625页。

在。感觉的人化和人化的自然在实践中形成了相互对应、相互肯定的关系,在改造自然中形成的感知与情感等本质力量在改造了的自然中又被人直观到。如此回环往复,相互激荡,层层推衍,不断积淀,人的情感的丰富性和社会性从而得以形成与拓展。

情感是什么?从心理学的角度来看,情感是"需要的主体和对他有意义的客体的关系在他头脑中的反映"[1]。马斯洛的需要层次理论指出,需要既包括为保持种的延续而进行吃、喝、性等行为的生物性本能,也包括安全、人格、认同、爱等高层次的精神性追求。高层次需要只有建立在低层次需要得到满足的基础上才有可能产生或形成。弗洛伊德等人的精神分析学发现,需要来源于人的内在世界的匮乏,而这种匮乏是永无止境的,因而,一种需要的满足又为更新或更高的需要作了铺垫。因而,情感和感知等体验方式总是有某种倾向性的,这种倾向性是一种价值关系的反映。对能满足人的需要的对象人会给予肯定性的反映,反之则予以否定性的反映。正如人们常说的:没有无缘无故的爱,也没有无缘无故的恨。同时,情感也形成不同的级次。与人的自然性本能紧密关联的物质性满足所带来的情感,没有经过太多的反思与判断,会包含更多的生理快感成分,也更具有个人情绪色彩。而与人的社会性存在紧密联系的精神性需要满足引起的情感,则经过了理性思考,融进了人类的普遍情怀、生存理想、终极关切等成分,具有很强的共通感,容易得到大众的认同。后者就是我们所说的审美情感。庄子认为,只有祛除世俗化的身体需要、功名利禄和考辨型的知识乃至日常语言才可能获得"天乐"的审美情感体验。康德则认为,审美判断与人的日常利害计较了无关系。他们的看法是很有道理的。例如,人们欣赏漓江"九马画山"时,看到由自然的树丛、岩石的形状、色彩组成的一匹匹活灵活现的"马",一定会为大自然的鬼斧神工和自己的敏锐眼力而惊喜和感叹,这是一种审美情感。但是当导游说出辨认出马的多寡的能力与人的贫富、地位等有关时,这种审美情感立即被现实功利的趋向所排挤,审美感受会随之消散一空。

一方面,审美情感在审美感知中产生,另一方面,任何审美感知都渗透着情感的因素。所谓"一切景语皆情语"[2],就是就说情随景生,景随情成,审美感知与审美情感无从分开。审美想象也是建基在审美感知之上,但没有审美情感的推动,它就不会延展开来。在诗人的想象中白发竟有三千丈,那是思乡的情感使然。而审美

---

[1]　彼得罗夫斯基《普通心理学》,人民出版社,1981年。
[2]　王国维《人间词话》。

理性若没有审美情感的濡染,一定会淡乎寡味。人们阅读《吉檀迦利》时爱不释手,如醍醐灌顶,那是因为泰戈尔的东方哲学思想涵融在浓厚的宗教式的博爱之中了。

还应指出的是,审美情感是会随着人的生活境遇及文化语境的变化而变化的,不能把它视为凝固不变的东西。

四、理性

生活中我们看到一只被猫弄得不知所措的老鼠,会一笑了之。但当我们观看美国动画片《猫和老鼠》时,则不仅会因猫的莽撞和冒失带来尴尬和受到伤害而感到可笑,而且会因此对颠倒黑白、混淆是非的社会丑恶现象深入思考,对被侮辱者和被戏弄者深切同情,对油滑者和凌弱者深恶痛绝。这说明:审美经验和日常感性行为是不同的,虽说两者都在感知中形成表象,但审美经验不停留于表象,而是有所超越地把握其内蕴,对之作出具有社会普遍性的评价和判断。总之,审美经验是在理性参与下的一种感性直观行为。

理性活动是感知表象活动的升华,是对客观事物内部关系的概括性反映。在古典二元哲学思维那里,它属于认识论的范畴,是通过概念、判断、推理的形式透过事物表象看本质的高级思维阶段。因此,美学历史上出现过两种截然对立的关于理性与审美关系的看法:一种把审美经验等同于科学的认识活动,认为审美愉悦体验来源对理念的把握,这种说法在机械美论那里表现得较为突出。一种是把审美经验等同于与理性活动没有多少关联的非理性直觉,这在主观美论那里表现比较突出,如克罗齐的"审美即直觉"就是其代表。这两种看法都是偏颇的。

康德对于审美经验的理性作用以及方式作出了解释。他认为,审美趣味是一种不依凭概念判断的能力,它不是从具有普遍性的概念、规律出发去判断特殊事实,而是从个别的事物或者形象呈现作出具有普遍性的单称判断。这个普遍性不是客观的而是主观的,即体现了人们的共同感觉,亦即"人同此心,心同此理"。例如,对玫瑰花的美任何人都会认同。这说明审美的个体的、单称的感性判断中蕴含着群体的普遍的理性。

审美经验的理性作用以及方式的显著特点表现为灵动性和多向性。

首先看审美经验理性作用以及方式的灵动性。由于审美经验中的理性摆脱了抽象概念的牵引,不存在对抽象概念的演绎过程,因此没有规律可循,也没有行迹可寻。理性在审美活动中似有若无。"盈盈一水间,默默不得语",关于爱情什么都没有说,但就在临水而立的瞬间,彼此都能感觉到一种挥之不去的思念。这种思念只能是"心有灵犀一点通"的灵动了。在审美活动中,理性就像水中盐一样溶入对对象的整体性把握之中,与审美感知融会贯通,与想象、情感水乳交融。审美作为人生命活动的一种重要展开方式,本质上是对人的生活世界的情感性感悟方式,这种感悟是在人长期的感性活动中积淀下来的,它会在特定的情境中因某种机缘而陡然呈现,具有灵机一动的特点。

在艺术创作中,能否将感性形象与理性内涵化合为一,是评判艺术水准高低的重要标尺。对此我国古代诗论中有很多精辟的见解。前举严羽所说诗歌之妙全在空灵,其妙如空中月、相中色、水中月、镜中像,虽呈现于眼前,但抓不着、碰不上、捞不起、探不到,硬要去抓、去碰、去捞、去探,其韵致就会荡然无存。这说明,诗歌必须运用语言传达作者对人生的领会,但又绝不可能"一语道破天机",诗歌以至所有的艺术,其意义就蕴涵在形象的显现之中,在诸多没有言说的空白之处。"文革"时期的很多"表忠"歌曲都没有传唱下来,就因为那大致上是政治意味颇浓的直白式宣唱。在艺术欣赏中,接受者对艺术理性的领会、对自身理性的运用也是相当灵动的。"大抵禅道惟在妙悟,诗道亦在妙悟。"这种妙悟就是艺术的灵感和对艺术的敏感。没有这种对艺术的灵感和敏感,就看不到凡·高笔下的向日葵在燃烧,读不懂其中所饱含的画家对生命的激情与礼赞。

审美理性的多向性在具体的审美活动中十分普遍,主要体现为对审美对象的多义性理解上。如前所述,理性因素渗透在审美对象之中,随着感性形象的显现而呈露出来,因此,人们只有通过直观活动来感受与把握。直觉活动无法言明的特点形成了理解的模糊性和含蓄性。同时,审美接受是在情感活动的包裹中进行的,接受者常常潜心于艺术形象的展开过程,从而将自己的人生况味带入审美理解之中。这样,不同的人从同一艺术对象中或同一个人在不同的时候对同一艺术对象所把握到的意义就呈现出多向性来,正是这多向性的情状成了审美对象显露出多重意味的现实前提。鲁迅先生曾说,同样是读《红楼梦》,经学家见《易》,道学家见淫,才子佳人见缠绵,革命者见到了排满。《红楼梦》到底表达了什么主题? 真是难以确定。恰如曹雪芹本人所言:"满纸荒唐言,一把辛酸泪。都云作者痴,谁解其中味?"像《红楼梦》这样的伟大作品,就是在可解与不可解之间而能让人品读出回味无穷的丰富蕴含的。推而广之,一切具有艺术蕴含的作品都或多或少具有其不可尽解性。

审美经验中的理性的确是难以把握的,但这也并不意味着对其理性蕴意"怎么说都行"。相反,审美经验中的理性蕴意的显露也有其基本的路径。伽达默尔提出的"视域融合"说就是对审美经验中理性生成规律的一种探索。他所说的视域,指的是人们看待周遭世界时在其生活经验、文化修养、价值取向、理想追求等影响下形成的心理期待。艺术作品含摄着作者的视域,而接受者也总是以个人的视域进入到接受活动之中。在艺术接受过程中,接受者的视域与作者的视域交错展开、彼此沟通、相互融会,形成一个新的形象以及价值评判。这当中既有确定性又有不确定性。确定性存在,是因为审美对象必然具有自身的规定性即内在的结构方式和作者理性的暗示,它为理性活动限定了方向。不确定性存在,是因为两种视域的融合不是完全的,总会留下各自的领地;接受者的视域是随着其生命活动的不断丰富而变化的,付诸接受活动的理性也处在不断的自我更新之中。

总而言之,理性的潜在作为审美感性区别于日常感性的标志,不是一次完成的,不是概念方式的,而是作为一个活动要素在审美经验生成过程中持续升华的。

第二节　审美是多种心理活动的聚合

审美活动是各种心理活动相互补充、相互印证、相互牵引的运动过程。审美的体验就生成并贯穿在这一过程之中。

一、知觉的引导性

人类的任何经验活动都首先依托于感知,并趋向于把对对象的整体性把握呈现于意识之中,审美活动也是这样。不同的只是,审美感知活动是以审美的态度进入到与对象的关联之中。所谓审美态度是指摆脱了日常功利实用目的的观瞻、欣赏态度。只有在这种态度下主体才可能将自己自由自觉的本质敞开,对象也才会在人的世界中呈现出本真,主体和对象才会交融于消解了对立的存在之中,主体才会得到一种与对象相互成就、与世界浑然一体的游戏性愉悦。主体审美态度的生成是审美活动得以展开的关键。

人是否要经过有意识的心意除杂阶段才能产生审美态度的呢? 这是当代审美学中一个至关重要的问题,对这一问题的强调也是当代审美学与以往的二元论美学明显不同之处。后者将审美注意从人的感知中单独挑出来,放置在审美活动的开端,以客观对象的外在特征和人的感觉能力的对应作为审美的纽带,因而不可能走出把审美当成认识论附庸的泥潭。在他们那里,审美的人总是和对象分离的,他是以他者的身份俯视对象,分析和解剖对象,所得到的只是认识结果。我们不否认审美注意在审美体验中具有触发作用,但认为不能将审美注意等同于审美态度而视为审美体验的开端。

应当承认,庄子的"自化"和"游"的思想,海德格尔关于人与物自然展开而共同生成一个周流互化的世界的看法,是很符合审美活动有赖于审美态度的生成这一实际情况的。在审美活动中,人是通过其身体,更准确地说,是以其全身心而不是仅仅通过某个感觉器官来与对象建立关系的。如马克思所说:"人以一种全面的方式,也就是说,作为一个完整的人,占有自己的全面本质。"①我们说的身体并不意味着是用来进行物质性活动和精神性活动的工具,也不仅仅作为主观精神的物质性载体。人首先是作为一种自然存在物处于世界之中,他以自然性的身体寓居于周遭之物中;人与物在一种自然的关联中形成了一个生活世界,这是一种原初的生存境遇。人在其生存活动中常常以整个生命的方式与物发生领会性的关系,至于通过特定的感觉器官和知识去把握对象则大多是在与物发生领会性的关系之后、之中的事,使这种领会得以获致的能力不是来自所谓的先验知性结构,而是来自生存活动本身。在人的一生中,其身体直接参与了人的世界的任何交往活动,并随时对活动的过程、对象以及方式等产生反应。人与动物的最大不同就在于人是有历史的,种种反应会潜移默化地积淀于人的身心,如此,在无数次的循环往复的"实习"之中,特定的身体就逐渐形成并强化了对外在对象乃至整个生活世界的直接反应能力。这种能力是一种纯粹的感性直接,无须认知逻辑的参与。马克思说过"感觉通过自己的实践直接变成了理论家"这样的话,他直接说的是感觉的人化,但其中隐含了身体在人的实践活动中形成和发展了人的直观综合能力的意思。由上述看来,正常人的身体是一个完整的结构,并不存在理论上的身心分离状态,因为从根本上说,身体的存在方式就是人作为自由自觉的类存在物的存在方式。

这样看来,感知就是人的身体活动的展开过程。它不能说是物理场现象,也不仅仅是生理场现象。感知现象是人将客观对象纳入身体内部而在物我相互投射、相互作用的场域中形成的,因而它是人的生命的原初性体验过程。它光临事物、真理、价值向人敞开的无数个刹那,截然不同于纯粹的理性判断。审美感知就是这样一种呈现性的原生经验,而不是再现性的认识经验。这种经验只以自身为目的,而不代表或再现任何他者。"依然记得从你眼中滑落的泪伤心欲绝,浑然中有种热泪

---

①　马克思《1844 年经济学哲学手稿》,人民出版社,1979 年,第 80 页。

灼伤的错觉。""浑然"就是感知的错综繁复,它是整个身心上的反应,是交织人生况味,触及人的整个存在,是想不明、说不清、道不白的溟蒙。"错觉"既是由视觉中的水珠联想到燃烧的火焰而引发触觉的通感,也是将双方的情感幻化为以后所形成的人生意态的展开。这样一种浑然和错觉表明,情人之间的感情并没有陷入原始的欲望和世俗的利益考虑,而是在相互对等、相互敞开的基础形成了忘我的精神交流。其体验就是审美经验,其情感的对象及其境遇就是审美对象。

审美知觉中的忘我状态在艺术活动中表现得最为突出。艺术家总是通过自己的身体进入创作或表演中的。小提琴演奏家摇头摆身、眉飞色舞并不是故作姿态,而是其感知过程的自然流露。小说家在创作中常常会和所描写对象一起喜怒哀乐,如巴尔扎克就常常和自己笔下的人物争吵。艺术欣赏中接受者也总是首先被拉进艺术世界,或变成了表演者、创作者,或与他们娓娓交谈,而不是纯粹的局外之人。"座中泣下谁最多,江州司马青衫湿",琵琶曲演绎的似乎就是白居易悲欢不定、漂泊无常的人生——白居易在欣赏琵琶曲时完全把自己的人生经历与琵琶曲的旋律和琵琶女的感慨融会在了一起,所以他的体验是真实可感的。倘若白居易一生平步青云,他听音乐时多半会摆出高高在上的官员姿态,至多是欣赏女人的相貌和唱腔的形式,却不可能流那么多的眼泪。《红楼梦》中的贾宝玉欣赏《会真记》后,不知不觉地将自己与审美对象混成一体,在现实生活来了一段令林黛玉明嗔暗喜的人生理想的演示,其过程也表现出了审美知觉中浑然不觉的忘我状态。由此可以看出,物我融贯的审美知觉不仅开启并贯通于审美体验,而且能够迁延到人的日常生活中去。审美知觉是受到了人的生活境遇尤其是文化背景的深深濡染的。原初性的审美知觉不等于原始人的知觉。审美知觉的原初性是就审美活动中人与对象建立关系的方式和状态的特点而言的,而原始人的知觉则是人类知觉历史发展的早期成果。无论如何,现代人都不可能是用原始人的知觉方式来展开经验活动的。人的审美感知总是当下的感知,因此,审美活动生成的方式就是人的生命活动的生成方式之一。

总而言之,整个身体所进行的具有原初性的审美知觉活动是使审美对象得以呈现的根本前提。

二、审美想象的构成性

审美知觉虽然因建构起了主客融合的审美状态而叩启了审美体验的大门,在这个过程中主体也的确产生了审美愉悦,但这还只是个体性的模糊感觉。由于没有在大脑中形成完整而清晰的表象,主体感性直观的结果还不具有较高程度的普遍性和可传达性。从根本上说,人的审美经验总是具有社会性的,而审美知觉阶段并不等同于审美活动全程,因此,借助于审美想象而形成完整的审美对象是完全的审美经验所不可或缺的。

想象为人的认识活动提供前提条件或产生推动作用,因而从本质上说也是一种认识能力。从经验的层面来看,想象可以拓展人的知觉经验,激活人的情感因素,而审美活动中的想象还在先验的层面上发挥作用。正是由于想象在经验和先验两个层面上产生作用,审美对象才得以现实地构成和呈现。《红楼梦》第二十三回《西厢记妙词通戏语,牡丹亭艳曲警芳心》中有一段文字描写了林黛玉听戏文时的心理活动,从中可明显见出想象在审美经验生成过程中的双重作用。

在审美活动中,首先是先验想象力①——对作品中形象、意象、情景的想象能力——促成了主客体的适度分离。林黛玉听戏子唱到缠绵悱恻的"原来姹紫嫣红开遍,似这般都付与断井颓垣"、"良辰美景奈何天,赏心乐事谁家院"后"不觉点头自叹,心下自思道:'原来戏上也有好文章。可惜世人只知道看戏,未必能领略这其中的趣味。'"她的审美体验过程这时已经开始。"自叹"是说她通过自己的直观,即通过音乐的烘托、语言的描述而骤然在知觉中形成了一个对比强烈的艺术画面,朦胧地领略到一些其间暗含的人对生命的意识等"趣味",从而引起了情感的强烈共鸣。但她又没有完全将真实的生活与戏文混为一谈,"自思"这种体会结果的呈现是清晰的。这充分说明了审美距离的产生是瞬间发生的,而不是刻意努力的结果,也就是说,有一种保证直观活动的先验想象力在起作用。

有了先验想象力准备的前提,经验想象力②就在情感的推动下,通过勾连起的人生经验和审美记忆,对知觉表象进行整理、加工,创造出清晰而具有完整性的审美对象。其枢机就是情感孕化想象。没有触动主体情感活动的客体对象,无论多么深厚的意义都不能进入主体的视野,不能促成主体进入心醉神迷的状态,也就没有审美对象的获致。审美心理要素中的情感和想象始终是彼此贯通的。林黛玉在听到"则为你如花美眷,似水流年……你在幽闺自怜"而感伤地倾诉时,刚刚启动的对院中那自在娇艳、没人理会的花儿的想象便更加活跃起来。她从小就生活在幽闺中,很少与生动鲜活的外界交往,只能在自家花园的花开花谢中感觉到时节变换,青春的娇颜和憧憬都被关锁在深深的庭院之中。这样一联想,自己不就是开在

---

①　不借助也无从借助于经验的想象能力,即"纯粹统觉"。其理论上的预设如同康德所说,自我意识的同一性在先验的统觉中已形成,人只要去认识,去反思,就先天地能将意识与自身同一起来。

②　基于一定的经验而将作品形象、意象、情景、意绪等与自己的感同身受的联想结合起来的能力。

深闺无人识的花么？眼看着美好的青春时光像水一样流逝，只有暗自感叹伤心。经过了这样的想象点染的花就再也不是植物性的花了，而是由于情感的作用而着上了人性的色彩。当然，花并没有变成人，只是成了活在林黛玉心中的形象而已。这相当于苏轼说的"身与竹化"后的产物，是心与象互渗化合的结果，个中隐含着审美活动中经验性想象的规律。经验性想象是有生活根据的，它总是与人的以往经验和当下知觉交织在一起，而不是绝对自由的天马行空，其中，再现性是其无法抹掉的胎记。《牡丹亭》中的唱词再现了杜丽娘和柳梦梅的人生体验，也将林黛玉的身世之感牵引了出来，这才有了"听花叹人"的审美体验。

经验性想象又是一种增值性的活动。在其作用下构成的形象，不是简单罗列或机械组合了人的知觉的结果，而是一种完形过程的产物。完形的根本特征是，尽管任何整体都是由诸多部分组成的有机体，但"任何整体都大于部分之和"。因为在完形的过程中想象和知觉是融合在一起的，它能扩大知觉在时间的广度和空间的深度，将现实的存在者演化成非现实的存在者。从这个意义上说，想象力就是创造者。正是由于想象力的创造作用，在林黛玉的审美体验中才有了花而非花、非人而人的新形象。就是在这样一种联想的推动下，她进入了深层次的审美体验，心中全然没有了周遭世界的存在："不觉心动神摇、如痴如醉、站立不住"。这时的"痴"和"迷"不同于原初的审美知觉的浑然，而是在主体意识中形成了相对明晰的形象；同时，审美主体开始对它进行观照，"细嚼'如花美眷，似水流年'八个字的滋味"。所谓"细嚼"，当然不是运用社会学、心理学、文艺学等知识分析花、水、人、时间、情感之间的关系，而是通过自己的人生经验和文化背景去品味、涵咏。因此，越是咀嚼，想象越灵动，情感越难抑制。此时此刻，唐代崔涂《旅怀》诗中的"水流花谢两无情"，南唐李煜《浪淘沙》词中的"流水落花春去也，天上人间"，其时所听到的《西厢记》中"花落水流红，闲愁万种"等都因联想而牵连在一起了。这时在林黛玉的意识中显现的审美对象就不是单个的形象，而是由诸多物事组合而成且灵动地跳转的人生图景了。这是既不同于戏曲中所显现的也不同于大观园内所实有的一个新世界，它将非现实性的想象与现实性的想象融为一体了。此时在林黛玉脑海中呈现的这个图景——依傍残垣的鲜花、临窗自怜的怨女……与难以直观的对青春易逝、爱情难求的体味糅合在一起。于是林黛玉达到了审美活动中的高峰体验，益发"心痛神痴，眼中落泪"，在不断回环的"情思萦逗、缠绵固结"中难以自持。

如果说在艺术欣赏中想象必然受到既定形象的控制的话，那么，在艺术创造活动中，想象在审美形象构成过程中就更为自由灵动，从而更能体现出人的自由本质了。绘画和照相的最大区别就在于绘画或多或少是想象的产物——无论色彩和构图多么接近事物的原状,绘画都不是事物的原样照搬,而是画家想象的物化,其间包含着因想象而生成的非现实性的东西。清代画论家笪重光曾说:"虚实相生,无画处皆成妙处。"中国画的魅力与其说来自画面,不如说来自无形却似有形地流布于画面之中的氤氲蓬勃的宇宙、生命之气。这是需要有想象力才可能表现,也是需要有想象力才可能感受的。

进一步说,任何审美活动中的想象都既是自由的,又是有内在规定性的。在审美情感、审美想象等心理活动的交叠作用下,混沌的审美知觉逐渐呈现为完整的审美形象和情境,为后一步的审美评价和审美超越筑就了深厚的基础。

三、审美理性的归整

审美对象的呈现不是审美活动的最终目的,也就自然不是审美活动的终结。审美活动理当为审美主体导致更高层次的人生体验,这可能是对人生价值的品味,也可能是对存在本真的体悟,还可能是对世界意义的领会,等等。按照我国古代的美学思想,审美活动所构造或呈现的形象是具有蕴藉性的东西。"立象以尽意","画者画也,度物象而取真",说的都是这番意思。所谓"意",所谓"真",指的是人的意趣、情趣乃至对"道"的体悟等带有理性色彩的意识,"尽意"、"取真"就是审美创造以及审美欣赏的最终目的。从欣赏的角度来说,只要主体从"象"中体会到了"意"或"真"的存在,"象"的任务就完成了,这就是王弼所说的"得意忘象"。

这里所说的"带有理性色彩的意识",不是通过概念性的语言直述或解读出来的,而是通过审美对象—艺术情境表现或领会的。换言之,审美活动中的理性是在主体对审美价值进行归整的过程中凸显或把捉的。审美理性在审美活动中的作用可以从如下几方面去看。

1. 审美理性对审美想象具有调谐作用

审美想象在审美活动中具有粘合剂和催化剂的双重作用,它直接促成了审美对象的成型或审美情境的呈现。在这个成型或呈现的过程中,理性是相伴始终的,它渗透在审美想象之中并对审美想象有调谐作用。

如前所述,审美活动中的理性本质上是审美的,其作用过程不是逻辑推理、概念推演的过程。按照一般人的理解,想象和理性之间似乎总存在着难以解决的矛盾。在西方美学史上,对想象和理性的关系问题进行探讨的不乏其人。康德首次将它们在审美活动中的关系指认为一种自由的游戏关系,席勒和斯宾塞也坚持了"游戏说",

但他们都没有对这一问题作深入的探究。后来的伽达默尔则从解释学的角度对这一问题进行了比较令人信服的剖析。他认为,审美经验中的游戏不是指主体的审美体验而是指审美对象的存在,也就是说,游戏活动的主体不是参与游戏的人而是游戏活动本身,因为游戏从来不是可以被参与者任意操控,而是按照自有的规则展开的。在游戏这样一种貌似无目的、没有功利性期求的活动中,人所能得到的只是忘我的身心愉悦。这表明,不管是游戏还是参与游戏者都在游戏的过程中遵循着自己的理性。作为前者的理性就是游戏的规则,而作为后者的理性则是游戏者自我的展现。这两者是不能相去相分的,只有在游戏的进程中相互交涉才可能达到彼此的目的。据此,他将游戏当成艺术活动的本质,认为艺术中的理性就是艺术本身的内在规定性。

依此看来,审美想象也是一种游戏活动,它同样地遵守游戏的规定性,也就是说,审美活动中的想象和理性是通过游戏关联在一起的。例如,"飞流直下三千尺,疑是银河落九天"这样一种在后来无数接受者中产生了强烈反应的意象是怎样形成的?首先,这意象不是通过逻辑推理从日常知识中归纳出来的,而是通过具有特异性的想象活动构想出来的。其次,其想象不是绝对非理性的,它既没有背离艺术真实对夸张方式及其运用的内在规定性,也没有背离瀑布、银河的基本特征,更没有抛却具有主体性的人的自由本质。这几重规定性就是主导或者说制导审美想象的理性因素。因而,我们读李白的这些诗句,不仅觉得其夸张性的呈现可以接受,而且觉得既鲜明又贴切,同时还感受到了作者对祖国山水珍爱之深、品味之广和歌颂之切所蕴藏的理性意识。这说明,越是具有普遍性的审美想象越是经审美理性调谐的结果。

2. 审美理性对审美情感具有中和作用

审美活动是以情感的活跃作为标志的,情感贯穿于审美活动的全程。从心理学的意义上讲,它是作为欲望的直接表征而成为人的本质力量的。换言之,情感更带有个性化和非理性的特征。如此,既应对它予以特别的重视,又要对它进行一定的引导,以避免情感成为褊狭的个人情绪宣泄。由此可见,审美理性起着一种保驾护航的作用。

中国古典美学十分强调艺术作品对人的内在世界与外在世界联通时所形成的感觉和理解的表达,并且认为情感和志向、志趣、意图等的表达是混融在一起的:"诗者,志之所之也。在心为志,发言为诗,情动于中而形于言。"[①]中国古代美学强调情感和理性的相互调节,尤其强调以理性影响乃至升华人的原初情感而使之融入社会责任感与人生理想之中。"发乎情,止乎礼仪","乐而不淫、哀而不伤",这种审美

---

① 《毛诗序》。

理性更多地包含有伦理、道德、政治等方面的因素。这样,它一方面有效地抑制了审美经验中感情的恣肆和僭越,让感情具有社会属性,另一方面却又或多或少地遏制了感情个性的抒发。在西方的文化体系中,理性是人区别于动物的本质,是理智、思想的代名词。人的一切活动都要求在它的许可范围内或者说为着它而展开,审美活动也不能例外。在西方美学史上,将审美看作对理念的观照的观点从柏拉图起延续了一千多年,西方古典音乐严密的结构体系就充分体现了审美中的理性至上。到了后来,表现说出现,才将人的内在情感的抒发和敞开作为艺术和审美活动的要旨。显然,无论是在中国还是在西方,美学理论都无法回避情与理之间的矛盾。

正如审美想象中的理性是审美的一样,审美情感中的理性本质上也是审美的。理性在审美情感中发生作用不能蜕变成逻辑推理,不然就等于将情感从审美经验中渐次划掉,而后得出的结论就无可品味了。因此,在审美经验中,情感和理性的关系是一种本体论关系。因为人类在长期的实践活动中生成和发展着的情感不是动物性的、原始性的情绪,而是被社会普遍认可的渗透着理性的情感,因此,在审美体验中,情感推动审美对象中的意义凸显,而理智又对情感具有制约和牵引作用。一个人在强烈的个人情感支配下是不可能创作出具有高度社会认同性的伟大作品的。部分文学作品"俗"而不"美",其中一个重要的原因就是作者将个人的情感或者欲望尽情渲染和发泄,没有产生社会意义、形成社会价值的余地。

3. 审美评价

人对任何经验活动对象都会产生一种判断和评价。审美是人最自由自觉的经验活动,在活动过程中,主体总会按照一定的审美理想和价值标准来对已经成型的审美对象作出评判。其尺度既来源于个体的人生体验与生命祈愿,还与从狭隘的个体欲求中超越出来而上升到的人类普遍情怀和终极关怀密切相关。在上一节我们说过,人的需要是多层次的,自我确认、社会性认同和理想都是人的深度需要。这些深度需要虽然在表达上都是个性化的,但又都暗含着对人与世界的关系、人生的意义、人的幸福、人的家园、生命价值何在以及如何实现等问题的叩问。审美活动所具有的情感本质和想象特征让它成了最能对这些问题作出回答的生命行为。一些艺术作品简直就是对理想人生的构想的形象展现。例如《西游记》的旨趣就是要建立一个秩序井然、各司其职、自由自在的人间天堂。

在审美活动中,评价和判断等理性行为是融会在审美对象的生成过程中的,也就是说,主体的评价和判断就体现在其感悟方式之中。

感悟是人认识世界的一种特殊方式,指的是人在有所感触的情状中对世界和人生等的领会。人的存在本身总是伴随着一种感情性的领会的,人通过这样或那样的方式对自己的存在有所领会,同时又有所领会地存在着。因此,感悟的根基是理性,却表现为情感性的直观行为,并因理性的作用而在直观的过程有所深化。感悟消解了主客二分的状态,它借助于对对象的全方位审视而把握到对象的意蕴,并使主体在领会的过程中形成了对对象的新态度。在整个的审美活动中,相对于其前的审美知觉和审美想象来说,审美感悟是一种深度体验。

感悟是"悟",它虽然在审美活动的任何时候都有可能出现,但其出现是骤然的,因为它是多种心理活动不断累积、充实后的创造性闪现。以艺术欣赏活动为例,感悟就发生在欣赏者与艺术作品情感交互作用之中。按理说,交感是发生在主体之间的一种精神交流活动,何以似乎非主体存在的文艺作品与欣赏者之间也有交感作用呢? 原因在于,艺术作品及其呈现的艺术形象是作者审美经验的结晶,本质上并非客观性的存在,而是贯穿和浸透着作者包括知、情、意乃至无意识等心理因素在内的主体精神的,因而人们在欣赏过程中,总是可以依循其形象展现而回溯、追寻和回应作者的心理流动,于是,审美对象也就成其为一种准主体,与欣赏者形成了双向交流的关系。这就是西方现代这些一再强调的主体间性。在这样一种主体间性状态中,欣赏者的人生积累和文化底蕴就在艺术对象面前自然而然地敞开了,而艺术对象也似乎不无主动性地与欣赏者对话。正是在欣赏者与艺术作品之间往复回环的交感过程中,其始较为朦胧的审美主体的感觉逐渐清晰地呈露出来,并趋于形成完整而浓郁的伴随着积极的想象和联想的审美感受,这时,人也就进入了审美的高峰体验,相对完整的一次审美经验也就基本实现了。

总而言之,审美心理结构是一个整体性的结构,在审美活动中各个心理要素既有不同的作用与特点,彼此之间又是相互影响、相得益彰的。因此,任何相对完整的审美经验都可以看成是在知觉、情感、想象、理性等各种心理因素相互交织的过程中聚集、提升而形成的。

第三节　自我调节与审美经验的生成[①]

审美经验不全是主观意向的投射,也不全是客观审美属性在人脑中的反映,而

[①]　本节中的自我调节与审美经验思想来自于王建疆的《自调节审美学》(甘肃人民出版社,1993 年)一书。

是审美主体启动既有的审美经验,在与同形同构于自己的心理结构的审美对象相互交流、相互成就的过程中生成的一种人生体验。它始终处在生理感知和心理感受、情感体验相互给出和转换的动态过程之中,这种过程趋向于将审美经验深化、提升成为人生理想境界。因而审美经验既植根于人类的生活实践,又提升着人的生命质量。无论从哪一个层面看,审美经验都是一种关系性的存在,而在人的任何属人的关系中,自我的主动性作用都是极其重要的,自我调节对促成审美经验的实现来说不可或缺。

一、移情说视域中的自我调节与审美经验的生成

情感在审美经验的生成中起着核心作用,但关于情感的性质争论也最多。客观论者认为,情感是事物的客观属性的反映。在他们看来,"人比黄花瘦"所流露出来的伤感,是行将枯萎之花的色泽和形状触动了李清照的心扉所致,与李清照对丈夫的强烈思念没有直接关系。这一说法肯定了客观对象在情感活动中的建设性作用,但却忽视了情感的属人性和主观能动性。主观论者则认为情感完全是主体赋予的。依照主观论者的看法,"槛菊愁烟兰泣露,罗幕轻寒,燕子双飞去。明月不谙离恨苦,斜光到晓穿朱户"中的眼泪、愁肠、欢情、纯真等都是主体把内在的心理因素投射到菊、兰、燕子、月亮等之上的结果,是人的情感外化和物的人格化的产物。立普斯的移情说可视为主观论的代表。

英语中的移情(empathy)来自德语的 einfuhlung,其涵义是将人的感觉或感情注入到某种事物之中(feeling into)。立普斯的移情说有一个著名的例证。他发现人们观赏古希腊多力克神庙的立柱时,会觉得本无生命的石头有一股生气和奋力向上的气势。对此,他认为可以有两种解释。一是机械的解释:从运动的概念来看,柱子向上腾起的力是在它克服了压在它身上的反向力后形成的人的感觉。另一种是人格化的解释:以人度物,把生命灌注到物身上,即一方面把欣赏者本人在承受压力时的感觉转移到了柱子的身上,另一方面把柱子当成一种有生命的形式,欣赏者仿佛觉得自己承担着压在柱子身上的负担,他正在向上抗争,这样就感觉到一种生命和活力在柱子身上升腾。

基于这种分析,立普斯提出了"审美是一种客观化的自我享受"的观点。所谓自我享受就是指审美活动本质上是人的移情活动。依此,审美经验就是生成于人将自己亲身经历及随之而现的意志、情感等因素转移到客观对象之上时获致的愉悦的独特体验。以立普斯的观点来看,王昌龄"闺中少妇不知愁,春日凝妆上翠楼。

忽见陌头杨柳色,悔教夫婿觅封侯"这首诗展开的是这样一种情境:一个开开心心登上翠楼准备欣赏春光的优游少妇,陡然间眉头紧锁,心生乌云,思夫之情,不能自已,就因为她在杨柳翠绿欲滴的生机中发现了自己的青春活力,在它随风飘摇的弱枝中发现了自己的孤寂。这种审美移情活动发生的主因还是怨妇。她把柳树视为一种跟自己一样有生命活力的形式,情感反应的基本动因在于她深爱丈夫、珍惜青春年华的心理状态。也就是说,审美不外是主体对经验到的一个自我的欣赏或观照而已。

立普斯的移情说极大地肯定了人的主观能动性,但它是用二元对立的思想看问题,而且将外物仅仅视为人的内在审美情感的媒触,这是一种主观主义的解释。

"登山则情满于山,观海则意溢于海。"在我国古代,也不乏将审美经验的生成当成移情现象的例子。嵇康奏琴时"目送归鸿,手挥五弦。俯仰自得,游心太玄",石涛创作山水画时"山川与予神遇而迹化"。他们都把对象当成了与自己共生息、同命运的有情有性的"他人"。他们对审美经验的反思已显露了主客互动之端倪。

人的一切生命活动形式都是内在生命的直接体现。审美的人能从对象身上观照到自己生命形式的展开,那是因为他从来就没有站在对象的对立面,而是把自己契合在对象当中,而对象也体现出相似于审美主体的心理世界的感性结构。审美心理学将这样一种相似称为同情。在同情发生之时,主体的内在生命与对象是连成一气的。此情此景中的人完全忘却了自己与外在世界的区别,不由自主地依对象而想,因对象而动,进入一种身与物化的境界。《孔雀东南飞》结尾所写的"行人驻足听,寡妇起彷徨",就属于审美同情现象。行人是在外奔波之人,寡妇则是独处家中之人。听到焦仲卿、刘兰芝死后变成孔雀在空中徘徊鸣叫,他们觉得那是自己的情感世界的展现,从而勾起了强烈的念想。

人通过自我调节才有可能进入这样一种状态。首先,审美主体要成为康德式的无功利计较的观照主体,而非计较功利的主体,就需要通过自我调节进入一种超于功利的心理状态。"花间一壶酒,独酌无相亲。举杯邀明月,对影成三人。"李白是在凝望月亮的瞬间自然而然地把它当成倾诉对象的,他因自己孤独和失意联想到月亮,并不是为了宣泄欲望,也不是为了写诗而做作,而是在主体心理的无意识选择中,使这种与月同情共感的情怀得到了强化和升华。其次,通过自我调节,主体要把持情感流露的分寸,不能沾染太具私密性的个人情怀,而要努力达到以小见大,从个体体验观察人类情感的审美效果。审美状态不是纯然主观的,而是审美主体面对客观对象时表现出的心理状态,因此,审美情感具有普遍的认同性。徐志摩一句"最是那一低头的温柔,恰似一朵水莲花不胜凉风的娇羞",扇动了无数少男少女情意绵绵的遐想,就在于他将莲花与矜持温婉、情窦初开的少女面对爱人时的仪态联想在一起,形成富于审美意味的新的生命形式。也就是说,他表现的虽是个人的体验,但并没有流露出太多的个人情绪,而是趋向于具有普遍意义的情感传达,这才引起了很多人似曾相识的认同与共鸣。花不会娇羞,但在诗人的笔下,经风一摇曳,便成了袅袅娜娜的二八少女,她是那么含情脉脉,风情万种,但又遮遮掩掩,似有若无。情窦初开的少男少女感受如此情景,难免心旌摇荡。最后,美尽管只直接存在于审美者的心中,但美的存在只有在心灵里找到了与之同构的对象并发生同情时才成为现实。这就是说,只有当人采取与物对等的态度时,物的世界与人的世界才会互渗相生地敞开来。这一点在深受道家庄子"与物为春"、"独与天地精神往来而不敖倪于万物"的人与物平等思想的中华传统修养文化中表现得十分突出。"人面不知何处去,桃花依旧笑春风",当崔护再次来到桃林时,眼前所见是伊人不在、桃花依然的情景,失望与相思之情难以抑制,眼前的桃花便成了他对心上人的悬想之所寄,于是他凝望它,期盼能从中得到些许消息,不知不觉地将自己的情感迁延于它了。就在崔护一往情深地时而倾听、时而懊恼的心理活动过程中,桃花向崔护敞开了自己的娇艳,一个微妙灵动的新境界从而形成了。如此说来,在审美活动中,主客情感性连通的关键就在于因人的心理世界与对象形式同构而发生的融合,而这种融合无疑有赖于审美主体在心态、情怀、态度等方面的心理无意识或有意识的自我调节。

二、距离说视域中的自我调节与审美经验的生成

审美主体不是纯意识的存在者,而是灵与肉的统一体;审美对象也不是纯客观的事物,而是生气蓬勃的通灵之所在。是审美主体和审美对象的交流触生了审美经验,二者的相互契合,有赖于主体对其距离有意无意的调节。

英国美学家爱德华·布洛(Edward Bullough)在1907年写的《现代美学观念》中提出了著名的"美是心理距离所造成的"的观点,意思是说只有审美主体对审美对象保持一定的心理距离才会进入审美状态。当航船在海上遇到有雾的时候,船上的人员通常都不会沉醉在亦真亦幻的世界中,因为他们很清楚自己正因遇雾而处于某种危险的当口。但是,如果人有意识地抛却这种利益攸关的想法,在心理上把自己从当下的危险处境抽身出来,形成一种距离,那么他依然能体验到这乳汁般的纱幕带来的趣味和快乐。

　　审美距离说的核心是审美态度的问题,说的是主体只有与眼前现象、日常惯性拉开距离,让自我从利害关系的束缚中超脱出来,超功利地对待事物,观照对象,才会生成审美经验。在西方美学史上,将审美态度视为一种无关欲望、利害的思想源于夏夫兹博里,这一思想经过哈奇生、休谟等人的发展,在康德那里获得了哲学上的完整表达。在康德看来,审美活动不与对象的存在发生关系,不沾带与对象之间的利害冲突如占有、威胁等,也不对对象进行分析、考证以从中得到概念性的知识。审美只与对象的表象有关,是一种纯形式的愉悦体验。叔本华更是将审美看作是完全排除了人的情感、意识、知识乃至自我存在的一种沉浸在对象中的状态。布洛的思想明显地禀承西方美学传统思想,但他割裂了审美与人生、社会生活、文化等的关联,把美看作纯然是距离的产物,将条件当本质,带有浓重的主观唯心论色彩。

　　我国古代哲学早就有了关于主体与对象之间的心理距离的论说。老子提出了"涤除玄鉴(览)"说。他以为,人要想观照到"道",必须首先清洗心中的欲望、意图、成见、情感等。"致虚极,守静笃。万物并作,吾以观复。"保持内心的"虚"和"静"是"观复(观道)"的重要前提。庄子承袭了这一思想,并形成了其审美观照理论。他对"天地有大美而不言"、"游心于物之初"、"心斋"、"坐忘"等作了论述,将审美态度看作是一种"外物"、"外天下"、"外生死"的空灵态度,这种态度与人的现实利益、知性诉求毫不搭界。后来的很多艺术家从文学艺术经验产生的角度对此进行了深入的阐释,如宗炳的"澄怀味象"、"澄怀观道",郭熙的"林泉之心"等,都强调了审美经验生成的关键在于主体保持宁静澄明的心态,采取纯粹的观照态度。这样的思想或多或少都带有脱离现实人生、超越社会文化的意味。

　　然而,这些思想也颇有其合理之处,那就是说明了主体只有通过人生修养和自我调节,消弭环绕于主客体之间的利益冲突,在精神上才有可能臻于某种物我为一、妙合无垠的新世界。这就把审美经验与认识经验区别了开来。在审美活动中,人再也不是外在的审查者而是真正的参与者;也将审美的人与正在计算日常生活利益的人区分了出来。在审美体验中,人是真正的游戏者。

　　审美活动中这种浑然不分的状态与日常生活中零距离的痴心迷糊并不相同。如果有人欣赏了摩梭湖后撇下美满的家庭,独自地在那里定居下来,成天地凝望着湖面,充溢其心境的就不是审美经验,而是宗教情感般的皈依感了。在艺术欣赏活动中,主体在心理上如果不能与对象保持一定的距离,其对对象所生发的情感就难免是私人性的,其心理体验也就与一般的日常生活体验无异。据说内地有个女生看了刘德华的演唱,痴迷地爱上了这个"忧伤王子",非他不嫁,还辞掉工作三次去香港寻找刘德华,这就是因日常生活欲望的牵绊而使审美体验无从形成,所形成的只是日常生活体验了。由此可以推出,看似没有距离的原初的审美状态其实也还是有一定的距离的,按布洛的说法,这是一种"切身的距离"。审美距离要靠本质上是理性的先验想象力来调节。康德认为,人必须具有时间和空间的直观能力才能展开对对象的直观。法国现象学家杜夫海纳进一步指认了先验想象力具有开拓和后退的功能。之所以需要后退是因为主体必须在意识中与客体之间保持一定距离才能对它进行思考。审美主体从原初的审美知觉混沌中后退,就为客体的呈现拓开了空间。从时间的角度来看,物我两不清的审美知觉是现在进行时的,而先验想象力能使主体在精神上略微离开当下,回到过去时,这样对象也就相应地进入了现在将来时。这样,主体在时间和空间上都从迷失于对象的情状中脱身出来,从而获得了审美观瞻的前提条件。有了如上心理调节,在审美主体面前,现实生活和审美活动就形成了若有若无的区划,这区划使审美主体不至于滑入日常生活利害关系的羁绊之中。同时,由于先验的想象的运动方式也是直观的,因此主体还是得以全身心地融入审美过程之中,与对象之间不形成过大的距离,从而不至于形成新的主客对立。

　　作为一种心理距离,审美距离与物理性的时空距离当然并非毫无关系。从时间的维度来看,我们对正在经历和过于久远的物事、人情都难以生成深切的审美体验。例如,对于每天都仅限于在桂林城区生活的大学生来说,当时对这个城市的盆景构型及其诗情画意往往没有多深的感触;而一旦他离开桂林太久太久,对两江四湖、对其他一些景观的记忆趋于沈淡,他也不会对了上述景致生发出多少审美体验。只有当时间间隔处于"想忘却又难忘"的阶段时,在桂林生活过一段时间而又离开了一段时间的人才会更深切地感受到桂林得自天然的诗情画意之美。从空间的维度来看,审美主体只有与对象拉开一定的距离才能在意识中构成清晰的表象。例如我们在看油画时,离得太近,看到的是一些色彩的涂抹痕迹,离得太远又只见到朦胧一片;只有距离适中,我们才会很清楚地把握油画的构图、色彩、明暗及其意味等构成的整体性效果。这距离要恰到好处,当然靠审美主体自觉或不自觉的调节。经过审美调节所进入的情境正可谓"曲终人不见,江上数峰青":音乐结束,众人离去,留下的只有宁静的空场与青青的山峰。而这恰好使懂音乐的人敞开了广阔的心理时空去慢慢回味音乐之境,其思绪油然投注于音乐的灵动、青山的永恒和生命的绵延之上,并在以上种种情物的融会贯通之中生发出对人生的悲欢离合的感慨、对终极眷念的领会。

　　进行必要的心理调节而形成恰到好处的审美距离,并不是在审美欣赏中才发生的。就艺术活动来说,远在欣赏者以一定的审美距离接受艺术作品之前,创作者就已经在其创作过程中有意无意地考虑或顾及审美距离的问题,以更好地展现他所要展现的艺术形象、更好地表现他所要表现的艺术意蕴了。可以说,伟大的艺术作品的作者都是很好地把握了审美距离的。伟大的作品所展现的是一个非现实的、但又不是与人间烟火无涉的艺术世界,它让人感到较为陌生,但一经感受与体验又使人觉得亲切自然且意味悠长。从这个意义上讲,一切艺术都是回顾,都是前瞻,都不是对当下的记录。唯有这种回顾和瞻望,才有感知的升华、情感的过滤、想象的整合、理性的凝聚等审美创造心理所必须的贮备。

三、出入说视域中的自我调节与审美经验的生成

　　审美经验作为人生经验的集中表现和升华,它既植根于人的不无功利性的现实生活之中,又从功利性的日常生活中超越出来。它涵盖了人的感性生命之完满体验,张扬着人对其精神性存在的运思与诉求,对人的生活具有拓展与提升作用。

　　日常生活经验[①]是审美经验的源头。首先,审美感受在一定程度上建基于日常生活感受。桑塔耶那就说过:"假如希腊巴特隆神庙不是大理石的,皇冠不是金的,星星不发光,大海无声息,那还有什么是美的?"[②]在日常生活经验中,我们对平整光滑、纹理宛然的大理石,富丽堂皇的黄金,璀璨闪烁的星星,波浪起伏的大海总会感到特别的快适。像大理石这样的东西应用到建筑中时,我们首先会在生理上认同它,从而产生"审美反射"。其次,审美感受也是对日常生活经验的强化和超升。审美经验本质上是人对世界和人生的特殊体验方式,而不是某种类似于无源之水的东西。没有亲身经历过到火车站台与亲人、朋友依依惜别的情景,朱自清就写不出《背影》所表现的纯粹自然、温暖质朴、感人肺腑的父子之情;没有初恋的经历,听众欣赏孟庭苇演唱的《去吧,我的爱》,对其中缠绵悱恻、终身期许的初恋情结就难有深刻的体会。

　　审美经验必然要从日常生活经验中超越出来。日常生活经验关涉到人的生死、荣辱、贵贱等功利需要,带有很强的个体性、生理性、物质性。审美经验是摆脱了功利欲求的具有普遍情感性、社会性的经验,其本质是在从生理层面向精神层面

---

　　① 这里的日常生活经验,是指区别于审美经验的其他具有物质性基础和功利性需求的所有人类活动中形成的经验。

　　② 桑塔耶那《美感》,中国社会科学出版社,1983年。

推进之中呈现出来的。网络色情图片和提香笔下的维纳斯最大的不同是,前者导向自然性的性欲宣泄,后者则激发欣赏者对人体之美及人性之善的思考,从而祛除心灵中的阴影。盖格尔指出:快乐源于客体的价值,而享受来自自我满足。享受中的主体是被动、盲目、锁闭的,快乐中的主体则是主动、开放、明智的。审美经验的法则是快乐而不是享受。"千杯绿酒何辞醉,一面红妆恼杀人。"个中对女性的怜爱、珍视、尊重所带来的情感升华而形成的诗意,断然不是一个只事吃酒狎妓、极尽皮肉淫乐之徒能够体验得到的。

· 杜夫海纳说,在艺术欣赏活动中,公众不仅要充当表演者的角色,而且要充任见证者的职能。他的意思是说,虽说审美经验是审美者个性化的具体体验,但审美主体也必须对其价值作出理性的思考,这样才可能上升到普遍共通性,从而具有普遍传达的可能和意义。他的话启示我们:有对人生的深切体验才会有高级的审美体验,也只有从朦胧的、原始的包含有个性化欲望的人生经验中超越出来,才能使个体的人生体验转化成能被众人接受的审美经验。审美经验的社会性就突出表现在它是一种精神性的反思。值得注意的是,生活与审美、个性与共性、感性和理性之间从来就没有一条天然的鸿沟,相互对应的各方若各自走向极端,就会导致审美经验生成的失败。如何实现二者的联通并把握适度,还在于主体的自我调节。

王国维在《人间词话》中有一段论述:"诗人对宇宙人生,须入乎其内,又须出乎其外。入乎其内,故能写之;出乎其外,故能观之。入乎其内,故有生气;出乎其外,故有高致。"这一段话主要论述了人生体验与艺术创造的关系以及体验的方法。"入乎其内"是说艺术家必须全身心投入到自然、社会现实生活中去体验,而不是置身事外作冷静的分析,这样才能把握到人生价值、人的存在的终极意义。通过这种方式得来的东西是感性直观的结果,充满了个人的情感流变,充满了生趣。这样的论述肯定了人的审美经验来源于人生的体验,来源于日常生活。"出乎其外"是说要从原初性的生活中超越出来,采取一种非功利性的态度去观照周遭世界和人生经历,这样才能对之进行反思,获得高峰体验,进入人生的理想境界。王国维的说法是很有见地的,不过,其主观唯心主义世界观使他将所说的"内"直视为"欲"、"痛苦"等主观性的存在。他认为这些都是先在于人的,人生的最大追求就是对它的领悟。人如果发现了这点真宰,就能从现实的欲望生命形式中走出来,采取一种忘掉自己和世界的虚静态度,超然物外,漠然洞察人生。于是,"高致"就成了从现实的欲望生活苦难中暂时得到的"解脱"。王国维的这种意向是消极而不可取的。

我们如果把他所说的人生内涵还原成人的有限性与无限性、现实性与历史性相统一的生命活动价值及其展开情态,那么,高致就是指审美境界,即充分体现了人的自由自觉的本质,浸润着人的情感,在某种程度上体现了人生的现实价值和终极意义的境界。它体现着人的生命活动现实性和超越性的相互依存,它既是现实生命活动的打开,也是对人的未来可能性的诗意性追问。换言之,它是马克思所说的通过人并向着人的自然状态的回归。这里的自然状态不是原始意义的自然状态,而是意味着属人的感性的全面展开状态。总之,它没有因脱离日常生活而祈望一种虚无飘渺的宗教境界,也没有因混同于日常生活而专注于功利性的感官刺激、物质享受、欲望满足。

在日常生活经验与审美经验中间进行调节,这并非意味着要暂时从现实生活中逃避,而是意味着要更加积极地对待人生、追求更有价值的人生。它是这样一种人生态度:既不超乎现实存在之外而寄托于虚空的幻境,又不拘执于现世存在的满足而沉沦于对现实的权利、金钱、地位、名誉、肉欲的计较;既不僭越基本的生态、伦理等社会生活法则而放纵个人心性的张扬,又不屈从于任何对个性的压制而泯灭生之趣和创造力;既不将快乐建立在对他人的控制和把玩之上,又不委顺于他者的操控,成为他人游戏中无意义的空洞符号。它是一种自由、自尊、自觉的,爱人、爱物、乐群的,醇和、慕远、创造的人生态度和生活方式。有了这样的前提,人就能够通过实践这一基础性的生命活动,使自己在生理、心理等层面上都得到充实而趋向于精神生命的完整,时常获致恬然地享受生命的审美人生境界。要达到这样的境界当然必须既能走进生活,最大限度地展开个性、满足人的多重需要,又能对日常生活有所超越,通过相应的反观和思索,克服个体性存在的片面性和狭隘性。在我们看来,这就是出入说的要旨,也是对于审美经验的生成来说最为寻常又最为根本的现实性前提。

综合以上三节所述,审美经验是一个具有双重性的概念:它既指审美活动的体验过程,又指内在于人的审美心理结构。换句话说,一方面,审美经验贯穿于审美活动的全过程,它是流动的,具有当下性和不可重复性;另一方面,任何一种具有普遍性的审美经验都会积淀在主体的心理结构中,成为以后审美活动的前导。审美经验与人生实践相伴相生:第一,它本质上就是人生体验直接的、感性的表达方式;第二,它的不断丰富能促成个体感性生命自由自在地拓展,促进人类社会走向和谐的美感性存在。

思考题:

1. 审美感知具有什么特点?

2．想象在审美经验中扮演什么样的角色？

3．为什么说审美想象是具有构成性的？

4．审美理性在审美活动中具有什么作用？

5．何为移情？移情在审美活动中具有什么作用？

6．自我调节与审美经验的生成有什么关系？

第二编

审美形态论

第一章 审美形态的性质和特点

作为审美活动"成果"的审美形态,在审美活动过程中不断生成、发展、凝固、变化、复现、再发展,其基本内涵和特征并非一成不变,而是呈现出历史性和开放性。可以说,人生的活动有多么丰富多样,审美形态就有多么纷纭复杂,但这并不意味审美形态不可辨析和界定,虽然审美活动总以个体人生为蓝本,以个体心理为基础,但真正的审美活动及其审美体验从来都不是一种孤芳自赏的行为,它不仅能够超越时空边界,而且还能突破民族文化的心理樊篱,即审美活动、审美体验有一种公共性和恒常性,审美形态也因此具有相对稳定的形态。我们将从审美形态的生成过程,对历史中积淀下来的、较为稳定的审美形态进行划分、分析和理论总结。

很多学者把审美形态当作自足的概念,用审美形态解释审美形态,缺乏对审美形态概念本身的学理研究。由于概念不清而常常带来审美形态的标准不够清晰,各说各话,歧义纷呈。因此,审美形态的性质、特点和划分标准应该成为重点。

第一节 审美形态的性质

一、传统审美形态论的理论基础

学界还没有一个对于审美形态概念的公认说法。尽管如此,在各家著述的不同解释中,还是存在着一个相同之处——那就是从本体论的角度来定义审美形态。

审美形态的研究,往往从美的本质中推演出来,把审美形态看作美的本质的不同的表现形态。这种方法源远流长,是西方美学传统背景下的逻辑展开。柏拉图追问美的本质,已经奠定了美学理论的基本框架,即美的本质与美的具体事物的关系,本质与现象的关系成为美学的主流和核心。柏拉图在《会饮篇》中讲到了审美活动中人一步步的提升:首先面对美的形体,从而得到一般的美的形式,接着进入心灵的美,进而是行为制度的美,再进一步是知识学问的美,最后达到美的理式。在他的理论里,现实中具体的美是对美的理式的模仿,是美的理式的影子。美因此有了等级,美的本质是审美学之王。一切审美学问题的根本点和出发点,都必须从这里开始。这就使得审美形态的研究一开始就定位在一个派生的亚结构中。只有弄清美的问题,才能清楚审美形态。无疑,这种从美的本体论的角度研究审美形态的思路有它自己的优点:因为只有在对一个事物具有了理性认识之后,才有可能更好地感觉它;为了能真切地进入个别现象,我们需要借助于关于它的本质来把握。所以,不是"透过现象看本质",而是"通过本质看现象",这正是理解审美形态的基本轨迹。

但这种方法有三个明显的弱点:首先,美的本质问题本身就是一个不太明朗的问题,将审美形态的研究建立在它的基础上只会使问题变得更加混乱。从鲍姆加登开始,美的研究逐渐从客体转移到了主体,人们逐渐结合心对物的感受来谈论美与丑、优美与崇高。20世纪,美的本质更被西方分析美学认为是一个假问题而加以拒斥,并且获得了普遍的认同。其次,从美的本质中推导出来的审美形态,处于一种静态的客体论结构中,忽视了审美主体在审美活动中的位置。而在审美的生成过程中,主体与客体相互交融在一起不分彼此,因此,审美形态只能从活生生的审美现实中总结,而不能通过对单一的、孤立的客体进行抽象概括而获得。再次,从美的本质中推导出来的历史上的审美形态是有限的、不变的,它很难包容不同历史阶段、不同时代文化背景出现的新的内容。以"崇高"为例,在18世纪还是人们讨论的热门话题,到了19世纪中期就变得无人问津,几乎销声匿迹。在一切学科探索中并存着两种现象:一方面,新概念不会一齐到位而产生一个完整的体系,有些概念会姗姗来迟,有些概念则会借用旧有的概念表达新的涵义,之后才会获得合体的表述而完全摆脱旧概念的羁绊;另一方面,有时虽提出了新的术语或概念,却仍置身于旧框架,从而使所谓的新旧论争成为在同一规则支配下的互设陷阱。因此,寻找一个可靠的理论基点,已经成为研究审美形态的关键。我们认为,审美作为特殊的人生实践活动,最终应回到人生实践活动本身。审美形态的研究也须臾不能离开人的审美活动。

二、如何理解审美形态?

在多数流行的审美学理论中,无论以美为对象,还是以美感、审美关系、艺术为对象,都遮蔽了审美活动本身,都是一种实体思维或主体思维。而审美学的历史无非是人类对美和美感抽象理解的历史,这样既无法说明美本身,也无法说明审美形态;既无法准确说明主体,也无法准确说明客体,而总是处于顾此失彼的矛盾当中。然而如果我们跳出实体思维和主体思维的二元框架,不难发现,一直纠缠不休的美、美感、审美关系、艺术,实际上只是审美活动中的若干方面。一旦以审美活动作为它们的根源,我们马上可以看到美和美感这两个对立的概念,其实只不过是人生审美活动内部的两个方面,是一体两面的。人生审美活动是一个整体,审美主体,审美客体,审美关系,美和美感等抽象概念都是在这个整体活动中感性的、同步的生成的,而不是彼此分离、对立的。马克思也说:"主观主义和客观主义,唯灵主义和唯物主义,活动和受动,只是在社会状态中才失去它们彼此间的对立,并从而失去它们作为这样的对立面的存在;我们看到,理论的对立本身的解决,只有通过实践的方式,只有借助于人的实践力量,才是可能的。"① 所以解决审美形态这个问题,关键在于还原到人本身,在于回到人类审美活动这个最高范畴中。

审美活动中活生生的感性现象既是审美的出发点,也是其最终的归宿;审美学的关注焦点应该是具体的审美存在而非观念的美的本质,"是什么"的概念最终必须落实于对"怎么样"的阐释。审美形态既是人生审美活动的纷呈,又是人们进一步把握审美现象的有效途径。许多抽象的美学原理可以通过对具体的审美形态的理解而得到最终领会。审美形态正好落实了人生审美活动究竟是"怎么样"的问题。

因此,在此意义上,我们认为审美形态是审美活动特定的历史形态和逻辑形态,即审美活动中特定的人生样态、审美境界、审美情趣和审美风格在历史中的形式沉积和逻辑分类。

人生样态,指的是人的外在形态、个性特征、人生际遇等诸多因素共同构成的人的具体存在样式② 。如阿 Q 愚昧可笑的一生、孔乙己酸腐可悲的一生,棋王恬淡无为的一生,都是具有代表性的人生存在方式。除此之外,既有粗犷、豪迈、崇高、伟大,也有风流飘逸,也有卑下、猥琐、无耻等等。这些人生样态代表了最广大的民间生活和时代生活的内容,包含着作家对人生样态的理想构架,能够在历史中激起读者对于自己人生样态的共鸣和反思。这些人生样态一方面代表着人生生活的理想状态,一方面也透露着人生生活的无奈和反抗。因此,人生样态具有多质多层

---

① 《马克思恩格斯全集》第四十二卷,人民出版社,1979 年,第 127 页。
② 王建疆《审美形态新论》,《甘肃社会科学》2007 年第 4 期。

次性。

　　审美境界,是从人生境界中升华出来的超越功利的具有悦乐情怀的生存状态和当下境遇。不同的人生境界会产生不同的审美境界。唐朝时候士人对于建功立业的渴望,对于塞外沙场的想象,会升华为"醉卧沙场君莫笑,古来征战几人回"的豪迈壮美的境界。而北宋时期对于理趣的欣赏,会升华出"不识庐山真面目,只缘身在此山中"的理趣妙境。或者悦耳悦目,或者悦心悦意,或者悦志悦神,都属于审美境界的不同层次。

　　审美情趣,指审美活动中,人以主观爱好的形式体现出的对审美对象的感悟、选择和评价。比如身处北宋热闹的市井生活中,柳永的审美情趣就在于"今宵酒醒何处? 杨柳岸晓风残月"的销魂和"执手相看泪眼"的缠绵。而生于东晋动乱年代,"不为五斗米折腰"的陶渊明,其审美情趣却在于"采菊东篱下,悠然见南山"了。

　　审美风格,指在人生审美活动中逐渐形成的成熟的民族文化惯性和个人审美惯性。比如西方戏剧传统以及酒神精神塑造了西方揪人心肺的悲剧和崇高感,而中国诗歌传统以及儒家精神,则造就了中国古代文学的和谐模式和大团圆风格。从个人的角度来说,鲁迅就以冷峻深刻的审美风格而闻名;而周作人则以平淡闲适的审美风格而为世人所知。

　　形式沉积,是指在历史的实践过程中,沉积在形式中的社会的、心理的、观念的、情绪的内容,使得形式既不脱离特定具体内容,又获得普泛化的社会内容。也就是英国美学家贝尔所说的"有意味的形式"。这种有意味的形式绝非抽象的形式,而是与内容的统一体。形式的沉积是一个漫长而艰辛的过程。一旦形成,这种沉积的形式,具有相当的统摄力,人们不仅运用这种沉积的形式来创造,而且一见到这种沉积的形式就联想到沉积在它之中的生命、情绪、观念、趣味、样态。这种沉积的形式离开了具体的艺术情景也具有丰富的人生的意味。一谈到优美这种审美形态,就会马上联想起江南苏州的小桥流水,芭蕾舞演员婀娜的舞蹈以及春天河岸边的依依杨柳。这些优美的形象实质上就是形式的沉积所致。

　　逻辑分类,指对沉积的形式的一种纵向或者横向的逻辑上的划分。审美形态在横向上可以划分为自然美、社会美和艺术美;在纵向上则可以分为优美、壮美、悲剧、崇高、喜剧、丑—荒诞。值得强调的是,逻辑分类总是后于形式的沉积。

　　总之,审美形态是审美活动中特定的人生样态、审美境界、审美情趣和审美风格在历史中的形式沉积和逻辑分类。

第二节　审美形态的特点

一、审美形态的生成要素

1. 审美形态与历史文化背景

审美形态既然是人类审美活动的历史产物,因此必然要受到历史条件和文化背景的制约。人生实践所具有的社会历史以及地域、民族等特征,决定了中西方人生实践本身各自具有不同的特色。不同的历史阶段、不同的社会结构、不同的地域和自然环境、不同的民族生活,都使得人生实践的具体内容、方式途径以及由此形成的思想观念、文化形态等等带有自身的独特性。而这些独特的社会的、心理的、观念的、情绪的沉积,必将生成不同的审美形态。

从自然地理和生活方式看,中国是内陆文化、农业经济,与自然亲密无间。这使中国文化的时间特色尤其突出。与之对应,时间艺术如抒情诗和音乐成为主要的艺术类型,其他艺术门类如绘画、喜剧、园林、建筑等无不受到诗乐的影响,这对中国审美形态的整体性特点的形成具有重要的影响。作为西方文化的源头之一的古希腊文化的空间性很突出,空间艺术是西方艺术的主要类型,其他艺术也渗透了空间因素。这对西方审美形态的二元对立特点的形成无疑具有潜在而深远的影响。

2. 审美形态与思维方式

思维方式植根于历史文化背景之中,审美形态与思维方式有较为密切的关系。早在古希腊时期,毕达哥拉斯学派把数提高到哲学本体的高度,巴门尼德提出了"存在"的概念,从柏拉图起,希腊人就明确地划分了现象和理念两个世界。西方文化中,人和自然、主体和客体相互对立,现象和本质分离,客体和主体始终处于斗争矛盾的状态。因此,表现在审美形态上,西方在悲剧和崇高方面就特别发达。与此相反,中国古人天人合一的思想,避免将主体与客体、本质与现象、人与自然的对立,因而中国古代的审美形态中缺乏体裁意义上的悲剧。

中国思维方式具有整体性、形象性、包容性的特征,具有较强神话色彩的原始思维特征。人与物相互交融,《易传·系辞》中提出的"意"、"象"的关系,清楚说明了"象"在中国思维方式中的重要地位。中国古代思维非常重视形象和类比,在此基础上,形成了中国的审美形态倾向于从形象出发,结合体验进行划分的重要特征。因此,只有在中国古代才会形成意境这样的审美形态,而在西方是不可能有之的。

3. 审美形态与语言符号

语言是一定社会的文化深层符号。语言作为文化形成和传播最为强大的工具和媒介,造就了每个人的思维方式和逻辑特点。中国和西方的语言在形成、要素、性质、功能、结构等方面,都存在着巨大的不同。

西方的文字以拼音文字为基础,是表音的抽象符号系统,主体的情感与能指相分离。汉字则是表意性质的象形文字,"象形"、"会意"、"指事"、"形声",都需要想象和联想的参与,需要主体的体验。西方文字表现出了西方强烈的理性主导特征,汉字则表现出了东方感性主导特征。从句子来看,西方多为长句、复句,强调逻辑和思辨,适合叙事和论证。汉语则为诗性的短句组合,充满了诗意的空间,富于感性的抒情和审美表现。从语言的含义看,西方语言主要是意义的生成,汉语主要是意蕴的体验。从西方和东方的文学特征、审美形态来看,确实符合和对应于以上所述的语言特点。

二、审美形态的特点

1. 理论性和经验性的统一

我们在谈论每一种审美形态的时候,都把它幻化为感性生动、具体形象的整体加以把握,说到优美我们就会联想起淙淙的流水,或者依依的杨柳。但是,这一整体的把握不是对审美感知对象的理性认识,而只是对其生命的整体把握,以及把审美主体自己所投入的思想、意志、情感、智慧、体验加以整合所产生的新对象。比如优美的审美形态,总是平和,舒缓,安静,富有韵律感的。因此,这个被谈论的审美形态看来虽然是理论性的,但却总是形象的、感性具体的。可以说,科学合理的审美形态兼具理论性与经验性。审美范畴说以概念范畴为基础的体系虽然能有效地捕捉对象有序化运行的脉络,但沉湎于此,又只能徒然地面对审美与艺术世界的具体丰富性。这样的审美形态最终只能归于一种超验的神秘。悦耳悦目、悦心悦意、悦志悦神的说法,则更多的是建立在心灵感应与体验的基础之上,缺少充分的科学意义,给人一种感觉的神秘。纯然脱离感性经验的美学研究往往因耽于思辨而缺乏鲜活的生命感,而仅仅停留于个体感悟经验的层次又难以获得理论概括的普遍性和深刻性。因此,审美形态应该说感性整合与理性把握的有机结合。

2. 历史性与逻辑性的统一

这一特点揭示出审美形态既具有历时性的历史深度,又具有共时性的逻辑结构,两者的融合统一可以引导我们在历史与逻辑的纵横交织中把握艺术与审美世界的动态发展。审美形态的历史性侧重揭示审美活动的动态发展,主要强调和凸现审美形态在审美活动中历时性的形式的沉积,展现了历史上的一个个鲜活的审美形态。以古典音乐和现代流行音乐为例,以协奏曲、奏鸣曲和交响乐为代表的西方古典音乐,起源于近代欧洲,当时欧洲正处于农业文化时期,理性程度远低于现在,生活中的感性因素浓厚,还没发展到今天的高度理性——经济关系。日常生活所缺少的理性就需要由艺术补足。我们听巴赫、莫扎特、海顿、贝多芬、舒伯特的作品,处处见出理性的法则。而现代流行音乐的重复旋律,简单的和弦,恰恰能满足现代生活高度理性下所需求的高度感性和高度的轻松。逻辑性是对审美活动的概括与升华。历史沉积与逻辑阐释的互补融合,才能揭示具有丰富的感性基础的审美形态,才能在广度和深度的结合中揭示审美与艺术活动的奥秘。

3. 独特性和公共性的统一

审美形态归根到底是人的审美活动的存在方式,是人的全部生命的一种展现。生命作为一种普遍的自然现象,其具体存在方式,是生命个体。生命个体又以"类"为组成单位,从而构成生命"类体"。因此,人在进行审美活动时,对于所接触的对象有着个人独特的审美经验,形成个人独特的审美态度,做出自觉独特的审美评价,表现出面对同一种审美形态,却有着不同的审美反应。对于人生境界达不到反思生命意义的人来说,所谓的悲剧只具有体裁的意义,而没有审美的意义。但是,由于人与人之间具有的生命属性,因而在面对具体的审美形态时虽然各自审美感应不同,但是却可以相互理解对方的审美感应。就像没有悲剧感的人同样能够理解悲剧一样。由此,可说明审美形态具有民族性和世界性统一的属性。中西双方,各个民族之间的审美形态虽然在形式上各不相同,但体现出一定意义上的相同。悲剧中极端的冲突,虽不为中国文化所拥有,但是其中对于美好生命转瞬即逝的哀叹,对于命运无情的无奈却是中西方所共同的。《梁祝》中哀婉凄切的爱情同样能打动西方人。而优美、崇高、滑稽、喜剧等审美形态则更具有中西通约性特点。

4. 稳定性与变易性的交融

在理论建构以历史为经、逻辑为纬的研究视野中,科学合理的审美形态又必然表现为兼具稳定性与变易性的基本性质。审美形态的稳定性从理论构架的两方面得到体现。一是构成审美学理论体系核心部分的基本论题和基本范畴是相当稳定的,美的本质、艺术的本质是古今中外的美学家努力求解的基本问题,"美"、"审美"、"艺术"、"形象"、"再现"、"表现"等范畴虽然会被不同的理论家赋予不同的内涵与外延,但美学体系却必然是由这些范畴为核心建构起来的。正是这种基本论题和范畴延续承继上的稳定性确保促成了人类美学思想的发展、丰富与创新。"理念"范畴之于黑格尔,"直觉"范畴之于克罗齐,"完形"范畴之于阿恩海姆,等等,都是这种现象的代表。审美形态的变异性则反映了美学思想不断丰富深入和辩证全面的历史必然性。基本论题和范畴的稳定是相对的,它决定着任何时代:过去、现在乃至未来的美学思考都具有特定时空范围内的存在的合理性。而变易性是绝对的,它是在稳定性的基础上所具有的理论的动态发展,是理论生长与认识深化的内在源泉。理论形态的变易性是通过量的增加和质的更新来实现的,量的增加是认识发展的初级表现,质的更新则是认识飞跃的必然结果,如此循环往复,美学研究对艺术与审美活动的把握才能逐渐走向辩证、全面和科学。美学理论构架相对的稳定性与绝对的变异性,以其辩证统一的方式在静态与动态的结合中,使审美形态具有了更大的理论容量和理论发展的生命力。

第三节　审美形态的划分标准

一、审美形态的流行划分

1. 审美形态和审美范畴

审美范畴(aesthetic category),又译作"美学范畴"。所谓范畴,按照《现代汉语词典》的解释,指的是人的思维对客观事物的普遍本质的概括和反映。任何学科都有一些自己的基本范畴。比如,本质和现象、形式与内容、必然性和偶然性等等是唯物辩证法的基本范畴;商品、价值、价格等属于经济学的基本范畴。对于审美学来说,美、优美、崇高、悲剧、喜剧、丑、荒诞等等则是其基本的范畴。人们通过对这些主要的审美范畴的研究来标明审美学之为审美学的基本特征,来梳理和把握纷纭复杂的审美现象。因此可以看出,审美范畴是美学体系中的一系列概念,是用来评定或阐释审美活动、审美现象、审美结构之间的关系、特性的基本概念。

但是,审美形态可以归为审美范畴,而审美范畴却不可以称为审美形态。这是因为任何一个审美的概念都可以上升为范畴,但并非任何概念都能成为审美形态。

审美形态有其特定的划分标准和习惯用法。

2. 审美形态与美的类型

审美形态是一种生成的存在方式,是主体与客体互动的存在,强调审美主体与审美客体的往复共振,强调美与美感的互相生成。而美的形态说,完全是从客体的方式,静态划分审美形态的类型,而没有顾及审美形态的生成性、主体性和关系性内涵。审美形态可以分类,但不同于美的类型。美的类型说把美完全当成一个客观存在的实体,是不符合审美生成和审美关系的实际的。

3. **审美形态的其他说法**

审美形态的其他说法,还有美的价值类型说,以及李泽厚在其《美学四讲》所划分的悦耳悦目型、悦心悦意型和悦志悦神型等。与上面的理由一样,审美形态是一个全面动态的术语,强调在审美活动中生成,是一个关系性存在。而美的价值类型,或者李泽厚的说法,则或者从客体存在方面看审美形态,或者从主体心理感受方面看审美形态,而忽略了审美形态是在审美关系中生成,在审美活动中产生的性质和特点,因而很难全面深刻地揭示审美形态的本质和规律。

二、审美形态的界定标准

1. **广泛性与普适性**

审美形态不仅是一种艺术体裁,而且是一种人生的存在境况。如悲剧,既可视作一种艺术类型,同样可以用来表达人生的悲态,并且可以用以说明艺术作品的意蕴。审美形态是人生审美活动的生成形态,是人生生活状态的形式沉积,因此,有些形态虽然具有广泛性和普适性,但由于不能对人生底蕴予以展示,因而也不能成为审美形态。例如,“形式”与“内容”这些逻辑术语,由于缺乏感性形态,又不关审美的意蕴,又过于一般,虽然可以用来作为文学、绘画、音乐等文艺学的基本范畴,但却不能成为基本的审美形态。而有些美学家如康德提出的“自由美”和“附庸美”等审美形态,由于没有在历史上形成广泛的使用范围,所以也难于形成基本的审美形态。

2. **代表性和统摄性**

审美形态不是某一部美学类别史的对象,也不能包揽所有的审美活动,而是具有对人类的审美活动产生影响的有代表性的形态。由于审美形态与审美主体心理情绪有着紧密的联系,比如,悲剧和人的悲剧感,喜剧和人的喜剧感,崇高和人的崇高感就是互相生成、两两相应的,因此,历史上业已形成的审美形态就都会影响到人们特定的审美效果和审美经验。另外,审美形态是社会、历史、文化精神的凝聚,所孕育的审美精神具有特定的文化精神代表性,如西方的悲剧就是这种西方文化精神的凝聚和代表。审美形态受特定文化精神的制约,往往不仅体现这种文化精神,而且还会被这种精神所统摄。如伴随基督教的兴起,中世纪的神学就影响到了人们的社会心态和审美心态,它赋予优美以圣父、圣子、圣灵"三位一体"的神学观念,排除世俗审美,形成了基督教审美的内在特征。

3. 稳定性和流传性

审美形态的稳定性表现在自身具有定格特征。悲剧、崇高的本质是古今中外的美学家努力求解的基本问题,"优美"、"悲剧"、"崇高"、"喜剧"、"荒诞"等审美形态虽然会被不同的理论家赋予不同的内涵与外延,但审美形态却必然是由一些稳定特征为核心建构起来的,并在审美接受中具有制导作用。如人们观看悲剧不可能笑,观看喜剧却不可能哭,就是审美形态稳定性或确定性的表现。也正是这种稳定性确保了审美形态理论的延续。审美形态的流传性在于,一些能够成为民族审美活动识别标志的审美形态,能够在民族的甚或人类的审美接受史中不断地延续下来,而且还会在某一特定的历史时期时髦起来。比如,"逸"这种审美形态,很早就进入了中国人的审美思维中,与之相关的"飘逸"、"神逸"、"逸气"、"放逸"等等不断地在中国文化中复现,被人们反复用来表达自己的生活形态、人格的理想状态、文学的表现形态和书画的品评格调,并在宋元时期曾经一度成为最高的审美形态,不仅运用广泛,而且影响深远,至今仍是中国审美形态中一个比较重要的范畴。

思考题:

    1. 如何理解审美形态?

    2. 如何理解审美形态和审美范畴之间的关系?

第二章　西方的审美形态

　　审美形态是审美实践活动中特定的人生样态、审美境界、审美情趣和审美风格等的感性凝聚及其逻辑分类。人类审美实践的历史性和民族性,造成了审美形态的历史变迁和民族差异。西方的审美形态与中国的审美形态既存在着相通性,又有着显著的差异。

　　优美、崇高、喜剧、悲剧、荒诞、丑陋等范畴,是西方人在西方文化背景下,在长期审美实践活动的基础上逐渐形成并积淀下来的、相对稳定的、最基本的审美形态,也是对这些审美形态的分类与规定。这些范畴本身经历着历史性的发展,不同时代人们对它们有着不同的规定与理解;同时还发生着共时性的延伸,具有向多样化的文化空间和审美实践开放的维度。因此这些范畴既具有相对的稳定性,同时还是开放性术语(open term),是人们"用来给事物分类但又允许扩展的术语"①。而且,这些特定的术语还具有"述行功能",其对象不只是被描述的对象,而且是凭借描述行为予以改变的对象,我们应该像重视它"说"什么一样注意它"做"什么②。比如说,一段时期之内,当美学理论将肯定性品质集中地赋予"优美"这一审美形态时,就包含着对于"丑陋"的挞伐和排斥,反之亦然。这并不一定只取决于某个审美范畴描述审美实践时的真伪问题,而且可能涉及当时意识形态的影响和导向的问题。因此在对各种审美形态进行分类描述时,我们还必须兼顾各个审美范畴在特定的文化语境中发挥着什么功能,何以会发挥如此功能以及如何发挥其功能等问题。

　　从总的情况看,西方最基本的六种审美形态,呈现为两种类型。其中优美、崇高和喜剧属于顺向肯定性审美形态,是人生样态、审美境界和审美风格的正面的和积极的感性凝聚,它直接诉诸审美理想,按照审美理想创造出一个美好的世界并从中获得愉悦;丑陋、荒诞和悲剧则属于逆向否定性审美形态,是人生样态、审美境界

---

　　①　达布尼·汤森德《美学导论》,高等教育出版社,2005年,第49页。
　　②　乔纳森·卡勒《当代学术入门:文学理论》,辽宁教育出版社、牛津大学出版社,1998年,第101页。

和审美风格的负面的和消极的感性凝聚,它并不直接诉诸审美理想,而是诉诸现实,从而产生一个否定性的世界,进而以审美理想审视和批判现实,以否定之否定的方式曲折地反衬、强化和肯定审美理想并从中得到升华。这两类审美范畴构成总体的二项对立,它们相互参照和彼此对比才能定义自身,从而将人类审美实践的意义双向地揭示出来。表现在更具体的层面上,则是优美与丑陋、崇高与荒诞、喜剧与悲剧两两相对而构成的次级二项对立。从其根源上说,审美形态的两个类型,与人类生存意义的两种生成方式和人类思维的“两值逻辑”之间具有密切的关联①,同时也是对称性均衡原则在审美实践和理论思维中的具体表现。

　　在如上三组二项对立中,优美与丑陋的对立是最基本、最集中的,具有主导地位,一定程度上统摄和制约着喜剧与悲剧、崇高与荒诞之间的二项对立,而后两种对立中总是这样那样地体现着优美与丑陋的对立因素。

　　我们可以借助并改造格雷马斯的符号矩阵理论对各种审美范畴之间的关系做出如下说明:

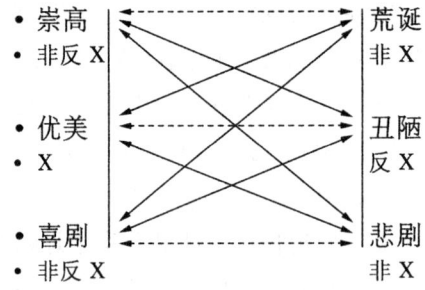

　　←--→表示对立关系

　　←——→表示矛盾关系

　　——表示蕴含关系②

　　在西方美学史上,最早最主要的对立是优美与丑陋之间的对立,在此基础上出现的喜剧与悲剧、崇高与荒诞之间的对立是与之相应的次要的对立形式。总体上说,优美与丑陋、崇高与荒诞、喜剧与悲剧之间是反义关系;优美与荒诞、优美与悲剧、丑陋与崇高、丑陋与喜剧之间是矛盾关系;崇高、优美和喜剧之间是蕴含关系,

---

　　① 杨春时《美学》,高等教育出版社,2004 年,第 178—179 页。

　　② 参见格雷马斯《论意义——符号学论文集》上册,百花文艺出版社,2005 年,第 141 页。

荒诞、丑陋与悲剧之间也是蕴含关系。换言之,优美与丑陋对立,优美与悲剧矛盾但并不一定对立,优美与崇高矛盾但并不一定对立;崇高与荒诞对立,崇高与丑陋和悲剧矛盾但并不一定对立;喜剧与悲剧对立,喜剧与丑陋和荒诞矛盾但并不一定对立。

尽管在审美领域内,优美与丑陋的对立是居于主导地位的最基本的二项对立,但人类生存境遇和文化构成的复杂性,以及不同历史阶段对特定审美形态的特殊强调,使优美和丑陋并不能单纯明净地体现出来,而是经常以其衍生的、变异的多样化形式表达出来。各种审美形态作为审美实践活动中特定的人生样态、审美境界、审美情趣和审美风格等的感性凝聚及其逻辑分类,其间的异同在审美主体与审美客体的关系、审美意象中内容与形式的关系、具体表现形态以及审美感受方面全方位地表现出来。这就要求我们通过对各种审美形态的具体分析来达到对其间复杂关系的说明。

第一节　优美与丑陋

一、优美

优美在西方美学中是与丑陋相对立的基本的顺向肯定性审美形态。从审美主体与审美客体的关系角度看,优美是人的本质力量对象化的实现和结果,是合目的性与合规律性的和谐统一,是现实对实践的最充分的肯定形式;从审美意象中内容与形式的关系角度看,优美是理性内容与感性形式、理想与现实、个体与族类、社会与自然、背景与前景的和谐统一。优美的这一本质制约着优美的其他特征,同时也规定了优美在诸审美形态中的核心地位。

优美审美形态是人本质对象化的实现或合目的性与合规律性的统一,也就是审美关系中矛盾斗争的结束,是事物构成要素之间的相辅相成,因而呈现为和谐;优美是各种审美形态中获得现实肯定最充分的形态,是趋于完整饱满效果的结构关系,因而优美审美形态又呈现为完满。和谐与完满是优美最本质的特征。

优美作为审美实践活动中和谐完满的人生样态、审美境界、审美情趣和审美风格的感性凝聚,广泛地表现在人与自然、人与社会以及人与人之间的联系方式上。在优美审美形态中,自然感性形式通常具有对称、均衡、圆润、柔和、比例协调等特点;与之相应的是生理的快适宁静、情感的松弛怡悦和心境的自由恬然与共鸣应和,激发出的是人们对美好人生样态和生存境界的顺向联想、呵护和咏唱,从而焕发出直接、高度而纯净的自由感和愉悦感。

表现为和谐完满的优美是人类最早注意到的审美特征,也是人类最早的审美本质概括。因而在中西方美学传统中,优美在很大程度上代表"美","美"在日常语境中即指优美,这形成了"美"的狭义用法;而在其广义用法中,"美"是包括全部审美形态本质的最高范畴。

在西方,古希腊的毕达哥拉斯学派认为圆形是最美的,因为它集中体现了"数"的"和谐"。柏拉图借以论述"美本身"的审美经验基本上未超出优美审美形态。亚里士多德将美的形式规定为"秩序、匀称与明确",仍然是指优美。古罗马的普洛丁攻击亚里士多德的美论,但依然囿于优美而论美,把美理解为"整一性"。中世纪意大利的阿奎那从宗教神学角度认为美有三个要素:完整、和谐、鲜明。英国哲学家培根认为美的精华是秀雅合适的动作。英国画家荷迦兹提出蛇形线是最美的线条。直到 18 世纪英国经验派哲学家博克,才明确地将崇高与优美放在同一个审美本质观念下进行对照说明,但仍然将优美径直称为"美",认为美的事物的特征为小巧、光滑、逐渐变化、不露棱角、娇弱及颜色鲜明而不强烈等。而影响巨大的康德的美的鉴赏判断的四个规定,实际上依据的也正是优美。英国学者斯宾塞认为优美是"筋力的节省"。法国作家雨果认为优美是一种和谐完整的形式。

在中国古代,有大量对优美的感性形式进行描述的资料。如《左传·襄公二十九年》记载吴公子季札观乐,有"美哉!泱泱乎!大而婉,险而易行"的赞叹,这是对音乐优美感的表达;《诗经》中有"美目盼兮,巧笑倩兮"的语句,这是对人体的优美感的表达;而中国艺术进入对自然的观赏阶段后对人与自然和谐关系的描写,构成了中国人审美经验中最丰富最集中的优美形态,车载斗量的描绘"杏花春雨江南"的优美意象的山水田园诗词和绘画,是国人对自然的优美感的表达。这种优美感的核心仍然是"和谐",它在中国已经不是西方审美学中注重感性外观形式的"和谐",而是从对象到主体、从美到善、从文到质、从形式到内容、从自然到社会、从个别到一般普遍化了,上升为一种以优美为典范形态的宇宙观准则。这一准则在孔子之前表述为"和",在孔子之后更多地表述为"中庸"。"中和之美"不仅是中国古代审美形态的最高典范,而且广泛深刻地支配着中国古代社会的各种意识形态。庄子追求"大",但"大"的极致是"天和",所谓"与天和者,谓之天乐",这种美感体验并未脱出优美感的范围。直到 18 世纪,姚鼐才明确地将近乎崇高的"阳刚之美"与近乎优美的"阴柔之美"相比较,将它们统一于一个更完整的审美形态体系之中,他描述后者为:"其得于阴与柔之美者,则其文如升初日,如清风,如云,如霞,如烟,如幽林曲涧,如沦,如漾,如珠玉之辉,如鸿鹄之鸣而入寥廓;其于人也,溟乎其如叹,邈乎其如有思,暖乎其如喜,愀乎其如悲。"[①]

综观中西方美学史对优美审美形态的论述,我们可以归纳出优美审美形态的具体特征,即整体的和谐感、纯粹的自由感、充分的形式感和内在的宁静感。所谓整体的和谐感,是指优美是人与对象、人与自然、人与人以及人与自身都处于和谐状态的一种美感经验,其中没有任何冲突或斗争的痕迹,而是一种内在与外在的全面和谐。在这种和谐感中,人的存在得到了最直接最单纯的肯定,因此伴随着舒畅、轻松、欢快与明朗的情感活动。所谓纯粹的自由感,是指优美的心理反应是一种顺向反应,其中没有任何违逆或反抗的成分,而是一种自由自在、无忧无虑、安闲平静的自由感受。所谓充分的形式感,是指优美感的形式表现中,形式与其意蕴的关系平衡相称,尽管优美作为肯定性审美形态的感性凝聚与真和善的内容有着本质关联,但它既没有形式大于内容的空疏轻佻,也没有内容大于形式的沉重凝滞,而是文质彬彬,内外相符,珠圆玉润,气韵生动;一切和谐、光滑、绚丽、整齐、对称、舒缓、雅致、精细、小巧、隽秀、圆润等形式背后的深广的社会历史内容,都水乳交融地溶解在形式之中,浸润在优美感之中。所谓内在的宁静感,是指优美感作为人的本质对象化运动的结束,它本质上呈现为一种无对抗无斗争的宁静状态,但其形式外观上并不必是静态的,而是可以表现得活泼流动。如青春少女的开朗活泼与娴静羞涩,其外观形式完全相反,但其审美形态本质上都属于和谐的优美。"月明松下房栊静"与"日出云中鸡犬喧"、"鸡鸣桑树巅,犬吠深巷中",柔缓的《月光曲》与沸腾的《春节序曲》,动静不同而同属于优美。相反,有些外观宁静者,如外观安静平和的《艰难岁月》和轻柔低回的《二泉映月》,却未必是优美,因此优美的宁静是内在的宁静。

优美的具体表现,可以是风和日丽、鸟语花香、莺歌燕舞;也可以是山明水秀、柔条芳春、扶疏杨柳;可以是"细雨鱼儿出,微风燕子斜"和"梨花院落溶溶月,柳絮池塘淡淡风";也可以是人与人的和睦相处、互敬互爱、长幼情深;还可以是"美目盼兮,巧笑倩兮"的风神仪态。中国古人所说的"初发芙蓉"与"错彩镂金"之美,大致都可归入优美之类。

---

① 姚鼐《复鲁絜非书》,《惜抱轩文集》(六)。

米洛的维纳斯像是西方人优美审美形态的典范。这个半裸的女性雕像,虽然优美、健康、充满活力,可是并不给人以柔媚或肉感的印象。她的转折有致的身姿,显得大方甚至雄伟;沉静的表情里有一种坦荡而又自尊的神态。她不是他人的奴隶,所以无须故意取悦或挑逗别人;她也不想居于人们之上,故也毫无装腔作势、盛气凌人之感。在她的面前,人们感到的是亲切、喜悦以及对于完美的人和生命自由的向往①。

《蒙娜丽莎》也是优美审美形态的代表之作,从它所引起的审美感受角度看,它又如何呢? 有人如此描述:

面对一幅画,我们说"看画"。

画是客体,挂在那里。我们背了手凑近、退远、审视、端详、联想、玩味、评价。大自然的山水、鸟兽、草木,人间的英雄与圣徒、好女与孩童、爱情与劳动、战争与游戏、欢喜与悲痛,都定影在那里,化为我们"看"的对象。连上想象里的鬼怪和神祉、天堂与地狱、创世纪与最后审判;连上非想象里的抽象的形、纯粹的色、理性摆布的结构、潜意识底层泛起的幻觉,这一切都不再对我们有什么实际的威胁或蛊惑。无论它们怎样神奇诡谲,终是以"画"的身份显示在那里,作为"欣赏"的对象,听凭我们下"好"或者"不好"的评语。②

切近、喜悦,引人对美好生活的无限的顺向遐想,审视、玩味,没有一丝威胁感和蛊惑感,这正是优美的美感效果。

优美与丑陋直接对立,它同时又与崇高、悲剧、喜剧、荒诞等相比较而存在,优美更多地体现于艺术美、人体美和自然美这类形式美因素突出的审美形态中,而更加注重内容的社会美中,优美一般只能以较为抽象的领悟方式被人感受到。

二、丑(陋)

丑,有时也称为丑陋,是一个逆向否定性审美形态。丑有广义与狭义之分。广义的丑与广义的美相对立,是目的性与规律性的不统一,是现实对人本质的否定。狭义的丑与优美审美形态相对立,优美是现实对人本质的最完满、最充分的肯定,是纯粹的美,丑则是对纯粹性、完满性与和谐性的破坏和否定。在此意义上说,狭义的美(优美)是不包含丑的绝对的美,而丑正是美的反面,因而与美是尖锐对

---

① 迟轲《西方美学史话》,中国青年出版社,1983 年,第 29 页。
② 熊秉明《看蒙娜丽莎》,百花文艺出版社,1997 年,第 1 页。

立的。

从审美主体与审美客体之间的关系角度看,丑是现实对人本质的否定,是目的性与规律性的不统一;从审美意象中内容与形式的关系看,丑是理性内容与感性形式、理想与现实、个体与族类、社会与自然、背景与前景之间的背离,是对规范和正常尺度的偏离。因此否定与背离是丑的本质特征。

丑陋的审美意义在于,现实生活的非人性的一面,即异化世界是异己的、与人对立的、令人生厌的,是一种负面的生存意义。它指明人生不当如此,这就以否定之否定的方式肯定了正面的生存意义;丑陋的事物与优美的事物相反,呈现为反常、混乱、给人以恶性刺激等形式特征。自然界的穷山恶水、毒蛇猛兽,社会生活中的坏人坏事,艺术中的反面形象大都具有丑陋的形式。

丑作为人类生活实践中的普通现象,很早就进入了人类的审美活动并参与了人类审美经验的形成。在原始社会和奴隶社会,凶恶的、怪诞的、可怖的形象就已经出现在当时的器物、艺术和神话中,如神话中的人头马面怪物、埃及的狮身人面像、中国殷商时期饕餮纹青铜鼎的狰狞恐怖和青铜面具的凶怪威惧。阿多诺认为,丑陋的原型是原始恐惧范畴:"原始崇拜对象的面具与画脸所体现出来的古代丑,是对恐怖的实体性摹仿,一般散布在忏悔的形式之中。随着神秘的恐怖性逐渐淡化与主观性相应增强,古代艺术中丑的特征变为禁忌的目标(尽管这些特征原本作为强化禁忌的载体)。继主体及其自由感形成之后,和解的思想随之诞生,丑也就随之展露出自己。"[1]在西方,早期的毕达哥拉斯学派将与适度相近似的"秩序"和"匀称"视为美的本质,反之,"无秩序"、"不匀称"和不符合尺度的则是丑的。如果内容与形式相互背离,也被认为是丑陋的。赫拉克里特讲:"最美的猴子比起人来还是丑。"[2]德谟克利特说:"身体的美若不与聪明才智相结合,是某种动物性的东西。"[3]在整个古代社会,这种对丑陋的论述,总是在与其美的观念进行对照,而且总是将其与恶混淆在一起,丑陋并未获得独立的审美关注。只是到了近代,当现代理性日益蜕变而使审美变为审丑之时,也正是美学学科正式建立之时,丑陋才成为美学研究的对象。李斯托威尔认为,丑"主要是一种近代精神的产物。那就是说,在文艺复兴之后,比在文艺复兴之前,我们更经常地发现丑。而在浪漫的现实主义的氛围中,比在和谐的古典的古代气氛中,它

---

① 　阿多诺《美学理论》,四川人民出版社,1998 年,第 84—85 页。

② 　柏拉图《柏拉图文艺对话录》,人民文学出版社,1983 年,第 183 页。

③ 　德谟克利特《著作残篇》,引自《古希腊罗马哲学》,三联书店,1957 年,第 111 页。

更得其所"①。鲍姆加登在建立"美学"(Asthetik,音译为埃斯特惕克)时,就将其定义为研究人类感性的"感性学",认为"美学的目的是感性认识本身的完善(完善感性认识)。而这完善也就是美。据此,感性认识的不完善就是丑,这是应当避免的"。由此出发,他指出"感性认识也有同样多的丑、错误或令人讨厌的瑕疵,这些必须加以杜绝,(它们)或者在思想和事物之中,或者在各种思想的相互关系中,或者在表述中"②。可见,鲍姆加登本来是将对丑的研究包含在其"感性学"之中的。但是他并没有对感性的丰富性做全面的探讨。他所谓的感性学,着重点在于后来人们所理解的美学研究范围。在他之后,思想家们不断挖掘的仍然是审美经验。作为感性学的埃斯特惕克不但没有真正成为涵盖感性丰富特点的学科,而且连这个词本身也被曲解为美学或谓美的学科。因此在鲍姆加登建立"感性学"后,经历了一个"美学百年"(1750—1850)才进入"丑学百年"(1850—1950),在此阶段,丑学才获得了足够的审美关注;随后,西方美学才真正进入了感性学阶段③。也正是在"丑学百年"伊始,德国美学家卡尔·罗森克兰茨的《丑的美学》(1853)应运而生,强调丑不是美的陪衬,但是,丑却需要美的陪衬或者丑必须投射到美之中,才可能是审美的丑。丑虽然"不在美的范围之内","但又始终决定于美的相关性,因而也属于美学理论范围之内"④。作为第一部专门研究丑的美学专著《丑的美学》,标志着丑真正成为一种特殊的审美形态。尽管如此,坊间所见国内现行美学教材的审美形态部分,"丑"仍每常付之阙如。

作为审美形态的丑在历时向度上经历了一个从最初作为美的陪衬到独立的审美经验形态的演变,它在共时维度上以"作为美的陪衬的丑"、"形式的丑"和"独立审美形态的丑"存在于审美实践中。"作为美的陪衬"的丑是依附于美而存在的,它虽无独立地位,也不能从其所依附的美中剥离,但它与美相反相成、不即不离,犹如佛陀菩萨旁边面目狰狞的罗汉、正面人物身旁的丑角、绿叶鲜花下面的枯枝老干。诚如清代一位画家所言:"密叶偶间枯枝,顿添生致;纽干或生剥离,愈见苍颜。"⑤"形式的丑"主要指那些引起人们审美上不快感,并且没有生气灌注的、扭曲的、变形的、怪诞的、非理性的、不规则的、不和谐的、畸变的形式。这些形式的丑,其丑的

---

①　李斯托威尔《近代美学史述评》,上海译文出版社,1980年,第233页。
②　鲍姆加登《美学》,文化艺术出版社,1987年,第20页。
③　栾栋《感性学发微》,商务印书馆,1999年,第53页。
④　鲍桑葵《美学史》,商务印书馆,1985年,第512—522页。
⑤　《清人论画》,潘运告编,湖南美术出版社,2004年,第252页。

形式可以与恶的内容相悖反,其存在的意义在于激扬审美活动的快速上升运动。诚如雨果所言,"滑稽、丑怪似乎是一段稍息的时间,一种比较的对象,一个出发点,从这里我们带着一种更新更敏锐的感觉朝着美上升"。丑所增大的心理反差,被广泛运用到艺术审美中,多方面增强着美的光辉。如《巴黎圣母院》里的卡西莫多,他奇丑无比的外貌,直接深化突出了由行为所表现出来的心灵美。"独立审美形态的丑"主要指审美活动中的不和谐、反目的性和非理性因素超出其陪衬地位,而拥有独立的美感经验形态。这里不仅包含着从现实的丑到艺术的丑的辩证法,如亚里士多德所说"事物本身看上去尽管引起痛感,但惟妙惟肖的图像看上去却能引起我们的快感,例如尸首或最可鄙的动物形象"[1],也包括美丑间的直接换位,如波德莱尔所说:"美就是可怕的,而可怕又是美的。"法国雕塑家罗丹的《欧米哀尔》是审丑化为审美的例子。欧米哀尔是巴黎一代名妓,罗丹并未表现她青春风流的黄金时代,而表现她年老色弛的丑陋裸体:脸上刻满沧桑的皱褶,干瘪的胸脯露出肋骨,腹部布满松弛的皱纹,生命之火已然耗尽,衰朽的皮囊丑得好似枯木断枝。这个丑陋的形象浓缩了一个人的生命历程,显示了青春美貌不可能拥有的丰富内涵。这个意义上的丑正是一种"艰难的美"。唯其"艰难",因而"审丑近乎勇";唯其仍不离"美",所以"审丑"而不能"嗜丑"。

　　"戈雅的《1808 年 5 月 3 日》是对战争的残忍的一个最有力的谴责。西班牙爱国者的似乎源源不断的人流费劲地爬着山,他们在朝死亡迈去。赤手空拳的散乱的人们为了他们的祖国献出了他们能献出的一切,现在对他们来说,除了死亡便没有什么了。在画面的前景上,那些已被击毙的人横七竖八地躺在地上,遍体鳞伤,令人怵目惊心。穿着衬衫、马上就要被处决的那个人吸引了我们的注意力。在他前面是一摊鲜血。他以最后的激昂的手势举起他的双臂——完全没有防御。在他对面是掩着面孔的射击班成员组成的长队,来复枪几乎排成一条线,即将射击。"毕加索的《格尔尼卡》以法西斯对格尔尼卡古镇的狂轰滥炸和市民的悲惨遭遇为主题。但他不是画一幅戈雅那样的现实主义作品,他试图通过象征形式和严重变形了的面貌来捕捉和表现苦恼与痛苦,以达到超乎异常的深层意义。乍看之下,人们觉得它混乱无序。细察之时,人们才发现一些明白易懂的形状。画的右边,是一个张大嘴巴发出尖叫并且惊恐不已的伸出双臂的人。位于他下面的一个妇女朝左奔跑;她是那么仓皇失措,以致她的另一条腿似乎跟不上而被落在了身后。画面中央

---

① 　亚里士多德、贺拉斯《诗学　诗艺》,人民文学出版社,1962 年,第 11 页。

是一匹带有可怕的肋伤的马。在毕加索为这幅画所构思的一些草稿中,有一幅上画有一匹小小的从肋间长出双翼的马——作为希望的象征。但在这幅最后定稿的画中,他放弃了这一构思。在马蹄的下方躺着一个士兵,他的眼睛在死亡时离开了原来的位置;一只手还握着一柄折断了的剑和一枝鲜花,另一只手无力地张开——手中一无所有。画面左边,一个妇女仰天大叫,喊出她的极度痛苦;在她的手臂中,抱着她的已经死去的孩子。她的扭曲变形的面孔是悲痛的面部模型——使人一看就知道这是一种令人绝望的尖声叫喊的样子。死去的孩子挂在她的手臂中像一个玩具娃娃。孩子是如此柔软和毫无生气,以致连他的鼻子都下垂了①。

丑作为审美形态的深刻意义在于:一是负值思维,即透视到了审美文化乃至整个人类文化的负效应、副作用、负面价值和负面结果;二是补充性思维,即多维、多元、多视角的思想;三是解放思维,即突破思想牢笼,突破思维禁区②。丑以其反(优美)形式与优美相通,同时它的许多特征与优美之外的悲剧、崇高、喜剧、荒诞等有着十分紧密的关联,正是狭义的丑参与到这些审美形态中,才使它们呈现出审美形态上的丰富复杂性。

第二节　喜剧与悲剧

一、喜剧

喜剧具有狭义和广义之分。狭义的喜剧限于指代一种艺术类型和戏剧体裁,与作为艺术类型和戏剧体裁的悲剧相对。广义的喜剧则是一个美学范畴,它是包括从现实到艺术审美的非常广泛的一种审美形态,与作为美学范畴和审美形态的悲剧相对,是一种顺向肯定性的审美形态。历时地看,悲剧亦经历了从古代西方艺术类型到近代以来宽泛的审美形态的过程;但在今天,作为审美形态的悲剧与作为戏剧类型的悲剧在研究中往往结合交织在一起而无法截然分开。广义的喜剧所包括的范围,可以小到《摩登时代》里那个扭螺帽工人的机械滑稽的一举一动,大到像辛亥革命后张勋辫子军戏剧性复辟清廷帝制这样的社会权力行为。

---

① 雷诺兹等《剑桥艺术史》(3),中国青年出版社,1994年,第399—402页。
② 栾栋《感性学发微》,商务印书馆,1999年,第83页。

　　喜剧审美形态作为人的本质力量对象化特定阶段的感性凝聚形式,从审美主客体角度看,是主体已经压倒客体,主体合目的性实践占据了矛盾的主要方面,客体现实已经成为矛盾次要方面而成为可以被摆弄的存在,而客体现实仍然要坚持其存在,这就暴露出其虚张声势而成为可笑;但主体并不在斗争中与客体尖锐对立而将其消灭,而是顺向推动使客体解体以便将主客矛盾"化解"。从审美意象中内容与形式的关系看,喜剧是理性内容与感性形式、理想与现实、个体与族类、社会与自然、背景与前景之间的"调和",不是使形式无限背离内容而使形式成为丑,而是在形式与内容之间的错讹张力达到一定程度时又双向凑泊,从而达到"调和",所以它并不是否定性的而是肯定性的。因此"化解调和"是喜剧的本质特征。

　　正因为主体已经占据优势,其对立不再需要继续剑拔弩张的斗争而只是需要化解调和,所以它才会产生美学家们一再强调的"优越感"、"支配地位"、"从紧张到轻松";正因为处于优势地位,所以才笑对方,笑是自信心的表现。这种力量对比情况与悲剧正好相反。

　　喜剧作为审美实践活动中调和化解的人生样态、审美境界、审美情趣和审美风格的感性凝聚,广泛地表现在人与自然、人与社会以及人与人之间的联系方式上。它可以表现在自然美和社会美之中,但其根源却是人类的社会生活,最集中地表现在艺术中的相声、漫画、小品、喜剧等艺术形式之中。

　　喜剧首先是作为一个艺术类型和戏剧体裁而引起美学家注意的。亚里士多德认为,"喜剧是对于比较坏的人的摹仿,然而'坏'不是指一切恶而言,而是指丑而言,其中一种是滑稽。滑稽的事物是某种错误或丑陋,不致引起痛苦或伤害"①。也就是说,喜剧的对象中包含不属于优美的因素,但它们又不能伤害处于优越地位的主体。只是到了近代,喜剧才从具体的艺术类型中抽象出来,上升为审美范畴,引起美学家从审美意义上对它的考察。17 世纪英国经验派哲学家霍布士认为,"习以为常的事不能引人发笑,引人发笑的都必定是新奇的,不期然而然的"。而发笑的原因在于"突然发现自己的优越"。康德从心理特征方面揭示喜剧的特点是笑:"从一种紧张的期待突然转化为虚无的情感"会引起笑,使人"感到轻松"②。黑格尔认为喜剧矛盾源于绝对精神发展中感性形式压倒了观念,表现了对象的空虚和缺乏理念内容,出现形式与内容的矛盾

---

①　亚里士多德、贺拉斯《诗学　诗艺》,人民文学出版社,1962 年,第 16 页。
②　康德《判断力批判》(上卷),商务印书馆,1964 年,第 180 页。

性,造成喜剧人物的微不足道和缺乏个性,"突出主体性在乖讹荒谬中自由泛滥以至达到解决"①,这也正与鲁迅的"将人生中无价值的东西撕破给人看"相通。这种对主体性自由问题的"解决",是"撕破",也就是"调和化解",而不是悲剧式的毁灭。马克思和恩格斯从新旧两种社会历史冲突的角度论述喜剧,认为喜剧是新旧生活方式交替的产物,是旧事物即将进入坟墓时的存在样态,是矛盾斗争即将结束时的最后阶段。所谓"世界历史形式的最后一个阶段就是喜剧",一切伟大的历史事变和人物,"第一次是作为悲剧出现,第二次是作为笑剧出现"。而喜剧就是用"另外一个本质的假象来把自己的本质掩盖起来"。在现代,喜剧得到了更深刻、更多样的解释。柏格森从其生命绵延说出发认为,生命是活生生的、流动的、自由的,但有些生命却落入机械僵化状态,对于活生生的生命来说,后者就是可笑的。苏珊·朗格从生命形式角度解释喜剧,认为"喜剧情感是一种强烈的生命感","它是紧张、迅速、夸张的,生命力的显现形成一个爆发点,引起欢乐和笑声"②。巴赫金则从民间诙谐文化与统治意识形态正统文化之间的对立的角度来解释那些具有喜剧色彩的狂欢文化和怪诞风格,认为它们具有解构统治秩序的社会功能,"使虚构的自由不可支援,使异类相结合,化远为近,帮助摆脱看世界的正统观点,摆脱各种陈规虚礼,摆脱通行的真理,摆脱普通的、习见的、众所公认的观点,使之能以新的方式看世界,感受到一切事物的相对性和有出现完全改观世界秩序的可能性"③。总之,如上对喜剧及其效果的各种说法,都具有一定的解释潜力,但需要更大的理论整合使其内在贯通,才能形成系统的喜剧理论。

综合来看,喜剧作为审美形态是在主体优越感基础上的主客矛盾以及内容与形式矛盾的调和化解。其具体的表现特点有亦庄亦谐性、可笑可乐性和顿悟顿挫性。所谓亦庄亦谐,是指喜剧以诙谐可笑、夸张乖讹的表现形式表达着深刻的社会内容、主题思想和生命意义。表现在人,则"善为言笑,然合于大道"(《史记·滑稽列传》);表现在文,则"于嬉笑诙谐中包含绝大文章"(《笠翁偶集》);表现于表演艺术,则"有本事既勾出眼泪,又引起笑声"(卓别林);表现在审美效果,则"再没有比笑更难捉摸的东西了,缺乏某种必要的条件也可能使最可笑的事情失去效果,就可能阻碍笑的产生"(司汤达)。因此,喜剧尽管必然有夸张倒错的形式,但喜剧的根源在生活,"讽刺的生命是真实"(鲁迅)。所谓可笑可乐,是指喜剧的感性结构是由

---

① 黑格尔《美学》第三卷(下),商务印书馆,1981年,第319页。
② 苏珊·朗格《情感与形式》,中国社会科学出版社,1986年,第399页。
③ 巴赫金《拉伯雷研究》,河北教育出版社,1998年,第41页。

"可笑"、"可乐"的对象与笑和乐两个部分组成的关联关系中进行,前者指对象在笑者乐者看来必具可笑可乐之处,后者指喜剧的对象必具有一个在审美注视者身上引起的笑和乐的效果。有可笑可乐性而无笑与乐相伴,不一定是喜剧,如猩猩模仿笑星表演,但这对猩猩来说并不可笑可乐,因而不是喜剧;反之,有笑相伴但无可笑性,也并不一定是喜剧,如日常的"挠痒痒"等,虽伴随着笑,但却是纯粹的生理现象,并不一定具有可笑性。所谓顿悟顿挫,是指豁然开朗的智慧领悟和急转直下的悬念冰释。欣赏喜剧的人需要思维敏捷、善于看出问题,而喜剧也要求恰到好处地揭示内容与形式的矛盾性和不合理性。喜剧矛盾冲突的对比变化要求有突发性,能扣人心弦、出人意表、豁然解开、急转直下。由知觉、想象到理解、情感的运动异常迅速,形成拍案叫绝、惊喜交加的效果。比如某些"反话","戒烟不难,我已经戒过一千次了"。比如"How are you? How old are you? How do you do?"被某个自称精通英语的人翻译为"怎么是你? 怎么老是你? 你怎么搞的?"这些喜剧性的笑话都要求欣赏者突然领悟,脑筋急转弯。

喜剧作为审美形态的生活基础是人们对于生活的自信心和乐观态度,其意义并不在于否定和消灭人性的弱点,而在于以拆解和颠覆的方式肯定人性中某些弱点,并在调和化解中肯定某些弱点的合理性。当然其重心可以是对某些不合理性的揭露和嘲笑,此时表现为讽刺性喜剧;也可以以诙谐的态度对对象进行揶揄,此时则表现为幽默性喜剧。这两种喜剧是辩证统一的,由于现实生活中喜剧的对象、目的、发生条件等的千差万别,也就有了"讽刺"、"滑稽"、"打诨"、"戏谑"、"幽默"、"诙谐"、"闹剧",以及向悲剧过渡的悲喜剧和黑色幽默等派生范畴和相关形态,诚如普希金所说,"高尚的喜剧往往是接近悲剧的"。但喜剧形式及其最终目的是肯定人性中感性的丰富性和某些非理性的存在价值,从而使人摆脱正统刻板的生活方式,得以轻松快乐地生活。

2006年春节联欢晚会上,赵本山、宋丹丹、崔永元三人合演的小品《小崔说事》赢得了观众的阵阵掌声,为春节增添了不少欢乐。但细细想来,该小品的人物扮相并不美,如黑土(赵本山饰)一幅"鞋拔子脸",白云(宋丹丹饰)是一个干巴老太婆不说,扎着两个裤腿,脸色若烂白菜帮子,门牙脱落如狗窦大开,用东北方言说,那可是相当砢碜的了。该小品中所说的两件事本身也都是生活琐事,无美可言,但却能令人捧腹。有人会说,小品就是搞笑的,这有什么可稀罕的。但说起来轻松,做起来难。前些年就有一幅漫画,上面画的是说相声和小品的演员自己在笑,而观众不笑,情急之下,演员到台下去挠观众的胳肢窝。看来,不管是什么,要能把人给搞笑了,并非一件易事,其中就有着深刻的艺术构思和艺术表演的学问,也有着一种深厚的美学修养。《小崔说事》就是利用美丑对立、真伪相克、虚实相生的美学原理,在男与女、真与假、庄与谐之间,通过撒谎与揭短、掩饰与亮底的戏剧化冲突,凸现了喜剧幽默讽刺、亦庄亦谐的审美效果。当大妈回答小崔说是乘专机来的时,大叔赶紧说:"对,我们是坐拉砖的拖拉机来的。"当白云说"相当得多"的人在盼她出书时,黑土马上说:"对,村长都来俺家催过好几趟了,说那厕所里的手纸和糊墙纸又快没了。"人物的台词是一本正经的,但"包袱"被抖开时,观众忍俊不禁。

　　前面说的是刚刚发生在我们身边的无美而乐的春节事件。如果大家稍加留心,就会发现,在我们的生活和艺术中充满了这种无美而乐的现象。西方现代小说中有一种叫做"黑色幽默"的小说流派,专门带着欣赏的眼光描写别人的痛苦和无奈,产生幽默和喜剧效果。《新概念英语》第三册中就讲了个黑色幽默的故事。一个摔断左腿的病人用尽了智慧,终于摆脱了医护人员的看护得以在圣诞夜晚会上尽情狂欢,并在晚会后回病房的路上十分得意地向别人讲述,自己是如何成功地摆脱医护人员的监护的,但就在他得意的时候却不小心一下子摔倒并跌断了右腿!这个故事真叫人忍俊不禁,甚至开怀大笑,但我们的快乐,包括作家的快乐却都建立在小说主人公的无奈和痛苦之上。虽然这个故事的基调是黑色的,同情心完全缺位,但就所写的题材而言,无非是无美而乐的情感效应而已。

　　广而言之,与悲剧的无美无乐相比,一切广义的喜剧、小品、幽默(包括黑色幽默)故事,都或多或少地通过对表现对象的缺陷、错误、荒谬或愚蠢的揭露、讽刺和批判,以达到揭别人短而扬自己长的心理优胜,从而产生喜悦甚至欢快。讽刺小品等就是为了达到无美而乐的效果而故意将人物和事件丑化的。这其中有着深刻的美学道理,这就是美丑转换生成的原理。通过暴露、嘲讽和批判,在使观赏对象献丑的同时,使观赏者获得自己高于剧中人物的高大感、优越感、轻蔑感、胜利感和快乐感。乐来自于丑、丑引起乐,这就是转换生成。鲁迅说,喜剧是把无价值的东西撕破给人看。也就是通过讽刺和揭露,达到暴露丑、批判丑的目的。但仅仅是暴露和批判还不足以称为喜剧。喜剧最为关键的地方在于使人喜,也就是乐来。因此,如果把鲁迅先生的"撕破给人看"的"看"改为"笑"则更好,这样就可以突出喜剧使人发笑的效果了。

　　进而言之,小丑的滑稽也是喜剧无美而乐原理的艺术化表现。而且,在无美而乐的艺术处理和审美转换中,艺术丑转化为艺术美的问题,似乎可以得到更好的说明。当然,艺术丑转化为艺术美,并不等于一定会转换为审美快乐。事实上,我们欣赏罗丹的《欧米哀尔》这个老妓女形象时,更多地产生震惊和沉思,而不是什么快乐。而喜剧的艺术转换，却一定要生成审美快乐。这就是美丑转换之间喜剧艺术与一般艺术的不同。

可见，喜剧作为感性学中的一种，其中的"优美"成分可以降到很低，甚至可以"无美"，但却必须"有乐"①。

中西方在喜剧欣赏的要求上时有不同：西方喜剧细节和喜剧小品往往更注重视觉效果，因此常常诉诸表演者的行动，让人们从滑稽机械的动作中感受喜剧效果，如《摩登时代》里卓别林扮演的夏尔洛和《憨豆系列》里的"憨豆"，几乎不置一词；东方则主要诉诸语言，借助语言所蕴含的机巧和智慧来激发欣赏者的理解力，如一般相声小品和王朔小说里的喜剧性的"痞子"，往往只是通过语言对正统话语进行戏拟，从而达到其喜剧效果。

二、悲剧

悲剧具有狭义和广义之分。狭义的悲剧限于指代一种艺术类型和戏剧体裁，与作为艺术类型和戏剧体裁的喜剧相对。广义的悲剧则是一个美学范畴，它是包括从现实到艺术审美的非常广泛的一种审美形态，与作为美学范畴和审美形态的喜剧相对，属于逆向否定性的审美形态。历史地看，悲剧亦经历了从古代西方艺术类型到近代以来的宽泛审美形态的过程；但在今天，作为审美形态的悲剧与作为戏剧类型的悲剧在研究时往往结合交织在一起而无法截然分开。

悲剧审美形态作为人的本质力量对象化特定阶段的感性凝聚形式，从审美主客体关系角度看，是主体与客体处于严重对立状态，主体被客体所压倒，主体合目的性实践在主客观条件限制下遭受必然的牺牲与失败；从审美意象中内容与形式的关系看，悲剧是理性内容与感性形式、理想与现实、个体与族类之间的不可避免的对立对抗，是目的性面对规律性、善面对真时所遭受的内在伤害。在悲剧中，必然性呈现为一种不可移易的铁律，悲剧主人公遭受伤害和牺牲失败过程表现为"法则启示"。"必然失败"和"内在伤害"是悲剧审美形态的本质特征。

悲剧作为审美实践活动中"牺牲失败"的人生样态的感性凝聚形式，普遍存在于人们的日常生活、重大的社会历史事件和各门艺术（不限于戏剧）活动中。悲剧的根源在于现实人生的苦难，它集中表现为人的感性欲求与理性责任之间的矛盾冲突、个体欲望与社会力量之间的矛盾冲突。社会力量的强大导致个体的毁灭，这

---

① 以上"无美而乐"的说法见王建疆《修养　境界　审美》第一编，中国社科出版社，2003年。

种牺牲通常是社会存在与历史发展所必需的,因此具有必然性;同时个体的价值又是合理的、不应泯灭的,因此这种牺牲又令人悲痛。

悲剧作为一种艺术类型在西方古代社会就广泛存在,古希腊时代的悲剧创作就达到了很高的艺术水准,产生了一批优秀的悲剧作家。直到近代和现代,悲剧艺术仍长盛不衰。西方悲剧艺术的繁荣与悲剧理论的发达联袂而行。与悲剧艺术所经历的"命运悲剧"、"性格悲剧"和"存在悲剧"相适应,每种悲剧也都有其理论家。古希腊时期的悲剧是"命运悲剧",它认为人生是由神或冥冥之中的命运支配的,这种命运与生俱来,人无法掌握也无力逃避。在命运的播弄下,人徒劳地与命运抗争而无力回天,最终造成不幸的人生,这就是悲剧。在理论上,亚里士多德特别强调悲剧中情节的作用,认为"情节乃悲剧的基础,有似悲剧的灵魂"。"悲剧是对于一个严肃、完整、有一定长度的行动的摹仿……借引起怜悯与恐惧来使这种情感得到陶冶"[①]。事实上,亚里士多德之所以强调行动的重要性,是由于古希腊悲剧对于人物行动的描写远远超过了对于性格的塑造。产生于文艺复兴中后期并持续到 19 世纪的悲剧主要是"性格悲剧",它强调性格即命运,认为人物自身性格的冲突、不同人物之间性格的冲突、人物与环境之间的冲突等,是决定人物命运的关键因素,而由这些冲突造成的悲剧,即是这种悲剧的主要内容。在理论上,黑格尔将悲剧从一种艺术类型上升为一种审美形态,认为悲剧产生于理念的分裂,表现为伦理观念与道德理想之间的冲突,因此两方面都具有一定的合理性。冲突导致双方的毁灭,从而达到矛盾的解决,理性获得胜利,理念由此恢复统一并得到发展。黑格尔将辩证法运用到其悲剧"矛盾冲突"说之中,指出悲剧冲突双方都具有一定合理性和片面性。他以索福克勒斯的《安提戈涅》为例说明,国王与安提戈涅之间的冲突实际上是国法与家法之间的伦理力量的矛盾冲突,这两种伦理力量都是合理而片面的。国王与安提戈涅分别代表着国家利益与血缘亲情,所以他们无疑都具有合理性,然而他们又都以牺牲对方为目的,又都是有罪的,因此必然受到"永恒正义"的惩罚,从而导致悲剧的产生。19 世纪末期以来产生了一种"存在悲剧",强调人的存在本身的悲剧性,认为悲剧不必来自流血冲突,也不一定在刀光剑影中呈现,它不在人物命运和性格冲突中寻找悲剧根源,而是认为人的存在本身就是悲剧。它把悲剧扩大为人永恒而基本的固有结构,这是现代西方美学中一股引人注目的潮流。叔本华认为,欲望和意志导致生存的痛苦,人生是在痛苦和无聊之间像钟摆一样地来

---

① 亚里士多德、贺拉斯《诗学　诗艺》,人民文学出版社,1962 年,第 23 页。

回摆动着;痛苦和无聊是人生的两种最后成分,"如果我们对人生做整体的考察,如果我们只强调它的最基本方面,那它实际上总是一场悲剧,只有在细节上才有喜剧意味"①。后来尼采虽不满叔本华的消极解脱态度而主张高扬生命,但在对人生基本矛盾的悲剧性质的判定上,作为前提与出发点的"人类是悲剧性存在"的基本观点仍然继续下来。比利时剧作家梅特林克则主张"日常生活的悲剧"说,认为在人的日常生活中蕴含着最深邃的悲剧。如上种种悲剧类型及其相关理论,都确认了悲剧中主体遭受必然伤害与失败这一本质特征,尽管"伤害与失败"有深浅之别,"必然性"的根源有"在命运"、"在性格"与"在生存"之别,但它们都是必然性的变体和表现,并不否认必然的规律性对目的性的压制而导致的牺牲。

通过对西方悲剧和悲剧理论的了解,我们可以总结悲剧具有以下几个主要特点。

一是价值毁灭和内在伤害。人世间最可宝贵的是人本身的价值,但在悲剧中,"比一般人好的人"遭受不幸,或是死亡,或是失败,或是陷于不能自拔的痛苦境地,人的正面价值遭到毁灭或磨灭,即所谓"人性的毁灭"(高尔基)。尽管人的正面价值表现于不同的悲剧人物可以有大小、高低之别,但终归是"将人生中有价值的东西毁灭给人看",使人"悲"。这正好相对于喜剧"将人生中无价值的东西撕破给人看",使人"乐"。只具有反面价值或者没有价值的事物的毁灭不能列入悲剧。因此普罗米修斯、屈原、宝黛爱情的毁灭是悲剧,不觉悟而淳朴地要求革命的劳动者阿Q的毁灭同样是悲剧,弑君篡位后在血泊之中经受折磨的统帅麦克白的毁灭也是悲剧,但希特勒的灭亡却很难归入悲剧。同时,悲剧人物所遭受的毁灭或伤害,不一定是肉体的死亡或伤害,而是体现人的本质的自由创造性受到损害或丧失,因此日常的"不幸"、"悲惨"并不一定是悲剧,合乎自然规律的生、老、病、死或者意外的车祸丧生之类的偶然不幸事件,单凭这些并不能构成悲剧,也不足以感人。奋斗中必要的牺牲,主体在实现对象化过程中所正常付出的代价,也不应该归入悲剧,因为这不是人的本质力量遭受伤害。死人、痛苦、巨大的不幸或血淋淋的事件不一定是悲剧,而不死人,甚至表面上毫无矛盾冲突,却可能是悲剧。如19世纪俄国批判现实主义作家冈察洛夫笔下的奥勃洛摩夫,生活优裕,满怀憧憬和筹划打算,却在睡床上遐想一生而无所行动。作为人的本质的实践创造性,在他那里顶多只是一种潜在趋势,他终未将其发挥出来而是泯灭了它,他因此是一个悲剧人物。"哀莫大于心死","心死"的悲剧即是人的本质的泯灭和内在伤害,现代悲剧正是以精神的沦落来更深刻地展示生存的悲剧性。

---

① 转引自刘放桐《现代西方哲学》,人民出版社,1981年,第80页。

　　二是历史必然与法则启示。悲剧是在特定主客观条件限制下人的本质力量对象化过程中所不可避免的失败,它具有历史的必然性。客观规律在对不具备对象化统一条件的主体目的性的否定中表现为严酷的强制力量,启示人们寻找悲剧深层内在的社会历史根源。这正是恩格斯所说的"历史的必然要求与这个要求实际上不可能实现之间的悲剧性冲突"①。古往今来,无论是命运悲剧、性格悲剧还是存在悲剧,其价值的毁灭都带有某种必然性,而不是偶然的事件,因此这些悲剧都以其不同方式确认必然性在悲剧中的支配力量。换言之,悲剧中的不幸,其限制条件之一就是:它不能单纯地来自偶然性。这种必然性,有时甚至被悲剧主人公认识到了,但也最终无法摆脱。悲剧的震撼力源自必然性。项羽豪爽勇武的气质和自尊坦白的个性比奸诈虚伪、不择手段的刘邦更令人喜爱,他的毁灭造成悲剧,这启示人们寻找悲剧的根源。当他发出"天亡我也"的感叹时,他已经意识到了促使他灭亡的某种必然性,但他最终并未认识到他代表着比刘邦集团更为虚弱落伍的社会集团,这才是必然性的内在依据。鲁迅称《红楼梦》为"最上乘"的悲剧,根据之一就是它的结局是"由于剧中人物位置及关系不得不然者,并非必有蛇蝎之性质与意外之变故者也"。而鲁迅自己的小说人物悲剧结局的死亡,如日本学者增田涉所云,"并非自然死亡或意外事故造成的,它是出于政治原因的杀戮"。祥林嫂的悲剧即是例子,她身边的人,包括属于同类的柳妈,都有意无意地参与了她的悲剧的制造。总之,正因为悲剧的内在必然性,才使它表现为某种"法则"和"启示",而承受这种法则启示则是悲剧接受心理的重要内容。

　　三是悲情悲感与"卡塔西斯"。在审美感受方面,与喜剧的"笑"和"乐"正好相反,悲剧所引起的是悲情与悲痛及其向"卡塔西斯"的转化。悲情指人的一种忧郁情怀,它产生于人与一种无形力量或社会制度的冲突。悲情的主体追求真善美,但强大的客体作为客观力量总是打击和扼杀这种理想追求,造成人生失意的忧郁。曹操《短歌行》"对酒当歌,人生几何? 譬如朝露,去日苦多"对人生短暂的感伤、陈子昂《登幽州台歌》"念天地之悠悠,独怆然而涕下"对时空浩邈的感叹,即属于"悲情"。而"悲感"则是看到悲剧在他人身上发生而产生的情感,在这种情感中,尽管悲剧发生在别人身上,但每个观看的人都会产生一种情感上的共鸣,将自己与悲剧人物认同,将之体会为自己遭遇的不幸、失败和毁灭,产生压抑、恐惧和悲痛的情感。在悲剧中,悲情与悲感会转化为一种"卡塔西斯"(katharsis 的音译),即"净化"

---

　　① 《马克思恩格斯选集》第四卷,人民出版社,1995 年,第 560 页。

作用,从而将悲情悲感宣泄出去,"借他人之酒杯浇自己之块垒",获得一种生理上舒畅松弛、精神上化解束缚、认识上顿悟明朗的超脱感和超越感。

总之,悲剧的意义在于通过对现实生存本身悲剧性结构的揭示而达到对它的否定和扬弃,激励人们与残酷现实和不合理的命运进行九死未悔的抗争,进而把握生存的深层意蕴。

古希腊悲剧家索福克勒斯的悲剧《安提格涅》,讲述的是忒拜城的俄狄浦斯王由于杀父娶母而自行流放,他的两个儿子厄特俄克勒斯和波吕涅克斯为了争夺王位互相残杀而同归于尽。王权旁落在他们的舅父克瑞翁手中。因为波吕涅克斯曾勾结外敌攻打祖国,克瑞翁便命令将其暴尸野外不许任何人为之收尸,违者斩立决。波吕涅克斯的妹妹安提格涅出于对哥哥的爱和宗教律条,不顾法令为哥哥收尸。国王依国法将她囚禁并处死。由于安提格涅的未婚夫是国王的儿子海蒙,他听到安提格涅不幸的消息而自杀,海蒙的母亲听到海蒙自杀的消息亦自杀身亡。按照黑格尔的分析,在这个悲剧中,两种伦理力量相互冲突,在冲突中两者的片面性被扬弃,国法和家法本身得到肯定,"永恒正义"得到了胜利。

鲁迅的小说《祥林嫂》描写的是一个饱受苦难的劳动妇女的悲剧,但其悲剧性内核究竟是什么呢?丧夫改嫁、受到经济剥削和社会的歧视压迫,当这些残酷的力量未曾与她作为主体的内心深处的生存根基交锋对决时,它们都仍然是外在的伤害,是可以忍受的。甚至当她遭受失去唯一的儿子的打击时,仍然坚强地活着。祥林嫂无可挽回地垮掉,那是鲁四太太祭祀时禁止她触碰祭品的命令之后。"你放着吧!"一句话宣判了她无法救赎的罪人地位。所以,祥林嫂在风雪之夜的年关乞讨时最关心的并不是饥寒交迫的肉体存在,而是有无灵魂地狱的终极归宿。后一个问题的现世意义正关乎她是否有资格作为一个人生活在社会中这样一个起码的人格自我意识问题。祥林嫂的命运之所以比死于酷刑之下的牺牲者更令人颤栗,正是在于这种主体自我意识、一个赖以与动物相区别的最后的人格自信心与自尊心被摧残殆尽。由此出发,人们更能痛切地感受到封建礼教精神屠杀的残酷性。

第三节　崇高与荒诞

一、崇高

崇高又可称为崇高感或壮美等。崇高作为一个顺向肯定性审美范畴,是人本质对象化进程中的一个特定阶段,与作为审美范畴的荒诞相对立。在此阶段,从主客体关系角度看,主体与客体处于严重的斗争激化状态,对象化过程尚未实现,主体还未得到现实的肯定,还看不到胜利成果,主体甚至还未能取得优势地位,但斗争前景却已显示出目的性必将主宰规律性、主体必将统一客体并取得胜利的历史发展趋势。从审美意象中内容与形式的关系角度看,崇高是理性内容对感性形式、理想对现实的斗争状态和宰制趋势。崇高使主体的斗争精神和敢于胜利的信念得到高扬,可以借如来给孙悟空的"授职"即"斗战胜"①来概括。与悲剧在对抗中走向死不同,崇高是斗争中走向生。崇高的这一本质制约着崇高的其他特征。

崇高作为审美实践活动中"斗战胜"的人生样态、审美境界、审美情趣和审美风格的感性凝聚,广泛地表现在人与自然、人与社会以及人与人之间的联系方式上。在崇高审美形态中,自然感性形式通常具有巨大、粗犷、无限、恐怖、扭曲、粗野、暴烈等特点;一切"骏马秋风塞北"类的审美意象都与这些特点内在相通。与之相应的美感经验是从紧张动荡、抗争不安向景仰崇敬、骄傲自豪的转化升华,激发出的是人们对伟大强韧的人生样态和生存境界的顺向联想和追随,从而焕发出"痛苦的愉悦性"(康德)。

崇高现象很早就受到关注。古希腊的柏拉图从心理感受角度谈到崇高并将其与优美并举,认为前者是"凭临美的大海,凝神观照,心中掀起无限欢喜,于是孕育无量数的优美崇高的道理,得到丰富的哲学收获"②。古罗马时期朗吉弩斯的《论崇高》首次明确地将崇高和优美作为两种可以并列对举的美来加以论述,认为文学作品的崇高风格应该是具有庄严伟大的思想、强烈深厚的热情、符合修辞的藻饰、高尚的措辞和把前四者联系为一个有机整体的庄严宏伟的结构,即"崇高是伟大心灵的回声"③。这部书直到 1674 年法国新古典主义者布瓦罗译成法文后,才逐渐引起西方美学家的广泛注意。崇高作为严格意义上的美学范畴是近代以来随着浪漫主义的美感觉醒才开始的,此时"公正的理论不可再认为把美解释为规律性和谐,或多样性的统一的表现就够了。这时出现了崇高的理论"④。直到 18 世纪英国经验派哲学家博克,才明确地将崇高与优美放在同一个审美本质观念下进行对照说明,

---

① 《西游记》中如来给悟空的授职辞为"汝因大闹天宫,吾以甚深法力,压在五行山下,幸天灾满足,归于释教;且喜汝隐恶扬善,在途中炼魔降怪有功,全终全始,加升大职正果,汝为斗战胜佛"。

② 柏拉图《文艺对话集》,人民文学出版社,1963 年,第 272 页。

③ 转引自《西方美学家论美和美感》,商务印书馆,1980 年,第 49 页。

④ 鲍桑葵《美学史》,商务印书馆,1985 年,第 10 页。

认为崇高的事物具有巨大的体积、表面凹凸不平和奔放不羁、直线或对直线的强烈偏离、阴暗朦胧、坚实笨重等特点,而这些"处于某种距离以外,或是受到了某些缓和,危险和苦痛也可以变成愉快的"①。后来,经过康德、席勒、黑格尔、车尔尼雪夫斯基等人的深入探讨和强调,崇高成为西方美学史上重要的审美范畴。

在中国古代,与崇高相近的审美范畴被称为"大"、"大美"、"壮美"或"阳刚之美"。孔子说:"大哉!尧之为君也。巍巍乎!"(《论语·泰伯》)庄子讲:"美则美矣,而未大也。"(《庄子·天道》)孟子云:"可欲之谓善,有诸己之谓信,充实之谓美,充实而有光辉之谓大,大而化之之谓圣,圣而不可知之之谓神。"(《孟子·尽心下》)这里的"大"即是壮美,与崇高接近,指比优美更加巍峨、更加壮观、更具光辉、更有气魄的审美形态。当然,直到18世纪的姚鼐,才将接近崇高的阳刚之美与接近优美的阴柔之美对举,将其本质特征具体揭示出来。

总结起来看,崇高的特征有以下几个方面。

一是空间上的巨大与无限。从形式上看,崇高的形式表现出严重斗争和矛盾冲突的痕迹,因而显得巨大、粗糙、怪异、反常、拙朴、奇险,表现为无垠的大海、巍峨的高山、宽阔的平原、高大威猛的男子;自然界的星空沧海、狂风骤雨、洪水火山,社会领域宏大的战斗场面、严防死守的抗洪救灾、三峡工程移山填海的伟大气势等等。而这种"大",除了其对抗传统优美的意义之外,还具有对各种特定有限形式的包容、涵摄的性质,所以黑格尔认为崇高是内在理念压倒形式。康德指出,"假如我们对不仅称为大,而且全部地、绝对地、在任何角度(超越一切比较)称为大,这就是崇高"。而崇高之"大"是超越感知性的,因而"全面的把握永远不能完成"。当我们仰望星河灿烂的天空而目尽天际时,当我们想象鲲鹏之"翼若垂天之云其背不知其几千里也"(《庄子·逍遥游》)之时,当我们面对宇宙而意识到其"不可为量数"(《庄子·秋水》)之时,当我们面对"日月之行,若出其中;星河灿烂,若出其里"(曹操《步出夏门行·观沧海》)的大海时,当我们感受"黄河之水天上来,奔流到海不复回"(李白《将进酒》)的伟大气势时,我们在想象中直觉到了无限性的对象,这其实只是无限自由的人本质的折光。正如康德所言,"巨人的对象,通过想象力唤起人的伦理道德的精神力量与之抗争",后者在心理上压倒前者、战胜前者而引起了愉快。这种愉快是对人自己的伦理道德的力量、尊严的胜利的喜悦和愉快。

二是时间上的运动与迅疾。矛盾斗争处于激化阶段的崇高,其审美状态处于

---

① 博克《崇高与美——博克美学论文选》,上海三联书店,1990年,第37页。

激烈的运动态势中。这当然并不一定指物理学上时空转换的运动现象,更主要的是指透过外在形式表现出来的审美关系内在矛盾的运动状态。时间上的疾速是对无限空间的暗示,也是对无限力量的象征。从外在方面说,"在乌云与大海之间,海燕像黑色的闪电,箭一样的飞翔",呼唤"让暴风雨来得更猛烈些吧!"(高尔基)这种疾速运动唤起崇高感;"有如兔走鹰隼落,骏马下注千丈坡,断弦离柱箭脱手,飞电过隙珠翻荷"(苏轼),兔的奔跑与鹰隼疾落、水珠翻荷与断弦离箭,其间之所以构成通感,都在其速度和由速度带来的空间、力量和紧张。崇高的疾速运动从根本上来说是内在的。"千山鸟飞绝,万径人踪灭。孤舟蓑笠翁,独钓寒江雪。"柳宗元的《江雪》所描述的景观在外在形态上是静谧的,但这静到极处的,则是内蕴的巨大动势;渔钩与鱼的搏杀隐藏在平静的江面之下,一如地火岩浆在激烈奔突。这里所高扬的正是先觉者在严酷斗争中九死未悔、镇定自若的"独钓"精神,同样属于崇高审美范畴,而绝非其表面所呈现的"优美"。这里包含着崇高中动与静的深刻的辩证法。

三是力量上的强大与坚韧。处在矛盾斗争激化状态的崇高,是一个对抗关头的张力结构,蕴含着巨大力量和势能。空间的巨大和时间的疾速本身包含着力量的强大与坚韧,但力量本身也有其独立的功能。当秦砖汉瓦与明清瓷器并置时,当"阴风怒号、浊浪排空"的洞庭与"春和景明,波澜不惊;上下天光,一碧万顷"的洞庭并置时,当"黄河西来决昆仑"(李白)与"无力蔷薇卧晚枝"(秦观)并置时,力量的强弱就上升到了审美形态的高度。钱江大潮、壶口瀑布是外在的力量;屠格涅夫的散文诗《麻雀》则呈现的是内在的力量,老麻雀"像一颗石子似的落到狗的鼻子跟前——它全身倒竖着羽毛,惊恐万状,发出绝望、凄惨的叫声,两次扑向露出牙齿、大张着的狗嘴边去……它是猛扑下来救护幼雀的。它用身体掩护着自己的幼儿"。就外在力量而言,麻雀远不如猎狗强大,但其本能的勇气和牺牲精神构成的内在的力,却将庞然大物的猎狗击败了。这里同样包含着内在的力与外在的力之间深刻的辩证法。

值得强调的是,空间上的巨大无限、时间上的运动疾速与力量上的强大坚韧,这多重性质在崇高中往往是集于一体。诚如李泽厚在论述近似崇高的汉代"古拙"之美时所说的,汉代艺术尽管"显得幼稚、粗糙、简单和拙笨,但那种运动、速度的韵律感,那种生动活跃的气势力量,就反而由之而愈显其优越和高明"①。

在掷铁饼者的雕像中,"表现运动是天才的选择。掷铁饼者像捕捉了运动员握

---

① 李泽厚《美的历程》,天津社会科学出版社,2001年,第138页。

铁饼的手臂向后摆到顶,刚要把铁饼猛掷出去的一刹那的形象。这是一个无声的瞬间,然而在我们的心里我们好像受到激励产生了去完成这一动作的欲望……掷铁饼者的右边采用了延伸的曲线控制,曲线几乎没有中断,左边则用一条锯齿般之字线控制;右边是闭合形,左边是开放形,右边光滑,左边有角。单纯的主体结构、大弓线以及四条几乎直角相交的直线,给颤抖的人像带来了和谐。躯干呈正面状,双腿呈侧面状,使每个最明显的特征都同时得到了表现。表现和设计都奇迹般地清楚"①。这幅雕像中凝结着艺术家精心设置的空间、时间和力量,表达的是崇高。

潘鹤的雕塑作品《艰难岁月》定格了红军战士在战斗间隙小憩的情景。一位衣衫褴褛、瘦骨嶙峋的小红军战士怀抱着步枪,依偎在一位同样衣衫褴褛、骨瘦如柴的老红军战士的腿上,静静地倾听着老红军从容地吹奏笛子,稚气未脱,神情专注,目光充满憧憬向往。作品呈现出宁静澄澈的精神氛围。但这种宁静与战士褴褛的衣衫、草鞋和怀抱的枪支形成的反差,使这种宁静成为严酷斗争与极端艰难之中的宁静:它恰恰不是和谐的平静,而是主体高扬斗争精神的极致——一种由极度对抗转化而成的绝对自信与坚毅。这幅雕塑蕴含着强烈的动势和内在的力量。

二、荒诞

荒诞是与崇高审美形态直接对立的一个逆向否定性美学范畴和审美形态。它指的是人本质对象化过程的一个特定阶段或特殊状态,在这个阶段,由于人本质的分解、弥散或缺位,而使对象化过程变成一种无根基、无秩序、无归宿的解体过程;换言之,荒诞是对无意义、无本质、无深度、无价值本身的对象化过程,因而也是对虚无的对象化,是虚无的对象化和对象化的虚无。

荒诞作为一种审美形态,从主客体关系角度看,由于主体的虚位而导致主客关系的瓦解,致使客体碎片杂呈、喧哗无主。主体的行为既不是被现实单纯肯定(这样会接近优美),也不是被现实单纯否定(这样则更似丑陋);主体的无目的性导致客体的无规律性,既不是目的性对规律性的最终统一(这样会接近崇高),也不是规律性对目的性的宰制(这样会更似悲剧),也不是目的性与规律性的调和化解(这样会走向喜剧)。从审美意象中内容与形式的关系角度看,荒诞是无理性内容的感性形式、无理想的现实、无背景的前景、无深度的平面、无指涉的拟像。在荒诞之中,人的异化卑微的生存

---

① 雷诺兹等《剑桥艺术史》(1),中国青年出版社,1994年,第38—39页。

状况集中地呈现出来。这一本质制约着荒诞的其他特征。

荒诞作为审美实践活动中"非主体、无意义、平面化"的人生样态、审美境界、审美情趣和审美风格的感性凝聚,广泛地表现在当代人与自然、人与社会以及人与人之间的联系方式上。在人与自然的关系上,不仅人是无意义的,世界本身也是无确定意义的,因此荒诞的人也就不能与这样的世界之间建立任何有意义的联系,而是相互冷漠、彼此疏远,呈现出破碎感和荒漠感;在人与自身的关系上,荒诞的人已经无法分出理性与非理性,也无法用理性来规范非理性,而只是将自身的非理性呈现出来。如此而引起的美感经验,一方面是一种意义滑落或流失之后的虚无感、空洞感、没落感和恐慌感,另一方面则是一种不承担责任、不追求意义、不承诺价值的轻松感、超脱感和解放感。当我们阅读卡夫卡的《变形记》,看 20 世纪 50 年代的荒诞派戏剧,读法国"新小说派"作品和美国的"黑色幽默小说"时,我们就会体验到荒诞。荒诞作为一种美感经验,对人类生存的异化方面进行了大胆而深刻的呈现。

荒诞作为审美形态和审美范畴是在现代确立的。在古代社会,由于人与世界的疏离和异化尚未像现代社会这样突出,所以当时还没有出现荒诞的审美形态,古代美学中也没有荒诞范畴。当然,欧洲中世纪的艺术中,存在着"怪诞"风格的艺术,如宗教神秘剧中的怪诞形象,它展示世俗生活的无意义和世界的神秘,但它又肯定彼岸世界的意义,因此还不是荒诞,而只能看成是荒诞的前身。现代社会异化的加深和人对异化认识的深化以及反抗的加强,使怪诞艺术转化为荒诞审美形态和审美范畴。现代荒诞审美形态大致包含四个阶段。第一阶段是 20 世纪初的现代主义艺术,它以对非理性和潜意识的表现、以对自然有机形式的拆解和破坏、以对"反艺术"的诉求而形成了某种荒诞性,见诸超现实主义、达达主义和抽象表现主义艺术之中。第二阶段是 20 世纪四五十年代的存在主义艺术,它以对生存意义的空虚和无意义的荒诞性的反抗为特征,体现在萨特、加缪等人的艺术中。第三阶段是 20 世纪 50 年代荒诞派戏剧中的荒诞,它尚有些许愤懑之情,但不再强调对荒诞的反抗,而以对荒诞的大胆呈现为特征。第四阶段是 50 年代的"新小说"和 60 年代以后的西方后现代艺术,如"波谱艺术"中的荒诞,它是一种完全失去了反抗、甚至连愤懑之情也丧失殆尽的对荒诞的呈现,即失去了形而上意义的狂欢与游戏。综合起来看,现代社会"受到威胁的不只是人的一个方面或对世界的一定关系,而是人的整个存在,连同他对世界的全部关系都从根本上成为可疑的了,人失去了一切支撑,一切理性的知识和信仰都崩溃了,所熟悉的亲近之物也移向缥缈的远方,留下的只是陷入绝对的孤独和绝望中的自我",因此,"我们在其中生活的世界是完全不可理解的、荒谬的"①。

荒诞审美形态的出现有其现实基础和现实内容,这就是现代社会高度异化、人对异化社会的绝望,以及自我在异化社会中的孤独无助。诚如马克思在《共产党宣言》中所说:"一切古老的关系以及与之相适应的素被尊崇的观念和见解都被消除了,一切新形成的关系等不到固定下来就陈旧了。一切固定的东西都烟消云散了,一切神圣的东西都被亵渎了。"②在这样一个碎片化、亵渎神圣、快速陈旧的时代,"世界失去幻想与光明,人就会觉得自己是陌路人。他就成为无所依托的流放者,因为他被剥夺了对失去的家园的记忆,而且丧失了对未来世界的希望。这种人与他的生活之间的分离,演员与舞台之间的分离,真正构成荒诞感"③。在这时,只有"对于荒谬的一种荒谬关系",才捕捉住了这个时代文化类型的"独特的艺术表现形式"(马丁·艾林斯)。

那么,荒诞审美形态的具体特征有哪些呢?

第一,形式的碎片化和怪诞。荒诞艺术不再在理性意义上把实体看作是可以透彻地了解的存在系列。在完整的、立体的、独立存在的个体被取消之后,存在着的只是实体被挤压成的面,或者是拆解后再拼凑的面,或者是毫不相关的元素所组成的面。总之,单面的存在,单向度的人生,它们或者是稠密得毫无秩序,或者是空虚得毫无实质。这样,怪诞的形象充斥于艺术,如在尤奈斯库的《犀牛》和卡夫卡的《变形记》中,人变成了犀牛和甲虫;在尤奈斯库的《椅子》中物排斥了人;在海勒的《第 22 条军规》和卡夫卡的《城堡》中,无形的无所不在的神秘力量摆布着人。

第二,内容的平面化和无中心。由于时空深度的消失,内容的中心和主题弥散蒸发,出现无高潮、无情节的倾向。在传统艺术中,音乐的主题呈示成为乐曲的中心,并在展开中形成高潮;绘画的主题一般位于图画中央区域或附近,外围空间则附着于主题;戏剧则有头有尾有高潮。然而乔伊斯《尤里西斯》则是水平式的,绝不逐渐上升到任何危局,也没有传统小说的高潮。平面、稠密、毫无意义、不可理喻,被荒诞艺术家看成是真实生命的形式,"'生命'是一个故事,由白痴道来,充满喧嚣与愤怒,毫无意义"(福克纳)。无意义的生存正如无指针的时钟,滴滴嗒嗒喧嚣不息,稠密而空洞,杂多而无序。

第三,主体的零度化和无力感。在传统审美形态中,主体是敢于表达价值判断并有能力对对象做出等级评判的,但在荒诞审美形态中,前景上的对象都是等值的

①　施太格缪勒《当代哲学主流》上卷,商务印书馆,1986 年,第 182 页。
②　《马克思恩格斯选集》第一卷,人民出版社,1972 年,第 254 页。
③　加缪《西西弗的神话》,三联书店,1987 年,第 6 页。

或无价值的。优美是前景与背景的和谐,崇高是背景压倒前景,荒诞则是杂乱而无意义的前景掩盖了背景。这种景观正是人的无力感和无奈感的倒影。在贝克特的《等待戈多》中,两个主人公焦急而无望地等待一个名叫戈多的虚无缥缈的人,他们为了打发时光,就做脱鞋穿鞋、拥抱对骂、扮演上吊等无聊无奈的行为,却毫无能力改变这种无助的局面。

荒诞作为审美形态的意义在于,异化的现实生存是无意义的,而那些通行的意识形态所宣扬的价值观念都是虚假的,人们尊崇的理性也是可疑的。诚如尤奈斯库所说,"荒诞是指缺乏意义……和宗教的、形而上学的根源隔绝以后,人就不知所措,他的一切行为都变得没有意义,荒诞而无用"①。荒诞是荒诞的人在失去意义的世界上对意义的丧失所做的单纯呈现活动所达成的体验,它并不是要重建一个充满意义的世界,也不是用理性的无限来对抗虚无的世界,而是用非合目的性的形式、非理性的形式,将意义丧失的境遇呈现出来,目的不是为了控诉和抗议,而是为了表达一种强烈的意义缺失的虚无之感。自觉到现实的荒诞,才有对现实的绝望;呈现当下生存的空虚感,才有可能以荒诞来面对荒诞,进而用荒诞来浇灌自由。荒诞正是以这种否定的消极的方式肯定人的自由。

达利《带抽屉的维纳斯》用破坏了的现实形体和夸大变形的手法,将传统上西方人最美好的形象维纳斯分解成若干碎片,然后再加以拼接组合,解构了人们附加到形体上的意义,以怪诞的造型、奇异的肢解和变形的风格来展示非理性的荒诞内容。在西格尔的《公共汽车骑手》画面中,这些乘车人面无表情、冷漠孤独、茫然无助、呆若木鸡,就像一具具毫无生命气息的空壳僵尸。

思考题:

1. 你在生活中遭遇到哪些顺向肯定性的美? 你有什么感受?

2. 你在生活和艺术中有过哪些审丑事件? 它与审美有什么关系?

3. 在你的生活经历和阅读经验中有什么样的喜剧事件? 这些事件与审美学有何关系?

4. 你觉得哪一部悲剧对你最具震撼力? 其悲剧性的内核是什么?

5. 你认为在当代中国文艺生活中,崇高有无存在的必要?

6. 你认为荒诞如何会成为一种审美形态? 其意义何在?

---

① 《现代西方文论选》,伍蠡甫主编,上海译文出版社,1983年,第378页。

第三章　中国古代的审美形态

　　与西方的审美形态相比,中国古代的审美形态具有鲜明的中国特色,是中国古人的审美经验、审美情趣、文化传统和人生境界的感性显现。

　　中和、神妙、气韵、意境等范畴,是中国人在中国古代文化背景下,在长期审美活动的基础上逐渐形成、相对稳定的基本审美形态。

　　与西方审美活动的主客二分相比,中国古代审美活动的特点是天人合一。西方文化的特点是主体与客体的分离,科学理性使西方人超越有限的自然现象,去追寻现象世界背后的超验本体,把世界分为现象与本质、自我与非我、人与神等分离的构成因素,人生观、价值观建立在主客体的空间性、共时性对峙的基础上,对象化思维方式得到充分的发展,审美活动也被认为是认识活动的一种。中国古代文化并不存在主客体分离,而是继承了原始文化的观念,认为人与宇宙本体在深层结构上是相同的。这种人与本体的同构性使人成为一切价值意义的本原,美就在生命的盎然生机中显现。因此,在中国古代审美活动中,客体不仅仅是主体欲望的外射,同时也是主体生命的追忆再现。"人闲桂花落,夜静春山空。"王维诗句中的桂花既是实实在在的事物,又是主体欲望的目标。只有心"闲"了,才能观赏桂花的飘落。桂花的自在悠闲,正是诗人的愿望和人生目标。通过桂花这个中介,诗人的欲望获得了具体的形式,桂花也因此具有了人性的光辉。在这个过程中,人的内在世界和情感深度得到了扩张,现实个性升华为全面的审美个性,人生成为真正的自由的生命活动。审美活动不是在现实之外另开辟一个世界,而是当下人生意蕴的深化和开显。

　　审美形态是审美活动中的一些具有广泛性与普适性、代表性和统摄性、稳定性和流传性的形态,不是某一部美学类别史的对象,也不能囊括所有的审美活动。一个时期的审美活动大致会有一个起点和终点,形成一个首尾相接的具有周期性的逻辑过程。中和、神妙、气韵、意境、阴柔和阳刚等审美形态既显现了古代中国审美活动的逐层递进、不断发展的特征,又具有内在的一致性和相互的渗透及包容;具有共同的哲学基础和文化精神。天人合一是所有审美形态的深层思想背景,形神、物我、情景、心物、言意、虚实、有无、和谐、气韵、神韵、意境等都建立在天人合一的思想基础上。中和是中国古代文化精神的根本,在审美活动、艺术活动、人生实践各个方面都有体现。如果说中和虽指向人格精神,但更多地体现在人与环境的关系方面,那么,神妙就凸现人的内在精神;如果说中和较多地强调了群体性,那么,神妙就集中体现了人的个体性。倘若说神妙虽使人注意到空明透脱、含蓄蕴藉的无穷韵味,但毕竟缺乏较为固定的内涵,空灵无迹,那么,气韵在给人留下很多联想和回味余地的时候,就较为感性具体、丰富全面。意境是出现得最晚,也最为成熟,层次最高的审美形态,概括、蕴涵了中和、神妙、气韵等审美形态涉及的各个方面,同时又在情景言意的有无虚实方面达到辩证统一,是独出其秀的审美形态。同时,意境还是一个在现代语境中不断生成的开放的审美学范畴,人们对它的阐释可以是无止境的。

第一节 中 和

一、中和的内涵

"中和"是中国古代最重要的审美形态之一。"中和"一词源见于《礼记·中庸》:"喜怒哀乐之未发,谓之中;发而皆中节,谓之和。中也者,天下之大本也;和也者,天下之达道也。致中和,天地位焉,万物育焉。""中"即"性",指先天、自然、本然,也指内心。"和"指内心的感情抒发,指后天、人为、人力,但是这种感情抒发有所节制,故而能够和谐。"中和"即效法自然的法度,达到"内心的和谐"。

根据徐复观先生的研究,"和"的思想最早是从音乐而来的①。在殷代的甲骨文中,就有了"和"这个字,是一种乐器的象形,后引申为和谐之义。经过一代代思想家的阐释,"和"从具体事物的标识演变为哲学和审美学概念,成为古代中国人的审美追求和理想。虽然美不止于"和",但"和"却是一种美。"和"即和谐、平和、融合,是不同或对立物的协调统一,是把杂多对立的元素组成为一个均衡、稳定、和谐的整体。

中和是中国古代第一个审美形态,其后所有的审美形态都离不开中和这一纬

---

① 参见徐复观《中国艺术精神》,春风文艺出版社,1987年。

度,都深深地烙上中和的印迹。

　　二、中和思想的形成、发展

　　如前所说,"和"这个字最早是一种乐器的象形,至迟到西周末期,"和"的意义就发生了转化,演变为协调统一之义。据《国语·郑语》记载,郑国史官伯建议郑桓公应该听取不同的意见时说:"夫和实生物,同则不继。以他平他谓之和,故能丰长而物归之。若以同裨同,尽乃弃矣。故先王以土与金木水火杂,以成百物。是以和五味以调口,刚四肢以卫体,和六律以聪耳,正七体以役心,平八索以成人,建九纪以立纯德,合十数以训百体……夫如是,和之至也。于是乎先王聘后于异姓,求财于有方,择臣取谏工而讲以多物,务和同也。声一无听,物一无文,味一不讲。"史伯以五行学说为基础,从物的构成、人的繁衍、人与人之间的社会关系来谈论"和"的重要性。认为"和"体现于世界万物的各个方面,强调了"以他平他"——不同的因素统一起来,才能产生新事物,即"和实生物",不同的物的统一、合一才能"和"。如果"以同裨同",有同而无和,即便相同之物数量再增加,也不可能"和",而只能是各自孤立的存在。"同则不继"是说任何事物都是由两个或两个以上的基本元素组合而成,只有"同"没有"和",事物就不可能生成和发展。仅就音乐而言,"声一无听,物一无文,味一不讲",就是说,音乐本来是由高低不同的若干声调构成的,始终仅弹奏一个声调,有声无乐,不能称其为音乐。因此,"和"就是突出多样化的统一之义。

　　到了春秋末期,"和"的思想逐渐与阴阳学说相结合,以"阴阳"解释宇宙万物的起源,以"五行"说明事物的构成,阴阳五行成为中和概念的哲学基础。

　　晏婴在与齐侯的对话中提出:"一气、二体、三类、四物、五声、六律、七音、八风、九歌,以相成也,清浊、大小、短长、疾徐、哀乐、刚柔、迟速、高下、出入、周疏以相济也。君子听之,以平其心,心平德和。"从九个方面的协调以及十个方面的统一,充实了史伯"声一无听"的思想,认为"同"则声调单一,不可能成为美的音乐,"异"则杂多,多样的统一才能产生"美"。

　　医和、子产的思路一致,子产较为深入。他们都将人之情归之于六气,使六情成为六气的外在表现,子产水到渠成地推出"审则宜类,以制六志……哀乐不失,乃能协于天地之性"的结论,为防止情感过度找寻依据。

　　吴国的季札辨析了和乐中的十四组对立关系,总结出"五声和,八风平,节有度,守有序,盛德之所同也"。"五声适中"的思想是对《尚书·尧典》"八音克谐"观点的发展。他认为通过情与理的不同和对立的双方的相互制约达到情感的适度。

春秋末期对"和"的讨论较西周末年更为深入，区别不仅在于从反对单一的"同"的角度主张多样化的"和"，更在于是从反对"不和"的角度主张"和"，而且把"和"与人之性情结合起来，从情理的关系谈"和"，自然推出适度(中)原则。这就从"法自然"进入到伦理政治层面，如何才是适度以及如何才能适度就成为一个突出的问题，"中"与"和"的关系就凸显出来。

使得这一问题凸显出来的背景，是雅乐与俗乐之争，实质上是贵族文化的确立。正是在这场争论中，确立了孔子的美学思想，也确立了"中和"思想的核心内涵。

音乐起于原始仪式，巫术文化兴起后，成为巫祭仪式最重要的手段，因此成为早期人类社会生活的规范，具有崇高而神圣的地位。分层社会出现后，音乐也发生了分化，原来浑然一体的祭歌和情歌中服务于巫术宗教信仰和礼仪活动的那部分上升为"圣乐"，与巫术宗教信仰礼仪活动无直接关联的那部分下降为"俗乐"。有周一代，"制度典礼皆实为道德而设"(王国维语)，以礼乐治国，周代统治者把乐看得与礼一样重要，将两者紧密结合起来，作为维护社会秩序、巩固统治的有效手段，为各个社会等级阶层严格规定了应用音乐的制度，乐以礼制，乐为礼用，乐与民众的生活和实际需要相分离，不再是人们情感意识的体现，成为等级制度的标识，奏乐诵诗成为为宗教政治和外交服务的礼仪性活动。其中人的自由创造转变为强制性的服务，不允许有任何的想象和创造，从而沦为礼之附庸，凡不符合礼的乐曲必须修正。民间音乐即通过官方采风活动选录的那部分民间音乐礼制化后方能取得合法性，这就使得进入礼制的俗乐也日益僵化。继承原始乐舞精神的民间音乐就成为人们满足精神需求的重要途径。作为情感的自由表现，民间音乐自然不会预设任何前提进行规范，这样，除了过度的不中和的快乐之情，更重要的是哀、伤、怨、怒诸情感，这些被认为违背了礼乐治国要求和中和准则而被排斥于美感之外的情感在民间音乐中都得到了充分的表现，因此以郑卫之音为代表的民间音乐不仅受到民众的欢迎，在统治阶层也引起了广泛的共鸣。

孔子并不排斥以"郑卫之音"为代表的民间音乐，《诗经》中的怨诗和表现男女之爱的情诗他大多予以保留而不删除。不过，孔子并不认为只要是发自内心的情感就合理，而认为表现的情感应该中和而不过度。在他看来，治乱之本在于治心，因为天下之乱归于人心之乱。而治心之方在于教育。教育的工具则为三代尤其是西周之"文"。文即礼乐，《论语·宪问》就有"文之以礼乐"的说法。乐即和。"和"

是一种超个体生命的存在,既是个体的内在世界,又是个体的外在世界,是个体生命和社会价值的依据。过度的情感和音声,必然扰乱人们平和的心情,加剧礼崩乐坏的局面。正是出此考虑,孔子才对郑卫之音表示不满。孔子高度评价《关雎》的艺术成就,认为它"乐而不淫,哀而不伤"。过乐过悲皆失其正,惟适中最好,此谓"过犹不及"。在此基础上,孔子提出了"中和"思想。

"中和"思想是孔子美学思想的核心,是其哲学和政治学的基本原则和最高理想。"中庸之为德也,其至矣乎?"(《论语·雍也》)在他看来,"中庸"原则的实现,使社会生活中各种相互矛盾的事物得到和谐统一,美也离不开这一原则。"礼之用,和为贵。先王之道斯为美,小大由之。"(《论语·学而》)先王之道之所以美,就在于通过礼的作用使社会达到和谐统一。

在孔子的美学思想中,"中和"既包含了形式方面,更包含内容方面,是内容形式的各自和共同的统一和谐。具体地说,中是前提,和是结果;中是核心,有中必有和;和是中的必然,和必得中,非中不能和。如此,和的核心便围绕着中突出地体现出来。

到了孔伋(子思),孔子"择乎中庸"的观点被进一步明确为"中和之道"。《中庸》开篇明义:"喜怒哀乐之未发,谓之中;发而皆中节,谓之和。中也者,天下之大本也;和也者,天下之达道也。致中和,天地位焉,万物育焉。""中"是未发之情,为中正之情;"和"是已发之情所应具有的品格,为不偏不倚、无过无不及之情。"中节"是"和"的前提和标准。情发而中节,方为"达道"。

《吕氏春秋》对之前的"中和"理论进行了总结,一方面从本体论的角度,将人之性情和音乐的发生归之为"太一",如《大乐》说"声出于和";一方面认为和出于中(衷、适),中即理。也就是说,"中"是本体,"和"是事物运动变化的特性。

至此,作为审美形态的"中和"的核心内涵已经确定,它是政治、伦理、艺术以及人格修养的最高理想,是各种多样性和对立性的因素和力量通过相互影响、渗透而达到的统一。后世对中和观念的贡献只是细节上的增补,没有超出先秦中和思想的框架。中和审美形态就是这种文化精神在审美实践中的体现。

三、中和的审美特征

1. 中和的结果是和谐,前提是适中

中国文化的一个特征是知行合一,或者说,中国古代文化精神中最主要的一点是实践性。无论哲学、艺术,还是自然科学,都与现实人生息息相关,不可分离。

"道不远人。人之为道而远人,不可以为道。"(《中庸》)在中国古代文化中,审美不与日常生活相分离,而是日常生活的一部分,是现实人生的深化,审美活动是理想的人生状态。因此,中和即道以及达道的途径。《中庸》:"中也者,天下之大本也;和也者,天下之达道也。"正此之谓。同时,"中庸之为德也,其至矣乎?"(《论语·雍也》)"至"就是顶点的意思。实行中庸就能达到人生的理想境界,时时、事事都以中庸为标准而行事,在生活中践履常行中庸之道,便可将日常生活与审美人生结合在一起,把理想与现实融为一体,从而弥合理想与现实的分离,使中正之境与平庸之行统一起来,将理想现实化。认为事物的最佳状态就是适中的状态,也就是美的状态。

相当一部分学者以后儒对"郑卫之音"的评价为孔子的评价,把孔子塑造成一个不苟言笑的道学家,其实已失孔子的原意,也遮蔽了"中和"的真实涵义。《论语·为政》记载了孔子对《诗经》的总体评价:"子曰:诗三百,一言以蔽之,曰:思无邪。"《诗经》的作者不论写出贞淫美刺之诗,其心地都是纯正的。孔子并不反对民间音乐真情至性的表露,他自己的情感就很真实,喜怒皆出自内心。诗"可以怨"的命题,就说明他并非主张禁绝怨艾。从《论语》中可以看出,孔子认为有三种"怨"是合理的,第一种是对违反仁道者的"怨",他明确肯定"君子亦有恶"(《论语·阳货》)。其次是对不良政治的"怨",统治者若能做到爱惜民力,使民以时,就不会招怨,反之,怨恨便是合理的。再次,是君子在仁道不行时也可以"怨"。总之,当人们合理的欲望和情感得不到实现或遭到压制时,便可以怨,通过艺术表达,这种怨是应该而合理的。同理,通过艺术表达其愉悦之情也是合理的,只要这种情感的表现真诚而不虚伪。正因为如此,《诗经》中的怨诗和表现男女之爱的情诗他都予以保留而不删除。

班固《白虎通义》卷二曾引孔子之言以说明和的功能:"子曰:乐在宗庙之中,上下同听之,则莫不和敬;族长、乡里之中,长幼同听之,则莫不和顺;在闺门之内,父子兄弟同听之,则莫不和亲。故乐者所以亲和顺,比物饰节,节文奏合以成文。所以和合父子君臣,附亲万民也。是先王立乐之意也。"这样的意思早在《礼记·乐记》中就已表达过:"大乐与天地同和,大礼与天地同节。""乐者,天地同和也。礼者,天地之序也。和故百物皆化,序故群物皆别。"可以这样说,情感的节制,是人类进入文明社会的标志。

中和的核心是持中而不过度,中便成了和的灵魂。在过与不及之间择取一个"中"才可使音声、情感达到谐和,如此就有了"节"。孔子认为必须以礼(理)节情、使情"中"才不会流于"淫"。针对私欲膨胀、礼崩乐坏的情形,孔子提出"克己复礼为仁"(《论语·颜渊》),克制自己的私欲,约束自己的行为,以礼节情,即使情感保持中和而不过,把欲望和行为限于合理范围内,既得到一定的满足,又不对社会产生消极影响。孔子把个体与社会的发展置于血缘关系所产生的亲子之爱的基础之上,极大地突出了人类相互依存的社会性。

2. 中和是多样的共存

说到"中和",很多人马上想到对立统一,这实际上就把"中和"等同于古希腊的"和谐"。其实,中国古代的"中和"与古希腊的"和谐"的相似只是表层的,实质上并不相同。如前所说,主客二分是西方审美实践的根本特性,希腊把事物作为外在于己的观察对象,人与物的统一、人与人的统一,是通过认识达到的主客融合,其中隐含了主客二分的认识论倾向。西方的审美形态建立在辩证的、分析的理性思维方式基础之上,由一对对矛盾组成,如一与多、动与静、本质与现象、必然与偶然、永恒与暂时、灵魂与肉体、精神与物质等,解决矛盾的途径是辩证法。辩证法的思维不仅是二元对立的,而且是以对立一方为中心,以另一方为边缘的一元中心论。把一切复杂的事物分解为简单的部分,经由抽象还原后,世界俨然成为一个因果对应、等值对称的线性的、决定性的、平衡的世界。二元最终归并为一元,两极斗争的结果即以此代彼,或者以彼代此。希腊文化和哲学的主要问题是一与多,多样统一的观念实质上是使各个相互依存的部分组成一个有机整体的思想基础,多样统一实际上是以一统多。

中国古代"中和"审美形态建立在综合、整体的思维方式之上。"中和"之美所依据的是"执两用中"的思维方式。《中庸》说:"舜其大知也与! 舜好问而好察迩言,隐恶而扬善,执其两端,用其中于民。"春秋时代,晋国史墨提出了"物生有两"的命题(《左传·昭公三十二年》),"两"指具有差异性的事物或相互矛盾的两方面或矛盾关系。在推进"物生有两"的思维方式方面,《周易》有很大的贡献。《易·系辞》道:"一阴一阳之谓道。"孔子的贡献在于将较为抽象的哲学思维模式具体化为"执两用中"的思维方法,在这种思维中,"中"不是取矛盾对立的事物或因素之间固定的某一点,如正中处,而是能够使事物达到和谐的任何一点。"中和"是众多不同的、有差异的因素的求同存异、平等共生,不是部分与部分或部分与整体之间的统一,而是你中有我、我中有你的相互渗透、融会贯通。因此,与"和谐"不同,"中和"不是以一统多,而是多样的共存。"执两用中"的思维强调异质性、差异性以及不同事物的相反相成、相依相存。

3. 中和的哲学基础是天人合一

张光直先生曾指出:"中国古代文明中有一个重大的观念,是把世界分成不同的层次,其中重要的便是'天'和'地'。不同层次之间的关系不是严密隔绝、彼此不相往来的。中国古代许多仪式、宗教思想和行为的很重要的任务,就是在这种世界的不同层次之间进行沟通,进行沟通的人物就是中国古代的巫、觋。"①在远古文化中,无论东方还是西方,都有这样一个共同的现象:一方面,人与神之间有明确的界限,从而宣告人神的对立;但在另一方面,所有民族古代神话的深层结构中又普遍隐含着一个观念——人神异质同构,即人神的深层结构是相同的。这个观念一直潜存于中国文化中,体现于政治、艺术和审美活动,就是"天人合一"。天人合一的深层思想基础是气的观念。在中国古代,气被认为是生命的本原,阴阳观念产生后,气被认为由阴阳二气组成,《吕氏春秋·古乐篇》:"太一生两仪,两仪生阴阳。"《老子》:"道生一,一生二,二生三,三生万物。"一即混沌之气,二为阴阳之气。阴阳、五行即为气的表现,其不同组合就生成各种事物。人与天地万物之间生命既同,必然相通。

中和之"中"是未发之情,也就是人之性。性即先天的本性,孟子说:"天命之谓性,率性以为情。"人与物的生命本原相同,生命之性自然相通,故说:"中者,天下之大本也。""和"是已发之情所应具有的品格,当然也就是人和物之性的外在体现。因此,只要坚持"和",就能使人与天地万物感应相通,使万物生命生生不息,使生命顺应自然,使生命完美,这就是"中和"的最高层次。进入这一层次,就达到了孟子"尽心知命"、"知天"的人生境界。董仲舒以天人感应作为实现天人合一的途径,认为人与天相通相感,因而应该"取天地之美以养其身"。而"中者,天地之美达理也……和者,天之正也"。他就这样把天人合一转为中和之美,使中和从一个哲学概念转为美学概念。

4. 中和之美的美学意义

"中和"的美学思想体现在人的情感和行动中,既要求人的情感抒发要适度,同时也要求在这种适度情感支配下的行为要无过无不及。那么,怎么才能做到情感和行为上的适中呢? 这就要求人要修身养性。修身养性的途径就是"诗"、"乐"、"礼"。作为三种修身养性的法则,其实质都是为了调节人的性情。

孔子认为乐可以促进人格修养,"子曰:知之者不如好之者,好之者不如乐之

---

① 　张光直《考古学专题三讲》,文物出版社,1986年,第4页。

者"。先圣君王之言行思想就是仁的具体表现,也就是礼的依据,故"知之"并受到感染,必然"好之"。但"好之"可能只是出于一时的兴趣而失之偶然,要使人始终如一地遵循礼,实行仁,还须"乐之"——把外在的规范转化为内在的心灵愉悦和满足。从"好之"到"乐之",其基本途径是修身。而修身倘不学礼乐,也不可能完善,只有通过乐的学习才可能达到"仁人"的要求:"乐以冶性,故能成性,成性亦修身也。"(刘宝楠《论语正义》)在这里,乐(lè)与乐(yuè)是相通的。孔子师师襄学琴所经历的"得其数"、"得其志"和"得其人"三个阶段就说明了这一点。在音乐的学习和欣赏中,得先掌握技巧,然后了解技巧之后的思想,最后就能把握乐曲所呈现的人格精神。在音乐的境界中,人格获得升华和完成。孔子认为乐能改变人的性情,感发人的心灵,使人自觉地接受和实行仁道。宗白华先生说:"孔子是替中国社会奠定了'礼'的生活的。然而孔子更进一步求'礼之本'。礼之本在仁,在于音乐精神。理想的人格,应该是一个'音乐的灵魂'。"[①]至此就达到了"无终食之间违仁"的境界,在洒扫之时自得其乐,于寻常日用之间乐以忘忧。以觉悟之心投入天地的无限化育之中,以寻常人生为乐。在此,美与仁、艺术与道德已融为一体,这种精神状态已完全音乐化、艺术化了。因此,中和不只是伦理之准绳,更是审美之境界。

当然,"中和"这一审美形态也存在明显的缺陷,它偏重于群体性、社会性而忽略了个体性、私人性,过多地强调了情感的和谐,对社会伦理规范的顺应,"非礼勿视,非礼勿听,非礼勿言,非礼勿动",以至于造成了对个性的压抑。

第二节　神　妙

一、神妙的内涵

作为一种审美形态,神妙指人们的个体感性生命及其艺术表现的整体动态结构所显示出的只可意会、不可言传的审美趣味以及形而上的精神性。

谈及神妙,人们一般会想到老庄,这固然不错,但不够全面。以孔孟为代表的儒家思想也为神妙这一审美形态的形成提供了思想资源。老庄认为虚是实的原因,没有虚空的存在,万物就不能生长,就没有生命的活跃。儒家思想则从实出发,

---

① 宗白华《艺境》,人民出版社,1987年,第239—240页。

如孔子的"文质彬彬,然后君子"就认为,一方面人的内部结构要好,一方面外在表现也要好。宗白华先生在《美学散步》中说:"孟子也说:'充实之谓美。'但是孔、孟也并不停留于实,而是要从实到虚,发展到神妙的意境……圣而不可知之,就是虚:只能体会,只能欣赏,不能解说,不能摹仿,谓之神。"①充实的美进一步发展,就达到了"神"。这"神"是"不可知之"的。所以"神"在中国古典美学中,往往代表了虚的一面。

在中国艺术中,虚是目的,实是手段、是路标,把欣赏者引向无尽的虚的世界。这虚并非空无,而是创化万物的生命本原,是神。苏轼说得好:"贵真空,不贵顽空。盖顽空则顽然无知之空,木石是也。若真空,则犹之无焉! 湛然寂然,无无一物,然四时自尔行,百物自尔生。粲为日星,溶为云雾,沛为雨露,轰为雷霆。皆自虚空生,而所谓湛然寂然者自若也。"马家窑的舞蹈纹彩盆上,五人一组,三组十五人围成一圈而舞,中间就是虚空。这个虚空是老子"大象无形"的大象,是王维"徒然万象多,澹尔太虚缅"的"太虚",是苏轼所说的"静故了群空,空故纳万境"的"空",也就是"道"。"实向虚生,虚以实现,虚实相生,无画处皆成妙境。"(笪重光《画筌》)艺术创作"超以象外,得其环中",实中之虚、即实即虚是艺术家追求的境界。唐人崔颢的《长干曲》这样写道:"君家何处住? 妾住在横塘。停舟暂相问,或恐是同乡。"无始无终的巨大空缺造成广阔的虚境,"墨气所射,四表无穷,无字处皆其意也"(王夫之《姜斋诗话》)。中国古代绘画的"三远"法把人们的心灵引向"静而与阴同德,动而与阳同波"的宇宙,与道相遇合。中国音乐也由些许音乐引发无穷的乐意,音乐引发人们的无穷之感。严羽在《沧浪诗话》中评唐诗的境界"如空中之音,相中之色,水中之月,镜中之像,言有尽而意无穷",这正是中国艺术所追求的最高境界。

语言是人类最伟大的创造,是人类文明得以传承延续的最重要媒介,离开语言,人类就不可能认识事物,语言较人类其他所有的表达方式更为明确、更理性、更概括,可使人们借助概念进行思维,做出明确的判断和推理。然而,语言的长处正是它的短处,语言的明确性本身就是一种对象化的思维限定,语言的概括性使认识主体漏掉客体太多的丰富性,使客体失去其最根本的特质;语言的理性使其不可能达到感性的深广而停留在较低的层面。作为文化的重要载体,语言因积淀了太多的传统而遮蔽了生命的原本。先哲对此深有感悟,老子说:"道可道,非常道;名可名,非常名。"庄子云:"语之所贵者,意也,意有所随。意之所随也,不可以言传也。"

---

① 宗白华《美学散步》,上海人民出版社,1981年,第40页。

(《庄子·天道》)为了克服语言的局限,"圣人立象以尽意"。但"象"仍具有它自身的有限性。因此,只有一方面超越了言语之规定性,另一方面超越了象的有限性,才能达到"妙不可言"、神秘不测的境地,这种境地就是对应于生命的流动、变幻和幽渺,笔精墨妙,自由运斤,曲尽玄微,神其妙哉。

二、神妙思想的形成、发展

虽然不能肯定《周易》是最早提出"神"的概念的,但在《周易》里,"神"第一次具有了美学的品格。《周易》多次多处谈到"神",其中与美学有较为直接关联的是:"是故阖户谓之坤,辟户谓之乾,一阖一辟谓之变,往来不穷谓之通,见乃谓之象,形乃谓之器,制而用之谓之法,利用出入,民咸用之谓之神。""穷神知化。"(《易·系辞上》)"知几其神乎?""精义入神,以致用也。"(《易·系辞下》)这成为后来"形神"观的哲学源头。"易无思也,无为也,寂然不动,感而遂通天下之故。非天下之至神,其孰能与于此?"(《易·系辞上》)后来"神思"被刘勰直接用以指称艺术想象。"神也者,妙万物而为言者也。"(《说卦》)《周易》的思想是"神妙"观念的重要来源。

另外,《淮南子·原道训》将"形"、"气"、"神"三者联系起来论说,认为"夫形者,生之舍也;气者,生之充也;神者,生之制也"。而人之所以能视丑美,是"气为之充,而神为之使也",这与《礼记·乐记》所说"情深而文明,气盛而化神"很相似。"气盛"即"气为之充","气盛而化神"。所以形、气、神的美学思想实是道家和儒家思想融合发展而形成的。先秦和秦汉时期,"神"的观念对美学的影响可以分为两个方面,一个是"形"与"神"的关系,另一个是"气"与"神"的关系。这两种思想基本上规定了"神"之为审美形态的特征。

《淮南子·原道训》中集中讨论了形、气和神。"形"是人的身体,"气"是内在的生命,"神"是人的意志、感觉和情感。认为"神"是"形"之主。"神与化游,以抚四方"。神是一种幽渺莫测的睿智和神明。在魏晋人物品藻中,自觉地把玄学主神的人物品评观念审美化,突出了神与智的内在素质。东晋时期,受到佛教"神不灭论"等思想的影响,"神"被提升为人生应有的精神境界,但不是从个体存在中抽象出某种观念,而是在对个体感性存在中直观到某种人生境界。顾恺之的"传神写照"论就是这种时代精神的体现。在佛学中,"照"指心灵的一种神妙无方的感知能力,"写照"即画出人的神妙的精神和心灵,是人的心灵与精神的自然呈现[①]。因此,外

---

① 参见李泽厚、刘纲纪《中国美学史》第二卷(上),中国社会科学出版社,1987年,第477—478页。

在的形是次要的,重要的是超越于形体和尘世的内在精神。艺术的最高境界是得"意"而忘"言",得"神"而忘"形"。这"神"是内在于形体、超乎形体和言语的生命存在。宗炳在《画山水序》中提出"畅神"说:"圣贤映于绝代,万趣融其神思。余复何为哉? 畅神而已。神之所畅,孰有先焉!"宗炳是当时著名的佛学理论家,他所说的"神"并不完全同于先秦思想中的"神",而是可以不依赖于"形"的实有之物,较之孟子"不可知之"的神,有明显人格化的倾向。"神本无端,栖形感类"的思想基础即是其《明佛论》中论述的精神感应之说。"畅神"就是以审美的心胸把握住山川万物的"神",在绘画中将其充分展现出来。这背后实有佛教有神论思想的影响。

"神"的观念的进一步深化,就必然地与"妙"联系起来。"神妙"作为单一审美形态的出现,表明"神"从哲学概念转化为美学概念,从生命本源意义转化为审美生命本体意义,同时表明了"妙"从"道"的评价性概念转化为"美"的本体性概念。"神"与"妙"组合而成的审美形态,标志着个体感性生命及其艺术表现的整体动态结构所显示出的难以穷尽的审美趣味以及"神妙"形而上的精神性。

最早提出"妙"这一概念的是老子,在《老子》中,"妙"是"道"的特质。《老子》开篇道:

> 道可道,非常道;名可名,非常名。无名天地之始,有名万物之母。故常无欲,以观其妙;常有欲,以观其徼。此两者,同出而异名,同谓之玄,玄之又玄,众妙之门。

王弼注:"妙者,微之极也。万物始于微而后成,始于物而后生,故常无欲,空虚可以观其始物之妙。"(《老子指略》)老子用"妙"说明道的精微、无限、虚幻。以前学者大多认为"妙"自东汉开始进入美学领域,以后逐渐发展为中国古典美学的重要范畴。其实"妙"作为一个审美概念在先秦就已出现。如《战国策·楚一》:"大王诚能听臣之愚计,则韩魏齐燕赵卫之妙音、美人必充后宫矣。"宋玉《神女赋》有"极服妙彩照万方"之句。汉代以降,"妙"与审美的联系更为常见。如王充在《论衡·定贤篇》中说:"曲妙人不能尽和,言是人不能皆信。"王逸《楚辞章句序》道"虽未解其微妙,然大指之趣略可见也",桓谭《新论·琴道》用"妙曲遗声"来形容琴曲,傅毅《舞赋》则以"天下之至妙"论舞。到了魏晋,玄学家大量地用"妙"评点"三玄",并用"妙"品藻人物,曹丕《典论·论文》评孔融是"体气高妙",嵇康《声无哀乐论》说郑声是"音声之至妙。妙音感人,犹美色惑志"。《世说新语·巧艺》记载顾恺之画人,"或数年不点目精。人问其故,顾曰:'四体妍蚩,本无关妙处,传神写照,正在阿堵中。'""妙处"就是传神写照,"妙"与"神"于是就结合起来。朱自清先生说:"魏、晋以来,老庄之学大盛,特别是庄学;士大夫对于生活和艺术的欣赏与批评也在长足的发展。清谈家也就是雅人,要求的正是那'妙'。后来又加上佛教哲学,更强调了那'虚无'的风气。于是乎众妙层出不穷。"①

宗炳在《明佛论》中明确提出"神妙形粗,相与为用"。"神"是人的心境,万物也不是外在的存在,而是人内在世界的有机组成,是人的精神的自由形式;人的精神是精微、无限的,但并不是脱离物象的抽象存在,而是栖于万物。人即世界,世界即人,万物是精神的显现,精神栖于万物,两相契合,共融共存。

唐代张怀瓘《书断》列神、妙、能三品,北宋黄休复《益州名画录》列逸、神、妙、能四品。"妙品"代表超于技巧而妙不可言的境界。黄休复说妙品是"笔精墨妙,不知所然","自心付手,曲尽玄微","曲尽玄微"就是《老子》所说体道观妙。严羽在其《沧浪诗话》中说:"大抵禅道唯在妙悟,诗道亦在妙悟。"又说:"诗之极致有一:曰入神。诗而入神,至矣,尽矣,蔑以加矣!"把"妙悟"和"入神"都当作评论的最高标准,可见"神"与"妙"在中国古代审美形态中的地位。

三、神妙的审美特征

1. 形而上的精神性

神妙的基础是形神一体,由形而感悟到莫测无穷的趣味,这种趣味是精神性的。形神关系最早见于《庄子》。《庄子·在宥》云:"抱神以静,形将自正","神将守形,形乃长生"。在庄子看来,内在的"神"决定了外在的"形","形"的"自正"、"长生"都有赖于"神"。这样的思想在西汉的《淮南子》中得到了进一步的发展。如《淮南子·诠言训》:"神制则形从,形胜则神穷";《原道训》:"以神为主者,形从而利;以形为制者,神从而害",都是把虚的神看作比实的形更为重要的东西。把形神二元论转化为形神一元论的是魏晋玄学。

形神的哲学基础是有无关系。"有"是一切具体感性的事物,是"无"之用;"无"是"有"的依据,是"有"之本、之宗。"无"不外于"有",否则只是抽象空洞的概念而非具体感性的存在;"有"不外于"无",否则将成为无本之末,无以生成。

体现于言意关系,"有无相生"就是言以出意,意以言存。"意"是精神化的本体,"言"是"意"的感性体现,两者是"无"和"有"的关系。作为哲学思辨,这样说没任何问题,但却不具有操作性。因此,王弼在言和意之间加了个"象",把它作为言

---

① 《朱自清古典文学论文集》上册,上海古籍出版社,1981年,第131页。

意的中介:"象而形者,非大象也;音而声者,非大音也。"(《老子指略》)象必有形,即象即形。"大象"、"大音"即"无",即"道",即"神",神必须表现为具体的形象,在审美活动中,不能止于形象,而要超越它领悟内在的神,这就是得意忘言、得神忘形,即神即象,即象即神,形神一体。这样就使得"意"不再是抽象的概念而具有了具象性,真正体现了无内在于有、有依存于无的思想。"象"既是言(有)与意(无)之间转换的中介,一头连接具体明确的言,一头连接幽渺莫测的意,它是具体的思想感性形式。

神妙这种形而上的精神性,明显地烙上了佛教的印迹。在佛学理论中,佛性本体(真如)在众多现象(法相)中摄取个别(个相),再透过个别直入本质(实相)。"相"即"像",佛像"形既已无,故能无不形"(竺道生《注维摩诘经》),不着现实具象的形迹,又变化多样,不具常形,也可为佛说法显出种种形象。当然,此"形"非抽象概念,而就是"神"自身。形即神,神即形,精神与现象化为一体。"神者可以感涉,而不可以迹求"(《高僧传·慧远传》)。

顾恺之的"以形写神"的"神"指通过人的形貌描画人的精神风度,主要继承了道家有关形神的美学思想,"若长短、刚软、深浅、广狭与点睛之节,上下、大小、酞薄,有一毫小失,则神气与之俱失矣"。"神"的体现要通过对"形"精深细致的把握才能达到。要做到"传神写照"很不容易。"传神"的关键乃在眼睛。《世说新语·巧艺》记:"顾长康画人,或数年不点目精。人问其故,顾曰:'四体妍蚩,本无关妙处;传神写照,正在阿堵中。'"又云:"顾长康道画:'手挥五弦易,目送归鸿难。'""目送归鸿"之所以难,就是因为眼睛最集中地表现出人内在的精神气韵,较之单纯写形的"手挥五弦",点睛体现出更高层次上对"神"的领悟和把握。

南朝的萧子显认为"属文之道,事出神思,感召无象,变化无穷"(《南齐书·文学传论》)。谢赫《古画品录》说:"若拘以形体,则未见精粹;若取之象外,方厌膏腴,可谓微妙也。"此处所谓"象外",强调绘画应不拘泥于外在形体的细致真实,而是要超越有限的形象,从更高的层次上作全面的把握。

唐代司空图同样认为要达道就应离弃具体事物,要得到神只有在象外求得。象外之神,就是无穷的理趣、莫测之意蕴。宋代严羽的《沧浪诗话》所说的言有尽而意无穷,即艺术应该传达出只可意会、不可言传的妙味。中国音乐结尾时多以悠长舒缓的乐音渐渐趋向岑寂,将思绪意念引向无尽,"终诗率曲,尚余音兮,吟气遗响,联绵漂撇,生微风兮,连延骆驿,变无穷兮"(王褒《洞箫赋》)。这正是宋人所说的"弹虽在指常在意,听不以耳而以心"(欧阳修《赠无为军李道士》)。

2. 内在的感悟

"神"为本,具有奇幻莫测的特性,"妙"为性,是道精微奥妙、幽渺玄微的特性,是道的超越性、无限性的体现。"神妙"看不见,听不到,摸不着,只能靠内心直觉,"神遇而不以目视"(《庄子·养生主》)。这种感悟并不排斥理性,不是非理性的,而是非形式逻辑的直觉,既包括理性又超越理性。

要想"以神遇",必须具备空虚无欲的胸怀,这就是中国古代美学中观"妙"思想的渊源。这一思想对后来中国美学思想影响极大。宗炳认为绘画的目的不在于"栖神",而应该是"畅神",也就是"含道映物"和"澄怀味象"。即从虚静空灵的精神去观照物象,物象因此成为精神的形式而不再是外在的东西,精神也不再抽象而是具体的存在。苏东坡所说"静故了群动,空故纳万境"之"万境",正是"静"和"空"的心态所观到的"妙"。从外在束缚中解脱出来,进入精神的绝对自由境界,即真我与道融为一体的天人合一的境界,也就是说,真是事物内在生命的自行显现,但我欲以观真,就得做到真实无妄,与物齐一。用郭象的话来说,就是:"物各自然,不知所以然而然,则形虽弥异,其然弥同……我既不能生物,物亦不能生我,则我自然矣。自己而然,则谓之天然。天然耳,非为也,故以天言之。圣人游于变化之涂,放于四新之流,万物万化,亦与之万化,化者无极,亦与之无极。"与天地一气,游心于万物之间,物我之别已忘,遁入无限而与无限合一,从而进入一个内在感悟的宇宙,一个内审美的世界。

3. 玄微莫测的余味

《易传·系辞上》:"阴阳不测之谓神。"《荀子·天论》:"万物各得其和以生,各得其养以成,不见其事而见其功,夫是之谓神。"都是就"神"之"不可知之"的特点来说的。与孟子同时代的庄子,则将虚的"神"与实的"形"对举来解说"神"的特性。大致来说,妙指空明透脱、含蓄蕴藉的无穷韵味。但"妙"并没有固定的所指意义。"妙"之为审美形态,就在于其突出了美感之无法把握却又意味无穷的特点。所以苏东坡有一句话说得好:"求物之妙,如系风捕影"(《答谢民师书》)。非要追问"妙"在哪里,不免失了"妙"的真谛。南宋严羽论诗,倡"妙悟"之说,他在《沧浪诗话》中以"妙悟"为诗之本,诗之道。其论据是"且孟襄阳学力下退之远甚,而其诗独出于退之之上者,一味妙悟而已"。严羽的妙悟说在中国文学思想史上影响很大,他所提倡的"妙悟",一方面是受佛教禅宗"顿悟"的直接影响,另一方面,他也抓住了"妙"可感悟却无规律可循的特点。他说"诗有别趣,非关理也",即讲出个道理,就失了别趣,"别趣"当是微妙不易得的。他又说:"盛唐诸人,惟在兴趣,羚羊挂角,无迹可求。故其妙处,透彻玲珑,不可凑泊",可见"别趣"即是"妙"的表现。所以严羽的"妙悟"和《老子》的"观妙",都具有相同的心理特征。

"神"与"妙"发展到清代,则合二为一,成为一个概念。清初画家笪重光《画筌》:"神无可绘,真境逼而神境生。位置相戾,有画处多属赘疣。虚实相生,无画处皆成妙境。"直接把意境与神、妙沟通。而到了董钺的《二十四画品》则直接把"神妙"作为一种审美形态对待:"神妙:云蒸龙变,春交树花。造化在我,心耶手耶?驱役众美,不名一家。"从此,神妙正式成为中国古代的审美形态,并在当代仍具有生命力。

"妙"在中国古典美学中向来是应用得极广泛的概念,但"妙"并没有较为固定的内涵,这也是"妙"之为审美形态的缺陷。泛用往往造成了滥用。明清小说的评点,常于眉批和夹批处着一"妙"字,而此妙字究竟何指,读者并不清楚。毛宗岗评点《三国演义》,说"文章之妙,妙在猜不着"(第四十二回评),"妙"的本意主要是指出于意表之外,探讨"妙"的美学内涵,应当还是以老子的体道观妙和严羽的妙悟说作为其思想基础。神妙的这种缺陷,在其后出现的审美形态"气韵"中得到补足。

第三节 气　　韵

一、气韵的内涵

"气韵"是中国古代最重要的审美形态之一。气是基础,韵为气的表现。气是生命本原,韵是气的一种运动状态,是事物生命的自行显现,是人与世界交融的最高层次,是万物生命运动的无穷情趣与生机,是气最高的审美境界。

"气"是中国审美学的基石,在元气论的基础上构建起来的中国审美学形成了自己独特的面貌。

在中国古代,气被认为是生命的本原。气最初可能是远古初民把对烟云雨气的观察、人体气息与血脉流通的体验与图腾生命观念结合起来所推测出的生命本原,是一种实体性的存在。春秋以降,气的功能凸显,实体性色彩减弱,气与阴阳观念结合在一起,进一步演变为创生万物的哲学范畴。有汉一代,气从浅层次的抽象上升到宇宙本体的高度。魏晋时期,气与无联系起来。宋元明清,气论发展到顶峰,宇宙生命被认为是一个气化流行、生生不息的历程。气不但创造出人,而且决定人的气质、个性、能力、道德修养,就连智慧的大小都由人们所禀之气的多少决定,甚至连人的生死贵贱都由气而决定。

从词源来看,韵的概念与音乐有密切的联系,指和谐的声音,即韵律。后来逐渐用来指与形象相关的、形象的审美意味。"韵"是咀嚼不尽的效果,包括情、理、意、趣等多种因素,是物色、意态、情事、风致、语气、体势等共同构成的。

刘勰有"余味"说,钟嵘有"滋味"说,司空图有"韵味"说。司空图评说王维、韦应物、贾岛等人的作品后说:"近而不浮,远而不尽,然后可以言韵外之致耳。""近而不浮,远而不尽"只是"韵外之致"的前提。"倘复以全美为工,即知味外之旨矣"。只有做到"味外之旨",才能产生"全美"。

司空图还认为:"不着一字,尽得风流……浅深聚散,万取一收。"(《二十四诗品》)宋范温说:"有余意之谓韵也。"(《潜溪诗眼》)姜夔道:"诗贵含蓄。东坡云:言有尽而意无穷者,天下之至言也。"(《白石道人诗说》)明代陆时雍说:"有韵则生,无韵则死。有韵则雅,无韵则俗。有韵则响,无韵则沉。有韵则远,无韵则局。物色在于点染,意态在于转折,情事在于犹夷,风致在于绰约,语气在于吞吐,体势在于游行,此则韵之所由生矣。"(《诗镜总论》)

"气韵"的"气"代表人的生命力,"气"就是呼吸吐纳的气血之气。这种生命力自行显现,展现出生命的情调,即"韵"。气韵即万物生命运动的生机与韵律。作为一种审美形态,气韵指在审美活动中,事物的内在生命活力的外在形态,给人一种感性具体、丰富全面的体验,给人留下很多联想和回味的余地。

二、气韵思想的形成、发展

"气"的思想主要有三个思想渊源:一是孟子的养气说;二是气本论;三是气感论。《孟子·公孙丑上》集中表述了养气说:

> 夫志,气之帅也;气,体之充也。夫志至焉,气次焉;故曰:"持其志,无暴其气。"……我知言,我善养吾浩然之气……其为气也,至大至刚,以直养而无害,则塞于天地之间。其为气也,配义与道;无是,馁也。是集义所生者,非义袭而取之也。行有不慊于心,则馁矣。

一般理解,孟子之"气"是与道德相关的"正气",养气就是培养心中充实的道德正义感。唐代韩愈在《答李翊书》中提出"气盛言宜"论,认为"气盛则言之短长与声之高下者皆宜",主要就接受了孟子养气说的影响。这种理解并没有错,但不够深入。孟子理论的背景是阴阳五行说,是气的观念。作为先秦诸子思想背景的,是"气"被看作是天地万物产生和变化的根基。这就是气本论。

把"气"当作天地万物的本源,最早的理论表述出现在《管子》四篇(《心术》上下、《白心》、《内业》)。《内业》上说:"精也者,气之精者也",又说"凡物之精,此则为生,下生五谷,上为列星"。意思是说,万物都是由精气产生的。到了东汉,王充在其《论衡》中又发展了之前的气本论思想,提出较为系统的元气自然论。王充反对谶纬迷信和天人感应论,强调"天道自然":"夫天道,自然也,无为。"(《谴告》篇)他认为万物的产生是因为"天地合气,万物自生"(《自然》篇),具体地说,就是"天之动行也,施气也。体动气乃出,物乃生矣"(《自然》篇)。

气感论是在汉代盛行的哲学思想。"气"被视为万物生命产生、迁化的根基,以及人的精神、智慧、善恶等的本源。董仲舒在《春秋繁露》中大量引进了阴阳五行思想,用元气生成论代替了宇宙论,认为阴阳"以类相益损"是宇宙万物变化的总根源,天地同气,气类相感,相同的气是能相互感应的,以此解释人与天地万物的关系,构建天人感应的理论。他把人与自然之间的这种关系称之为"同类相动",将存在于先秦思想中的"天人合一"观念系统化,空前地突出了人与自然的相互渗透和统一。

汉代重"气",汉代的元气论,多与人的神形、情感相联系。在此基础上,魏晋时期,"气"又被用为人物品藻,以气为人物生命的本体。曹丕进一步确认艺术活动是人的生命活动,这就是"文以气为主",把气理解为人先天禀赋以及后天才能、内外相符统一于一体的个性气质。嵇康主张"任心",即任气,任人生而有之的自由本性。

这种个性气质的物化形式是什么呢?是"韵"。"韵"最初是和音乐相联系的概念,本意指声音的和谐流畅,魏晋六朝时用于人物品藻,《世说新语》中有很多与韵有关的人物品藻,如"风韵"、"高韵"、"风气韵度"等等。在使用"韵"时,多与其他词组合成复合词,因此涵义复杂多样,难以概括。后来逐渐引用到绘画和文学。画论所说的"韵"和文论所说的"韵"并不完全相同。叶朗先生认为,"韵"在人物品藻中"不是人物的一般形象,而是人物的审美形象。人物品藻的这种观念,转到绘画上,就要求人物画表现一个人的风姿神貌。这就是'韵'的涵义"①。《文心雕龙》里谈及"韵"的地方多达三十多处,但多指声韵而非韵味。

----

① 叶朗《中国美学史大纲》,上海人民出版社,1985 年,第 220 页。

历史上第一个把气与韵连缀而成"气韵"一词的是梁代的萧子显,他在《南齐书·文学传论》中用"气韵"说明人的精神气质及其外在形式。谢赫在其《古画品录》提出了"绘画六法",第一法为"气韵生动":

> 六法者何? 一,气韵生动是也;二,骨法用笔是也;三,应物象形是也;四,随类赋采是也;五,经营位置是也;六,传移模写是也。

"气韵生动"并不能简单地理解为人物的个性气质的外在表现,不能采取"气"与"韵"简单合成的方式。"气韵"是哲学本体论应用于艺术的产物,不是一般性的艺术法则或规范,不能单纯归之于个人的气质个性,或者对个别事物的形式摹仿,而是借助于对事物外在形态的表现,达到对事物生命的体认,从而达到绝对自然、无限自由的人生境界。

司空图在《二十四诗品》和《与李生论诗书》等文章中对"韵"作了集中的讨论,强调了"韵"与"道"的联系,把"道"作为"韵"的本根,"韵"指向"道";提出"韵外之旨"的命题,认为必须形象鲜明且余意无穷;他最为推崇的是"生气远出,妙造自然"。冲淡,自然,朴实,清逸,凡是一流的诗词,无一以诘屈聱牙之词哗众取宠,也不用华丽词藻求取诗意,而以平淡简易、自然清新获得天趣。司空图言及此境曰:"情性所至,妙不自寻。遇之自天,泠然希音。"(《二十四诗品·实境》)梅尧臣感叹:"作诗无古今,惟造平淡难。"宋代之后,气韵渐渐地转向"以韵为主"(苏轼《北齐校书图》记载为黄庭坚首倡),崇尚冲淡、飘逸的风格。苏轼要求诗文"绚丽之极归于平淡","无穷出清新",追求"妙在笔墨之外"的"远韵"。他虽承认李杜诗"凌跨百代,使古今诗人尽废",但更钟情干自然天成,"大略如行云流水,初无定质,但常行于所当行,常止于所不可不止,文理自然,姿态横生"(《答谢民师书》)。在《自评文》中,他说道:"吾文如万斛泉源,不择地皆可出,在平地滔滔汨汨,虽一日千里无难。及其与山石曲折,随物赋形而不可知也。所可知者,常行于所当行,常止于所不可不止,如是而已矣。"因此才有后人所赞的"苏、李之天成,曹、刘之自得,陶、谢之超然,盖亦至亦矣"。禅宗从渐悟而顿悟,即去除一整套繁缛因明,外静内净,方能直指人心,见性成佛。先淡、净,而后入定,进入内证,最终才有所悟。平淡是悟的前提和基础,唯脱俗才能平淡,平淡也是悟的成果。"无所从来,亦无所从去,无生无灭,是如来清净禅,诸法空寂,是如来清静里。"(《景德传灯录》卷五)这便是发纤浓于简古,寄至味于淡泊,这平淡并非照搬物象,而是至静之所悟。"至秾丽之极,而反若平淡;琢磨之极,而更似天然。"(王世贞《书谢灵运集后》)"大抵欲造平淡,当自绮丽中来,落其华芬,然后可造平淡之境。"(葛立方《韵语阳秋》卷一)平淡被标举为气韵的一种高境界。

三、气韵的审美特征

1. 气韵是生命的感性显现

气为人之本,亦为艺术之本,艺术与人生是异质同构关系。苏珊·朗格认为艺术结构与人的生命结构有惊人的相似,生命结构是艺术作品结构的范本。在他的理论中,人类的生命形式与情感形式、艺术形式、艺术幻象是等同的①。不少学者认为此论与中国古代艺术哲学的观点相近。其实,苏珊·朗格的观点不过是柏拉图思想的翻版,是西方一以贯之的宇宙本体(原型)与艺术形式关系的现代阐释,只是把理式转换为生命而已。归根结底,离不开西方文化的二元思维。中国古代艺术哲学则是整体逻辑思维,艺术与人生并非两种不同的活动,艺术是宣导生命之气的活动,是生命的重要组成,人们藉艺术而领悟人生。气之流转变化,体现为虚实相生,气韵生动。

在艺术创作中,气韵说重视和突出艺术家的自我精神。随着佛教的传入,禅宗的建立,则言佛性在心,于自心求佛中强调自性,将自我推向至高地位。在艺术思想上"随其意之欲言,以求自适"。刘勰认为只有情化为个性中所固有的东西,产生一种创作冲动,才能成功地表现出情感。钟嵘更进一步,认为天地万物因气而流动变化,这种流动变化使人心情发生摇荡,产生种种不能自已的感受,这些感受的表现即艺术。艺术家将自身的"气"融入作品,让创作跟随想象和情感自由地游走,而想象和情感又互有差异,所以个人的精神气质就是审美价值之所在。自身没有气度风韵的艺术家,其作品难以达到"气韵生动"。

2. 气韵是流转变化、回肠荡气

在古代中国人看来,气总处于一定运动状态而非静止,而且不是一往而不返的直线型,而是盘桓往复的。《诗经》中的很多作品具有绸缪往复、萦回委曲的特点。律诗以偶句押韵的手法强化情感的回环和旋律的反复,使人在重复回旋中感受到气之往返运动,于有限中感到无限,又于无限中回归有限。气为体,元气周行,始终无已,其体现便是韵。中国文化因其气的特征凸显出时间性,这就决定了中国古代审美活动中主客不分,物我一体,不着力于物象本身而着眼于显现物象之中变动不居、流转变化的生气,突破有限时空,把心灵引向无限的天地生气韵律。

"气韵生动"就是要求艺术能表现出活泼生气的和谐流动之感。这生气贯注着艺术家的生命力,是源于气本论的"气"之体现,所以生气不仅指有生命的事物,即

---

① 参见苏珊·朗格《情感与形式》,中国社会科学出版社,1984 年。

使山川河流,云兴霞蔚都是含气的生命,它们焕发出的是整个天地万物的和谐。"气韵"不是表现刻板的运动,而是生命化的气之自然流动。

3. 气韵是一种虚静之境

由于气的无形无象,人对生命本原的了解只能通过"虚静","心斋"才能达到。

人与物皆为气所化生,天人同一即人与物共同具有自然本性,也就是超越现实物欲的理想境界。在现实生活中,人常为偏见和成见所左右,若要体道,就得去除偏见,摒弃成见,从外在束缚中解脱出来,进入精神的绝对自由境界,即真我与道融为一体的天人合一的境界。也就是说,真是事物内在生命的自行显现,但我欲以观真,就得做到真实无妄,与物齐一。与天地一气,游心于万物之间,物我之别已忘,遁入无限而与无限合一。

陶渊明诗云:"采菊东篱下,悠然见南山。山气日夕佳,飞鸟相与还。"用徐复观的话说,就是"以心斋接物,不期然而然的便是对物作美的观照,而使物成为美的对象。因此,所以心斋之心,即是艺术精神的主体"①。"虚静"、"心斋",就是"万物归怀",把天地万物涵于自己的生命之中。虚静之心,自然就明,因这种明出于与宇宙万物相通的静,故能洞悉宇宙万物的本原。静即"大本大宗"。当人达到虚静时,物我已浑然一体。当人把握到自己本原的同时,也把握了宇宙万物的本原,即"天地与我并生,而万物与我为一"(《庄子·齐物论》)。因了虚静,生命得到自由的扩充(辟),从而达到生命的深层——和(稠),由和谐而上至无限的境界,使生命得到无限的自由和解放。韵是一种审美理想,指向生命的本原。把人们从日常生活经验的世界引向理想的境界。

4. 气韵是和谐共生的整体

"气韵"在魏晋南北朝之前重在"气",在生命本体、精神气质及其外在形式,宋代之后,强调的是"韵",是清雅、淡泊的韵味、以"有"趣"无"的审美趣味和标举空灵的审美取向。

韵之本为气,韵由气出,有气方有韵。对此多有学者论及。清唐岱《绘画发微》:"六法中原以气韵为主,然有气则有韵,无气则板呆矣。"叶朗先生提出:"韵是由气决定的","气是韵的本体和生命","没有气也就没有韵"②。很多论者认为气为阳刚,韵偏阴柔,或气为力度、节奏,韵指余韵、余味,这并不准确。前者把气与韵认作两种风格,后者则把气与韵当作气之运动的不同表现。其实,气即生命本体,韵

---

① 徐复观《中国艺术精神》,春风文艺出版社,1987年,第70页。

② 叶朗《中国美学史大纲》,上海人民出版社,1985年,第220—221页。

即气之流转,流转而见出节律,就产生韵。气是生命本体,亦为艺术的本体,韵则是气的一种运动状态,是气最高的审美范畴,艺术的终极境界。

"韵"一开始就有了由动而静的趋向,故而宋元以后,"韵"的地位日升,从一种特殊的审美形态上升为涵盖一切艺术的高度概括的审美学概念。与审美心理从外向到内倾,动态趋于静态,由开放趋于封闭相应,韵多偏于空灵、阴柔和清远冲淡。

第四节　意　　境

一、意境的内涵

意境与中和、神妙、气韵一样,都是中国古代独有的审美形态。意境、境界和境三个概念多重叠、交叉。实际上,三者有所差别。如果限于艺术领域,三者可以等同,但超出艺术,就不再相等。一般来说,意境仅用于艺术,境界不仅用于艺术,也用于人的精神世界,境的用法又比境界宽。

从概念出现的时间上来看,"境"早出,"境界"次之,"意境"最晚。"境"的本字为"竟",本义是指疆界,引申为时间、空间上的范围和精神的界限。《说文》释道:"界,竟也。"段玉裁注:"竟,俗本作境,今正。乐曲尽为竟,引申为凡边竟之称。"《庄子·逍遥游》:"辨荣辱之境。"即指界线。

佛经翻译家把境和境界引入译经,用以说明心所游攀者及果报的界域。后来,佛学的境和境界说逐步渗透到审美观念之中。佛经中常用"境界"一词概括"六根"(眼,耳,鼻,舌,身,意)所感知的对象。"功能所托,名为境界,如眼能见色,识能了色,唤色为境界"。张文勋先生认为,佛家所谈境界具有以下特点:(1)必须是六根所及(感觉);(2)必须是六根所识(知觉);(3)必须通过五官反映到头脑中成为意象。境界的这些特征,毫无疑问和艺术审美及审美的特征是有共同之处的。第一,境界具有诉诸感觉直接感受的特点,也即具体的感性的特点,这是艺术形象性的基本特征;第二,境界具有诉诸主观意识去认识的可知性;第三,境界属视听之区而又有相对的时空界限,它不以抽象的概念的形式存在,而是具有直观性的特点,是一种意象,是综合的画面①。意境的产生,源于《周易》"象"、"意"和老庄的"象"、"言"、

① 张文勋《儒道佛美学思想探索》,中国社会科学出版社,1987 年,第 116—117 页。

"意"的思想,作为美学概念,大约孕育于魏晋南北朝,形成于唐代,经清末王国维的总结,成为中国古代最高的审美形态。意境主要指艺术作品中的主观情志及其体现的时空情态,境界主要指人的精神世界。境不只是个人主观的、精神的方面,也包括生活世界中社会的、物质的、客观的方面。

意境不包含自然物,因为自然毕竟不是精神。意境是艺术家和欣赏者精神自觉的产物,是通过物象对宇宙本体的追求。"一切境界,无不为诗人设。世无诗人,即无此种境界。夫境界之呈于吾心而见于我物者,皆须臾之物。""须臾"即"豁然有悟处","使人爽然而得其味于意外焉,悠然而悟其境于言外焉"(王国维《人间词话补遗》)。艺术作品中的意境是艺术家以心灵感悟世界,心灵与世界契合后的产物,作品中所有的物象不再是与心灵无关的存在,而是心灵的体现,意为境中之意,境为意中之境。欣赏者从作品的意象中感受到艺术家的生命,也感受到事物的生命,在此过程中发现自己本质和本质力量,丰富生命,提升自己的人生境界。每个人都有其人生境界,但他不一定清楚自己处于何种境界,而意境则是自觉到并通过自己的创作表现出来的艺术境界。

二、意境思想的形成、发展

"意境"在中国诗论中是个晚出的概念,它是在意象说的基础上发展形成的,意境的基础是意象。所以在谈意境理论的思想渊源时,必须先梳理清"象"和"意"的关系。

"象"字最早是人象的象形,后演变为原始祭祀活动中的卦象。先民以为神意于中必显于外,可通过卦象而察知。《周易》通篇谈"象","象"多指卦象,也有指自然兆象的,某些时候又用作动词。《易传·系辞》说:"圣人立象以尽意。"如果从上述"象"的角度来理解,"立象以尽意"提出了一个从"象"来表"意"的观念。"象"原本是在心中的"兆"、"几",把这内心的象确立起来,即通过可见的形象表现出来,那么意义就浮现,思想就能确定。所以"象"和"形"是有区别的概念,"形"是客观存在的,"象"则是主观所感受到的"形",象并不是原先的形,而是对形的模仿。"象"的观念从一开始就使古人对艺术的思考指向了形而上。

《老子》说:"大音希声,大象无形。"这又与"立象以尽意"的观念不同。所谓"大象",其实是对具象的辩证否定,是一种超象,既经验又超验,既实又虚,既显又隐。这个"虚"和"隐"就是"意"。"意"不能用语言充分表达,但可以通过立象以尽意。

王弼在《周易略例·明象》中提出了"得意而忘象"的命题:

夫象者,出意者也。言者,明象者也。尽意莫若象,尽象莫若言。言出于象,故可寻言以观象;象生于意,故可寻象以观意。意以象尽,象以言著。故言者所以明象,得象而忘言;象者所以存意,得意而忘象。

王弼开启了中国艺术中的"意象"说。"意象"说主要经历了三个阶段,也可以说是三种类型:寓意于象,寓具体的意于象;意中之象,即象统一于意;意象浑融,即意即象,即象即意。在意象说的基础上诞生了意境理论。唐代王昌龄在其所作的《诗格》中最早提出了"意境"的命题:

诗有三境:一曰物境。欲为山水诗,则张泉石云峰之境,极丽极秀者,神之于心,处身于境,视境于心,莹然掌中,然后用思,了然境象,故得形似。二曰情境。娱乐愁怨,皆张于意而处于身,然后驰思,深得其情。三曰意境,亦张之于意,而思之于心,则得其真矣。

这里提出了诗境的三个层次,每一层次的"境"都与"心"有关,是"象"与"心"相融合的精神境界。象源于物,但已转为心象,构成融感性理性、虚实显隐于一体的象。就"象"与"境"的关系来看,象偏于物,境偏于心;象为境的载体,境是象的旨归。皎然的"缘境不尽曰情"、"取境"、"文外之旨"等命题,推进了对"意境"的研究。

刘禹锡在《董氏武陵集纪》中说:"境生于象外",揭示了意境虚与实结合的实质,给意境以明确的界定。司空图进一步提出"象外之象,景外之景"、"超以象外,得其环中"、"味外之旨"、"韵外之致"、"思与境偕"等命题。"象外之象"从具象方面规定了意境,"味外之旨"从抽象方面规定了意境,从而超越了意象说,赋予了意境说明确的内涵。宋元对意境理论进行了细化研究,不再把意境作为一个浑然一体的概念,而是分解为情和景两个构成要素,并对情与景的关系作了细致的分析,揭示出意境的内在结构关系。至明清,重点转向对情景的相互依存,以情景交融为意境的至境。

意境理论的集大成者是王国维,他把"境界"定为艺术之本:"然元剧最佳之处,不在其思想结构,而在其文章。其文章之妙,亦一言以蔽之,曰:有意境而已矣。""言气质,言神韵,不如言境界。有境界,本也。气质、神韵,末也。有境界而二者随之矣。"(《宋元戏曲考》)这是历史上第一次把意境论确定为中国古代美学的本体范畴,把意境推为最高的审美理想。

王国维的贡献首先在于以境界说深化了意境说。他提出三种境界:

古今之成大事业、大学问者,必经过三种境界:"昨夜西风凋碧树。独上高楼,望尽天涯路。"此第一境也。"衣带渐宽终不悔,为伊消得人憔悴。"此第二境也。"众里寻他千百度,蓦然回首,那人却在,灯火阑珊处。"此第三境也。此等语皆非大词人不能道。

他把意境从艺术领域扩大到整个人生,以境界言之,把人生境界与艺术意境结合起来,强调了人格精神与艺术意境的统一,认为"无高尚伟大之人格,而有高尚伟大文章者,殆未之有也"(《文学小言》)。他承接了中国文化中将艺术作为人生有机组成的传统,认为"诗人对宇宙人生,须入乎其内,又须出乎其外。入乎其内,故能写之。出乎其外,故能观之。入乎其内,故有生气。出乎其外,故有高致"。将中国古代美学思想与西方近代美学思想统一起来,把中国古代对个体人格的追求与西方普世精神相结合,由个体到人类。

王国维的第二个方面的贡献是对"真"的强调。"境非独谓景物也。喜怒哀乐,亦人心中之一境界。故能写真景物、真感情者,谓之有境界;否则谓之无境界"(《人间词话》)。这就把"真"提到极高的程度。其"词人者,不失其赤子之心者也"的说法,让人立刻想到孟子的"大人者,不失其赤子之心者也"(《孟子·滕文公上》)和李贽的命题"绝假纯真,最初一念之本心也"(《焚书·童心说》);他的"阅世愈浅,则性情愈真"的说法也让人想到庄子的"真者,所以受于天地,自然不可易也"(《庄子·秋水》)。庄子认为纯任自然,不人为地破坏人类生命的自然发展,自在自得地生活,这就是"真"。这种思想使得王国维推出以下结论:"纳兰容若以自然之眼观物,以自然之舌言情。此由初入中原,未染汉人风气,故能真切如此。"(《人间词话》)生命倘没有受到后天或外界影响、干扰和扭曲而自然产生、发展和变化,就是合道、体道;若受到影响、扭曲而失去原初性、自然性,就失去了道,就是残生损性,就名存而实亡,失神而余形。自然人生是中国哲学的人生最高境界,孔子的"风乎舞雩",老子的"无为而无不为",庄子的"法天贵真"即此。理学家内心深处都普遍向往洒落自得、浑然至乐的人生境界,认为"孔颜之乐"的境界是人生的极致。在艺术上,刘勰主张"为情而造文",反对"采滥忽真"、"为文而造情",强调情感的真实自然。司空图认为,"情性所至,妙不自寻。遇之自天,泠然希音"(《二十四诗品·实境》)。真是木然生命的自行显现,也就是一种敞开状态,一种展开状态。各种存在物各得其位,各得其所,超脱于任何拘限,返归其自身的自在之处,诗人虚怀若谷,原原本本地接纳这些存在物,事物将其个性和意义自在地呈现其间,这就是真。王国维以为这样的诗便是"不隔"。王国维说:"唯自然能知自然,唯自然能言自然。"(《红楼梦评论余论》)这里的"自然"就是真。

王国维的第三个方面的贡献是对境界本根的揭示。他认为"境非独谓景物",

得依存于"人心中之一境界"。这实质是情与景的关系问题。不可回避,王国维毕竟是中国历史上第一个企图融合中西,以西方的哲学、审美学理论阐释中国古代哲学、审美学概念的人,他把西方哲学、审美学的成分引入中国古代哲学、审美学,确有结合得不够严密之处,某些重新阐释也不一定非常准确,但他对情与景关系的探讨,应该说是中国古代审美学思想的现代阐释,从而赋予了中国古代审美形态某种现代性。他把"景"解释为"以描写自然及人生之事实为主",把"情"解释为"吾人对此种事实之精神态度也",就是一种现代阐释的表现。

情景交融的精神内涵深植于中华民族的文化和"一元化"的审美思维,在其形成和发展过程中深受儒道"天人合一"观念的影响,无所谓情景之分,无所谓情景互入,景即情,情即景。范晞文的"景无情不发,情无景不生",王夫之的"情景虽有在心在物之分,而景生情,情生景,哀乐之触,荣悴之迎,互藏其宅"的思想,都是建立在"天人合一"的基础之上。王国维强调意境的有无深浅,关键在于"观","(境界)呈于吾心而见于外物"。"出于观我者,意余于境。而出于观物者,境夺于意"(《人间词话附录》)。若达到"非物无以见我,而观我之时,又自有我在"之"意境两忘,物我一体"的时候,早没有景与情的区分,而是景中有情,情中有景,情景一体。所以他说:"昔人论诗词,有景语、情语之别。不知一切景语,皆情语也。"他还断言"上焉者意与境浑"(《人间词话附录》),就是对意境一体、情景交融的最大肯定。

但王国维在区分"造境"和"写境"时,把"造境"等同于浪漫主义("理想"一派)、"写境"等同于现实主义("写实"一派),存在硬接的痕迹。他把"无我之境"归于"优美",把"有我之境"归于"宏壮",也有明显的叔本华思想的影子。

三、意境的审美特征

意境的审美特征如果从接受效果上讲,就是"言有尽而意无穷",使人在有限的词语之外产生无限的联想和想象,从而生成回味无穷的审美效果。但这种审美效果的生成,有赖于以下三个方面的因素。

1. "思与境谐"

这是意境说的基本特征。司空图在《与王驾论诗书》中说:"长于思与境谐,乃诗家之所尚也。"思与境谐的主张延续了《易传》"立象以尽意"的思想。但"境"是不同于"象"的概念。第一,境是流动自然的空间感受,而象是呈现于人心中较为稳定的形;第二,由于"境"一词的佛教思想渊源,所以它并非如"象"那样被动呈现于心,而是心主动摄取的景象;第三,境是主观生成但与客观景物交融混一的,象则是连接精神与物象的中介。"思与境谐"强调了审美活动中情与境、意与境交融统一的特点,如古代诗词中写柳以寄离愁别绪,写暮春落花以表达青春不再的愁思,都是意境化的艺术表现。但思与境谐更强调"意"与"境"的契合,并不是单靠景物来体现思想情感。在审美活动中,世界万物不只是单纯的物质存在,同时也是观念性的东西,但它不是抽象的思想,仍然是具体的存在,依旧以个体感性的事物呈现出来。也就是说,感性的东西心灵化,心灵的东西感性化,即"思与境谐"。换言之,就是王国维所说的"意与境浑"。浑,即浑然一体,指意与境相互渗透、相互转化。宗白华先生的体悟最为透彻,他说:"艺术的境界,既使心灵和宇宙净化,又使心灵与宇宙深化,使人在超脱的胸襟里体味到宇宙的深境。"①

　　2. "境生象外"

　　因物象而入太虚,体验无限无穷的意味,与无冥一,与天同游。刘禹锡言此为"境生于象外,故精而寡和"(《董氏武陵集记》),明确提出境生象外的观念。晚唐司空图的诗论对"象外"特别重视,他在《与极浦书》中谈到写诗要求"象外之象,景外之景",又在《二十四诗品·雄浑》一品中提到"超以象外,得其环中",把境生象外的理论讲得更为具体,深化了对"意境"的认识。境是克服了有形的象而生成的,概言之,能从有限见出无限,从实的象引向虚的境,这就是"境生象外"的审美特征。

　　境生象外的观念,受到了佛学思想的极大影响。佛教对真谛的领悟,实质就是追求一种象外的境界,"所求在一体之内,而所明在视听之外"(袁宏《后汉纪》)。蔡居厚在《诗史》里说:"唐僧多佳句,其琢句法,有比物以意而不言物,谓之象外句。"

　　境生象外,表明了意境说对意象说的超越。意象说的实质是寓意于象,追求的是意中之象,最终达于意与象浑。意境的根柢则在于境生象外,追求的是有无相生,最终达于意与境浑。因此,在作为审美形态的意境说中,象是中介,不可或缺,但它并不是目的,目的是境,是人生的境界。

　　首先,象重在物,是实;境则包括"象"及"象"在其中的时空,为虚与实的统一。"象外之象,景外之景",第一个"象"和"景"是实在的物,是现实的事物,第二个"象"和"景"是现实事物的时空,是事物的过去、现在和未来的融通,是不在场的在者,是出场者与未出场者的统一。"象"与"景"相互结合、相互渗透。无象,境就无所依托;无境,象就了无生气。象因境而丰满、深邃,境因象而引向现实。

---

　　①　宗白华《艺境》,北京大学出版社,1987 年,第 164 页。

在中国画中,"画家用心所在,正在无笔墨处,无笔墨处却正是飘渺天倪,化工的境界"①。空白是相对于画中实物的虚,画中留有空白,可以引发联想,使人在无笔墨处感受到一片灵动之气。园林艺术中"借景"的手法,一间没有什么摆设的房间,只要在恰当的地方开一窗子,将外间的景色引入屋内,就可以使整个屋中意趣全生。古人在很多艺术中都懂得如何使用避实就虚或避虚就实的手法来营造意境。空白之处延伸了欣赏者的"意",因此虚实相生成为意境的一大特征。

其次,象为有限,境则是有限与无限的统一。有限即限定,但绝非欠缺和不完善,有限是相对于无限的有限,是一种开端和起点,是无限的起点。无限是有限的无限,没有有限也就没有无限。有限的存在必须以无限的存在为根据,因而,它就具有了无限的可能性。有限与无限既脱离又联系,有限的存在与无限的存在之间有差异,差异的前提是同一,有同一才有差异。象与境的本根都是人生,指向或显现人生的境界。

在艺术活动中,境界的有限与无限包括艺术家以简练的笔法表现事物,为欣赏者提供广阔的想象空间,欣赏者充分调动自己的经验,填补作品的虚点和空白,通过扩张欣赏者的内在世界和情感深度,个体与现实社会的关系得到调整,个体丰富而完整的欲望获得了现实化,欣赏者的现实个性升华为全面发展的审美个性,现实世界也成为审美化的世界,艺术因此成为真正的自由的生命活动。倘作品与人生相隔,只是景物的描绘而不能使人因之领悟生命本体,是为"隔",无"意境";若物象、作者和欣赏者的生命融为一体,作品使人同于大化,游于无穷,直探生命的本原,是为"不隔",有"意境"。意境的有无也因此成为衡量作品成败的尺度。

再次,象是静态的,境则是动静合一。境不是固定的、呆板的景、象,而是流动的生命空间。这就使得意境超出语言的抽象和概念的有限,具有了丰富而生动的生命内涵。韦应物的《滁州西涧》:"独怜幽草涧边生,上有黄鹂深树鸣。春潮带雨晚来急,野渡无人舟自横。"在深色的背景上,幽草孤独地挺立,宁静的气氛中蕴含着不宁静的因子,黄鹂的亮色和鸣唱带来的生气加深了宁静的气氛,同时也使人更为强烈地感受到内中的不宁静。"春潮带雨"冲破了宁静,"舟自横"却越发突出了动荡中的宁静。静中之动和动中之静使我们深深地感受到一种超然于世俗的阔大情怀和高洁人格。

---

① 宗白华《美学散步》,上海人民出版社,1981年,第85页。

3. 生命情调

无论是情、意,还是象、境,都是围绕着生命情调展开的。这一生命情调即是"气"的显现。有气才有意境,正如《二十四诗品·精神》所说,"生气远出,不著死灰",对于事物单纯客观的模仿,若没有生命的气息,是谈不上意境的。"中国的艺术意境理论,是一种东方超象审美理论。其哲学根基,则是一种中国古代天人合一的大宇宙生命理论"[①]王国维早就说过:"一旦豁然悟宇宙人生之真理,或以胸中惝恍不可捉摸之意境,一旦表诸文字绘画雕刻之上,此固彼天赋之能力之发展,而此时之快乐,决非南面王之所能易者也。"(《静庵文集·论哲学家与美术家之天职》)在王国维的著作中,"意境"和"境界"都出现过,但在《人间词话》里,"境界"出现三十多次,"意境"仅出现两次。他标举的境界和意境有所不同,在谈及艺术时,两者互通,但讨论人生、精神时,惟用"境界",不用"意境"。王国维的境界说是站在人生哲学的高度来谈论审美学问题,因而他讲人生三境界,把境界从艺术范畴扩大为审美形态,提倡一种审美的人生态度。所以王国维写《人间词话》曾反复删改而特标境界,实有其文心所在。其《人间词话》云:"词以境界为最上。有境界则自成高格,自有名句。"不同的人有其不同的境界,什么样的境界体现在艺术作品里就是什么样的意境,这就是意境之所以成为中国美学最具特色的审美形态的原因。

意境作为对宇宙本体领悟的显现,静心虚怀便成为前提。王昌龄认为:"放情却宽之,令境生。"(《文镜秘府论·论文意》)空灵的心境方能产生空灵的意境。在这个意义上,"意境"与"境界"这两个概念丁明清之后时常互用,几为常人不辨。宗白华先生指出:"所以中国艺术意境的创成,既须得屈原的缠绵悱恻,又须得庄子的超旷空灵。缠绵悱恻,才能一往情深,深入万物的核心,所谓'得其环中'。超旷空灵,才能如镜中花,水中月,羚羊挂角,无迹可寻,所谓'超以象外'。"[②]

在这样的境界里,我即物,物即我,情即景,景即情,物我为一,情景交融,只有一体,本无二物。所谓"有我之境"与"无我之境",只是表现手法上的区别,并无实质的不同。

总之,意境的审美特征主要体现在情景交融、虚实相生、言有尽而意无穷三个方面。

---

①　蒲振元《中国艺术意境论》,北京大学出版社,1999年,第1页。

②　宗白华《艺境》,北京大学出版社,1987年,第156页。

第五节　阴柔与阳刚

作为中国古典审美学中的一对审美形态,阴柔与阳刚保存着中国古代先民的原始意识。《尚书·虞书·尧典》中较早提到"近取诸身,远取诸物"的原始思维,《易经》则把阳"—"和阴"——"二爻看作男女生殖器的象征。阴阳又从人的身体器官发展成为《易经》中关于天地万物之道的哲学思想,并用这种思想来揭示宇宙和人生的奥秘。《易经》中将"阴阳"与"刚柔"联系起来,"是以立天之道曰阴与阳,立地之道曰柔与刚,立人之道曰仁与义。兼三才而两之,故《易》六画而成卦。分阴分阳,迭用柔刚,故《易》六位而成章"①。可见,中国古典审美形态的"阴柔"与"阳刚"是兼综各体而又从合而为一的"道"衍生出来的产物,同时还糅合了中国先哲的智慧。如《老子》将刚、柔作为对立统一的范畴加以认识,指出"人生之柔弱,其死坚强……故坚强者死之徒,柔弱者生之徒……故坚强处下,柔弱处上","故柔胜刚,弱胜强,天下莫能知,莫能形"。表现出老子处世尚柔的哲理。

"阴柔"与"阳刚"与中国古典诗词、音乐、绘画、书法等艺术关系最密切。如后世运用阴柔与阳刚来论述艺术家的气质、性情、才思的差异,以及独特的创作个性所形成的文学、绘画、音乐等艺术美的不同风格。刘勰《文心雕龙·体性》提出艺术家禀赋气质不同,"然才情有庸俊,气有刚柔","情理设位,文采行乎其中,刚柔以立本"。孙过庭《书谱》指出书法家的气性也有不同,往往"偏工易就,尽善难求",因此"质直者则俓侹不遒;刚狠者又掘强无润;矜敛者弊于拘束;脱易者失于规矩;温柔者伤于软缓;躁勇者过于剽迫……",过度的刚硬狠猛,则显得拙劣而乖张,缺少润色;温柔绵软有余,则又丧失了劲骨,变得软缓无力。不难看出,气韵高标的理想书法作品应该是像唐张怀瓘评钟繇的书法所说的那样:"真书绝世,刚柔备焉。"②《大戴礼记·文王官人》中说"声有刚有柔",中国的声律和绘画在南北两地形成不同的风格,南方越剧声腔柔婉,北方秦腔曲调高亢,无怪乎明代的文艺理论家王骥德在《曲律·杂论》中说:"北之沉雄,南之柔婉,可画地而知也。"明代画家董其昌在《容台集》中首先提出了把中国画风格分为南北二宗,他声明不是根据画家的籍贯,而

---

① 《周易·说卦》。
② 张怀瓘《书断》中,《法书要录》卷八。

是艺术上的不同特色。陈继儒在《白石樵真稿》中说得更清楚："写画分南北派,南派以王右丞为宗……所谓士大夫画也;北派以大力将军为宗……所谓花苑画也,大约出入营丘。文则南,硬则北,不在形似,以笔墨求之。"南北画派一为阴柔文雅,一则阳刚坚硬。

唐代魏徵在《隋书·文学传记序》中评价南北词人文风时指出:"然彼此好尚,互有异同:江左宫商发越,贵于清绮;河朔词义贞刚,重乎气质。"魏徵认为这种文气的不同是各有缺陷的,如果能取长补短,"则文质彬彬,尽善尽美矣"。殷璠《河岳英灵集·集论》谈到声律与文义相谐和时指出"故词有刚柔,调有高下,但令词与调合,首末相称,中间不败,便是知音"。可见,他们更关注的是影响文学风格的因素,如诗词内容与声调、表现方式之间的相互谐和,并不赞成偏执于"刚"或"柔"的某一端。到了《二十四诗品》中才将具有"阳刚"和"阴柔"风格的诗文归纳为不同的品类,"雄浑"、"劲健"、"豪放"都具有"阳刚"之美,"纤秾"有"阴柔"之美。元代杨载《诗法家数》里将诗分为六体:"曰雄浑,曰悲壮,曰平淡,曰苍谷,曰沉着痛快,曰优游不迫。"此时文学风格已经非常显著,同时各具其美。不仅不同风格的诗人诗词各具美感,"至论其词,则有婉约者,又豪放者。婉约者欲其辞情蕴藉,豪放者欲其气象恢弘……",就是同一位诗人的诗虽风格各异,却各具其美。明代王鏊赞杜甫的诗曰:"子美之作,有绮丽秾郁者,有平澹蕴藉者,有高壮浑涵者,有感慨沉郁者,有顿挫抑扬者。后世之作,不可及矣。"足见对于诗词所呈现的不同风格的审美特征已经逐渐感性凝聚成一定的审美形态。"阴柔"与"阳刚"作为审美形态的诞生已经水到渠成。清代姚鼐在《复鲁絜非书》中明确称阴柔与阳刚为审美的不同形态,并作了生动形象的描述。于是,阴柔之美与阳刚之美具有了更广泛的审美意蕴。

一、"阴柔"与"阳刚"的内涵

"阴阳"为"道"或"太一"化生而成,即老子所说的"道生一,一生二"。《易经》说"立天之道曰阴曰阳","观变于阴阳而立卦,发挥于刚柔而生爻","阴阳"是中国哲学的范畴内既对立又统一的两个了概念,合二为一即是"道",向下演化则万物化生。

"刚柔"则是气质运转周流变化之体。孟子说:"其为气也,至大至刚,以直养而无害,则塞于天地之间","刚柔"更多地用来区分人的自然禀赋、气质、情性以及画派、文风、音质等的不同。

中国哲学思想中"阴柔"与"阳刚"虽然对举,然则实为一体两面,"阴阳"常常是

"刚柔"性质的内在原因,而"刚柔"又是"阴阳"的外在体现。注重"中和"、"合和"的思想一直是美学的最高目标。无论是天道、地道,阴阳、刚柔都是对立统一于道之中,人作为小宇宙也是阴阳两气、刚柔并存,偏废一方则会失之和谐,只有二气矛盾统一方为至善至美。

二、"阴柔"与"阳刚"的审美特征

阴柔与阳刚虽为中国古代审美形态,但具有古今中外的审美通约性。米开朗琪罗的《大卫》与米洛的《维纳斯》,豪迈的军乐、军歌《咱当兵的人》与葫芦丝演奏缠绵的《月光下的凤尾竹》,前者阳刚壮丽,后者阴柔妩媚。雄伟壮观的埃及金字塔、蜿蜒起伏的万里长城、李白的诗句"黄河西来决昆仑,咆哮万里触龙门"无不给人惊喜壮阔的审美感受;苏轼《饮湖上初晴雨后》"水光潋滟晴方好,山色空濛雨亦奇"中的西湖给人以清新、秀美的美感享受,晏殊的诗句"梨花院落溶溶月,柳絮池塘淡淡风"所表现的平静而安详的情趣,还有刘禹锡《西塞山怀古》"今逢四海为家日,故垒萧萧芦荻秋"的悲叹,马致远《天净沙·秋思》"枯藤老树昏鸦,小桥流水人家,古道西风瘦马。夕阳西下,断肠人在天涯"所营造的那种荒凉悲戚的情绪都是"阴柔"这一审美形态的具体显现。不论是生活还是艺术当中,阳刚与阴柔这两种审美形态总是相对比照而生的。中国古代画论、文论中都强调了二者之间的互补依存关系。

阴柔也称为柔美或优美,具有阴柔之美的对象也通常表现为体积、外观的娇小,力量的柔弱,速度的舒缓,性质的温和、婉约、纤秾、绵密。阳刚之美则恰恰相反,表现为客体外部特征的巨大、辽阔,运动和速度变化急剧,性质刚强、雄浑、豪放、劲健。这些是中西方审美形态相通的部分,然而只看到它们的相同的一面,而无视其不同之处是不科学的,甚至干脆用西方审美形态来代替中国审美形态也显得有些武断。

1. "阴柔"与"优美"的异同

很多教科书为了便于理解,直接将西方的审美形态"优美"等同于中国古典审美形态中的阴柔之美。但二者除了在风格上的相近外,还有以下区别未被注意。

首先,优美与阴柔建立在中西方不同的思维方式的基础上。与中国古代擅长从主观心理感受把握审美形态不同,西方审美学对审美形态的划分却是从客观事物的物理属性、客观规律性和"合内在目的性"上进行的。古希腊关于"数的比例"、蛇形曲线、黄金分割律的探讨,17世纪英国审美学家博克关于较小、光滑、鲜艳但不刺眼的色彩等感性形式的客观属性的研究,都是西方对于优美这种审美形态的研

究,有着浓厚的模仿说和客观主义色彩。由于西方人把心理划分得非常清晰,就为英国经验主义学派、试验美学和心理学派的存在奠定了基础。但其客观主义的哲学基础决定了西方审美形态中的优美只能是形式之美,而非主观感受之美。与此不同,中国古人很早就认识到人的内在心理的复杂性,因此没有明确的审美反映的逻辑研究,而更多的是对于"阴柔"之美的内心感悟和体验,如清代姚鼐所说,"其得于阴与柔之美者,则其文如升初日,如清风,如云,如霞,如烟,如幽林曲涧,如沦,如漾,如珠玉之辉,如鸿鹄之鸣而入寥廓;其于人也,漻乎其如叹,邈乎其如有思,暖乎其如喜,愀乎其如悲"。

其次,完全是一种审美感受,而不是逻辑划分。"阴柔"之美所引起的主体审美反映的内涵与"优美"不同。"优美"一般给人以和谐、恬适、宁静、平和的审美快感,"阴柔"之美则不仅包含了"优美感",而且还具有忧郁、怅惘、无奈、悲伤带来的淡淡的哀愁、喟叹甚或悲戚,上引姚鼐所说"其于人也,漻乎其如叹,邈乎其如有思,暖乎其如喜,愀乎其如悲"即道此。虽然中国古人缺乏明晰的概念界定和严密的逻辑分析,但这种对于阴柔之美的感受却充满了情感色彩,较之西方的优美更为丰富。

2. "阳刚"与"崇高"、"壮美"的异同

王国维接受了西方美学的概念,企图整合中国古典审美形态,在《红楼梦评论》中将"优美与壮美"对举:"美之为物有二种:一曰优美,一曰壮美。"致使许多人不加分辨地将"壮美"等同于"阳刚"。宗白华先生在他的《康德美学思想评述》中也将"崇高"等同于"壮美",并指出:"'会当凌绝顶,一览众山小'。美学研究到壮美(崇高),境界乃大,眼界始宽。"

"阳刚"、"壮美"、"崇高"三者都是审美学中的审美形态,"崇高"与"阳刚"相似之处也不少,他们都与男性的性状有密切关系。西方最早讨论崇高的毕达哥拉斯曾经根据音乐家的气质而将音乐分为两种:一种是男子气的、尚武的、粗犷的而又激动人心的;另一种则是甜蜜蜜、软绵绵的。罗马时代的西塞罗把美区别为"秀美"和"威严",并认为"我们必须把秀美看做是女性的美,把威严看做是男性的美"[1]。这与中国古典审美形态的"阳刚"与"阴柔"的内涵非常接近。朗吉弩斯用"崇高"划分文学的风格、温克尔曼礼赞古希腊艺术之崇高,这些都与上文提到的中国古代品鉴诗词、书法等艺术时有关阳刚之美的论述十分接近。

不同之处在于:首先,"阳刚"与"阴柔"是同时诞生在中华大地上的两种审美形

---

[1] 鲍桑葵《美学史》,商务印书馆,1983年,第138页。

态,最早见诸《易经》的"是以立天之道曰阴与阳,立地之道曰柔与刚"。清代姚鼐也在《复鲁絜非书》中明确地将阴柔与阳刚作为一对既不同又联系的审美形态加以表述,他说:"鼐闻天地之道,阴阳刚柔而已。文者,天地之精英,而阴阳刚柔之发也……其得于阳与刚之美者……其得于阴与柔之美者……"而在西方哲学家、美学家那里,是先在古希腊发现并研究"优美",然后到了古罗马时代才有"崇高"出现,在出现时间上跟阴柔与阳刚的同步生成完全不同。一般认为罗马时期朗吉弩斯的《论崇高》正式提出"崇高"这一范畴,明确将"崇高"与"优美"相并立作为审美形态的是 1757 年博克出版的《论崇高与美两种观念的起源之哲学研究》。

其次,"阳刚"所包含的审美对象的感性外观更广阔,并且往往与形而上的"道"的某种属性相连,比较难以捉摸。"阳刚"更注重的是审美对象的气质特征,如说"阳刚之气"等。而"崇高"在博克那里却是体积巨大、威势迅猛、速度急疾,到了康德那里又是感性外观具有"无形式"的心理感受的特点,具有经历了压抑、恐惧、打击之后取得胜利的斗争过程。而"壮美"的外部感性特征与"崇高"相似,但缺乏惨厉的斗争形式。

另外,从审美主体的美感经验看,"壮美"、"阳刚"接近,而与"崇高"不同。"崇高"的对象所引起的审美快感是经由对象对审美主体的压抑、威逼而生的痛感转化而来的,而"壮美"只有观照对象时因外在感性形式的刺激而生出的兴奋和惊喜,没有由痛转喜的过程,这是直接的审美契合。"阳刚"之美在这一点上更像"壮美",无怪乎许多人干脆就称之为"壮美"。西方"崇高感"所产生的人类心理根据在博克看来是"自我保存的本能",与优美的"爱的"、"社交的本能"不同,王国维则认为"壮美感"和"优美感"一样,主要是"其快乐存于使人忘物我之关系"这一原因,也就是审美心理距离产生的美感。"阳刚"则本身就是人性情欲等内在气质性征,如其敞亮无碍又能与文体、形式和谐相称即是美的,如未能与其他因素配合则不美。因此,阳刚较之壮美,更具关系性特点。

最后,在美学宾词的运用上,"阳刚"与"壮美"也有区别,比如观赏祖国的盛大威武的阅兵式或参加集体的大型庆祝活动时,审美主体的感受是"壮美"的,而对象则显现出的是"阳刚"之美。

西方"崇高"突破了只有"优美"的狭隘审美形态的局限,表现出人类社会实践的进一步开阔,以及人类在自我审美心理空间的拓展和再认识。中国古典审美形态"阳刚"却显得过于稳定,而缺少创构,这与中国人的哲学观念、文化传统相关,人与自然的和谐的审美关照,在丰富中国古典审美形态的同时,也束缚了其心灵创构的空间。

思考题:

1. 中和思想与审美的关系是什么,与西方的和谐是否相同?
2. 如何看待神妙形而上的精神性?
3. 气与韵是一种什么样的结构关系?
4. 王国维对意境说的贡献主要体现在哪些方面? 他是如何深化意境理论的?
5. 简析"阴柔"与"阳刚"的审美特征。
6. 辨析"阳刚"与"崇高"、"壮美"的区别。

第三编

艺术审美论

第一章 艺术审美的性质与特点

第一节 艺术美的特点和属性

一、艺术在审美学研究中的位置

艺术审美是最集中、最典型的审美活动,因此,通过研究艺术和艺术活动能更好地把握一般审美活动。那么,何谓"艺术"?

艺术的定义有多义性,也有其基本规定性。从最基本的常识和表层来说,"艺术"是对所有具体艺术门类及其作品的一种抽象概括的称谓,包括音乐、舞蹈、绘画、雕塑、建筑、文学、戏剧、电影、电视、工艺、摄影,以及书法、篆刻等各种艺术门类,所以"艺术"是一个复合性的概念。在中国当代,则约定俗成地对艺术有广义与狭义的区分,广义的艺术如上所述,包括所有的艺术门类;狭义的艺术则主要指绘画、音乐等,不包括文学及其他综合艺术,因此常常有"文学艺术"并称的现象。本书中的"艺术"指广义的艺术。

艺术的范围随着时代的变化在不断发展和扩大。原始时代的艺术是史前艺术,如原始人体装饰、石珠、鱼骨等装饰品,以及岩画、洞窟艺术、彩陶等等,反映了远古先民最初的艺术创造和审美意识的萌芽。原始时期的艺术与人类其他物质实践和精神活动如宗教仪式、祭祀祈祷、神话传说等结合在一起,所以还不是"纯粹"的艺术,而是与其他因素交织在一起的"复功用性"的艺术。进入文明社会之后,艺术一方面从其他精神活动中逐渐分离出来,艺术活动变为有意识的自觉创造活动,并形成了各个具体艺术门类;另一方面,艺术与人类的社会活动有了更为广泛而深刻的联系,其属性和功能越来越复杂和具体,形成了气象万千的艺术世界。在当代,随着社会的巨大进步,特别是科学技术的迅猛发展,主体需求多种多样,艺术载体日新月异,传播欣赏方式等也已经发生和继续发生着重大变化,因此艺术的概念也在变化之中。

在美学史上,艺术很早就被看作美学研究的主要对象,甚至认为美学的研究对象就是艺术。如黑格尔在他的《美学》中认为,美学就是"艺术哲学",或者说是"美的艺术的哲学"。美学研究中的艺术论部分,主要是对艺术进行哲学思考和研究,阐明艺术在人的审美活动中的最一般的规律和最根本的特性。因此,审美研究就需要从哲学和美学角度首先对艺术做出解释。

从美学或者哲学的角度解释"什么是艺术"的问题,在一定意义上说,类似于"什么是美"的问题,这是一个看似简单、实难确切回答的问题。我们可以说某个具体的作品具有艺术性,比如一幅画,一个陶罐,一个瓷瓶,一尊陶塑,一种表演,可以指出它的艺术性表现在哪些方面,以及它是如何表现的等等。但我们很难一下子从哲学的高度抽象出什么是"艺术",然后依照这些要素和成分对"艺术"做出"本质"的解释。当然,不是不能进行这种解释,而是任何解释似乎都不圆满。实际上,人类对于"艺术"的定义是多种多样的,而且是不断变化的,这是由艺术本身发生发展的特点决定的。人们只能抓住艺术现象中所体现出的基本特征,对艺术下定义,而且这种定义既有其基本的内涵的规定性,又有因艺术实践本身的发展所带来的外延的扩展性和模糊性。从这个意义上说,艺术的内涵具有不确定性,艺术定义应该是开放性的。关键是我们在为艺术下定义时,应该找到的一个较为准确的解释艺术的角度。

我们认为,要从人类发展史的总体背景上来观照艺术发展史,从艺术与人的现实关系中解释何为艺术,看它对人类的发展所起的特殊作用和意义。这是一个开放的视角,又是研究具体艺术的理论前提。由此可以说,艺术是人类在其漫长的历史实践中产生的独特的精神成果,是人类有意识地、自由地创造的审美世界,是审美体验的物化形态。"艺术作为各种艺术作品的总和,它不应看作只是各个个体的创作的堆积,它更是一个真实性的人类心理—情感本体的历史建造。如同物质的工具确证着人类曾经现实地生活过,而且也是后代物质生活的必要前提一样,艺术品也确证人类也曾经精神地生活过,而且也是后代精神生活的基础或条件。艺术遗产已经积淀在人类的心理形式和情感形式中。艺术品作为符号生产,其价值和意义即在这里。这个符号系统是人类心理情感的建构和确认。"[①]不管艺术的存在方式和形态如何变化,它都是与人类的生存发展,特别是与满足审美需求密切相关的一种精神现象和社会现象,是人类掌握世界的一种特殊方式,是人类心理—情感

---

　　① 　李泽厚《美的历程》,安徽文艺出版社,1994年,第537页。

本体的历史建造。艺术美是人类创造的满足精神需要的美,它积淀着人类的心灵和精神历程,是人类心理—情感本体的历史建构的一个重要方面,也是美学最重要的研究对象。

二、艺术审美的属性和特点

历代美学家对艺术审美属性和特点都进行过探讨,得出不同的结论,这为我们把握其要义提供了基础。比如,康德认为,艺术是一种自由活动的游戏,艺术美则是一种对于美的事物的再现。席勒特别论述了艺术与游戏冲动的关系。谢林认为,艺术追求无限、表现个性。黑格尔从他的理念论出发,明确提出美的研究对象是艺术等等。西方现代美学家则对艺术从美学的高度做出了新的解释。如海德格尔批判了传统美学二元对立的思维方式,从存在主义的角度思考艺术与人的现实存在的关系、艺术与真理的关系,提出艺术的本质就是存在者的真理自行置入作品。卢卡奇、苏珊·朗格、马尔库塞、伽达默尔等等美学家对艺术都有过新的解释。而在中国,由于传统审美文化的特点是"把人生的最高追求,即对于'道'(道家之道、儒家之道和佛家之道)的把握当成了最高的和最大的美,而这种最高最大的美也就是人生追求的极则——'道'……这种以道为终极目的的中国传统文化形成了与西方审美文化的重要区别"①。因此,中国哲学家对艺术审美属性的理解始终是与对道的追求、与渐臻美好的人生境界相联系。其中孔子倡导的"游于艺"的自由感,对完成"志道"、"据德"、"依仁"的人格建构有重要的意义。儒家对艺术功能的强调,最大的优点,在于它始终不脱离人与社会的关系去观察美与艺术的问题,高度重视道德精神的美以及审美与艺术陶冶人的道德情操、实现社会和谐的重大作用。而道家则把艺术同人类生活中超功利的自由境界联系起来,从必然与自由的统一上来观察美与艺术的问题。综合古今中外美学家对艺术审美属性的论述,我们认为艺术自身独特的规定性就是其审美特性,其要义如下。

其一,艺术美是最具有典范性的审美对象,艺术审美是最充分、最典型的审美活动。艺术是人的审美意识的物化,它通过其形象性、情感性和艺术概括性等特点,集中表现了人的审美理想和情感。因此,艺术美比现实美和自然美更集中、更鲜明、更充分。康德在《判断力批判》中对艺术的特殊性进行区分时就指出,第一,艺术不同于自然,因为艺术品是人为的、有意图的、自由任意的产品;第二,艺术与

---

① 王建疆《修养 境界 审美》,中国社会科学出版社,2003年,第29页。

科学不同,艺术是实践活动而不是理论活动;第三,艺术和手工艺也不同,因为艺术是自由的游戏,不是为了谋生的劳动和技艺;第四,在自由游戏中,美的艺术尽管是人为的产品,但却是显得好像是自然物,这样,自然美和艺术美也就得到了统一。这些看法都强调了艺术美的特殊性。黑格尔在《美学》中明确提出,艺术美高于自然美,只有艺术美才是真正的美:"我们可以肯定地说,艺术美高于自然。因为艺术美是由心灵产生而再生的,心灵和它的产品比自然和它的现象高多少,艺术美也就比自然美高多少。"认为艺术能够显现理念、认识理念,因而是绝对的、无限的、自由的;美的艺术是人认识真理的一种方式,艺术表现的普遍需要也是理性的需要,人要把内在世界和外在世界作为对象,提升到心灵的意识面前,以便从对象中认识自己。他还认为,美学的地位可以由艺术的地位得到说明,艺术和宗教、哲学的职责都是"认识和表现神圣性、人类的最深刻的旨趣以及心灵的最深广的真理"。谢林在《艺术哲学》中认为,艺术远较自然界更为直接地使人类理解自己的精神世界中美好的东西。这些论述符合美学作为研究感性的学科的特点。虽然美学家对美学与艺术的关系及其艺术在美学中的地位有不同认识,但是艺术作为最重要的美学对象或者核心,艺术审美作为最重要的审美活动却是可以肯定的。因为说到底,艺术源于生活又高于生活,艺术表现现实人生又超越现实人生。因此,艺术美是最具有典范性的审美对象,艺术审美是最充分、最典型的审美活动。

其二,艺术美最充分地体现了主客体的审美生成关系。"美是生成的而不是现成的"①。艺术美是人对现实审美意识的集中表现,人对美的本质的认识和理解,人类的审美意识和审美体验,都集中反映在艺术创造与欣赏过程中。对于艺术家来说,艺术作品的创作是有目的、有意识地将自己的审美感受、审美理想、审美体验集中表现的自觉活动,通过艺术创造将精神和情感形象化、物态化,从而现实地生成为具有美学价值的艺术作品,也就是审美对象。这个过程,既是艺术家的创造过程、美的生成过程,也是其审美活动和自我价值的实现过程。对于读者和观赏者来说,对艺术作品的欣赏、接受过程,就是审美客体与审美主体在审美活动中现实地生成审美关系的过程,是审美价值社会实现的过程。艺术美作为最重要的审美对象和自觉创造的第二性的美,比自然美和社会美更集中地体现出人对美的有意识的追求和对不同形态美的选择,也就最充分地体现出其创造、生成的特点。艺术的想象性、虚拟性、艺术真实性和概括性能满足人的情感抒发和理想表达的愿望,从

---

① 朱立元《简论实践存在论美学》,《中国美学研究》第一辑,上海三联书店,2006年。

而满足人的心灵需求,超越现实对人的精神束缚,达到自由、愉悦的境界。在展示时代风貌、反映现实生活、表达心理情感、抚慰心理等方面,艺术美的生成性特征和审美特性较社会美和自然美都更为突出。从这个意义上说,审美的生成关系就是艺术的现实存在方式,艺术审美是一种高级的审美活动,是通向高的人生境界的重要方式。

其三,艺术审美是最具有超功利性、最直接感受美的精髓的审美活动。与自然美和社会美相比,艺术美有更明显的非功利性、纯粹精神性和自由性,这充分地体现了艺术审美活动的重要特质。自然美是人类发展到一定阶段,社会文化、历史积累、审美经验等进展到一定程度,人与自然开始形成某种超越于实用功利性所构成的审美关系,其中审美客体的要素占有重要的位置;而社会美则包含更多的社会伦理意味,其审美意蕴和审美方式要受社会复杂因素的影响。这与艺术审美活动以自由的态度对待客体,因而更多超功利的特点有很大不同。艺术美是人创造的审美对象,是超功利的,是自由自觉的心灵的表现。艺术美高于真实生活的最大奥秘,就在于它通过创造性活动营造出一个能满足人们心灵需要的艺术世界,达到精神的超越。

第二节　艺术美的存在方式与审美属性的把握

艺术美是一种特殊的美的形态,艺术审美是一种高级的审美活动。艺术审美意味着审美主体与审美客体建立起一种审与被审的关系。先有这种关系,才可以谈到美与不美。艺术审美与一般审美的不同,主要由于审美对象不同。只有对作为审美对象的艺术美的属性进行把握,才能有效地进行艺术审美活动。那么,在审美活动中如何把握艺术审美的特性进行审美呢?

艺术品是一种可以直观感悟、具体把握的物质形态,或者说,艺术品具有物性。然而,"艺术还有另一种东西超于和高于物性。艺术品中这一东西构成了艺术品的本性"[①]。这种高于物性的东西就是精神性,就是通过物化的审美意蕴,是艺术的审美属性,包括"自行置入"的真理。由此可以说,艺术品是人工创造的精神性产品,艺术审美活动就是对这些精神属性的发现、创造、体验、感悟、把握和欣赏。然而,

---

① 海德格尔《诗·语言·思》,文化艺术出版社,1991 年,第 59 页。

这些精神性的东西恰恰又是难以捕捉和把握的,也是因人而异、充满个体性的。这就要求我们运用恰当的方法,去探寻艺术审美属性的一些共性,总结其基本规律。而分析艺术作品的内在结构是一种较易深入其中揭示其奥秘的方式。

一、艺术的形式层

直观的表象美和形式美是把握艺术审美属性的第一个层面。如上所述。艺术品必须是人工制作的物质载体,是艺术家通过艺术媒介,运用艺术符号,经过艺术体验和艺术构思创造出来的艺术产品。艺术形式层就是艺术作品的结构、语言、艺术技巧与作品体裁等所体现出的形式美。艺术作品虽然最终体现的是精神内涵和审美意识,但是它们都需要特定的载体承载,需要一定的艺术符号和方法技巧来表现。不管是绘画、雕塑、建筑艺术,还是音乐、舞蹈、戏剧、影视艺术等,对艺术语言的运用、技巧的掌控、结构布局、情节安排、色彩线条的处理等都是必需的。我们同意对艺术形式的这种理解,即人类对艺术形式的感知和把握来源于实践过程中,人类"对自然的秩序、规律,如节奏、次序、韵律等等掌握、熟悉、运用,使外界的合规律和主观目的性达到统一,从而才产生了最早的美的形成和审美感受"①。这种艺术作品的形式层与人们心理的感知人化相对应。艺术作品的物质材料的本身,它们的质料、体积、重量、颜色、声音、硬度、光滑度等等,"与主体心理结构的关系,也构成艺术作品诉诸感知的形式层的重要问题"②。

在现代艺术中,对形式在美感中的意义有了新的理解和评价。比如,20世纪著名的形式主义美学家贝尔在他的《艺术》一书中说:"在各个不同的作品中,线条、色彩以某种特殊方式组成某种形式或形式间的关系,激起我们的审美感情。这种线、色关系的组合,这些审美的感人的形式,我称之为有意味的形式。""有意味的形式,就是一切视觉艺术的共同特性。"③"对纯粹形式的观赏使我们产生了如痴如狂的快感,并感到自己完全超脱了与生活有关的一切观念……可以假设说,使我们产生审美快感的感情是由创造形式的艺术家通过我们所观赏的形式传导给我们的。"而马尔库塞则进一步从形式与作品的内涵及功能的关联性中强调了艺术形式的意义:"在审美的形式中,内容(质料)被组合、整形、调整,以致获得了一种条件,在这个条件下,'材料'或质料的那些直接的、未被把握住的力量,可以被把握住,被'秩序

---

① 李泽厚《美的历程》,安徽文艺出版社,1994年,第543页。

② 李泽厚《美的历程》,第546页。

③ 贝尔《艺术》,中国文艺联合出版公司,1984年,第4、17页。

化'。形式就是否定,它就是对无序、狂乱、苦难的把握,即使形式表现着无序、狂乱、苦难,它也是对这种东西的一种把握。艺术的这个胜利,是由于它把内容交付于审美秩序。而审美秩序就其本身的要求看是自律的。艺术作品建立了自己的本身的界限和目的,它的意味就在于把各个组成部分按其自身的法则联系在一起,这些法则构成悲剧、小说、奏鸣曲和绘画的'形式'……因而,内容被形式所改造,从而获得了超越其内容组成部分的一种意义。这个超越的秩序,就是作为艺术真理的美的显现。"①这就是说,艺术形式又不仅仅是形式,不仅仅是表现和承载内容的外在的方式和形态,而是与作品的意蕴密不可分的。李泽厚在分析原始时期彩陶纹饰的美作为"有意味的形式"时说:"在后世看来似乎只是'美观'、'装饰'而并无具体含义和抽象内容的抽象几何纹样,其实在当年却有着非常重要的内容和意义,即具有严重的原始巫术礼仪的图腾含义的。""抽象形式中有内容,感官感受中有观念","内容积淀为形式,想象、观念积淀为感受"②。

艺术创作创造专门的艺术"语言",没有它,艺术的交际功用就不可能。不同艺术门类的形式是各不相同的,艺术形式是多种多样的。当然也可以从中找出它们的一些共同点。

比如艺术"技巧"。艺术创作技巧的运用是通向艺术本体的必经之路,艺术家在技巧的操作中体验美,也创造美。艺术技巧展示的美凝聚在形式中,艺术欣赏者可以通过艺术形式体会到其中蕴含的技巧的美,换句话说,艺术技巧的操作在质料上留下的痕迹就是艺术的形式,因此艺术形式具有独立的审美价值。这种美体现在道与技的得心应手的和谐中,体现在主体的创造过程与作为审美客体的艺术成果合一的状态中。如在书法艺术中,执笔的松与紧、高与低,运笔的快与慢、顿与挫、往与返,笔势的正与偏、回与转,施墨中的浓与淡、枯与润等等,都能体现出由形式技巧所获得的美。

再比如"线条"。线条是绘画、建筑、雕塑、书法等许多艺术中都会涉及的。也许,在人类艺术地把握世界的历史进程中,线条的运用是最先迈出的一步。对线条的理解、运用、表现和感悟、欣赏,是艺术审美活动中重要的部分。早在五六千年前的中国彩陶艺术中已有出色的表现,尤其在马家窑文化各类彩陶纹饰中,得到了淋漓尽致的发挥,达到了相当高的水平。在彩陶造型上,以"圆"为始,它的收缩、延

---

① 马尔库塞《审美之维》,李小兵译,广西师范大学出版社,2001 年,第 114 页。

② 李泽厚《美的历程》,安徽文艺出版社,1994 年,第 24 页。

伸、外突、内敛、升高、压低等变化,体现着器形对人的实用要求的适应,同时也体现着人的心灵对美的追求的变化。在纹饰上,以"线"为本,线条的千变万化,更直接地体现人的心理变化,由线条组成的纹饰图案则更是人的心理图式的体现。利用线条,因器施彩,由线条的曲直、连续、对称、均衡、盘旋、往复、曲折、顿挫、疏荡、聚散、间隔、重叠、疏密、虚实、交叉、动静等形式的变化,产生与心理情感对应的节奏和韵律。马家窑彩陶中四大圆圈为主的纹饰,充满在挣脱"框架"后的自由感和灵动感,随心所欲而又有规律,飞短流长而又和谐自然,恰到好处。图式的丰满圆润、飞动流畅在一定程度上显示着人的精神的健康乐观、奋发向上。或大圆,或小圈,或直线,或弧线,或疏或密,或静或动,都因器而宜,无不使人赏心悦目,从中反映着绘制者的自由创造精神。从审美心理看,线条的变化本身包含了不同的心理体验和情感,"一般地说,一条多次突然转弯抹角或改变方向的线条,往往就是一条让人觉得精力充沛和兴奋的线条,原因是这种线条要求人的视知觉标示一种经常的、不能转移的、甚至是费力的注意,相反,一条线条如果只需要简单而缺乏变化的注意,那它往往就是恬静或单调的。曲线由于其变化比较缓和而又连绵,因而既能刺激人的注意力又不分散其注意,从而使人感到亲切和愉快。垂直线,使人中断他的正常观看方向而举目望天,垂直线在空中无限延伸、长度莫测,因此象征崇高的事物和无限性、狂喜、激情。直线与曲线,直线代表果断、坚定、有力;曲线代表踌躇、灵活、装饰效果。螺旋线,象征升腾、超然、摆脱尘世俗务。立方体代表完整性、肯定感。圆给人以平衡感、控制力。球体代表完满、结局确定的规律性。各种几何形体的渗透,象征着有力和持续的运动"。这些现象说明,人类生理本能与艺术、审美有着的深层的关系。我们需要从人的最基本的特性出发感悟艺术中的美。

又比如"色彩"。色彩涉及包括文学在内的几乎所有艺术门类,是构成艺术形式的又一极为重要的元素。色彩发展史表明,人类对于颜色的感知和运用,始于新石器时代初期,那时,施彩的对象是人自身,也就是所谓"人着色于自身"。原始人对色彩的欲望出于一种本能的冲动和生存的需求。人们认为颜色具有咒术性,"既能与死者产生沟通,同时又能鼓舞生者的斗志。与此同时,它又象征着强烈的共同语言"。日本学者城一夫在《色彩史话》中说:"色在具备物质的一种属性的同时,又具有作为共通语言的象征性和逻辑性。例如,红色是人类血的象征,同时也是生命象征,这是从古至今各民族的共同观念。"①后来,人类随着生产、生活和某些精神的

---

① 城一夫《色彩史话》,浙江人民出版社,1990年,第1页。

需要,开始了"着色于物体"或"绘形于物体"的时代。从"着色于自身"到"着色于物体"或"绘形于物体",使颜色和物体同时产生了咒术功能,着色于自身所产生的咒术性效果同色彩移到了物体上。色彩在东西方文化背景下,其蕴涵、象征的意义不同,在艺术创作中由于艺术体系的不同,对色彩功能的理解也不同,如西方的传统油画对色彩的逼真性和再现性的追求,中国画"黑白体系"对墨色的理解和运用,构成了不同的艺术风貌,也体现出各自的艺术形式中的审美意味。

总之,艺术形式既是艺术审美的最直观的对象、最基本的层面和最直接的切入点,也是审美的重要内容。

二、艺术的形象层

艺术作品的形象层是艺术家通过艺术手段塑造、在作品中呈现出的形象或者意象,如人体、姿态、行为、动作、事件、物品、符号、图景等可以指称的具象或具象世界[①]。根据不同的艺术门类,有绘画形象、文学形象、雕塑形象、舞蹈形象、音乐形象、建筑形象、戏剧形象、影视形象、工艺美术形象等等。这些形象有些在物理空间中直观地展开,如绘画、雕塑、建筑、工艺美术等,有些在时间的流程中通过阅读、聆听、观看等展开,如音乐、表演艺术、文学作品等等。艺术形象是审美意识的具象化和物化,是审美内容的载体,也是鉴赏和批评的对象,是沟通艺术家与观众的桥梁。艺术形象比较直接地体现作者的主观情感和倾向性,它是审美主客体的统一,是艺术假定与艺术真实的统一,是个别与一般的统一,是社会、自然生活与艺术家审美情趣的融会。因此,对形象层的分析既要注意到表层,如故事、人物、事件、情节、典型、意境等,更要注意到深层结构,如人的心灵情感、生命意识、希望理想、人生感悟、审美追求等等。

关于艺术形象审美的把握,还需要注意两方面的特点和区别,一是西方艺术形象与东方(中国)艺术形象的审美追求和意蕴的不同,一是再现型艺术与表现型艺术、叙事性作品与抒情性作品中的艺术形象的不同。西方传统艺术主要是在模仿说与再现论的美学思想指导下的艺术创作,叙事成分相对要突出,其艺术形象的最高水准是典型形象。这在现实主义艺术中达到了极致。塑造典型环境中的典型性格,刻画性格鲜明的人物形象,通过细节的真实描写和塑造逼真的艺术形象,再现现实生活和历史真实,是其最重要的艺术目标。因此,追求形象的逼真和准确,追

①　李泽厚《美的历程》,安徽文艺出版社,1994年,第551页。

求形象的个性所蕴涵的典型意义,就是西方艺术形象塑造的重要特点,也是艺术审美的主要标准。这种传统直到 20 世纪现代主义艺术中才被打破而走出新的艺术路向。而东方艺术特别是中国传统艺术,抒情成分则更突出,对形象的塑造总是以其所能表达的"意"的程度和营造的"境"的特点为重要审美导向,所以并不一般地追求形象,而是着眼于"意象"和"意境"。创造独特的意象,特别是意境,是中国艺术追求的极致。这在中国艺术中,特别是在诗词、散文中,在绘画和书法中,甚至在戏曲中都有出色的体现。中国艺术的特点,一方面表现在对于观念、形而上的"道"的追求,另一方面,中国艺术形式有许多蕴含着特殊象征意义的领悟模式,有着领悟形而上的"道"的特殊中介"象"。"象"的意义正在于"瞬间中包藏性质",在于它作为特殊符号的功能。了解这一点,是了解中国文学艺术特性的关键。

三、艺术的意蕴层

艺术意蕴层是指艺术作品所蕴涵的思想、情感、哲理等精神内容,是深层次的内在美。艺术意蕴所蕴含的形而上的美学意味,往往表现为一种只可意会不可言传的哲理玄思或美学意境,它是成功艺术作品的重要标志。具体来说,主要是艺术的历史内蕴层面。它是指艺术作品直接或者间接地反映了某种特定的社会历史内容,描绘或者营造出历史氛围,生动地表现出历史精神,使作品有"较大的思想深度和意识到的历史内容",使艺术作品获得独特的历史价值和借鉴意义。这在叙事性的作品中,如小说、戏剧、影视作品中更为突出,在诸如绘画、雕塑等艺术形式中也有体现。从更深广的人类历史发展的范围来看,艺术作品渗透和以特殊方式反映了人类物质文化和精神文化的历史,"艺术是历史的,而作为历史的东西,它是真理在作品中的创造性保护⋯⋯作为奠立,艺术在本质上是历史的。这并不仅仅意味着艺术拥有一个表面上的历史,它随许多其他事物在时间的进程中出现,并在这进程中发生变化或消逝,为历史提供如此这般变化着的方面。艺术是在为历史奠基的本质的意义上的历史"[①]。比如,文艺复兴时期的绘画是以其活泼、健康、旺盛的人文精神冲击着刻板、冷漠而沉郁的宗教灵魂,以鲜明的人性形象取代了神秘的宗教形象,以科学的真理矫正着宗教的愚顽,形成西方绘画史上人文主义艺术的高峰,这就艺术地体现和解释了文艺复兴时期的历史。"正是艺术告诉我们所处的时代,也正是艺术使我们认识了自己。艺术提供娱乐,同时,而且更重要的是,它揭示

---

① 海德格尔《人,诗意地安居》,郜元宝译,张汝伦校,广西师范大学出版社,2000 年,第 92 页。

真理。数百年来,在对许多至关重要的事件的影响上,艺术发挥的作用大于其他一切。它揭示了当今世界和未来世界之真理,它包罗了整个人类历史,告诉我们比自己更加聪明的人在想什么,它讲述人人都想听的故事,并永远固定了人类进化过程中多次关键性时刻"①。艺术是人的确证,也是人类历史的确证。

艺术的哲理精神层面。古今中外成功的艺术作品都程度不同地包含哲理,都有艺术家对人生的感悟和世界的思考,都自行置入真理。"美是无蔽性真理的一种呈现方式","在作品中,起作用的是真理,而不是某种真实的事物","因此艺术乃是:真理在作品中的创造性保护。艺术因而也是真理的形成和发生"②。当然,这种哲理是通过艺术的特殊方式自然渗透在作品深层的。"真理在艺术中,不仅指作品的内在一致性和逻辑,而且还是对它所述说的、它的图像、它的音响、它的节奏的确证。艺术中这些东西揭示和传递着人类生存的事实与可能性,它们借助一种完全不同于表现在日常的(和科学的)语言和交往中的现实的方式,'目睹'了这个生存。在此意义上,真正的作品,就具有宣告一般的确实性、客观性的意味"③。20 世纪以来,西方现代派文学和艺术的许多流派,以表达哲理和观念作为他们创造意象的目的和最高审美理想。"与西方文学艺术的这种在作品中表现哲学和将文学艺术哲理化相比,中国古代诗歌虽然并没有刻意去表现直观的哲理,而是通过含蓄蕴藉的手法营造艺术意境,但是其中充满着哲学辩证法的智慧"④。在中国传统艺术中,对于"观念"、"道"的重视,对于写意的特质和意境的追求,就是重要特质。对此,苏联学者叶甫盖尼娅·符拉基米诺夫纳·查凡茨卡娅曾有系统的阐述⑤。她指出,比如中国画这门艺术同文学和哲学具有极其密切的关系,绘画注定要表现现象的哲学含义。"道"这个中国古典哲学中最常见的概念及其抽象的哲学范畴成了用绘画手段来予以表现的最重要的对象。就其广泛的含义而言,"道"表现出一种对于大自然中秩序与和谐的最根本的哲学信念。这一概念产生于古代,源于对自然界中诸如日夜、季节交替等秩序与和谐的观察。而绘画之所以能描绘它,正是因为绘画能表现一种"非言非默"的状态。对于中国画家和画论家来说,理解"画道"是一项最基本的条件。"相应地说,无论是法度或文化传统,抑或是个性与创作的直接性,都

---

① 约翰·拉塞尔《现代艺术的意义》,江苏美术出版社,1996 年,第 2 页。
② 海德格尔《人,诗意地安居》,郜元宝译,张汝伦校,广西师范大学出版社,2000 年,第 80 页。
③ 马尔库塞《审美之维》,李小兵译,广西师范大学出版社,2001 年,第 148 页。
④ 王建疆《修养　境界　审美》,中国社会科学出版社,2003 年,第 106 页。
⑤ 参见叶甫盖尼娅·符拉基米诺夫纳·查凡茨卡娅《中国古代绘画美学问题》,陈训明译,湖南美术出版社,1987 年。

是放在两种水准上进行思考:深刻的哲学水准与外在的技术水准"。她的这些看法,深刻地揭示了中国传统绘画所追求的形而上学意蕴。在中国园林艺术和建筑艺术中,造景观念中所追求的园林景观与自然宇宙的融合,对和谐而永恒的宇宙韵律的把握,在有限的空间中所体现的无限广大和涵蕴万物的宇宙模式,"天人之际"的宇宙观所决定的对境界的追求以及统盖宇宙的气派等等,也渗透着中国文化精神,有着特有的"意义原型"象征和无处不在的"道"的体现。对于艺术作品的意蕴的理解,可以借用苏珊·朗格的话来作解释:"你愈是深入地研究艺术品的结构,你就会愈加清楚地发现艺术结构与生命结构的相似之处,这里所说的生命结构包括从低级生物的生命结构到人类情感和人类本性这样一些高级复杂的生命结构(情感和人性正是那些高级的艺术所传达的意义)。正是由于这两种结构之间的相似性,才使得一幅画、一支歌或一首诗与一件普通的事物区别开来——使它们看上去像是一种生命的形式。"①

第三节　不同艺术门类的审美特性

　　不同的艺术门类之间有其共性,比如情感性、形象性、假定性等等都是艺术的共同性,但也有各自的独特性,这种独特性是它们存在的内在依据。莱辛在《拉奥孔》中对绘画和诗的界限的区分,通过具体事例阐明不同艺术的特性,是人们熟悉的例子。拉奥孔是1506年在罗马发掘出来的一座雕像。据希腊传说,拉奥孔是特洛伊国日神庙的司祭,他因在希腊人的木马计中,极力劝阻特洛伊人把木马移入城中而触怒了偏爱希腊人的海神,于是海神派遣两条大蛇把他和他的两个儿子一起绞死。拉奥孔雕刻所用的就是这个题材。它描绘了这位老人和他的两个儿子被两条大蛇绞住时痛苦挣扎的情形。莱辛从比较拉奥孔这个题材在古典雕刻和古典诗歌中的不同处理,论证诗和造型艺术的区别,从具体例证抽绎出关于诗和造型艺术的基本原则。莱辛拿雕刻和诗比较,发现一个基本的异点:拉奥孔的激烈的痛苦在诗中尽情表现出来,而在雕刻里却大大地冲淡了,因为图画和雕刻不宜表现丑。莱辛认为诗不适宜于表现物体美,但是在表现物体丑时,效果却不像在造型艺术里那么坏。这个例子说明:要真正具体地把握艺术审美的属性,必须认识和掌握各门

---

　　① 苏珊·朗格《艺术问题》,中国社会科学出版社,1983年,第55页。

艺术的特殊属性;而艺术的分类有其美学上的依据。

一、艺术分类的美学依据

随着社会的发展,艺术的样式也越来越多,区分也越来越细。人们以对艺术的不同观照的角度提出了不同的分类标准。这包括按媒介物质的不同、按时空不同、按接受方式不同等等来划分。比如,康德在《判断力批判》中,把艺术分为三种:第一,语言艺术:雄辩术和诗艺;第二,造型艺术:雕塑、绘画、园林;第三,感觉游戏的艺术:音乐、色彩。黑格尔在《美学》中则把历史上的艺术分为象征型、理想型和浪漫型三种形态。卢卡奇则在《审美特性》中认为,单个艺术作品的审美构成同时也是艺术门类和艺术一般性原理的构成。因为人类的自我意识是开放性的,其连续性表现在人以不同的对象化方式对自然的外化和回归,在这一过程中,人作为一个整体得到丰富和发展。自我意识本身要求的连续性在作为人类发展的自我意识的艺术中、具体的艺术作品和审美活动中表现得极其间接,各种艺术作品和门类具有独立的存在,不是从由连续性构成的整体(如审美理想)中派生出具体的艺术作品和门类,而是具体的艺术作品和门类的产生不断丰富和发展了人类的自我意识。审美的本质是对艺术作品中包含的独特的、具有决定性规定的闭合系统"世界"的直接内涵具体而深刻的体验,这种对待现实的态度决定了艺术作品和艺术门类中原理的稳定性与本质及表面的规定无限发展的可能性辩证统一的特性,即单个艺术作品的审美构成同时也是艺术门类和艺术一般性原理的构成①。

纵观美学史上对艺术的种种分类,大致有:

根据艺术形象的存在方式分为:时间艺术——音乐、文学;空间艺术——雕塑、绘画、建筑;时空艺术——舞蹈、戏剧、影视。

根据艺术形象的感知方式分为:视觉艺术——雕塑、绘画、建筑;听觉艺术——音乐;视听艺术——舞蹈、戏剧、影视;想象艺术——文学。

根据艺术形象的媒介方式分为:造型艺术——雕塑、绘画、建筑、舞蹈、戏剧、影视;音响艺术——音乐;语言艺术——文学。

根据艺术形象的展示方式分为:静态艺术——雕塑、绘画、建筑;动态艺术——音乐、舞蹈、戏剧、文学。

根据艺术创作的特征(相对划分而言)分为:表现艺术——舞蹈、雕塑、建筑、文

---

① 《西方美学名著提要》,朱立元主编,江西人民出版社,2000年,第356页。

学;再现艺术——绘画、雕塑、戏剧、影视。

以上现象说明对艺术分类是相对的,没有唯一正确的角度和方法,每种艺术形式常常包含其他艺术的特点,相互有着不同程度的交叉。

二、各类艺术的基本特点和审美属性

1. 绘画

绘画是人类艺术史上最早产生的艺术样式之一。在原始岩画中,保留有数千年乃至数万年前原始先民的作品。绘画属于造型艺术,它以笔、刀等为工具,以墨、颜料等为材料,在纸、纺织物、木板或墙壁等平面上,通过构图、造型和设色等艺术手法,创造出艺术形象。线条与色彩是绘画最基本的语言,通过光、线条和色彩,幻化出立体的幻象,表现自然与心境相契合的各种状态,或反映现实,或表情达意。绘画有油画、中国画、水彩画、水粉画、版画、素描、速写等具体的不同领域和体系。不同类型的绘画其审美属性也有不同,如西洋画突出构图、透视、光、色,追求逼真再现;中国画强调写意,重线条的表现力,运用笔墨的微妙变化,"随类赋彩",使画面层次分明,呈现苍茫无限的意境,在"似与不似之间"追求传神的效果,构成清静深邃的艺术境界。这与西方油画的审美特点有很大不同。

2. 建筑艺术

建筑艺术是指人们按照美的规律,通过建筑物体积布局、比例关系、空间安排、色彩搭配和结构形式等方式创造建筑形象。建筑有古代建筑、现代建筑,有东方建筑与西方建筑等的区分。建筑艺术通过整体外形、内部结构、门窗造型、色彩藻饰、布局位置等特点,体现不同的民族文化、审美意识和时代精神。建筑是一门集实用性与审美性为一体的艺术,它的审美特性主要是:第一,丰富、独特的造型语言。功能的实用、外观的坚固与美观,形式上的统一、均衡、比例、尺度、韵律,布局中的序列、规则、变化、节奏感,设计样式体现的风格、色彩等,是建筑艺术重要的审美属性。早在古希腊时期,美学家就注意到建筑艺术蕴含的审美意味,毕达哥拉斯学派在考察包括建筑艺术、雕塑等现象中提出了"美是和谐与比例"的思想和审美观念。第二,内涵深邃的象征意义。如12—15世纪流行于欧洲的哥特式建筑,特别是哥特式教堂,充分发挥了建筑艺术的特长,将艺术形式与象征意义达到完美的结合。垂直向上的飞腾动势、又尖又高的塔群、瘦骨嶙峋笔直向上的束柱、筋节毕现的飞拱尖券,把人们的灵魂引向苍穹,升到天国上帝的脚下。其透视门,逐层递进,门窗的数量大多是与《圣经》中的数字相符(如一周七天,十二门徒,圣三位一体)。高大的钟楼、直冲云霄的尖塔、众多垂直线条给人轻盈升腾的感觉,又引发一种虚无缥缈的天国之情。与哥特式建筑给人以向上飞腾之感不同,中国的古典建筑却给人以方方正正、严格中轴对称的整齐严肃的感受。中国建筑艺术体现出的是"温柔敦厚"的特性和"天人合一"的意识。儒家的礼乐观以血缘关系为纽带,强调孝悌、尊卑秩序是礼乐的基础,这种文化思想对于中国的建筑、特别是住宅有深刻的影响。比如,典型的四合院格局的中国住宅,一般分为前后两院,中轴线上的堂屋位置和规模最为尊贵,供奉"天地君亲师"牌位,接待尊贵宾客,举行家庭礼仪。而衙署、宗庙、祠堂以及会馆、陵墓也无不都贯穿着强烈的礼乐精神,这与西方宗教建筑艺术充满着神的气息的特征有很大的不同。宫殿是中国建筑中最受尊崇、最为宏大、成就也最高的类型,留存至今的北京紫禁城可作其代表。紫禁城雄踞于都城中央,以一连串沿中轴线设置的纵向空间——前朝三大殿,后寝三大宫,以及御花园——组成了一曲气势磅礴的皇权交响乐的主旋律,以天安门广场和午门广场作为这一乐曲的动人前奏,景山是全曲的有力尾声,紫禁城内中轴线两旁的对称宫院则是主旋律的和声。庄重的建筑造型、高贵的色彩处理、大小方向不一的重重庭院、雕绘华丽的建筑装饰,这一切都有力地渲染了君临四海的赫赫皇权,震慑着人们的心灵①。第三,与环境浑然一体的整体美。建筑艺术要与自然环境融为一体,同时要与社会氛围和谐。建筑在三维空间创造和欣赏,在移步换形、景随情转中,能将空间时间化,所以建筑被人们称为"凝固的音乐"。

3. 雕塑艺术

雕塑属于造型艺术,也是人类艺术史上最早产生的艺术样式之一。它以可雕可塑的物质如石、玉、泥、金属、木料等为艺术材料,通过雕刻、塑造的艺术手法,创造出具有真实体积的艺术形象。根据雕塑的艺术手法和制作方式的不同,可分为圆雕(头像、胸像、半身像、全身像、群像)、浮雕、透雕等。根据功能分为纪念性、建筑装饰、城市园林雕塑等。雕塑的审美特性主要是:第一,艺术形体的单纯性;第二,在瞬间中寓含丰富性;第三,对形式美感的强调。东西方文化在雕塑艺术上也有深入地渗透和充分地体现。古希腊艺术以优美、和谐、典雅的人体雕塑为其美学特征。如著名的《掷铁饼者》,通过塑造一个裸体青年在即将投出铁饼的一刹那间的动态形象,表达了那个时代的审美理想。青年一张宁静单纯的脸与紧张弯曲的身体形成对比,轮廓清晰明确,姿态逼真优美,是理想化的艺术典范。这一时期最

---

① 萧默《中西建筑艺术性格比较》,转引自"项目管理网",2005 年 9 月 7 日。

著名的雕刻艺术是米洛斯的阿芙洛蒂纳(维纳斯雕像),丰满优美,纯洁典雅,毫无媚俗造作之感,没有多余的表情,但通过微妙多姿的美的人体,表达出情与理、美与真的结合。而中国传统雕塑在世界雕塑中具有鲜明的东方民族风格,其中宗教塑像和陵墓雕像是重要内容,而写神、重表现以及情感因素,还有程式化倾向则是中国雕塑的重要特点。雕塑艺术体现出不同民族的哲理思想、宗教信仰和不同时代的社会心理和精神指向。比如号称东方雕塑宫的天水麦积山石窟的佛教雕塑,就从一个侧面反映着中国古代雕塑艺术史的线索,也在一定意义上反映出中国古典审美意识的变化。与国内其他佛像雕塑相比,麦积山雕塑不同于云岗石雕的宏伟粗犷,龙门石雕的圆润雄健,敦煌泥塑的艳丽精工,而主要显出清新秀丽的风格,加上浓郁的人格化、世俗化精神,反映出人神合一的特点和个性化、民族化的风格特征。

4. 舞蹈艺术

舞蹈被称为人类艺术之母,它是人类最早从事的艺术活动,是人类历史发展中最早出现的艺术形式之一。舞蹈是一种能够深刻表现人类心灵的艺术,它的表现手段是人体。由人体动作作为载体的舞蹈本是一种特殊的交际方式,也是一种人类最古老的交际语言,即人体动作语言。舞蹈以人体动作为主要表现手段,表达人们的思想感情,反映社会生活,其基本要素为动作姿态、节奏、表情和造型等。舞蹈动作是人类"按照美的规律来建造"的产物。舞蹈动作主要有表情性动作、表意性动作、装饰性动作等基本形态。舞蹈的审美特征主要为:一是动作的程式化。舞蹈作为一种肢体语言可以说是生命情调最直接和最强烈的表现,通过有一定寓意的程式,表达丰富的意义。二是强烈的抒情性,既是强烈的、喷发式的情感状态,又是深邃、含蓄的情感状态,它并不以模仿为特长。

5. 音乐艺术

音乐是时间的艺术,通过一定形式的音响组合来塑造音乐形象,表现人们的思想感情。音乐的分类以其所借助的物质媒介分为声乐、器乐;以音乐的体裁分歌曲、歌剧、奏鸣曲、交响曲、交响诗、幻想曲、谐谑曲、进行曲等;以音乐的风格类型分为民间音乐、艺术音乐、流行音乐、古典音乐、浪漫音乐等。音乐的主要元素是旋律、节奏、和声、复调、曲式、调式和调性等。旋律是音乐的灵魂。音乐的审美特征主要是声音的比拟性,情感的直观性和形象的不确定性。音乐也直接诉诸人的情感、深入人的灵魂,古希腊毕达哥拉斯学派很早就从数学和声学的观点去研究音乐节奏的和谐,发现声音的质的差别(如长短、高低、轻重等)都是由发音体方面数量的差别所决定的。因此,音乐的基本原则在数量的关系,音乐节奏的和谐是由高低长短轻重各种不同的音调,按照一定数量上的比例所组成的。这与他们提出美就是和谐的观点有直接关系。贝多芬说,"音乐应当使人类的精神爆发出火花"。音乐不但可以陶冶情操,满足特定情势下人们的心理需要,而且常常体现出时代精神和人们普遍的情感世界。例如,中国文化中所谓"盛唐之音"就在一定意义上是透过音乐现象而反映了时代特点,"从宫廷到市井,从中原到边疆,从太宗的'秦王破阵'到玄宗的'霓裳羽衣',从急骤强烈的跳动到徐歌曼舞的轻盈,正是那个时代的社会氛围和文化心理的写照","这些音乐歌舞不再是礼仪性的典重主调,而是人世间的欢快心音"①。

6. 文学艺术

文学是语言的艺术,它的基本特点是用语言塑造艺术形象,表达人们的思想感情,反映社会生活。主要文体有诗歌、小说、散文、戏剧等。其审美特征具有间接性和广阔性。它不同于造型艺术和空间艺术,可以直观把握其艺术特征,而是要在阅读过程中,加上想象和感悟,理解和把握其艺术精神和美感意味。文学的不同文体都有自己的审美准则,不同民族的文学也有其主要的审美追求,如西方传统再现艺术尤其是现实主义作品,强调塑造典型环境中的典型性格,中国表现型作品则强调内心表现,追求意境。文学艺术创作不受时空限制,可以表现无限广阔的生活和无限细微的情感波澜。文学既是无功利的,也是功利的。无功利是指文学审美并不寻求直接的实际利益的满足,有功利性则是指间接地体现出文学掌握现实社会生活这一功利意图。文学既是情感的形象的,也是理性的。文学形象是审美形象,即由文本结构所呈现的审美感性形态,渗透想象、虚构和情感等精神过程,它是文学的特有存在方式。但文学活动也依赖于理性,文学创作、阅读及形象本身都可能与某种间接的或深层的理性考虑有关。文学直接地是形象的,但在深层又是理性的。文学是情感的,也是认识的。文学情感是审美情感,是凝聚在审美形象中的作家和读者的主体态度。文学作为意识形态,又必然包含认识因素②。文学的性质不是单一的,而是复杂的。

7. 戏剧艺术

戏剧是舞台艺术,演员以对话和动作为主要表现手段,通过对具有戏剧性冲突

---

① 李泽厚《美的历程》,安徽文艺出版社,1994年,第134页。
② 参考《文学理论教程》修订版,童庆炳主编,高等教育出版社,1998年。

的情节,为观众在舞台上现场表演一个故事。戏剧属于二度创作的艺术样式,既包括作为演出基础的戏剧文学,又有演员塑造艺术形象的表演艺术,需要剧作家、导演、演员的共同创造和密切配合。其主要特征是戏剧性和舞台性。戏剧按表现方式的不同可分为话剧、歌剧、舞剧和歌舞剧,按情节性质分为悲剧、喜剧和正剧,按题材分为儿童剧、历史剧、现代剧,按场次的多少分为独幕剧和多幕剧。戏剧要受舞台演出的限制,这决定了它的艺术特点和审美特性,是通过紧凑、严密的结构,起伏的情节,直观性的动作和假定性的表演,集中反映矛盾冲突,展示人物性格,以剧烈的冲突和艺术感染力吸引观众的审美注意力。中国传统戏剧艺术特别讲究舞台表演的虚拟性,所谓"三五步行遍天下,六七人百万雄兵",这给观众留下了巨大的艺术想象空间和丰富的审美享受。西方的传统话剧偏重叙事,而中国的传统戏曲侧重抒情,程式化、虚拟性等是重要特色。

8. 影视艺术

影视艺术以光波与声波为媒介,通过画面和音响来塑造艺术形象。影视艺术是由演员扮演角色、在特定的情境中通过摄影机摄像而由银幕或屏幕显示出来的一种多元素构成的综合艺术。它的综合性体现在两个方面:一方面,影视艺术是现代科学技术与艺术的融合;另一方面,影视艺术又综合吸取了各门艺术千百年实践中积累起来的精华,从而使得自己在短短的时间迅速发展起来。它吸收了戏剧、文学、绘画、雕塑、音乐、建筑、摄影、舞蹈等各门艺术的长处和特点,丰富和充实了自己的艺术表现力。影视艺术既是视觉艺术,又是听觉艺术;既是时间艺术,又是空间艺术。影视艺术具有审美教育作用,优秀的影视作品具有潜移默化、寓教于乐、以情感人的作用,引起人们思想、感情、理想、追求发生深刻的变化。影视艺术的主要审美特征是:第一,逼真性与动态性的结合。逼真性指画面所呈现的真实感,有声有色,栩栩如生,如临其境;动态性,指画面形象始终是流动的、变化的,在时间流程中展示丰富多彩的大千世界。第二,是画面性与视听性的融合。不同于其他艺术形式,影视艺术不仅叙事,而且创造画面美感,通过画面表达情感,同时综合地创造音响效果,获得视听美感。第三,是具象性与完整性的统一。影视作品所展现的是具体生动的人物、事件和细节,一般没有抽象的说明;与此同时,影视作品的结构及其表现的内容又是相对完整的,具有典型意义的,通过"这一个"引发人们更广泛而丰富的联想。

9. 书法艺术

书法艺术,是以文字为载体,通过线条、笔墨的变化来抽象、概括地展现某种审

美意向的艺术。它是极具抽象性和概括性的艺术。汉字书法艺术体现着中华民族
对美的独到见解和创造,体现着中华民族传统审美文化的精深和独特。书法艺术
形式最本质性的特征是抽象线条的表现,"书法不仅为中国艺术提供了美学借鉴的
基础,而且代表了一种万物有灵的原则……中国书法探索了每一种可能出现的韵
律和形式,这是从大自然中捕捉艺术灵感的结果,尤其来自动物、植物……","这些
动植物的外形其所以美,是因为它们蕴藏着一种动势。试想一枝盛开的梅花,具有
多么不经意的美丽和充满艺术感的不规则变化!彻底而艺术化地领悟这种美,就
等于领会了万物有灵的内在原则,领悟了中国艺术"①。中国书法由早先主要作为
实用工具的"文字"书写,到后来逐渐形成一门有自觉精神追求和独特美学韵味的
艺术,有它本身的发展轨迹。但是,书法的线条在本质上,是一种偏重于形式美感
的创造,以抽象的线条反映人的心理情感的活动,是一种"有意味的形式"。书法结
体展现井然之美、韵律之美、神采之美,表达书法家对事物的独特理解和创造意识,
获得不可言说的审美享受。

第四节 艺术审美与人生境界

一、艺术审美通达人生更高境界

艺术是以独特的方式休现人类精神活动的体系,是通过艺术想象和物化形态
建构的精神家园。它不是物质实践过程的附属物或"副产品",不是劳动、巫术、
游戏、宗教的一种客观结果或辅助方式,而是人类在实践过程中形成的一种基本
需要、一种"与生俱在"的欲求。人类为了生存和发展,需要劳动、游戏、宗教、巫
术等活动,同样也需要艺术活动。艺术的发生发展,与人类的物质实践和精神实
践活动密切相关。西方学者在研究神话与美学的关系时,通过对大洋洲原始人
类生活的考察,得出结论认为,神话在成为文学体裁或成为"神祇的故事"、"英雄
壮举"等以前,就有了造型表达方式。"在那里,艺术绝不是一种辅助性活动,也
不是为装饰生活而设,而是处在生活中最重要的位置上。在那里,美学并不像我
们生活中一样,是生活中的一个有限部分,是基本需求以外的奢侈物。在那里,

---

① 宗白华《美学散步》,上海人民出版社,1981 年,第 164 页。

它本身就是世界将自己呈现给人类的一个方面,而人的面孔只是世界赋予神话的一种形体"①。研究者在对大洋洲土著人的身体和建筑装饰、生活举止仪态等现象分析后认为,"作为神话表达方式的美学,也是人们对抗环境压力从而保护自己的一种手段……美学使人和事物之间树起了一道保护人的屏障;在熔化铸造技术和锻冶成型技术确定万物秩序之前,这种美学掩蔽了在深处潜藏的东西,掩蔽了因果神话讲得颇多的初始混沌,'原始人'就是在这种保护性安排的庇护之下,组织他们的生活和社会;声音、颜色和各种形体,以及那些'根深蒂固的观念'使他们受到限制,但也总使他们不断地感到他们赖以生存的东西确实存在着"。研究者还进一步指出原始人类的艺术方式的变异及其特点,"在那些既无文学可言,又无哲学可讲的民族之中,歌舞、头饰和耳环,就是形象化的词汇,对他们来说,这样的词汇就是思想和智慧"。而其神话意象,在其地位削弱而仅剩有形式价值意义后,就成了世俗化活动的题目和俗谚②。这就很好地解释了人类与艺术原本的密切关系,说明艺术审美与人类生存发展的本质联系。人类的艺术活动是一种与生理和心理的需要相联系的精神实践,它是随着人类历史的进程而不断丰富其涵义和功能的。人对艺术的欣赏,在一定意义上说,是通过一种特殊方式观照人自身,是把自己经历的和不能经历而"可能"经历的生活"重演"。艺术形象是心灵的产品,艺术审美的属性和价值是多维度的,而其核心是通过艺术活动使人的精神达到自由境界。艺术给予人的是审美愉悦、审美享受和审美评价,它在人的心灵情感上发挥潜移默化的作用。在现代社会,艺术同样有它不可替代的作用,艺术不仅美化着我们的生活,而且陶冶人们的情操,提升人的精神,增强人的修养。

那么,如何由艺术审美而通达更高的人生境界呢?中国传统的艺术审美与人生境界的理论与实践,为我们提供了很好的范例,即使在现代也表现出许多合理的因素。"中国古代美学思想中更多地表现出人与自然的和谐,表现出对人生境界的追求,更具有人文思想和价值哲学的特点。而且,中国古代美学思想更多地强调人的修养,强调通过人的修养而实现审美的人生境界,因而更具有实践论特征"③。在诸种理论中,孔子"游于艺"、"成于乐"的审美的修养方式,涉及对艺术功能的独特理解。《论语·述而》中说:"志于道,据于德,依于仁,游于艺。"其中"游于艺"是主张一种以音乐来陶冶情操的审美教育,最终目的是"乐学"即乐于

---

① 克·达戴尔《神话》,《西方神话学论文选》,上海文艺出版社,1994 年,第 312 页。
② 克·达戴尔《神话》,《西方神话学论文选》第 314 页。
③ 王建疆《修养 境界 审美》,中国社会科学出版社,2003 年,第 2 页。

道德学问①。孔子看到了那些本来是与维护氏族统治的典章、制度、仪式混而为一的文艺,有着启发、陶冶人们的情感,使人们乐于行"仁"的功能。这样就把仁学与艺术联系了起来。道家美学建立在"道"论的基础之上,所谓"道",被认为是产生天地万物的一种能动的但又是无形的实体,在时间和空间上都是无限的,追求道就是追求对万物的规律性的自由把握,而美与艺术的领域正是规律与自由达到了高度统一的领域。道家美学思想的一个重要贡献是把美同"朴素"、"无为"、"澹然无极"联系了起来,也就是把美同超功利的生活态度联系了起来,追求的是人生的一种自由的境界,这种境界是一种审美的境界。因为只有当人类超出了功利的需要的满足,不以功利的满足为生存的最终目的,他才能把自身的生活当作人的自由创造的表现来加以观照,从中感受到美。

在西方,美学家也论述过艺术审美在提升人格和净化心灵方面的价值。贺拉斯早就在《诗艺》中提出"寓教于乐"的主张,认为一首诗歌的产生,原是要人心旷神怡,既给人以快感,同时对生活有帮助,"寓教于乐,既劝谕读者,又使他喜爱"。席勒在《审美教育书简》指出,人摆脱了动物状态走向人性的标志是:喜欢假象,爱好装饰与游戏。事物的实在性是事物自己的作品,而事物的假象则是人的作品,一个欣赏假象的人,以他所欣赏的东西为快乐。从某种意义上说,一切门类的艺术创作,都是一种艺术变形、改造过的"虚拟世界"。当假象是自主的,放弃对现实的一切要求时,才是审美的。在人与现实的多种关系中,人们需要用艺术审美的方式把握世界,因为艺术能净化人类的情感,深化人独有的精神境界,艺术的终极目标就是营造人类的精神家园,让人能够更加全面自由地发展。

二、艺术审美提高人的修养

艺术对于提升人生境界具有多方面的功能,其中健全和增强人的修养是一个重要方面。艺术在创造、生产方面,有启迪功用;在符号方面,有交际功用;在社会方面,有社会组织功用、使人社会化的功用;在教育方面,有教育功用;在反映信息方面,有启蒙功用、认识功用、预测功用;在评价方面,有评价功用;在心理方面,有劝导功用、净化功用、补偿功用;在游戏方面,有享乐功用、娱乐功用②。虽然艺术的功能是多方面的,但具体的艺术作品是一个整体,"艺术的主要的功用不是使艺

---

① 王建疆《修养 境界 审美》,中国社会科学出版社,2003 年,第 132 页。
② 列·斯托洛维奇《审美价值论》,中国社会科学出版社,1984 年,第 176 页。

的一个方面、而是使它的几个方面的功用意义联成整体"。与自然科学、哲学社会科学和宗教伦理道德相比较,艺术领域具有更为广阔的思维空间,具有从多方面提升人的精神品格、提高人格修养的可能。而在这方面,中国传统美学有其显著特点。中国美学是一种典型的将人生追求与审美体验结合起来的修养美学,"修养美学所展示的是天人合一的、知天、事天、乐天、同天的人生境界,是从内善到外美的文质彬彬的统一,是无为而无不为的超自由的玄妙,是有无相生虚实与共的辩证结构,是于瞬间见永恒的心灵创造。而所有这些,既是人生的智慧、人生的境界的基础,也是中国古典艺术精神、艺术境界和艺术情趣的本根所在"①。"在那种排除了宗教束缚的对于天地自然之道的形而上追求中,在情景交融的诗歌和绘画中,不论是'有我之境'还是'无我之境',人实质上既不是游离于山水之外的观光客,也不是凌驾于山水之上的主宰者,而只是与自然和谐相处、融为一体的生命存在,是在大自然中发现道的存在的体验者。因此,中国古代的美学家和艺术家是基于现实的感性生命而又高于这种感性生命的真实存在。存在基于生命,使他们的艺术作品充满了生机;而高于生命,又使他们能够自由地反观自身,体会生命价值和理想的实现,并在作品中表现出超越性和无限自由性来"②。这充分说明艺术审美对于完善和丰富人的情操、净化人的灵魂、提高审美能力、培养审美情趣,从而提高人的综合素养有着不可替代的价值。

三、艺术审美健全心灵世界

艺术审美的价值最终体现为促进人的全面发展。在当代社会,艺术审美则有助于摆脱精神困境,生成超越现实的意识,健全心灵世界。

作为一种重要的社会文化现象和精神实践,艺术审美是一种对现实生存中不利于人的健全发展和合理生存的现象的特殊抗争,是获得精神解放和促进人的全面发展的重要方式。艺术审美活动在超越现实而追求更高精神境界的过程中,在客观上会获得某种批判意识,"艺术家不仅记录现实现象,而且审美地评价它们"③。艺术审美活动将个别经验赋予作为普遍人类潜能的崭新形式,在艺术想象的、假定的、虚拟的世界里,保存和提供着另一种真理性抉择的记忆和意向,使人在更为辽阔而理想的境地上形成新的精神追求和心灵世界。"艺术对眼前现实的超越,打碎了现存社会关

---

① 王建疆《修养 境界 审美》,中国社会科学出版社,2003 年,第 4 页。
② 参见王建疆《修养 境界 审美》,第 30、31 页。
③ 列·斯托洛维奇《审美价值论》,中国社会科学出版社,1984 年,第 172 页。

系中物化了的客观性,并开启了崭新的经验层面。它造就了具有反抗性的主体的再生。因此,以审美的升华为基础的个体,在他们的知觉、情感、判断思维中就产生了一种反升华,换句话说,产生了一种瓦解占统治地位的规范、需求和价值的力量。所以艺术虽然有'肯定的意识形态'的特征,但它仍旧是一股异端的力量"①。

"艺术不能改变世界,但是它能够致力于变革男人和女人的意识冲动,而这些男人和女人是能够改变世界的"。对于人的意识冲动的改变,就是一种"感觉的解放",意味着感觉在社会的重建过程中成为有"实际作用"的东西。艺术借助于审美形式,通过重建意象,重构语词、音调等,与日常话语保持疏离,通过异质的、艺术的"语言"而传达真理,改变人的日常经验,获得新感性而超越现实,表达出并不属于日常语言和日常经验的客观性,因而与社会规范和体制保持不妥协的批判距离②。

在现代社会,人们用艺术的思考方式来揭示人生困境和解决人生问题,试图拯救不断失落的人类的感性和诗意的生命,以抗拒科技文明造成的非人化的境遇。因为艺术"作为充满了各种想象力、可能性的'幻象'的世界,则表达着人性中尚未被控制的潜能,表达着人性的崭新的层面。艺术,蕴含着新的社会改造的生机。革命首先在于解放出人的美感、快感、被压抑的追求愉快的潜在本能——现实的存在权利"③。艺术审美的根基在其感性中。美的东西,首先是感性的,它诉诸感官,它是具有快感的东西,是尚未升华的冲动的对象。虽然正如叔本华在《作为意志和表象的世界》所指出的,艺术的直观不是意志的清醒剂,不能使人解脱,它只是在某些瞬间把人从生活中解脱出来,获得生命中的一时的安慰;但是,艺术能体现和珍存人的生命感性,艺术的使命就是让人们去感受一个世界,去重新解放感性、想象和理性。在艺术审美活动中,主体能够直观体验超越现实功利和伦理的自由人生境界,获得重新感悟人与世界的存在意义而产生的自由感、幸福感和愉悦感。

思考题:

  1. 艺术审美的属性和特点是什么?

  2. 怎样把握艺术作品的内在结构层次?

  3. 不同艺术门类各有怎样的基本特点?

  4. 艺术审美与人生境界是怎样的关系?

---

① 列·斯托洛维奇《审美价值论》,中国社会科学出版社,1984 年,第 212 页。

② 马尔库塞《审美之维》,李小兵译,广西师范大学出版社,2001 年,第 10 页。

③ 马尔库塞《审美之维》,第 140 页。

第二章　艺术作品的审美创造

第一节　艺术作品审美创造的过程

艺术作品的审美创造是美的创造的重要内容,它是创造主体的人生体验、人生境界、审美理想的物化过程。艺术作品审美创造的过程分为审美感受、审美体验、艺术构思和艺术表现四个阶段,其中审美感受和审美体验是酝酿阶段,艺术构思和艺术表现是形成阶段。

一、审美感受

艺术作品审美创造的主体是艺术家。艺术家丰富的审美感受是其进行审美创造的前提。什么是审美感受呢? 审美感受就是人们在现实和艺术审美活动中通过感官获得审美经验,并在主体意识中生成审美表象的过程。审美感受是获取审美素材的活动,是审美创造的起点和基础。审美感受不同于一般的生活感受,但多样、生动、丰富的生活感受是审美感受的基础。生活实践中的日常生活感受、道德感受、宗教感受等在艺术家进行审美创造时,常常进入他们的审美视域而成为审美感受的内容。

在审美创造过程中,审美感受的结果是在创造主体大脑中生成审美表象。审美表象是客观物象在创造主体意识中产生的映像,它主要是对事物形、色、质的把握,但还不是"情中之象"或"意中之象",不是主体与客体相融合而生成的审美意象,不具有蕴情性的特征。审美感受结束后,由于实物已经不在感觉范围之内,又由于记忆的不够准确和牢固,因此,贮存在大脑中的审美表象具有局部性、变异性和可塑性。审美表象将随审美创造活动的进一步展开,经过审美体验和艺术构思阶段,逐步变得较完整和稳定。丰富的审美表象的获得与艺术家审美感受的能力有密切关系。艺术家具有敏锐、细腻、丰富的审美感受能力,常以艺术的眼光去感悟生活,发现自然和社会中的美。例如,面对纤夫拉船的情景,画家在大脑中能够很快构成激流勇进的画面,音乐家能很快把握到场景中所蕴含的旋律与节奏,雕塑家能够敏锐地把握住某一静止的造型,戏剧家能够把握到这一情景中蕴含的强烈的戏剧冲突,舞蹈家则能把握到力与美的动作造型。

　　审美感受能力的形成与艺术家的社会生活实践和艺术实践是分不开的。艺术家所处时代的政治、经济、文化等社会历史因素影响着他们的生活实践,也影响着他们的审美感受。朝代更替、战争流离以及艺术家特定的家庭变故、情感挫折影响着审美感受的内容及其深广度,还会影响审美体验的发生和审美理想的生成。在审美创造中,艺术家的诸多审美感受来自于他们对现实对象有目的、主动的观察。清代画家石涛,曾在庐山、黄山等地居住数年,深悟大自然的形态,其画作多得益于游览登临时的观察。可见有了长期的生活积累,并对生活有了深入和丰富的审美感受,艺术作品的审美创造才能顺利进行。审美感受能力的提高是建立在艺术实践的基础上的。艺术家创作前要努力学习艺术理论,掌握艺术美创造的规律,在借鉴与吸收前代艺术创造经验的基础上,通过不断的练习获得驾驭艺术媒介的技巧,培养创造主体的审美感受能力和艺术表达能力。

　　审美感受在艺术作品的审美创造中具有重要的意义。首先,审美感受为艺术创造提供了丰富的审美表象。纷繁复杂的物象经过艺术家的感官而成为丰富的审美表象。一切艺术美的创造都是以艺术家在现实生活中获得的审美感受为其发端的。音乐家柴可夫斯基声称他只关注他所经历过或看到过的、能使他感动的素材。歌德《少年维特之烦恼》中的女主人公是以作家在法律业务实习时热恋的少女作为原型塑造的。其次,丰富的审美感受为审美创造提供了素材。画家郭熙在审美创造中重视"经之众多"与"取之精粹"的辩证统一①。"经之众多"就是画家饱游广览,大量观察自然,深入体验生活,使胸中充溢着丰富的创作素材;"取之精粹"就是画家对客观现实重新加以熔铸、提炼。前者是创作的基础和前提,后者是现实的升华和创造。例如,屠格涅夫的《猎人笔记》中对大自然的描摹显得逼真细腻,这缘于屠格涅夫不仅是一个优秀的作家,还是一个出色的猎手,能够经常深入大自然中。最后,艺术家在审美感受中积聚的情感是艺术审美创造的动力。中国古代艺术作品的审美创造就有"发愤著书"、"不平则鸣"的传统。审美感受为审美创造积累了丰厚的审美情感,激发了艺术家的创作动机,也影响着艺术家审美理想的形成。总之,在艺术审美创造的酝酿阶段,艺术家依靠审美感受中积聚的表象,在联想与想

---

① 郭熙《林泉高致》,《画论丛刊》(上),于安澜编,人民美术出版社,1989年,第21页。

想中,沿着特定的情感脉络逐步进入到审美体验中。

二、审美体验

审美体验就是艺术家在审美感受的基础上,在知觉、联想、想象、情感等多种心理功能的作用下,对审美感受到的对象重新进行聚精会神的感悟、把握和再创造,并在创造主体意识中生成审美意象的过程。

审美体验具有与审美感受不同的特点。首先,审美体验具有强烈的情感性。艺术家在审美体验中往往伴随着紧张、剧烈的内心乃至外部活动。审美活动由审美感知开始,经审美想想、审美情感的交融,进入审美体验与体悟,始终伴随着一种热烈的情绪,奔涌着一股强大的感情激流。这种状况常常使艺术家陶醉于审美体验活动中。其次,审美体验具有主动性和层次性。审美创造主体常常在审美体验阶段主动地体悟物情物理,把自己的情感主动地融入客体之中,从而达到了物我两忘的境界,进入"山性即我性"、"水情即我情"的境地。同时,审美体验过程不是在同一层次展开,而是呈现出由初级、浅层的体验到高级、深层的体验的递进过程。例如,画家在对名山大川巍然耸立、气势磅礴的形势审美体验的基础上,把自己的襟怀抱负、人生修养、人格境界融入对象中,创造出情感、理想与哲思交融的审美意象,就是高级、深层的审美体验。再次,审美体验具有内视性。审美感受因受到物理时空的限制;它的活动次数会受到限制,而审美体验在心理时空中进行,审美对象可以在审美体验中得到多次的内照与内视,审美主体也可以获得多次的内乐。例如,当一个艺术家对自己童年时代经历的事件进行审美观照时,就会获得内视性的审美体验的快感。一定意义上,审美体验就是一种内审美。内审美是相对于建立在审美对象基础上的、以耳目视听为媒介的感官型审美的内在精神型审美活动。相对于具有外在客观对象的视觉和听觉的审美而言,内审美是一种完全内在的、封闭的、独特的个人审美体验。"在文艺创作中,作家通过自觉的表象运动和无意的表象运动,将自己头脑里积累的往日生活经验和感性形象进行重组、加工、提炼,构成新的具有审美意义的形象体系,形象体系在形成文字之前就已经在作家大脑中完成了内审美过程。也就是说,文艺创作过程就是内审美的过程"[①]。最后,审美体验具有创造性。审美体验中,审美活动不是纯客观"复现"式的"反映"或"映现"物象,而是融会了往昔的记忆表象、当前的感知表象和未来理想的意象运动,有了新的体悟与发现,是艺术家对其所经历的人生的凝聚与升华过程,

---

① 王建疆《修养 境界 审美》,中国社会科学出版社,2003年,第19页。

因而艺术创造中的审美体验具有创造性。

　　审美体验中的审美意象有着与审美表象不同的特点。首先,审美体验中生成的审美意象是审美主体与对象的融合,具有强烈的蕴情性。审美意象是客观事物审美特征与创作者的审美情趣、审美观念的融合,是包含着审美认识和审美情感的心理复合体,体现着感性认识和理性认识的统一,包含着创造者的审美态度、审美评价、审美情感和审美价值观念,从而成为"情中之象",与审美感受中的审美表象有了质的区别。其次,与审美表象相比,审美意象具有一定的确定性和可视性。审美体验中,由于艺术家主动地进行审美的观照,对事物的形、色、质等方面再次进行凝神聚气地审视与体悟,从而使局部的审美感受走向整体化,模糊的审美感受逐渐趋于明确,成为内视、内照的对象。与艺术构思中的意象体系相比,审美意象还处于酝酿阶段,还需要艺术构思的再加工和提炼。值得注意的是,艺术创造中审美体验主体所获得的审美意象,不同于已经物化于作品的审美意象,也不同于接受主体在艺术接受过程中形成的审美意象。

　　审美创造主体在审美感受和体验的基础上形成了一定的审美理想。审美理想是审美感受、审美体验的升华和凝聚。审美理想形成之后,指导着艺术构思和表现,成为体现艺术家审美层次的主要标志,对艺术美的创造发挥着关键性的作用。审美理想是人们对于审美创造对象的未来构想,具有明确的未来指向性、个性特点。艺术家个人的审美理想常会打上时代、民族审美理想的烙印。

三、艺术构思

　　艺术构思是艺术家以各种心理活动和艺术方式,对在审美体验中获得的审美意象进行再加工、提炼和组合,从而生成审美意象体系的过程,也是在意识中设计好艺术表现的物质媒介与技巧运用的过程。

　　艺术作品由艺术家创造的审美意象体系构成。艺术家从生活中获得的审美感受和审美体验,虽然令他激动不已,以致产生创作的冲动,但对一部完整的艺术作品中的形象体系来说,仍然是分散、零碎的。把分散的、零星状态的材料,经过选择、提炼、改造和生发,形成一个审美意象体系,表达出艺术家的生命体验和人生境界,这就是艺术构思的任务。在构思中,艺术家在审美理想的烛照之下,审美表象经由审美体验,不断集中、升华、凝聚为核心审美意象,并在构思中不断衍生出其他审美意象,共同组成特定的审美意象体系,使艺术家对社会人生的领悟转化为具体作品的主题与意蕴、情节与结构、画面与声音等。由于艺术构思中的审美意象,不是单个的意象,而是由许多意象有机结合而成的意象体系,因而艺术家在艺术构思中总要对核心意象与其他意象的衬托、对比、补充进行组织与安排。例如,达·芬奇在《最后的晚餐》的审美创造中,把耶稣作为画中视觉的焦点,在这一核心意象的后面,艺术家安排了三个明亮的窗户来衬托耶稣的头部,包括天花板的斜线透视、两旁深色长方形配合,都集中在了耶稣身上。其他意象为十二个门徒,这些门徒有的指天发誓,有的怀疑,有的恐惧,有的惊慌,有的忠诚,他们三人为一组,与耶稣这一核心意象共同组成一个完整的审美意象体系。

　　艺术构思的心理状态可大致分为虚静、心与物游、意象体系与艺术语言共生三个阶段。实际构思过程因艺术家、创作情境、创作观念等的不同会有差异,出现交叉、融合,甚至跳跃。在艺术构思的"虚静"阶段,艺术家在创作中须寂然凝虑,物我两忘,虚静以待,精神与天地之心相通,进入一种空旷的宇宙境界,专心致志地进行审美观照。这样,艺术家在创造中就可以保持心灵的空明澄澈和充分的自由。据传唐代画家韩幹画马,终日观马不止,无暇与人语,等到全马在心中时,方才落笔。"无暇与人语"的"虚静"状态是艺术构思阶段中的一种常态,也有个别艺术家的审美创造是在主体情绪极度地兴奋与激动,甚至是在一种非常态的状态下进行的,但是,非常态的构思与表现不能以牺牲艺术美作为代价。

　　"心与物游"是中国艺术家的构思精神,也是构思的一种心理状态。"故寂然凝虑,思接千载;悄焉动容,视通万里。"[1]艺术构思时,艺术家的想象不受身形限制,可以联想到千年之前,也可以观照到万里之外。在吟咏中,会有珠玉之声;在眼前,会有风云变幻。在构思的精神大空间里,主体正调动着他的心理潜能的一切方面,营构出一个个生动鲜明的审美意象,创造出审美典型和审美意境。艺术家将外界事物在艺术想象中再现,并以自己的情感熔铸其中,重新营构新的意象体系,最后达到形色了然于心的境地,这意味着审美意象体系在艺术家意识中的形成。

　　在意象体系与艺术语言共生阶段,审美体验伴随着紧张、激烈的内心乃至外在活动,同时展开了体验审美物象、超越审美物象的心灵创造活动。"是以陶钧文思,贵在虚静,疏瀹五藏,澡雪精神。积学以储宝,酌理以富才,研阅以穷照,驯致以怿辞,然后使玄解之宰,寻声律而定墨;独照之匠,窥意象而运斤;此盖驭文之首术,谋篇之大端。"[2]构思成熟时,审美意象体系已经在意识中转化为艺术语言,意象体系的运动与艺术符号的运动紧密融合,"言泉"奔流,色彩纷涌,画面迭至,音符跳跃,

---

　　[1][2]　刘勰《文心雕龙·神思》。

动作连贯,未来艺术作品的创造蓝图基本明确,进入了艺术表现的临界点。画家郭熙说:"境界已熟,心手相应,方始纵横中度,左右逢源。"①这表明了艺术构思的成熟。艺术语言与意象体系共生阶段还应有艺术家对作品结构的安排、技法的运用的未来设计,如影视创造中镜头的转换、色调的选用、音乐的配合等。总之,只有审美意象体系及表现手法在艺术家于构思中烂熟于心,才能进入艺术表达阶段。

在艺术构思过程中,常见的构思方法有简化、夸张、变形、综合等。简化就是以最简洁的艺术语言,生动、充分地表达出对象的神态风貌。简化要求对外物有深入的观察,这样才能舍弃芜杂,把握自然与社会的本质,以洗练的技法创造形象,并使形象具有鲜明生动、引人入胜的艺术魅力。艺术构思中常采用夸张的手法。艺术家在写景状物时,并非照相机般摄取客观事物,而是根据自己的内心感受和理解,对原形进行改造,抓住对象的某些方面,如数量、性质、情态、关系等,进行突出的强化和大胆的夸大。李白的诗句"燕山雪花大如席"和"黄河之水天上来"、李贺的诗句"春笋一夜抽千尺"都是夸张的例子。夸张的构思方法,一方面使艺术家强烈、深厚的感情得以表达,另一方面使得艺术形象鲜明生动。审美意象体系的创造不应拘泥于事物原态的摹写,可以省略、改造和变形,以求更有力地表现艺术家的审美感受和审美理想。西班牙超现实主义画家达利在创作油画《记忆的永恒》时,以钟表都瘫软了这一核心意象来隐喻时间的停滞。王维画景物,多不问四时,画花往往以桃、梨、芙蓉、莲花同置一景,他的《袁安卧雪图》更有雪里芭蕉。审美构思中,综合的手法也比较常见,尤其在典型的审美创造中。鲁迅在艺术创造时就采用"杂取种种人合成一个"的综合手法。"画家的画人物,也是静观默察,烂熟于心,然后凝神结想,一挥而就,向来是不用一个单独的模特儿的"②。艺术家常常会选择一个比较接近他创作意图的审美表象作为原型,并将其他审美表象的一些素质综合到这一原型上,由此创造出新的审美意象及其体系。

四、艺术表现

艺术表现是在审美意象体系构思成熟的基础上,借助于一定的物质材料和艺术语言,运用艺术方法和技巧生成艺术形象的过程。

艺术表现是一种把精神活动转化为物化形态的实践活动,它的任务就是把经

---

① 郭熙《林泉高致》,《画论丛刊》(上),于安澜编,人民美术出版社,1989 年,第 24 页。
② 鲁迅《鲁迅全集》第六卷,人民文学出版社,1981 年,第 519 页。

艺术构思在艺术家头脑中形成的审美意象体系转化为物态化的艺术作品。因此，艺术表现必须借助一定的物质材料，如绘画艺术的水墨、颜料及纸张，音乐艺术的音响、节奏和旋律，雕塑艺术的泥、石或青铜，舞蹈家的动作与表情，影视艺术的画面与声音，文学艺术的语言符号，等等。显然，艺术表现活动带有物质生产的某些特性。不同于一般物质生产和其他精神生产的是，艺术表现以给人们提供欣赏的对象而非实用的对象为目的，主要满足的是人们的审美需要。

审美感受、审美体验、艺术构思与艺术表现常常是相互交融与渗透在一起的。艺术表现更与艺术构思密不可分，如文学家创作中的"推敲"，既是艺术表现，又是艺术构思。艺术构思阶段就包含有艺术传达的因素，如对物质媒介和表现方法的构思，而且艺术构思阶段的思维和情感活动会在艺术表现中持续发展，不断深入和集中。艺术表现既在审美理想的烛照下以潜在形态与艺术构思渗透并进，又在艺术创作的物态化阶段以显在形态与艺术构思相交融。艺术表现作为审美创造的物质实践活动，要对艺术构思中形成的意象体系及其表现技巧进行具体的操作，从"设计"到"施工"，从意识中的意象体系转化为作品中的艺术形象体系，是一个复杂的创造过程。艺术表现要对构思的内容进行符号化，也需要修正、深化和完善。这是因为在审美意象物态化为成品的创作实践过程中，艺术家总会发现艺术构思与实际创作不相符合的地方，需要加以调整。随着构思在艺术表现中的继续，艺术家也会有新的认识和发现，而且，只有意象体系化为可见或可听的物质存在之后，艺术家才能看出构思是否完善。艺术创作的理想境界，是在艺术构思与艺术表现这种辩证渗透和促进中实现的。

艺术作品的审美创造的过程也是一个技巧性的劳动过程，因此，审美创造需要一定的技能和技巧。技巧不仅可以把一定的构思表达出来，而且能表现出审美的独创性。审美创造的技能和技巧是人们适应和征服物质材料、创造美好事物的实际本领和能力，要掌握物质材料的性能和规律，达到高度自由的境界。舞蹈家对动作的提炼与组合、歌唱家圆润的嗓音、作曲家对音响旋律的性能和规律的把握、雕塑家巧妙的刀法、文学家遣词造句的特有功力、影视创作中的编导等，都要求艺术家运用一定的技巧。每门艺术都有历史上长期形成的技法体系，概括了审美掌握的丰富经验。艺术家必须在自己特有的生活实践和艺术实践中，不断培养艺术技巧，提高艺术才能，增强艺术素养，才能创造出优秀的艺术作品。

艺术表现阶段，审美创造的持续时间会因艺术家的个性和艺术本身的特点而不同。有的可能是即兴创造，如书法、绘画、诗歌，其艺术表现可能是一气呵成的，像长篇小说、戏剧艺术、影视艺术的审美创造可能要经过较长的时间。例如,肖洛霍夫创作《静静的顿河》花了十四年的时间,但丁创作《神曲》用了二十年,马尔克斯创作《百年孤独》花了十八年的时间。另外,在创作中,艺术作品既可以是艺术家创作出来、独立于艺术家自身之外的作品,如剧作家写出的剧本、音乐家谱出的乐章,也可以是创作过程本身,如演员的表演、歌唱家的演唱、钢琴家的演奏等。

我们对审美感受、审美体验、艺术构思和艺术表现的描述,是对艺术作品的审美创造一般过程的描述。由于艺术载体日新月异、艺术家的创作个性的不同、欣赏主体的需求多种多样,审美创造过程也会表现出不同的特点。

第二节　艺术作品审美创造的特点

艺术作品是艺术家按照美的规律进行创造性劳动的产物,是人类情感精神的确证。艺术作品审美创造经过从自发到自觉的演变过程,它是多种心理功能的结合,也体现着艺术家独特的个性特征。

一、艺术作品审美创造从自发到自觉的演变

人类的审美创造是在一定的社会历史条件下进行的,它总是受到一定社会历史条件的制约,与一定的社会生产力和生产关系有着密切的关系。人类所进行的艺术作品的审美创造,经历了从无意识到有意识、从自发到自觉的发展过程。

艺术作品审美创造随着人类祖先对于工具的制造和使用而发生。在原始的劳动及其产品中,就有艺术创造的萌芽,出现了刮削器及后来的玉斧、骨针等生产工具,但这并不是人类有意识地、自觉地创造艺术美的结果。随着社会生产力的提高,人类在物质需要得到一定程度的满足的基础上产生了审美的需求。

人类最早的审美创造是史前艺术作品的创造,是没有文字记载的历史时期的艺术创造,大多在旧石器时代和新石器时代,如头雕、岩画、彩陶、神话、原始歌舞等。史前艺术由再现到表现,由写实到符号化,这是一个由内容到形式的积淀过程,也正是美作为"有意味的形式"的原始形成过程。从目前发现的史前艺术看,原始艺术家的审美意识已经开始觉醒,但产品中的审美因素和非审美因素混合在一起。处于旧石器时代的人类打制成的石器是这些人类最早的创造物,它虽不是自觉的美的创造的产物,而是出自实用的目的,但却仍有审美价值。在不少旧石器时

代遗址的发掘中,发现了经过琢、磨、钻孔的玉石或骨制品,具有审美的装饰意味。装饰品的出现,意味着至迟在新人阶段,人类已经有了精神生活的需要,审美价值和实用价值在一起。进入新石器时期,人类美化自身生活的能力有了飞速的发展。一些石刀、石斧精巧、光洁。陶器的造型和装饰具有艺术家的更多自由想象的成分,比较自觉地运用对称、对比、变化与统一等形式美的法则。原始陶器是实用性与艺术性的结合,是在实用基础上自觉地美化产品。从石器、陶器的发展过程说明,在人所创造的对象世界中日益丰富地显示出人自由创造的精神。当时人们对于美的创造已不限于生产工具,还深入到社会生活的各个领域,从房舍建造到生活用具,从物质生产到艺术活动,美的创造的领域在扩大,人们的审美视野也随之而发展。可以说,原始人在制造工具的同时,实际上也开始了艺术美的创造。

人类艺术审美创造的脚步从未停息。随着生产力的不断提高,不仅使物质生产产品的审美价值日益增强和拓展,而且有力地推动了精神产品,包括艺术产品的丰富和发展。人们从形式美的非自觉意识转为自觉的审美需求,从自觉的感官审美向社会精神心理不断扩大和深入,显示出人自由创造的力量,其创造物成为特定历史形态下人的情感与精神的感性显现,具有了审美的价值。人在艺术创造中提高了自己的审美能力,同时凭借这种提高了的审美能力又创造出更美的艺术品。由于声、光、电等科学技术的广泛应用,不仅电影、电视等艺术得以产生并得以飞速发展,而且因为有了磁带、电脑、网络等新的载体,艺术审美创造空间得到空前拓展。同时,随着物质技术水平的提高和科学的发展,人们对客观事物规律的认识逐渐深入,审美创造能力也不断提高,如今,艺术创造活动已经成为主要满足人们审美需要的创造性劳动,成为艺术家根据一定的审美理想,按照艺术美的规律对人生体验、人生境界的物化过程。

二、艺术作品审美创造的心理特点

艺术作品的审美创造是知觉、联想、想象、情感、灵感等多种心理活动的结合。感觉是对事物个别属性的反映。在感觉的基础上,人们形成对现实中客观事物、对象和现象整体的知觉。审美创造中,艺术家总是以知觉的形式反映客观事物多种多样的属性和特征,从而形成对审美对象完整、综合的认识。审美创造中的知觉具有选择性和整体性,使得对象的形体外貌、形式结构、色彩线条得到充分的把握,并在艺术家的大脑中形成丰富的审美表象。

联想在审美创造中有重要作用。联想是指由当前感知的事物想到有关的另一事物,或由已想到的一事物又想到另一事物,联想可使审美对象在感知中呈现得更鲜明、生动,使感知的内容更丰富、深刻。联想有接近联想、相似联想、对比联想和因果联想。接近联想是由于两种事物在空间或时间上接近,在人的经验上形成联系,因而由一事物想到另一事物的联想。例如,画家在白纸上画一群游动的鱼,纸的空白处便可联想为水的存在;在溪边画一个挑水的和尚,便可联想到林中寺庙的存在。相似联想是指由一种事物的感知引出和它在形态上或性质上相似事物的联想,艺术家在创作中常以鸽子比喻和平、以鸳鸯比喻爱情都是审美创造中的相似联想的例子。对比联想是指对某一事物的感知引出相反特点的事物的联想,杜甫"朱门酒肉臭,路有冻死骨"的诗歌创作就是对比联想的运用。有时我们从事情的原因,自然而然地想到事情的结果;从事情的结果又自然而然地想到事情的原因,就是因果联想,如毕加索创作油画《格尔尼卡》时,画面中由怀抱婴儿啼哭的母亲、倒地的士兵、牛头、惊奔的马、电灯等组成的形象体系就是画家对非正义战争因果联想的结果。

想象是人类特有的一种心理功能,是在大脑中改造记忆表象而创造新形象的过程。艺术作品审美创造中的想象是再造性想象与创造性想象的统一。它对创造具有特殊审美价值的意象和完成作品的艺术构思有着突出的作用。黑格尔认为,"最杰出的艺术本领就是想像"①。纷繁复杂的生活现象引起艺术家多种多样的审美感受。其间,有些是相近、相似、相通的,有些是截然相反的,有些则毫无关联或是并不直接相干的。凡此种种,都会在艺术家记忆中内在地发生交叉错综的关系。通过想象,艺术家可以把记忆中的各种表象或意象重新组合起来,使之获得新的意义。通过想象,艺术家可以超越现实时空,虚构现实生活中并不曾存在的事物,通过表象的变幻组合,创造新的艺术世界。《西游记》里的"天宫"、拉斐尔笔下的圣母、但丁笔下的"地狱"、现代科幻小说与电影中的人物和情节等,都是艺术家想象的产物。

灵感现象在艺术作品的审美创造中较为常见。艺术家在审美创造中往往会在苦苦思索、久久不得要领的情况下,突然出现一种精神亢奋、思绪飞扬、茅塞顿开的心理状态,使创作达到出神入化的境界。这就是艺术创造中的灵感现象。灵感具有两个显著的特点:一是灵感的来临具有不期然而至的突发性,二是灵感到来时精神上处于一种高度集中、高度灵敏的亢奋状态。由于作家长期思考的问题骤然得

---

① 黑格尔《美学》第一卷,朱光潜译,商务印书馆,1979年,第348页。

到解决,因而茅塞顿开,文思泉涌。灵感在审美思维和构思过程中,常常表现为最富有创造性的那一刻。音乐家舒伯特为《D小调四重奏》主题的旋律思考了好几天,一直没有结果,但有一天他在用小石磨碾咖啡豆时,头脑中突然出现了这一主旋律。灵感"得之于顷刻,积之在平日"。其产生的基础在于艺术家的丰富的生活实践和艺术实践。

艺术是情感的表现形式,没有情感就没有艺术。在审美创造中,艺术家的情感活动占有重要的地位。"艺术起源于一个人为了要把自己体验过的感情传达给别人,于是在自己心里重新唤起这种感情,并用某种外在的标志把它表达出来"①。情感既是审美创造的动力,又作为审美意象的构成因素贯穿于创作的全过程中。情感在审美创造中有着选材、创造动力、提炼、结构等作用。艺术家常常沉浸于情感激流之中,情感越强烈,想象就越丰富。郑板桥画竹所谓"墨点无多泪点多",正是把"泪点"(情感)融化到"墨点"中去,这样的笔墨才是真正能打动人的思想感情的笔墨。艺术表现中,艺术家会伴随着强烈的情感体验。例如,汤显祖创作《牡丹亭》时,当写到"赏春香还是你旧罗裙",不觉伤心落泪。莫泊桑当写到《包法利夫人》中主人公服毒时,自己口中亦有苦味。

三、艺术作品审美创造的个性特点

艺术家审美创造的个性是指艺术家在审美创造过程与成果中所体现出的个性差异,是一个艺术家在主观方面区别于其他艺术家的具有相对稳定性的特征的总和。它是艺术家的个人天赋、独特的生活经历、人格精神、人生修养、人生体验、审美理想等在艺术审美创造中的具体体现。每个艺术家都有自己独特的创作个性,它既体现于艺术审美的创造过程,即审美感受、审美体验、艺术构思与艺术表现中,也体现在艺术审美创造的成果之中。

每个艺术家都有独特的生活感受和体验,在此基础上形成独特的审美感受和审美体验,并创造出风格迥异的艺术世界。例如,作家沈从文创造的"湘西世界",巴金创造的"热情而忧郁的青年世界",老舍创造的"北京市民世界"等,都带有作家鲜明的个人生活的印迹。创造个性不但表现在不同艺术家各有其特别喜爱的取材范围,而且在同一取材范围之内,也有其特别敏感的方面,有着独特的感悟和体验以及不同的角度和深广度。艺术家在不同审美理想的支配下,会形成自己独特的

---

① 托尔斯泰《艺术论》,人民文学出版社,1958年,第46页。

表现对象,画家郑板桥喜画竹,徐悲鸿喜画马,齐白石喜画虾,李可染喜画牛,黄胄喜画驴,各自形成了独特的审美意象。即使是同一类对象,不同艺术家对它的表现也必然因为创作个性的不同而形成差异。例如,宋代绘画《出水芙蓉》中的荷花、八大山人笔下的荷花、齐白石笔下的荷花、潘天寿笔下的荷花,其个性差异都是十分明显的。

由于现实的美存在于无限丰富多样的感性形态中,艺术家对它的把握方式也是无限丰富多样的,这就使艺术家对现实美的表现有了发挥个人主观方面特点的广阔空间。艺术家在构思和表现方法方面都有鲜明的个性特点,这主要体现在对一定的物质媒介的掌握和艺术技巧的熟练运用上。艺术家对物质媒体的选择也与个性有关。有的人对于曲调、节奏、旋律、和声等特别敏感,就可以从事音乐艺术创造;有的人对形体、线条和色彩特别敏感,就可以从事绘画艺术创造。艺术的不同门类的技法之间是相互引发、相互促进的。有的艺术家可能熟练运用两种或两种以上的艺术语言。例如,王维是诗人,也是画家和音乐家;苏东坡的诗、文、书、画都达到相当高的境界。艺术创造个性还体现为艺术家对不同的技法的运用。艺术语言和独特的表达方式、技巧,形成自己的独特创作风格。不同的艺术语言其创造过程有不同的特点,同一艺术语言也因艺术家的个性特点而又具独特的风貌。例如,同样描写俄国社会下层人民的生活,契诃夫以细腻、精确、柔和的语言,选取平凡的生活事件,发掘人物的内心世界,以表现下层人民在痛苦生活压迫下仍然保持的正直、善良、纯洁、温和的品性;高尔基以刚劲、明快、饱含激情的语言,在剧烈的矛盾冲突中表现下层人民对美好生活的热烈渴望以及乐观、开朗、无畏的性格。两位作家在创造个性上的差异是显而易见的。"吟安一个字,捻断数茎须。"一些艺术家是贾岛式的苦吟,如诗人臧克家的诗歌创作;也有一些艺术家在梦境或醉态中获得灵感,如唐代书法家张旭、怀素的书法创作,就有"颠张醉素"之名;有的艺术家甚至以变态、病态等方式进行审美创造,如画家凡·高的绘画创作。

艺术家的生活经历、思想观点、人格修养、人生境界等个性特点在审美创造的成果中得到体现。"正是在改造对象世界中,人才真正地证明自己是类的存在物。这种生产是人的能动的类生活。通过这种生产,自然界才表现为他的作品和他的现实。因此,劳动的对象是人的类生活的对象化:人不仅像在意识中那样理智地复现自己,而且能动地、现实地复现自己,从而在他所创造的世界中直观自身"①。艺

<hr/>

① 《马克思恩格斯全集》第四十二卷,人民出版社,1979年,第97页。

术作品是人类情感精神的确证,以感性的形式体现着艺术家的人生境界与审美理想。艺术家各自的禀赋、能力、技巧、爱好、信念等各不相同,他们所创造的艺术意境也是千差万别,对象化的结果就各有各的特点,充满独特的情趣和风格,体现了艺术家自由精神的多元性与多层次性,柴可夫斯基音乐的深沉、贝多芬音乐的奔放、杜甫诗歌的沉郁、李白诗歌的豪迈、郭沫若诗歌的热情、鲁迅小说的严峻都体现了不同的创造个性。"有德者必有言"。审美创造的成果体现艺术家的独特人格境界。人格境界是指建立在真性情之上的自我道德完善高度,形成一种超拔的精神境界。中国古典艺术家非常重视人格修养,视气节为生命的灵魂。人品高尚,创造自然生机盎然。苏轼个性放达高旷,则画竹无节;石涛个性至死不屈,画竹抱节。书法艺术中,颜真卿的楷书朴厚端庄,以筋见长;柳公权的楷书用笔遒劲,以骨取胜;欧阳询的楷书清劲秀健,谨严有度;赵孟頫的书法洒脱流畅、秀媚圆润。这些都是艺术家人格力量的体现。鲁迅说:"美术家固然要有精熟的技工,但尤需要有进步的思想与高尚的人格。他的创作表现上是一张画或一个雕像,其实是他的思想与人格的表现。"①中国古代推崇屈原、陶渊明、杜甫、颜真卿等艺术家,不仅在于这些人的作品有极高的审美价值,还在于这些人的品格高尚,足以为人表率。

艺术家创造个性的形成既同社会历史因素密切相关,又与艺术家个人自觉的追求和探索分不开。从社会历史看,一定历史时代的审美需要对艺术家的创作个性的形成有重要的影响,规定着艺术家创造个性发展的方向。例如,鲁迅无情地揭露社会黑暗,在极度冷静中又饱含热情的创作个性,是在旧中国风雨如磐的时代氛围中形成的。社会历史因素对于创作个性的形成所起的作用,还表现在对传统的继承和同时代艺术家的相互影响方面。只有广泛地汲取前代的艺术营养,找到社会审美理想与自己个性的联结点,并在此基础上不断创新,才能形成、丰富和发展自己的创作个性。

艺术家个人自觉的追求和不懈的探索是艺术创造个性形成的内在因素。艺术的生命在于创造。艺术作品审美创造的过程体现了艺术家自由创造的力量。作为艺术作品来源的社会美和自然美,与艺术作品的美相比,是分散的、表面的,还不太典型与集中。艺术美不是对现实美的简单复写,而是对现实美的强化和升华,它经过了艺术家的概括与提炼,包含着他们的创造性的劳动。黑格尔认为,"艺术美高

---

① 鲁迅《鲁迅全集》第一卷,人民文学出版社,1981年,第330页。

于自然,因为艺术美是由心灵产生和再生的美,心灵和它的产品比自然和它的现象高多少,艺术美也就比自然美高多少"①。因为艺术美的审美创造经过了艺术家的选择、加工、提炼与升华,融入了艺术家的审美情感和审美理想,具有了独特的形式。无论虚实相生、情景交融的意境,还是个别与一般统一的典型,都凝聚着艺术家的智慧和心血。艺术家把审美创造的独特性作为一生永远的追求,贫穷、饥饿甚至是生命的威胁都无法阻挡。杜甫在创作中是"语不惊人死不休"。"字字看来皆是血,十年辛苦不寻常"——曹雪芹写《红楼梦》时,虽过着"茅椽蓬牖,瓦灶绳床"的艰苦生活,却一丝不苟,"披阅十载,增删五次",呕心沥血地进行创作。

四、艺术审美创造中美丑生成的特点

艺术作品的审美创造中要将现实生活中的美与丑转化为艺术美。生活中存在美与丑,美与丑的并存体现着生活的真实。雨果说过,"丑就在美的旁边,畸形靠近着优美,粗俗藏在崇高的背后,恶与善并存,黑暗与光明相共"②。现实的丑的表现形式也是多种多样的,有的外表丑陋而本质优美,有的外表优美而内心丑恶,有的从外表到本质都是丑的。社会生活中美的事物,作为艺术家审美创造的对象,经过他们创造性的劳动物化为艺术形象,成为艺术美。

艺术既可以表现丑,也可以表现美。当生活的丑进入艺术领域时,称为否定性的形象而具有了独特的审美价值。生活丑可以成为艺术美,这决定于艺术家对丑恶的事物抱怎样的态度,是否以正确的立场,予以正确的审美评价。丑恶的事物在生活中只能引起人们的憎恶和反感,绝不会引起美感,但在艺术创造中,如果艺术家给予了正确的评价,给予了批判和揭露,让人们热爱美好的事物,追求合理的生活,并以和谐优美的艺术形式表现出来,现实的丑就能转化为艺术美,引起人们的美感。这时引起我们美感的不是丑恶的事物本身,而是艺术家以批判的态度塑造的艺术形象。德国美学家鲍姆加登说:"丑的事物,单就它本身来说,可以用美的方式去想;较美的事物也可以用丑的方式去想。"③如果用丑的方式表现美的事物,那是丑的艺术。那种对丑的描写停留在生物水平或对丑采取欣赏的态度,都是艺术丑,因为对丑的表现的目的应该是肯定美,否定丑。

艺术对象的性质不是艺术本身的性质,主要在于艺术家的审美理想、审美态度

---

① 黑格尔《美学》第一卷,朱光潜译,商务印书馆,1979年,第4页。
② 雨果《论文学》,柳鸣九译,上海译文出版社,1980年,第35页。
③ 《西方美学家论美和美感》,商务印书馆,1980年,第144页。

和审美评价。当艺术家对丑恶进行批判、否定时,他所表现出的对丑恶的愤慨,对美的追求和向往的审美理想就渗透在艺术作品中。雕塑家罗丹的《老妓》是根据13世纪法国诗人维伦的《美丽的欧米哀尔》创作的。诗作中描写欧米哀尔是个年轻美丽的妓女,年老色衰时,她为自己那损毁的身体感到羞愧。罗丹紧扣诗意,用雕塑语言塑造了即将死亡的欧米哀尔,她弯腰垂头、绝望地望着那曾经饱满的乳房和富有弹性的腹部,整个身体像一截枯朽的老树。艺术家逼真地塑造这个衰老的生命体,在于说明如果没有羞辱和损伤,人生该是多么美好,曲折地表现了对受害者的同情和对社会的批评。因此,《老妓》也是艺术美的形象。果戈理的《钦差大臣》写了一群昏庸无能的官吏。剧中人物是十足的丑类,艺术家对这群丑类嗤之以鼻,表达了对腐朽农奴制的控诉。在欣赏中,人们在精神上获得极大的满足,这就是现实丑转化为艺术美给人的愉悦。与此相反,如果用丑的方式和落后的审美理想去表现美的事物,或者为写丑而写丑都不能转化为艺术美。

　　艺术家在艺术作品对美与丑的处理中常常采用美丑的对照的方法。美丑的对照既可以是美的人物与丑的人物的对照,又可以是美丑对比发生在同一个人身上。雨果的《巴黎圣母院》就不仅表现一些外貌丑陋而内心善良的人物,也刻画外表文明而内心丑恶的人物,其中的卡西莫多有独眼、驼背、跛脚的外貌,但有美好的内心世界,而主教克罗德却是一个道貌岸然而心灵十分丑恶的人物形象。

第三节　各类艺术作品的审美创造

　　任何审美创造都要有一定的物质材料做基础。文学、音乐、舞蹈、绘画、雕塑、建筑、戏剧、影视等艺术的审美创造,因艺术语言和技巧的不同,其审美创造过程也各具特点。

一、文学艺术的审美创造

　　王弼说:"尽意莫若象,尽象莫若言,言生于象,故可寻言以观象;象生于意,故可寻象以观意。意以象尽,象以言著。"①可以说,从"意"的生成、"象"的生成,再到"言"的生成正是文学审美创造的过程。

---

　　①　王弼《周易注疏》,上海古籍出版社,1989年,第311页。

　　文学是以语言为媒体的艺术。语言是思想的直接现实。文学艺术因其深入了思想的各个方面,表现生活的范围比其他艺术更加广阔和深入。从丰富的外部世界到隐秘的内在心理,作家可以自由地勾勒出人类的每一步精神足迹。作为文学表现媒介的语言,它本身没有形象性,但具有描写形象、唤起人的形象感的功能。因为在人们的大脑中,语言所表示的概念常常是与意象一起存在的。在具体的文学创作中,文学是一种话语,是一种在特定社会语境中人与人之间从事沟通的具体言语行为。文学作为话语,与日常话语、哲学话语、科学话语、新闻话语等一般话语不同,具有蕴藉性的特点,即话语包含着多重复杂的意义而又余味深长,从而产生多种不同理解可能性的话语状态。

　　文学作品的审美创造中,作家要把意象体系转化为可以言说、并被他人理解和意会的语言文字,更重要的是对语言文字的熟练运用和对修辞方法、操作技巧的掌握,达到音韵铿锵、色彩和谐、感情丰富而内敛、描写精确而含蓄、叙述明白而又简练的效果。由于事物的多面性和作家内心的多变性,审美创造的过程是一个艰难的过程,作家时时要精选词语、安排人物、转换章节、合成意境、刻画典型,在词语、句子、段落、篇章处处体现他们的匠心独具。文学创造技巧的运用主要指巧妙地运用各种文学写作手法,例如肖像、行动、心理的描写,顺叙、倒叙、插叙的安排,烘托、对比的运用,等等。表现过程中技巧的运用既要表达审美意象体系的内在物理,又要将主体内心的中心意念不露痕迹地体现出来。语言因其间接性所唤起的是想象的直观,而不是形象的直观,只有准确、鲜明、生动的语言才能达到理想的审美效果。正因为如此,文学的审美创造特别重视遣词造句的能力,优秀的文学家常被人们称为语言大师。文学中的小说、诗歌、散文、戏剧等不同体裁有着不同的审美规范,优秀的诗人不一定是优秀的小说家,作家都要选择最适合自己的文学审美创造体裁。

二、雕塑艺术的审美创造

　　雕塑的审美创造从制作技法上可以分为对于硬材料的"雕"与对于软材料的"塑"两大类。雕是刻,是减少体积;塑是添,是增加体积。雕塑的审美创造过程因圆雕、浮雕、透雕等不同的艺术体裁各有不同的创造特点,也会因纪念性雕塑、装饰性雕塑、风俗性雕塑、园林雕塑等不同的艺术功能而有所差异。一般经过选材、构图、粗雕、细雕、修改、定型等阶段。雕塑家在确定作品的题材和内容后,就会确定使用的物质材料,并从生活实践和艺术实践中寻找创造的原型,按照形体美的规

律,将它们集中、概括、提炼为一个优美的艺术造型。任何杰出的雕塑都是外部形
体美与内在精神美的统一,其造型包括作品的总体结构、倾向、动态、气势、情绪等,
要让观赏者从各个角度都能看到形体的特征,获得美感。米开朗琪罗的《哀悼基
督》就是雕塑艺术创造的一个典范。该作品采用基督横躺在圣母玛丽亚的腿上这
一动作,圣母巨大的衣裙和底部联为一体,往上体积变小,顶端是玛丽亚低垂的头
部,整个形状是沉重的金字塔形,使雕像显得沉重有力。

　　与变化、延续的社会生活中的物象相比,雕塑的形象是恒定的、瞬间的形象。
在审美创造中,雕塑家竭力在转瞬即逝的瞬间里力求蕴含更多更深的内容。为此,
雕塑家常精选客观事物里最有形体特色和最能体现其精神实质的瞬间,以小见大,
以少总多,寓无限于有限之中,寄丰富于单纯之中。例如,在亚述王国的浮雕《垂死
的牝狮》中,艺术家选取了牝狮临死前的扑击这一瞬间,于一头身中数箭还在扑击
的母狮身上,包容了以前它同猎手搏击的种种情景,又包孕了死时的悲壮场面。米
隆在创作《掷铁饼者》时,选择了运动员投掷运动的一个动作:弯腰扭身,右腿屈曲,
左脚点地,左手随全身自然摆动,持铁饼者的右臂已摆到极点。正是艺术家选取投
掷、力量将要爆发的瞬间,塑造了一个力与美的雕塑典型。

　　在雕塑的审美创造中,不同材料质地的创造过程和审美效果各有不同。中国
古代木雕和石雕创作程序分为开荒、打细、打磨。其他如泥塑、陶塑、石雕、砖雕、木
雕、金属铸像、玉雕、骨雕、牙雕、贝雕等,因雕刻材料的不同会使用不同的雕刻工
具。雕塑从凿去石块或圆木粗胚的多余部分,以致初具轮廓,到显出体面结构和基
本形态,再到最后形象刻画和一切细微变化的完成,都要运用艺术技巧。

三、绘画艺术的审美创造

　　绘画艺术的审美创造就是从"眼中之竹"到"胸中之竹",再到"手中之竹"的过
程①。"眼中之竹"就是画家通过审美感受在大脑中形成的审美表象。"胸中之竹",
就是画家根据自己的审美经验和审美理想进行艺术加工和提炼,融入了画家的审
美情感,形成审美意象及其体系。"手中之竹"指已经物化于作品中的艺术形象。
绘画创作中,画家在二维空间中创造视觉形象,要选择"最富于孕育性的那一顷
刻",把过去和未来凝聚在某一顷刻的画面中。例如,米勒在创作油画《扶锄者》时,
选择农民扶锄喘息这一瞬间的形象,表现出农民垦荒的艰辛、生活的困苦以及艺术

----

① 参郑燮《题画·竹》,《郑板桥集》,中华书局,1962年,第161页。

家对农民的同情与崇敬。

线条、色彩、构图是绘画的艺术语言。无论是西方还是东方,画家在创作中非常重视线条的运用。因为线条不仅勾勒形貌,成为可视性语言,而且具有情感意味,在直线与曲线及其变化中,表现出画家们的各自品性和旨趣。中国画线条的长短粗细、疏密干湿、刚柔肥瘦、轻重缓急各有其妙,讲究"骨法用笔",以传达出无限丰富的感情层次。例如,郑板桥画竹多以垂线突出竹子迎风而立的情态,以表现艺术家的人格精神。色彩在绘画语言中最具有感情意义和象征性。不同颜色在不同文化背景下可表达不同的审美情感。不同的色彩组合可以表达不同的审美体验。如创作中以对比色为主的色彩结构会产生新鲜、艳丽、浓烈的美感,以调和色为主的色彩会产生高雅、古朴、含蓄的美感,以类比色为主的色彩结构会产生厚实、神秘、辉煌的美感。例如,凡·高的《向日葵》,运用变化丰富的黄颜色来表现葵花和饱满的葵花子的质感,又以淡蓝色作为背景来衬托黄花,更使画面显出响亮欢畅的调子,从而表现出凡·高对大自然和生命的热爱与赞颂。画家的构图优劣是其创作成败的关键因素。由于表达内容和自身风格的差异,每幅构图都有其特点。达·芬奇的《蒙娜丽莎》,从头到两肩、两手是一个正三角形,颈、胸部也是个正三角形,人物显得娴雅庄重。拉斐尔的《椅中圣母》以圆形构图,把圣母表现为慈祥、和蔼、美丽的女性。

四、建筑艺术的审美创造

在建筑艺术的审美创造中,设计者根据建筑物的功能、使用材料、技术手段、审美观念,首先考虑的是建筑物的空间和形体,按照大小、开合、纵横、明暗、内外进行组合,以确定建筑物的基本轮廓和外在形式,从而创造出形态各异的建筑形象。例如,三角形的埃及古代陵墓建筑显得沉重严峻,围绕中轴线左右对称的中国故宫建筑则显得庄严肃穆。建筑设计者重视建筑物室内外环境中不同色彩的调配和交织使用。建筑的用色,既可以运用材料的本色,如不同颜色的石料、木料、砖瓦、金属、玻璃等,也可以运用各种颜料,如不同颜色的油漆、抹灰、贴面等。设计中,建筑色彩的选择应与周围环境和谐一致。例如,北京故宫群的台基和栏杆是汉白玉的,还有大红色的柱子、门窗、墙壁,檐下青绿点金的彩画,或金黄或翠绿或宝蓝的琉璃瓦顶,在湛蓝天空的衬托下,构成了既强烈对比又协调统一的关系。室内色彩的选择从主人性格、民族习俗出发,大都追求色彩意境。各种建筑材料由于结构组织的差异,其表面就呈现出不同的质地特性,给人以不同的审美感觉,粗糙或细腻、厚重或轻盈、坚硬或柔软。设计者要充分利用材料的质地特性,创造不同的艺术风格。建筑物还需要装饰,建筑装饰主要是为了满足审美需要,不同的装饰体现了不同时代、不同民族的审美追求和审美观念。

建筑设计者在审美创造中,必须按照建筑艺术形式美的法则,以表达其独特的审美体验。建筑的整体美主要来自比例上的和谐统一,反之则在形式上是丑的。建筑物各部分之间的大小组合而形成的尺度感,都要求建筑设计者选择恰当的尺度。例如,巴黎戴高乐广场中央的雄狮凯旋门设计,基本上是一个巨型方墩,采用了超人高度赋予其纪念性的意义。这一高度突出的是建筑物的审美功能。人们的审美习惯于建筑的均衡与稳定,中国的故宫和长城、古埃及的金字塔、古希腊的巴特农神庙都是具有高度稳定性的建筑。有人说,建筑是凝固的音乐。建筑的节奏与韵律体现出设计者的哲思与情趣。如古希腊人喜欢线条的韵律,哥特式建筑设计者重视尖拱和垂直线的韵律,中国古代建筑设计者则重视单向排列和层层递进的韵律美。任何成功的建筑设计,从整部到细部,都有自己的韵律,表现出某种美学意蕴。

五、音乐艺术的审美创造

音乐艺术的审美创造包括音乐创作和音乐表演。音乐创作就是音乐家将其审美理想物化为音符的过程。音乐创作的类型很多,主要有根据文字或戏剧剧本进行的综合性的音乐创作和纯乐器的音乐创作。综合性的音乐创作构思要以歌词、戏剧剧本为依据。音乐家总是选择最能触动情感的歌词,寻找最能表达歌词意蕴和体现音乐意境的音响形式来结构音乐,包括伴奏的烘托、歌曲旋律的典型音型、节奏、调式、调性以及曲式的设计,还要根据语言的特征使音乐与语言水乳交融。纯器乐的创作被认为是最纯粹的音乐创作,是音乐家运用作曲的各种技能,将自己的审美体验、构思外化为音符的过程。音乐的审美创作者必须掌握一定的技巧,对音响的处理要遵循乐音谐和的规律、乐律的规律、乐音与乐音横向与纵向的结构规律等音乐审美规律。可以说,作曲中的曲式、复调、和声、配器等技术理论就是乐曲创作的基本功。音乐创作技巧的熟练掌握可以使作曲家顺利完成创作,相对自由地实现他的审美理想。

音乐表演是音乐作品实现审美价值的重要环节,也是音乐审美创造的重要组成部分。音乐必须通过演奏、演唱,才能将乐谱上的音符转化为实际的音响,成为人们的审美对象,它是音乐创作的继续。最古老的音乐创作者与表演者是合为一体的,音乐创作与表演由一个人完成。音乐表演是音乐艺术发展到一定阶段的产物,作为表演主体的指挥家、演唱家、演奏家对音乐的理解和传达有积极的能动性,所以音乐表演具有了独立的审美创造意义。表演家在表演中的演奏和演唱进一步丰富和美化了音乐作品,使音乐成为活泼的、运动的、充满情感的声音之流,在物态化音响中既传达了作曲家的审美情感,也传达了表演者的审美体验。由于表演家是音乐表演二度审美创造的主体,表演者一方面要求忠实于原作,尽可能地传达作曲家的个人风格、时代风格和民族风格,另一方面要求发挥表演者的表演才能和个人风格。因此,他必须掌握表演技巧,理解音乐作品,具备良好的文化修养和音乐修养,并善于运用音乐技巧表现作品。通过读谱了解乐曲的结构、调式调性、旋律节奏等,再进行实际的演唱练习,并进行充满激情的演唱和演奏,才能成为人们喜爱的音乐表演家。

六、舞蹈艺术的审美创造

舞蹈是一种以经过提炼、组织和美化的人体动作、姿态、表情、节奏为表现手段,来表达审美情感和理想的表演艺术,主要在于表达人内心的情思,反映人生命的律动。舞蹈与音乐密不可分,有人称音乐为舞蹈的灵魂。舞蹈的审美创造过程中,首先要选择音乐。在设计舞蹈动作时,演员要按照音乐的节奏、旋律设计动作、安排舞步,其次是舞蹈动作的设计,舞蹈艺术家根据舞蹈表现的情感,将各种情感转化为经过提炼的动作和步伐,并将动作组合得具有流动性、逻辑性和节奏感。另外,还要考虑舞步。舞步是人的走、跳、跑、跃、转圈、摇摆等基本运动的提炼,具有虚拟性、规范化和程式化的特点。再次,创作者依据生活中种种自然的表情的特点,经过艺术想象和创造,形成有强烈感染力的舞蹈表情。优秀的舞蹈艺术家尤其重视眼神的重要作用。舞蹈艺术中的构图是指舞蹈者在舞台上的空间运动和画面造型,无论动态画面造型还是静态画面造型,都要给观众以美的构图。最后,舞蹈创作也要考虑到演员的服装、道具、灯光、布景等的审美效果。服装的色彩一定要适合舞蹈的情绪,忧伤的、悲哀的舞蹈需要素淡的色彩,愉快、激烈、热情的舞蹈则需要鲜明的色彩。

舞蹈者既是舞蹈表现的对象,也是表现的工具。作为一个舞蹈艺术的创造者,要多看多学舞蹈语言。舞蹈语言是靠不断积累才得以丰富的。舞蹈家要不断提高专业修养,对日常生活中观察到的人们劳动或其他习惯动作进行分析,了解它们的形态、动作规律、动作节奏等,并选择有典型的和代表性的日常动作,进行提炼和美化,使之成为光彩闪烁的舞蹈审美意象。舞蹈艺术家要对各艺术门类知识综合地学习,因为舞蹈是以人体动作为主的综合性艺术,舞蹈创作不仅要有对人体动作娴熟运用,还要了解音乐、绘画、服装设计等方面的知识。

七、戏剧艺术的审美创造

戏剧艺术的审美创造分为剧作家的艺术创作、导演及演员的艺术创作等。戏剧艺术的审美创造的主体包括了剧作家、导演、演员、舞台美术工作者和音乐、舞蹈创作者等。剧作家是戏剧核心精神与体现这一核心精神的情节、人物、语言的最原初的审美创造者。剧本的审美创造中,要求每个剧中人物凭借自己的语言和行动来表现自身的特征,而不依赖于作者的暗示。由于其舞台演出时空的要求和限制,剧本在创作时应做到时间和空间的高度集中与概括。如果说剧本是舞台艺术的基础,那么导演就是剧本的诠释者和体现者。导演审美创造的基本职责是把剧本搬到舞台上去,使文学剧本中的形象转化为可视可听可感的舞台形象。导演创造是以剧本为基础,以完善和谐的舞台艺术为表现形式的二度创作,表达了导演对社会人生的独特思考。导演的创造可分为准备阶段和实施阶段。在准备阶段,导演选择剧本、构思结构、制定必要的技术方案和编制演出计划。在实施阶段,导演选择合适的职业演员组成剧组,指导排练,把构思转变为具体可感的舞台形象。戏剧艺术在排练之前,导演必须有一个"整体概念",包括演出的最高任务、全剧的贯穿动作、人物行动的线索以及舞台美术的整体审美风格等。戏剧艺术的排练过程大体要经过粗排、细排、连排、合成几个阶段,才能逐步把各方面的创造活动组合成一个有机整体。粗排的任务是走地位、搭架子,确定舞台形象的大致轮廓和基本美学格调。细排则是对每个演员部分精雕细刻,让演员进入角色,化身为角色,掌握演出节奏,协调好各方面的关系。连排是把各个片断从头到尾连接起来,有时还加上一些道具和灯光,就有了一出戏的雏形。合成是在剧场里进行的,化装、布景、灯光、音响、效果一应俱全,所以又叫彩排。

"舞台表演艺术的特点是演员既是创作者,又是创作的对象,同时又是工具,这三者统一在演员一个人身上"①。演员既是戏剧艺术表现的对象,又是表现的工具。演员以现场表演的方式,以自己的形体、语言、情感为工具,通过各种舞台动作,扮演一段相对完整的故事,在观众面前创造出另外一个人物来。一台戏是一个整体,

---

① 夏淳《谈谈戏曲表演体系问题》,《剧坛漫话》,中国文联出版公司,1985年,第96页。

演员的审美创造具有集体性,各角色的创造离不开演员相互间的刺激和配合,包括主角与配角、配角与配角之间的配合。演员的表演过程分为准备阶段和表演阶段。体验与表现包含着演员审美创造的全部内容。在准备阶段,演员反复钻研剧本,把握人物性格,体验情绪反应,并为之找到适当的外部表现形式,在心目中形成明晰完整的审美形象。在表演阶段,演员运用自己的声音和形体,把这种审美形象转化为舞台艺术形象,呈现在观众面前。

八、影视艺术的审美创造

影视审美创造过程可以分为影视剧本的创作、导演创作、演员创作、摄影创作等。影视创作采用蒙太奇的手法。蒙太奇的方法不仅是一种剪辑方法,也是一种思维方式。影视剧本的审美创造必须注重视觉造型。剧本写作中要重视语言的造型功能和转化功能,重视视觉之美和听觉之美。编剧写的每一句话将来都要以某种视觉造型表现在银幕或屏幕上,常把摄像机纳入到剧作构思之中。另外,创作中还要充分调动影视所具有的其他表现手段,融合戏剧、音乐、舞蹈、绘画、雕塑等多种艺术表现手段,视听兼备,时空结合,通过运用蒙太奇的方法,在四维空间中,将人物形象多层次、多声部、生动而逼真地展现在银幕或屏幕上。

影视导演是一部影视艺术作品的总设计师,是创作集体的组织者和领导者。一定意义上来说,影视就是导演的艺术。导演的工作有选择剧本、钻研剧本、形成导演构思和导演阐述。导演首先要阐述其审美追求和影片的审美基调,确定影片的矛盾冲突,并对摄影、表演、美术、音乐、剪辑等各部门提出原则性工作要求,然后分镜头、选用演员、指导和培训演员,最后进行剪辑、录制与合成。影视艺术的演员创作与戏剧艺术的演员创作有相同之处。影视画面是影视艺术的语言,它和声音、表演等一直成为塑造形象、表达思想、抒发感情、渲染气氛的基本元素。影视摄制就是画面的创造过程,是影视审美创造的一个重要方面。摄像技术手段的不同,会造成不同的审美效果。摄影师可以通过选择拍摄角度与方位,使用性能不同的光学镜头、高速照明灯光、移动摄像机、控制曝光度等,给银(幕)屏画面以不同的构图、景别、光影、色调,以求实现导演在摄影方面的原定构思。摄影师在美工师、灯光师、布景师等的协助下确定和完成画面构图。构图的作用是多方面的,可赋予被摄素材以特写的情调,可以暗示画面的涵义,还可以发挥影视语言的省略、象征的作用。光线与色彩也是影视艺术审美创造中不可缺少的元素。摄影中要重视布光和色彩的设计。无论彩色还是黑白,布光要与故事的气氛吻合。影视画面上影像的轮廓、形状、色泽、明暗,无不受到光的影响和制约。在拍摄中要考虑自然光和人造光的运用。光线的强弱变化、照射的方向部位改变,都会使相应画面呈现出不同的审美情调。影视美术工作也是影视审美创造的重要方面,主要内容有布景、服装、道具的设计,外景实景、实景的选择与加工,内景的搭建等。

思考题:

1. 什么是审美感受和审美体验? 它在艺术审美创造中有什么作用?
2. 什么是艺术构思? 常见的艺术构思方法有哪些?
3. 艺术审美创造的心理与个性特点是什么?
4. 生活丑是如何转化为艺术美的?
5. 以音乐艺术为例,谈谈表演艺术的审美创造过程。
6. 以影视艺术为例,谈谈综合艺术的审美创造过程。

第三章　艺术作品的审美接受

第一节　艺术接受与审美生成

艺术活动作为人类最重要的活动形式之一,不仅是艺术家的创作活动,还包括作品的传播、消费与接受活动。艺术作品只有经过传播、消费与接受,才能成为现实的作品,其价值才能得到显现,艺术活动才最终完成。

众所周知,艺术作品只有通过读者(观众)的阅读(观看)活动,才能转化为现实性的存在,才能把原本是物质性符号的艺术语言形式(文本)转化为富有生气的艺术作品。就以文学来说,一个非常明显的事实是,文学作品要被人们接受,就必须经过读者一个字、一个词、一个句子、一个段落地读下去,只有在阅读的时间性展开过程中,文学作品才能成为读者意识中的文学作品。萨特说:"文学对象是一只奇怪的陀螺,它只存在于运动之中。为了使这个辩证关系能够出现,就需要一个人们称为阅读的具体行动,而且这个辩证关系延续的时间相应于阅读延续的时间。除此之外,只剩下白纸上的黑字。"①可见,艺术审美接受的前提必须是阅读(观看),否则"接受"、"审美"都无从谈起。没有读者(观众)的阅读(观看)活动,无论多么具有审美价值和深刻意义的作品,其价值和意义也都仅是一种潜在的存在。艺术作品的存在是一种游戏,并且是那种为了使艺术作品得以具体化而必须被观赏者观赏的游戏。因此,对所有的文本真实性来说,也只有在理解的过程中,僵死的意义踪迹才能转换为富有活力的意义。

对艺术品的反应,不但因人而异,也因作品的类型而异。一个对舞蹈表演一窍不通的人,可能在别种艺术上是个大天才。即便在同一艺术门类,也因个人趣味、能力而有差异。就书法家来说,有些擅长草书,有些擅长楷书,有些擅长行书,有些擅长篆、隶。就绘画来说,真正在山水、花鸟、人物,在水墨画、油画等领域都擅长者

---

① 《萨特文论选》,施康强选译,人民文学出版社,1991年,第116页。

微乎其微。更多的画家也就是在某一领域有所成就。

一、艺术接受的审美特征

1. 艺术接受的概念

艺术接受是指一种以艺术文本为对象,以读者(听众、观众)为主体,力求把握文本深层意蕴的积极能动的阅读(收听、观看)活动。它实质上是接受者在审美经验的基础上,对艺术文本的价值、属性等方面的一种再创造性质的观照。具体地说,艺术接受是接受者和被接受者相互作用的结果,是接受者通过感知、思索、玩味等审美活动把审美客体转换为审美对象而获得的情感体验,也是接受者"自我发现"的心理过程。

艺术接受大致有广义、狭义两种分别。广义的艺术接受是包括阅读(收听、观看)、鉴赏和批评的全过程。狭义的艺术接受仅指对文本的阅读(收听、观看)鉴赏这个阶段。"鉴赏"更接近于一种专业性的阅读,是一种理想化的和审美化的欣赏状态。而"艺术接受"可以泛指对所有文本(作品)的审美和非审美的一切方面的接纳、拒绝与无所谓的接受反应。我们这里使用的是狭义概念。

为了准确理解"艺术接受",我们还必须把它与"艺术消费"区别开来。艺术消费具有物质消费、精神消费二重性,它既包括阅读行为,也包括未含阅读活动的消费行为。法国文学社会学家埃斯卡皮就曾指出二者的区别,说有些艺术消费者购买书籍等,只是为了收藏、炫耀,而并不是为了阅读①。匈牙利学者豪泽尔在《艺术社会学》里分析这种"夸示式消费":上层阶级中有相当一部分人的艺术消费纯粹是为了炫耀自己的社会地位②。如果说艺术消费需要必要的经济能力、闲暇时间及消费心理等主观条件的话,艺术接受则更倾向于一种审美活动,属文化范围内的活动。

我们这里探讨的主要是艺术的接受,侧重于严肃艺术,不多涉及大众艺术。近代以来,随着大工业的发展,艺术作品逐渐成为一种可以大量复制的消费品,成为一种商品。许多艺术作品迎合接受者、市场,它们往往思想肤浅、形式简单,更多消遣娱乐功能,有明显的商业性,追求市场份额,主要目的就是营利。马克思说:"艺术对象创造出懂得艺术和能够欣赏美的大众,——任何其他产品也都是这样。因此,生产不仅为主体生产对象,而且也为对象生产主体。"③真正的高品位的艺术作

---

① 罗·埃斯卡皮《文学社会学》,王美华、于沛译,安徽文艺出版社,1987年,第144页。
② 豪泽尔《艺术社会学》,居延安编译,学林出版社,1987年,第211—212页。
③ 马克思《〈政治经济学批判〉导言》,《马克思恩格斯选集》第二卷,人民出版社,1972年,第95页。

品会创造出高素质的接受者,而那些低劣的艺术作品只能"创造"趣味庸俗的接受者,甚至会影响一个民族的文化素养。从这样的"艺术"里接受者只能"接受"到一种感官的刺激,而不会得到审美的享受。

2. 艺术接受的特征①

接受美学虽不是美学中的美感研究,但它以现象学和诠释学为理论基础,以人的接受实践为依据,建立起一套独立自足的理论体系,有助于我们理解艺术审美接受问题。按我们通常的理解,艺术作品也就是本文(context,又译文本),两者是一回事。可在接受美学那里,并不是如此简单。比如,文学作品就不同于文学本文,这两个概念有了严格的区分。接受美学认为,任何文学本文都具有未定性,都不是自足性的存在,而是一个多层面的未完成的图式结构。它的存在本身并不能产生独立的意义,意义的实现要靠读者的阅读使之具体化,即用读者的感觉和知觉经验将作品中的空白处填充起来,使作品中的未定性得以确定,最终达成文学作品的实现。因此,读者的能动创造性非常关键,读者对本文的接受过程不是消极的被动的,而是一种积极的再创造过程。没有读者的审美接受,艺术作品就还没有完全完成,还是一个半成品。那么,作为艺术审美接受,它有哪些特征呢?

(1)审美需求为动力。艺术接受不是消极被动的接受,而是积极主动的参与。它首先是一种以内在的审美需求为动力的活动。只有当接受者有了强烈的审美欲望,才能引发其主体的主观能动性,调动其想象、联想等心理活动,很快进入一种情感体验状态。弗洛伊德把审美和艺术视为人的生命欲望或性欲在幻想中的实现,马尔库塞把审美看作人的爱欲本能从压抑性生存环境下的超越和解放。他们的观点是有一定道理的。一般地说,审美欲望引发审美兴趣,是对对象的一种主动的发现和选择。罗丹说:"不是生活缺少美,而是我们缺少发现。"

(2)情感体验为核心。艺术的创造需要情感,艺术的接受也需要情感。而且,情感在艺术的接受过程中有着非常重要的地位,可以说贯穿整个接受过程,甚至在接受过程结束后,仍然还有持续,所谓"余音绕梁,三日不绝"。以情感体验为核心,这是艺术接受的最基本特点。当然,艺术接受中的情感,并不仅仅是日常生活情感,它是与感知、想象、理解等心理机能交融的自由情感。这种审美情感体验,还是

---

① 此小节借鉴了杨恩寰主编《美学引论》第九章的部分观点,人民出版社,2005 年。

艺术批评或鉴赏的依据,是审美创造的基础和动力。

(3) 感知理解为基础。艺术的接受中,需要情感,但不能仅有情感,还需要感知能力去理解,打破限制,"超以象外",努力去品味、把握"味外之味",让情感体验更深沉、持久,韵味无穷。须知,感知、想象和理解是艺术接受中最基本最重要的心理机能,有这些心理技能构成的意象,才为主体提供了真正的审美欣赏对象。

(4) 能动创造为目的。我们理解和解释文学艺术并不是重构或复制作者的意图,作品的真正意义并不存在于作品本身,而是存在于它的不断再现和解释中。我们理解作品的意义,光发现作品的意义是不够的,还需要发明。对作品意义的理解,或者说,作品的意义构成物,永远具有一种不断向未来开放的结构。因此,艺术的审美接受并不是一种复制的行为,而始终是一种创造性的行为。

20 世纪 70 年代有一种具有世界影响的美学理论,即德国学者尧斯提出的接受美学。它非常看重读者对文本接受过程中的对文本意义的再创造过程,也就是文本得以真正实现的过程。他们认为,一件艺术作品是永远不可能被穷尽的,它永远不可能被人把意义掏空。而且,没有一件艺术作品会永远用同样的方式感染我们。这是因为他们的"期待视野"不同。特定的"期待视野"决定着一部文学文本在一个接受者那里将会得到怎样的理解与评价。任何一个文本,它呈现给每个接受者的面貌取决于他阅读文本的独特角度与经验储备。也就是说它永远在不断地生成过程中,因此,世界上并不存在具有永恒的固定意义的文学艺术作品。在这个意义上,我们可以说接受与创作具有一样的意义。

3. 艺术接受的客体制约性与主观能动性

艺术的多样性,使得艺术的接受也是非常复杂的心理过程。不同的艺术样式、不同的创作方法、不同的风格等都对艺术接受产生很多差异。艺术接受是审美主客体相互作用交融统一的过程,或者说,艺术接受是主客体之间的一种双向运动。艺术接受首先需要有一定的可供欣赏的客观对象,否则艺术的接受就无从谈起。同时,艺术接受又必须依赖主体,要求主体具备一定的审美能力、素质。

(1) 客体制约性。艺术接受是一种审美过程,而审美经验的产生必然受到客观规律的制约。一般来说,接受者的审美能力与审美对象在级次上基本相同时,才会产生审美经验。如果差距太远,则无法产生审美经验。比如让小学生去阅读《神曲》,恐怕就很难有阅读快感,更不要谈美感了。马克思说:"对于不辨音律的耳朵来说,最美的音乐也毫无意义,音乐对它说来不是对象","因为对我说来任何一个对象的意义都以我的感觉所能感知的程度为限"①。一部雅俗共赏的艺术作品,不同层次的接受者都能从中得到审美享受,虽然这种享受是不同层次的。

客体的制约性还体现在很多方面。不同性质的文本产生不同的审美感受,比如人们观看悲剧不会产生喜剧的感觉。人们欣赏《红楼梦》,绝对不会与《水浒传》混淆起来。这就是审美经验的客体制约性,看来,艺术接受一定具有客体制约性。

(2)主观能动性。不过,客体对审美经验的制约并不是铁板一块,随机的现象到处都有。我们知道,主体也是不断变化的,决定接受者审美心理的因素很多,比如情绪、情感、环境、气氛等。王夫之认为对同一文本,不同的接受者会有不同的感受:"作者用一致之思,读者各以其情而自得。"(《姜斋诗话》)而罗丹也说:"所谓大师,就是这样的人:他们用自己的眼睛去看别人见过的东西,在别人司空见惯的东西上能够发现出美来。"②现当代西方美学中的现象学、格式塔心理学美学和接受美学等,都十分强调审美欣赏主体主动应对,即主动的接受和创造。

艺术接受不仅是一种审美过程,更是一种再创造的精神活动。克罗齐说:"批评和认识某事物为美的那种判断的活动,与创造那美的活动是统一的。唯一的分别在情境不同,一个是审美的创造,一个是审美的再造。"③一部优秀的艺术作品,它最重要、最根本的价值是审美价值。而这种审美价值的获得不是通过灌输,它必须是接受者的创造性成果。相同的文本,因为接受者的不同而不同。鲁迅说:"文学虽然有普遍性,但因读者的体验的不同而有变化,读者倘没有类似的体验,它也就失去了效力。譬如我们看《红楼梦》,从文字上推见了林黛玉这一个人,但须排除了梅博士的'黛玉葬花'照相的先入为主,另外想一个,那么,恐怕会想到剪头发,穿印度丝绸,清瘦,寂寞的摩登女郎;或者别的什么模样,我不能断定。但试去和三四十年前出版的《红楼梦图咏》之类里面的画像比一比罢,一定是截然两样的,那上面所画的,是那时的读者的心目中的林黛玉。"④

按接受美学理论,艺术的接受是对艺术文本的重塑过程。德国接受美学家伊瑟尔提出"召唤结构"的重要概念,意思指作者提供的含有大量不确定因素和艺术空白点的文本结构。因此,艺术的接受也就是接受者用创造性想象和联想去创造、补充的过程。在这个过程中,允许"合理误读"。清代谭献在《复堂词录序》中说:

---

① 马克思《1844 年经济学哲学手稿》,人民出版社,1979 年,第 78—80 页。
② 《罗丹艺术论》,人民美术出版社,1978 年,第 5 页。
③ 克罗齐《美学原理·美学提纲》,外国文学出版社,1983 年,第 131 页。
④ 鲁迅《看书琐记》,《鲁迅全集》第五卷,人民文学出版社,1957 年,第 430 页。

"作者之用心未必然,而读者之用心何必不然。"也就是这个道理。

二、审美生成的概念与特征

1. 审美生成的概念

审美是人类一种高级的精神活动,它是在主体与客体的关系中,在随机的选择运动中,在直觉与逻辑、意识与无意识、理性与非理性的既矛盾对立又辨证统一的关系中存在并发展的。"生成"是一个表示动态的词,它表明了接受者的体验是一种活生生的、永远变化的、开放的心理活动。审美的生成过程,也就是艺术家审美心理结构的建构过程。

文学艺术可以被称为唤起某些情感的严格的技术。真正的文学艺术必须以情动人,而文艺的接受首先也就是美的生成,在情感上产生反应。我们可以把这叫做艺术的感官性,包括视觉、听觉和触觉各个方面。没有这种感官性,艺术也就不成其为艺术了。

当然,不是任何文学艺术文本都能给接受者美感享受。比如那些坏的艺术,幻想主宰一切,自我放纵,崇拜强权、地位及财富。这些作品往往给予接受者的是生理快感、刺激,而非美感。真正的优秀艺术作品给接受者的是心灵的沉思、启迪、美感。默尔多赫说:"伟大的艺术是解放的艺术,它能使我们看到我们以外的事物,并且从中得到乐趣。文学能够激起并满足我们的好奇心,能使我们对他人他事物感到兴趣,并帮助我们变得宽容和慷慨。"①面对这样的艺术,我们才能谈审美生成问题。

2. 艺术审美生成的特征

(1) 美与审美的同步生成性。控制论美学认为,美是生成的,它的生成过程与能够欣赏它的主体的系统发育与发展过程有同步性和耦合关系,是适应主体系统发育和发展过程中的自调节的需要而产生,并在与能够欣赏它的主体系统相互作用中而发展的②。

我们认为,美是在人类开始第一次审美时才产生的,在没有审美之前,事物只有自然的(生物的、化学的、物理的、数学的)而无审美的属性,只有当人类有了审美的时候,事物的自然属性才有了审美的意义。审美不仅标志着美的诞生,而且标志

---

① 《思想者》,麦基编,周穗明、翁寒松译,三联书店,1987 年,第 424 页。
② 黄海澄《系统论、控制论、信息论美学原理》,湖南人民出版社,1986 年,第 64 页。

着整个审美现象的产生。只有通过审美,才使人的本质、本质力量或理想得以形象的表现或发现,也只有人的本质、本质力量或理想的形象的表现或发现才会有审美现象。在审美产生之前,宇宙万物就已经存在,但对我们的祖先来说并不具有审美的意义。只有当我们的祖先第一次从对象上或自己身上发现了人的本质或本质力量时,宇宙万物才开始与人有了亲和力,才有了审美的感觉。美与审美,不存在谁先谁后的问题,它们是同步生成、共同发展的,在审美的那一刹那产生的。艺术的审美也是美和审美同步生成的过程①。

(2)个体性。审美生成有个体性特点,它因接受者的不同而发生变化。海德格尔说:"理解是此在的存在方式。"因为个人的"前理解"(Das Vorstandnis)不同,所以对具体文本的理解也就不同。前理解是阐释学的一个重要概念,也是接受过程中一种常见的现象。人们在接受一个文本之前,头脑中已经有了各种各样的概念、符号、知识、观念、欲望、一些无意识的东西及其在社会生活中形成的印象。这种前理解制约、限定了接受者对具体文本的理解。比如,同是面对一部《红楼梦》,不同的人就会有不同的审美感受。鲁迅说:"《红楼梦》是中国许多人所知道,至少,是知道这名目的书。谁是作者与续者姑且勿论,单是命意就因读者的眼光而有种种:经学家看见《易》,道学家看见淫,才子看见缠绵,革命家看见排满,流言家看见宫闱秘事……"②其原因就在于不同的人有不同的前理解。可以说,没有前理解,任何人都无法与文本发生关系,当然更无法领会其中的奥妙。

在艺术接受过程中,正是这种接受,才是艺术作品本身真正的体验方式,而这种体验方式则把艺术作品规定为艺术作品。正是"体验"使得艺术作品的接受者往往有着不可替代性与独一无二性,他们自身的差异最终导致了理解、诠释的不同,也就是个体性。优秀的艺术作品为什么那么吸引人?为什么能够跨越时代、地域为不同的读者所喜欢?一个重要的原因就是接受的个体性。这种个体性让他们各取所需,并充分享受艺术的美。

(3)阶段性。我们面对一个伟大的艺术文本,第一经验就是陌生感、隔阂感。这种感觉甚至会让人产生一种排斥的情绪。第二种经验可能是诱惑感,即想把自己投身其中去冒险。用解释学理论说,持这两种态度的人还只是在表面上跨越了视域:如果某人仍然带着自己的视域,仍然想保持自己的视域,或者只是对陌生的

---

① 王建疆《自调节审美学》第二章,甘肃人民出版社,1993年。
② 鲁迅《〈绛洞花主〉小引》,《鲁迅全集》第八卷,人民文学出版社,1981年,第145页。

视域表示惊叹而并不投身其中的话,那么他就不可能理解、不可能从不同的视域中获得别的不同于自己的经验。对于出于激情而跨越视域的人来说,则还可能有第三种经验,那就是发现,通往他人的视域有可能成为彼此间的联系。这个过程也就是审美生成过程,从拒绝到接受,最后产生美感,爱不释手,这是几乎所有伟大的文学艺术给我们的阅读经验。有些人从一些残酷中得到那种扭曲的美感,也有这个过程。奥古斯丁《忏悔录》第六卷第八节记叙道:阿利比乌斯出于自愿去观看一场斗剑比赛,起初,他闭上双眼,不愿看到正在发生的一切,但是后来,人群中发出疯狂的呼叫。他为好奇心所驱使睁开了眼睛,便再也无法转移目光,杀戮欲点燃了他的激情:"因为他一看到鲜血,便贪婪地望着这残酷的场面,非但不掉过头去,反而把目光死死地盯住格斗的场面,不自觉地陶醉在疯狂之中。"这种转变的阶段性特征正好体现了艺术审美生成的过程。

(4) 时空性。文学艺术作为时代、社会的产物,对它的解读必然受到时代的影响。任何时代都必须以自己的方式理解流传下来的文本,因为文本附属于整个传统,正是在传统中文本具有一种实在的利益并力图理解自身。比如,屈原的《离骚》,在和平年代一般都认为是作者报国无门的一种情绪流露,可在抗日战争时期它却作为爱国主义作品被广为传颂。岳飞的《满江红》现在阅读的人很少了,读了而下泪的更少。可是在抗日战争时期,它却激发了多少抗日斗士的报国热情。一部《简·爱》一直被认为是歌颂爱情的优秀长篇小说,可到了 20 世纪后期,它却被女权主义者批评为男权主义的典型文本。即便是一部中国千百年被奉为经典的《论语》,不同时代的人会有不同的解读,例如,汉代的郑玄,魏晋时期的何晏、王弼,六朝的皇侃,宋代的朱熹等古代学者对孔子的理解就非常不同;现代学者与古代学者之间对孔子的理解差异更大;而中国学者与西方汉学家对孔子的理解更有着不同的文化视角。伽达默尔认为任何时代都必须以自己的方式理解历史流传下来的文本,没有什么终极的客观的意义。因为这个文本是属于整个传统的一部分,而每一个时代对这个传统则具有一种实际的兴趣,并试图在这个传统中寻求理解自身。而文学艺术作品的审美接受与审美生成还与空间性有很大关系。由于不同地域带来的文化、风俗、趣味的巨大差异,同一作品往往会给读者(观众)不同的感受。中国北方艺术豪放、粗犷,而南方艺术细腻、缠绵,使接受者的审美生成绝对有很大差别。

(5) 创造性。我们在阅读、观看艺术作品时,不是从空白开始,按照伽达默尔的看法,是有"前理解"的。前理解或前见是历史赋予理解者或解释者的生产性的积极因素,它为理解者或解释者提供了特殊的"视域"。视域即看视的区域,包括从某个立足点出发所能看到的一切。谁不能把自身置于这种历史性的视域中,谁就不能真正理解流传物的意义。但是,理解者(解释者)的视域不是封闭的孤立的,而是理解在时间中进行交流的场所。理解者(解释者)的任务就是扩大自己的视域,并让它与其他的视域相交融,这就是伽达默尔的"视域交融"。面对一件艺术作品,这种"视域交融"正是审美生成的迷人之处,也正是其创造性所在。

因此,我们可以说,理解总是一种创造的过程,这个创造的过程也就是审美生成的过程,完全可以说,只要我们在理解,那么总是会产生不同的理解,也总会有不同的审美经验生成。而艺术作品的魅力也正在于此。

三、艺术接受与审美生成的关系

艺术接受与审美生成的关系比较复杂,并不是所有的艺术接受都一定导向审美生成。艺术接受中能够使接受者产生审美愉悦的首先应该是具有一定艺术素质的作品,否则一切都无法谈起。默尔多赫说:"一个伟大的作家能够把形式和人物巧妙地结合起来(想想莎士比亚怎么做的吧),以便产生一个巨大的空间,在其中人物能够自由地生存,而且同时服务于故事的目的。一部伟大的艺术作品给人巨大的空间感,仿佛读者被邀进了一个思考的巨大殿堂。"①伟大的作家都非常相信读者,他们不会把什么都说出来。而且他们都有一颗博大的心,一种平静仁厚的眼光,因为他们能理解人是多么不同以及他们为什么不同。如此,接受者才能产生美感,才能进入其中,也才能称做艺术接受。

其次,接受者必须具有 定的文化素养和思想水平。因为艺术接受是一种再创造,没有一定的文化素质和思想水平是无法完成"接受"的,更谈不上"审美生成"。比如东方艺术比较神秘,强调悟性、感觉;而欧洲艺术更理性化一些。这除了种族的差异外,文化的交流非常重要。你如果不了解西方的文化渊源,没有读过希腊神话、戏剧,不了解基督教与《圣经》等,也就很难感受到西方艺术的那种美感。相应地,你不了解印度的文化,也就很难真正理解印度艺术。鲁迅说:"读者也应该有相当的程度。首先是识字,其次是有普通的大体的知识,而思想和情感,也须达到相当的水平线。否则,和文艺即不能发生关系。"②马克思说:"如果你想得到艺术的享受,你本身就必须是一个有艺术修养的人","对于不辨音律的耳朵来说,最美

---

①　《思想者》,麦基编,周穗明、翁寒松译,三联书店,1987 年,第 446 页。
②　鲁迅《文艺的大众化》,《鲁迅全集》第七卷,人民文学出版社,1981 年,第 579 页。

的音乐,也毫无意义,音乐对它说来不是对象,因为我的对象只能是我的本质力量之一的确证"①。由此可见,审美生成层次的艺术接受对接受者要求是较高的。不要说一般的接受者,就是很多艺术家、艺术评论家由于自己思维的僵化,对新生的或某些艺术、艺术现象总是无法接受。我们发现在文学艺术的接受过程中,大多数人对那些程式化、模式化的通俗作品,往往容易接受;而对那些真正具有探索、独创性的作品,很难马上接受,更不用说产生审美感了。

　　当然,艺术的接受很复杂,并不是面对真正的艺术品,每个人都会产生美感,得到艺术的享受。这里除了文化素养之外,接受者的心境、阅历、性格、趣味等都会产生很大的作用。心境不用多说,兴奋的时候听悲伤之乐,效果就不会很好。性格也是一个因素,忧郁型的人喜欢悲剧,乐观外向的人喜欢热烈的作品。阅历也非常关键,黑格尔说:"同样一句格言话,在完全理解它的青年人口中,总没有在阅历很深的成年人的精神中那样的作用和范围,要在这种成年人的阅历中,那句格言里所包含的内容的全部力量才会表达出来。"②辛弃疾有一首词就描述了这个过程:"少年不识愁滋味,爱上层楼,爱上层楼,为赋新词强说愁。而今识尽愁滋味,欲说还休,欲说还休,却道天凉好个秋。"

　　最后,审美生成能力也可以培养和提高。古人说:"操千曲而后晓音,观千剑而后识器。"艺术接受者要提高自己的审美生成能力,必须而且只能通过不断的审美实践。优秀的艺术作品,是提高接受者欣赏素质、水平和层次的最重要渠道。歌德说:"鉴赏力不是靠观赏中等作品,而是要靠观赏最好的作品才能培养成的。"③古人也说"取法乎上,仅得乎中",也是这个道理。

第二节　艺术接受的心理特征

　　艺术接受是个人内心理活动的一种隐秘过程,一种在人的意识深处进行、观察时难以记录的过程。这一过程受制于接受者个人的社会经验、文化修养,也受制于他在接受时的心理状态。或者更准确地说,艺术审美接受本身就是一个心理过程。

　　优秀的艺术接受者不仅需要丰富的经验,而且也需要一定的能力去捕捉和感

---

① 马克思《1844 年经济学哲学手稿》,人民出版社,1979 年,第 108—109 页,第 79 页。
② 黑格尔《逻辑学》下卷,商务印书馆,1976 年,第 524—553 页。
③ 《歌德谈话录》,人民文学出版社,1979 年,第 32 页。

知艺术,从而把它们变成一种可以触知的东西。相对于创作而言,艺术的接受也不是一件很简单的事情。

一、期待视野与惯例

接受美学代表人物尧斯认为,任何阅读活动,都是在一定的期待视野指导并在其背景下进行的。这种期待视野实际上是由接受者原有的艺术素养、审美情趣以及既往的阅读经验所构成的文体惯例,共同构成一种心理接受图式。这种心理接受图式又称接受者的审美心理结构。按他的说法,在这种期待视野中呈现出两种心理反应:同化、顺应。所谓"同化",是指接受过程中那些与接受者审美心理结构相一致的作品信息对这一心理结构的强化与巩固作用。但只有"同化"也会带来审美模式的僵化,因此,还需有"顺应"来补充。所谓"顺应"就是指接受过程中那些与接受者审美心理结构不一致的作品信息对这一心理结构的调整与改变作用。康德说:"天才就是给艺术提供规则的才能(禀赋)。"①艺术本来就是永远充满挑战、不断创新的审美精神创造活动。作为艺术的接受者必须一直在博大的胸怀下,不断地迎接挑战,而不要僵化自己的审美心理结构,宽容对待一些新生的艺术现象。要知道,艺术永远在路上。

艺术接受不仅是一个感性(感受)的阶段,也是一个理性认识的阶段。因此,在审美判断过程中,接受主体的理性起着积极的作用。美学家早就指出,没有理性的参与,是无法构成真正的鉴赏活动的。亚里士多德说:"我们看见那些图像所以感到快感,就因为我们一面在看,一面在求知,断定每一事物是某一事物,比方说,'这就是那个事物'。"②

1. 期待视野

艺术接受首先必须有接受主体通过自己的感官去感受、感知接受客体的形象。只有在接受客体的形象刺激接受主体的感觉、知觉器官之时,接受主体的一系列相关的心理机制才能被调动起来,艺术接受才能形成。德国接受美学家尧斯提出了一个很重要的概念:"期待视野"(expectation horizlon),意思就是在艺术接受之前及其过程之中,接受主体基于自己的审美理想、阅读经验和接受动机在心理上形成的关于未来作品的"既成图式"。接受美学把这种据以阅读文本的既成心理图式叫

---

① 康德《判断力批判》,人民出版社,2002年,第151页。
② 亚里士多德《诗学　诗艺》,人民文学出版社,1962年,第11页。

做阅读经验期待视野,简称期待视野。

艺术的接受虽然有时是一种直觉顿悟过程,在克罗齐那里,"直觉"就是概念形成之前的思维阶段,他的一个很重要的美学观点就是"审美即直觉",但是这种直觉顿悟也需要长期的生活阅历、艺术经验的积累,也就是说在一定程度上受制于期待视野。由于人生经验的不足,一些伟大的艺术家也往往产生审美失误。李贺曾有诗云:"黑云压城城欲摧,甲光向日金鳞开。"后来王安石讥笑说:"误矣,方黑云压城时,岂有向日之甲光也?"明朝人杨慎则引"东边日出西边雨"的谚语,反讥"宋老头巾不知诗",并说:"予在滇,值安凤之变,居围城中,见日晕两垂,黑云如蛟在其侧,始信贺之诗善状物也。"同一诗句,为什么会有不同的理解呢? 关键就是王安石缺乏这样的生活体验。鲁迅曾经说,看别人的作品,也很有难处,就是经验不同,即不能心心相印。所以常有极要紧、极精彩处,而读者不能感到,后来自己经验了类似的事,这才了然起来。明代文学家刘基读杜诗就有类似的体验:"予少时读杜少陵诗,颇怪其多忧愁怒抑之气……比五六年来,兵戈迭起,民物凋耗,伤心满目,每一形言,则不自觉其凄怆愤惋,虽欲止之而不可,然后知少陵之发于性情,真不得已,而予所怪者,不异夏虫之疑冰矣。"(《诚意伯文集》卷五《项伯高诗序》)

艺术接受与接受者的心境也有很大的关系。首先,一个功利的心灵是无法理解艺术的。马克思在《1844年经济学哲学手稿》中说:"忧心忡忡的穷人甚至对美丽的景色都没有什么感觉;贩卖矿物的商人只看到矿物的商业价值,而看不到矿物的美和特征。"康德在《判断力批判》里也认为:"美是超功利的",一个太势利太功利的人是无法欣赏艺术的,更无法体会艺术的精致之处。而穷人因为生活所迫,当然也没有闲心去欣赏艺术。

2. 惯例

美学家 G·迪基认为,艺术都有自身的惯例,它是"由戏剧、绘画、雕塑、文学、音乐等等各种艺术门类系统所构成,而每一个艺术门类都具备那种能授予客体以鉴赏资格的惯例的背景",这些不同的艺术门类都有一个相同的特点,"惯例"就是"每一个门类系统为了使该门类所属的艺术作品能够作为艺术作品来呈现的一种框架结构"①。因此,每一次艺术的改革、变化都是对"惯例"的挑战,也是对艺术接受惯例的冲击。

惯例经验不仅出现在艺术家的创造过程中,而且在艺术接受活动中也不是偶

---

① 参见《美学译文》(3),中国社会科学出版社,1984年,第237—241页。

然的心理现象。没有任何人能做到不受惯例经验影响的态度去接受艺术,主体对艺术惯例的了解程度和破译水平构成了接受的一种心理基础。许多人在欣赏艺术作品时,总是有一种逐步展开的具体心理期待现象。欣赏一般总是由接受者的猜测、预测、假设、希望等组成。当接受主体对特定艺术的惯例的期待得到认同、强化时,愉悦的情绪体验也同样油然而生,而这种体验又会通过意识的隐性累积为新的接受反应贮存更加充分的心理能量。就此而论,接受主体的惯例经验是维系于过去时态的心理活动的一种举足轻重的认知—情感变量。

　　大多数人一般总是喜欢与自己的惯例经验相似或相同的艺术作品,这些模式化、程式化的文本对他们的接受不但没有挑战,而且更多的是一种迎合,这种熟门熟路的接受图式是最常见的。美学家乔治·桑塔耶纳说:“只有我们习惯了的视觉形式才能引起我们的共鸣。”①尤其一个人少儿时期的艺术熏陶,可以影响他一辈子的艺术接受。西方的交响乐、中国的民乐是在不同的时空中产生的历史悠久的艺术,它们的根在各自的那片土地上,大多数中国人还是喜欢自己的民乐,真能深入欣赏交响乐的恐怕不是很多。而西方人真能欣赏中国的民乐、书法的,想来也不会太多。而就一国来说,不同地区的人在艺术接受上也有不同。中国西北人可能喜欢秦腔、信天游,而江南水乡的人可能更喜欢他们的昆曲、评弹。再落实到每一个具体的人,也是个个不同,各有爱好。即便那些艺术趣味丰富、知识渊博的伟大艺术家、批评家,也各有不同的惯例经验。托尔斯泰就不喜欢莎士比亚,鲁迅就瞧不上梅兰芳的京剧,美国学者费迪曼坦率承认他阅读东方典籍,不能在心中燃起火焰。因为这些根本唤不起他们熟悉或美好的回忆,把他们引不到一种特定的情感态度中去。

　　这种惯例经验有时会到迷信甚至迷幻的程度。比如艺术接受中的名人效应,许多人接受艺术也就为“名”而去,而那个艺术真正的价值他本是不知道的。至于那些尚未被专家、社会认可的艺术家,即便他的艺术作品达到了很高的水平,真正能认识到其价值的人也是寥寥无几。天才往往是寂寞的,他们的成就经常是在后世才被认可。比如在收藏行中大家争相收藏的都是已经被认可的名家作品,即使那幅作品质量一般。一般来说,接受者的认知结构越是不完善,其过分趋向偏离于现实性参照的幻想反应就越可能发生。古代有因读《西厢记》而自杀者,当代有为明星而自杀者,法国有某士兵举枪高喊着冲向饰演奥赛罗的演员者,都是艺术接受

① 乔治·桑塔耶纳《美感》,缪灵珠译,中国社会科学出版社,1982年,第98页。

中产生幻觉效果所致。

这种迷信、迷幻的现象类似于心理学的投射。投射是人的一种心理外射的能力,指接受者将自己的记忆、知识与期待所形成的心理定向,转化为一种主观图式,外射到特定的客体上,使得客体符合主观图式,从而产生幻觉的心理机能。

二、艺术接受中的移情、想象与共鸣

艺术总要教导什么,告诫着、开导着、描绘着真实。只是它必须通过其他途径和方法,这些途径就是情感和想象。艺术是情感的载体,它的创造是富有激情的,而在艺术的接受过程中,情感也是非常活跃的一种。从某种意义上说,艺术的接受也就是接受主体与作家、艺术家、文本情感交流的过程。因此,情感活动是艺术接受的一个重要的心理特征。我们这里主要谈三种:移情、想象与共鸣。

1. 移情

移情与移情说是有区别的。移情,有心理学、精神分析学说、美学等多个层面上的意义。我们这里专指美学意义上的。简单地说,移情,就是主体把自我的感觉、情感、生命"投射"到对象身上并在对象身上感受、体验到自我的感觉、情感和生命的过程。而移情说作为一种比较有影响的美学理论,最早由德国费希尔父子提出,后被德国的里普斯、谷鲁斯、伏尔盖特,英国的浮龙·李,法国的巴希等继承和发展。它的主要观点是:审美活动就是主观感情的"外射";美是主观移情的结果;人们所移的是与现实无关的纯粹观赏性质的自我感情。

移情是怎样产生的呢? 移情是一种感知他人体验的能力,这种感知是与他本人的情感相关的。即一个人体验他人的需要、热望、失望、欢欣、忧愁、焦虑、伤害和饥渴的能力,好像这些感受是他自己的一样。

在艺术的接受过程中,移情这种美感经验是非常普遍而常见的。例如写字,横、直、钩、点等笔画原来都是墨涂的痕迹,原本没有什么"骨力"、"神韵"。可在名家书法里我们常感觉到"骨力"、"神韵"。康有为在《广艺舟双楫》中说字有十美:"一曰魄力雄强,二曰气象浑穆,三曰笔法跳跃"等等,大半是移情作用的结果。这种骨力、神韵原存在于接受者的心中,在移情作用中不知不觉地把字在心中所引起的意像移到字的本身上去。还如,我们意绪颓唐时读《史记·游侠列传》或听贝多芬的《第五交响曲》便觉慷慨淋漓;心情烦躁时对修竹清泉即洗刷净尽。听一曲高而缓的音乐,心理也随之作一种高而缓的活动;听一曲低而急的音乐,心理也随之作一种低而急的活动。杜甫的诗"感时花溅泪,恨别鸟惊心",也就是移情的绝佳表现。

2. 想象

艺术的接受全过程之中充满联想和想象,否则是无法完成的。联想,是一种记忆形式,由当前感知的事物回忆起有关的另一件事,或由一物诱发起另一物。朱光潜说:"在观照自然和艺术时,我们最容易起联想……一般人觉得一件事物美时,大半因为它能唤起甜美的联想……例如红是火和血的颜色,所以看到红令人觉得温暖,感到热情。青是田园草木的颜色,所以看到青色令人联想到乡村生活的安闲。"①

相对联想来说,在艺术接受中能最大限度、最有效地发挥接受主体再创造能力的心理功能,还是想象。想象,心理学上把它称为特殊形式的思维活动。而且人能够根据别人口头或文字的描述在头脑中产生没有感知过的事物的形象。很多美学家认为,想象的愉快才是审美的真正特征。黑格尔说:"如果谈到本领,最杰出的艺术本领就是想象","这种活动就叫做'才能','天才'"②。波德莱尔认为惟有想象力才是"各种能力的皇后"。别林斯基也非常强调"想象"的重要性,认为在文艺中起最积极和主导作用的是想象。但是,我们同时要注意,不要把想象和纯然被动的幻想混为一事。想象是创造性的。

人们发现经常看电视的人想象力会退化,而经常阅读的人,尤其是喜欢阅读文学作品的人,想象力比较发达。因为后者容易引发接受者的想象,而电视却让人懒惰,导致视觉疲劳。一个人无论在哪个领域,要想有所成就,都需要良好的想象力。

3. 共鸣

共鸣是一种情感、想象、思想高度和谐共振所产生的一种审美情感的高潮,一种艺术接受的高峰体验。作为一种审美体验,经常表现为艺术迷醉状态。人本主义心理学家马斯洛说:"人们在高峰体验的状态下,都有一种非常独特的在时间和空间上定向能力的丧失。确切地说,在这种时候,这个人在主观上是在(现实的)时间和空间之外的。诗人和艺术家在创作的狂热的时候,变得忘却了周围的事物和时间的流逝,当他'醒'过来时要判断过去了多少时间,简直不能做到,通常他不得不摇摇他的头,仿佛刚从茫茫然中苏醒,弄不清自己是在什么地方。"③这种"迷醉"不仅经常出现在创作中,也经常出现在接受者的接受之中。孔子闻《韶》,三月不知肉味,就是共鸣体验后的延留,即艺术接受结束后,其高峰体验的心理延续和留存状态,是另一种审美心理体验。

---

① 朱光潜《美感与联想》,《朱光潜美学文学论文选集》,湖南人民出版社,1980 年,第 123 页。
② 黑格尔《美学》第一卷,商务印书馆,1979 年,第 357、360 页。
③ 马斯洛《存在心理学探索》,云南人民出版社,1987 年,第 72 页。

在艺术欣赏中,接受者有权利要求按照自己的信仰、情感和思想在艺术作品里重新发现它自己,而且能和所表现的对象起共鸣。费尔巴哈说:"人是在对象上而意识到他自己的:对象的意识就是人的自我意识……对象是人的显示出来的本质,是人的真正的、客观的'我'。"他还说:"感情的对象就是对象化的感情……那么,当音调抓住你的时候……你在音调里听到了什么呢?难道听到的不是你自己心的声音吗?"①

共鸣在艺术接受中是非常普遍的一种心理体验。法国画坛浪漫主义的先驱席里柯的著名油画《梅杜萨之筏》,表现一只漂浮在海上的木筏上的人们挣扎着呼救的情景。当他创作这幅画时,画家德拉克洛瓦去看过。事后,德拉克洛瓦在日记中这样写道:"当席里柯在画他的《梅杜萨之筏》的时候,允许我去看他工作,它给我这样强大的印象,当我走出画室后,我像疯人一样地跑回家,一步不停,直到我到家为止。"这种共鸣现象不仅表现在作品内容上,也表现在艺术形式上。高尔基一次在意大利看到一个雕像,线条的和谐和清晰,感动得他流下泪来。王羲之、王献之父子的书法萧散简远、妍美流便,主要以线条给人形式美,古往今来不知有多少人为它而痴迷。许多高人雅士甚至把他们父子的书法放在枕边、手边,随时展玩。

这种共鸣现象往往会导致一些神奇的结果。尼采抱病观看比才的歌剧《卡门》,一下被乐曲迷住了,醉人的音乐让他的病骤然消失。曹操看陈琳檄文而头痛病痊愈。而《奥赛罗》、《哈姆雷特》、《白毛女》的演出,在历史上曾经出现过悲剧:那感人的情节把观众带到了戏里,深陷其中而不能自拔,竟然向反面演员施暴。

三、同化与调节

艺术的接受是一项非常复杂的审美过程,不但与艺术文本有关,也与接受者的审美心境有关。它不但决定着艺术接受的能否发生,而且还往往影响着艺术接受的质量。如果不能适时地调节自己的心理,可能就无法很好地欣赏艺术。比如,你带着一腔怒气,是永远不可能进入王维的诗歌世界;你以男欢女爱的阅读期待心理去阅读《红楼梦》,也是无法真正读懂这部伟大的长篇小说。不同的艺术文本需要不同的审美心境,作为接受者应该随时自我调节。

英国心理学家布洛提出的心理距离说可以解释这个问题。布洛认为,在审美活动中,只有当主体与欣赏对象之间保持着一种恰当的心理距离时,对象对于接受

---

① 费尔巴哈《18世纪—19世纪初德国哲学》,商务印书馆,1960年,第486、490页。

者才可能是美的。"仆人眼里无英雄"也就是这个道理。当然这种距离,既不是空间上的,也不是时间上的,而纯粹是精神上的。而且这个"距离"不能太近,也不能太远。要保持这个"距离的尺度"就需要理性。自调节审美与审美调节在这里起着巨大的作用。

艺术接受中的自调节审美与审美调节是相互区别而又紧密联系的概念,前者讲艺术审美经验的构成机制,后者讲审美作用。我们知道,整个审美经验的产生都离不开同化—调节辨证规律的制约。其次,审美的调节作用也要通过自调节审美来实现①。

自调节审美不仅是一个技术操作问题,更是一个审美心理的建构问题。同化与调节是审美心理结构建构中两个不可或缺的方面。审美经验的产生和发展既是同化的结果,又是调节的产物。在调节的后面有着同化的基础——因为同化不了才需要调节;在同化的后面又有着调节的功劳——调节的目的在于同化。同化的作用在于使人能审面前能审之美;调节的作用却在于使人能审面前暂时无法审之美。同化使人稳定在一定的水平上,使人产生自然而然的反应或反映;调节,却使人打破这种稳定,从而不断地进入新的、更高的审美层次。因此,主体自调节审美的直接结果是主体审美心理结构的进一步完善和审美能力的进一步提高,从而能够更多地接受美的信息,更进一步地更充分地审美。

说得通俗一点,自调节审美与审美调节也是一种艺术接受的开放心态。一个审美封闭的人,是无法欣赏那些富有创造性的当代艺术作品的。一般群众往往喜欢已经定型的甚至模式化、程式化的东西,因为它们没有挑战性,可以熟悉地轻易地去欣赏。可是这种心态却是文艺发展的不利因素,不利于文艺的创造。文艺的可贵之处就是它的挑战一切可能性,这才有文艺的蓬勃前进,百花齐放。我们知道,文艺作品不仅有不同的思想内容,更有丰富多彩的艺术形式。一个具有审美依赖性的接受者,可能对某一类艺术情有独钟,但对其他艺术恨之入骨。这类接受者中甚至不乏优秀的作家、艺术家。比如现代艺术的出现,就在欧洲产生了很大的反响,刚开始许多人包括许多大艺术家都无法接受。美国美学家鲁道夫·阿恩海姆在《艺术与视知觉》里说,像杜尚的绘画《下楼梯的裸女》,就采用了频闪运动原理来表现一种运动感的。它的价值就在于它的运动感。可这对接受者来说无疑是一种考验,在观看这样一种形象时,仅仅具备以往的经验是不能产生运动感的。要想使

式样具有运动感,就必须从熟悉的水平方向偏离,但也不能偏离得太过分。如果将它偏离到垂直方向上去,垂直方向上的稳定性就不会使人从中感到运动了。

不仅现代艺术命运如此,而且任何一种新的艺术形式的出现也都要经过作品与接受者的痛苦过程。接受者对新的艺术形式的接受,一般都要通过对自己的艺术观念、审美理想的调节和对新的艺术语言的把握才能进行的,是接受者主体不断地自我更新、自我调节的结果。那些固执己见、故步自封的接受者,已经不适应这个艺术多元化的时代了。

自我调节对于文学艺术的创作也有很大作用。创造美和创造艺术的过程也就是审美的过程,审美经验的产生是艺术创造的内驱力之一。比如,梅兰芳从事京剧艺术多年,很有造诣。他非常熟谙观众的审美心理。在京剧的改革上,他采取了渐进的策略,每次演出改变那么一点点,慢慢地就把京剧改革往前推进了一大步。他如果一开始就做大的改变,恐怕观众就很难接受了。

四、批评意识与批评家的心理特征

1. 批评与批评意识

接受美学认为接受者在文艺作品的接受中,是一种主动的积极的介入状态。可是相对于批评家来说,一般读者(观众、听众)的接受还是比较被动的,许多仅停留在获取审美享受、知识性娱乐甚至感官刺激程度,其积极性的发挥终究有限。批评家的批评虽然也是一种鉴赏,但它是一种较高层次的鉴赏,负有更多的使命。批评的特征是理性建构、价值判断或美学诠释,它的接受更是一种创造。略萨说:"文学评论可以成为深入了解作家内心世界和创作方法的极为有用的向导;有时一篇评论文章本身就是一部创作,丝毫不比一部优秀小说或者长诗逊色。"他随后还列举了许多著名例证①。诺思洛普·弗莱在《批评的剖析》一书的"论辩式的前言"里也论证道:文学理论和文学批评不是文学的寄生虫,批评也是一种艺术,批评家也是成功的艺术家。他说:"批评是一种思想和知识的结构,自有其存在的理由,就其所讨论的艺术而言有某种程度的独立性。"②正如英国作家王尔德说的,评论比创作更具创造性,而且评论远比创作要求具有更高深的修养。

批评的这种再创造性质并没有被大多数人认同,很多人至今仍把批评等同于

---

①　略萨《给青年小说家的信》,赵德明译,上海译文出版社,2004 年,第 148 页。
②　诺思洛普·弗莱《批评的剖析》,陈慧、袁宪军、吴伟仁译,百花文艺出版社,1998 年,第 4 页。

作品的附庸。在没有真正的批评的前提下,三流作品享受着一流的待遇,而真正一流的杰出作品却被人遗忘或忽视。英国著名批评家利维斯针对当时英国文学史上"经典"充斥的现状,认为必须有人站出来作价值判断或重大的甄别,从而形成"一种正确得当的差别意识"。同时,他还认为对一些作家人们交口称赞,可对他们的真正卓越之处却缺乏共同的认识。他的《伟大的传统》就是解决这些问题的优秀的批评著作,在世界文学批评界影响甚大。

从批评家的精神活动出发,自然就出现了批评意识这个概念。批评意识即批评家持特定态度实现其还原欲望的心理现象。特定的态度就是批评的立场、出发点和着眼点等等。这种态度因批评家个人素养、气质和社会背景的不同而产生差异。但对于某个批评家来说,则往往是相对稳定的、成熟的,批评家一般不轻易改变态度。

批评意识这一心理活动的主导特征是知性分析。因为批评的任务首先就是解析,没有知性分析,不能真正认识到艺术品的奥妙。那种朦胧的感性的直观不会向人昭示艺术的内在精妙,只有经过痛苦的历险、彷徨,才能进入艺术的堂奥。知性的分析是一个由表到里、逐步深入的过程,有着追逐、捕捉的乐趣,也有决斗、较量的兴奋。优秀的批评家必须按照惯常的视角,把艺术品还原为各种要素。他必须具备第一流的知性分析能力。知性分析是人类认识能力中的一个重要环节,没有它,所有更高的认识无法产生,批评也无法深入对象。我们今天阅读一个文本,会从情节、人物形象、性格、语言、思想、色彩、光影、笔墨、节奏、旋律等方面着手研讨,都是古人知性分析的成果。而批评的进步也自然地与知性能力的发展息息相关[①]。

2. 审美批评是一种特殊的文艺接受

审美批评作为一种复杂的审美活动,作为艺术创作与欣赏的中介,并对社会负有重大责任的精神实践活动,有着明显不同于一般文艺接受活动的特征。它除需要具备一般的审美素质条件外,还应该有着更高的要求。它要求批评家必须具备较高的美学和艺术理论修养、较强的审美鉴赏力、理性分析能力、更多元的审美观念、语言义字表达能力、丰富的鉴赏经验,以及一定的生活阅历、历史文化科学知识、自觉的社会责任感等。

审美批评是一种特殊的文艺接受,它能够促进艺术创造、艺术欣赏,能够使大众更好地感受、理解艺术,培养高尚的审美趣味。狄德罗早就看到了批评对艺术创

[①]　参看《文艺心理学教程》,童庆炳、程正民主编,高等教育出版社,2001年,第331页。

作的重要作用。他在《论戏剧艺术》一文中说,不管一个戏剧家具有多大的天才,他总是需要一个批评者。批评影响着艺术家如何去感知世界,指引他去认识生活的特定方面,优先注意特定的题材。同时,批评还可作用于艺术家本人,影响到他的创作个性,帮助他进行自我监督并对艺术活动实行广泛的社会检验。真正的批评家就是那些能教给我们怎样欣赏的人,而且只能是如此。

正因为如此,审美批评不是一般的大众接受。艺术的审美批评要像催化剂一样,能大大促进欣赏者对作品艺术构思的理解和掌握。所谓的审美批评的主要作用在于,通过批评把一般接受者不易觉察和理解的对象的深刻含义和美学价值集中揭示出来。在此意义上,它起着一种"助产师"的作用。因此,我们可以说,艺术作品的创作者是艺术价值的创造者,而作品的鉴赏家、批评家和解释者则是作者艺术声望的创造者。

3. 批评家的审美能力与心理特征

威廉·詹姆斯说,哲学上各种流派的论争是由哲学家的气质造成的。气质禀赋的差异产生了哲学信仰的差异,同样也能造成批评家与非批评家的差异。这是所有优秀的批评家用自己的批评实践证明了的。他们既然选择了这个职业,也必然有某些天性让他们成为批评家而不从事别的职业。

作为一个批评家,在天性或者说先天的心理素质上应该有一些明显的特征,正是由于这些特征使他们在心理素质上必然不同于一般读者。批评家的心理特征有很多,如想象力、知觉敏锐、强化和简化及批判性气质等,这里我们主要描述后两种心理特征。

(1)强化和简化。艺术现象总是纷繁芜杂的,而且越离我们近的越复杂混沌,因为它们还没有经过大浪淘沙,表现形态基本是泥沙俱下、鱼龙混杂。这就要求批评家不断地去选择、淘汰,然后再阐释、批判。即便再优秀的批评家总有自己的盲区,因此他们经常的做法是选择自己认为具有批评效应和批评价值的对象,并且在这一区域进行深度作业,言人之未言。我们把促使批评家这样行动的心理能力叫做强化和简化。它们是两种相反却又相辅相助的心理能力。这种心理能力就与审美中的选择能力有关。

强化,是一种批评过程中的自发倾向。批评家一般都倾向于强化对象,强化对象所被称颂的优点,强化对象所被攻击的弱点,把某种现象强化为本质,把某一症状强化为基本特征。批评史上不乏见微知著的范例。优秀的批评家经常抓住一个尚未被人注意的文艺现象,大力强调、深入钻探,提出自己独特而深刻的见解,于是便产生深远的影响。比如关于荷马史诗、《诗经》、莎士比亚、雨果、巴尔扎克、鲁迅，关于曹雪芹和《红楼梦》、王实甫和《西厢记》等，我们已经接受了许多经过强化而生成的观念。如《诗经》的"美刺"、《离骚》的"香草美人"、陀斯妥也夫斯基小说的"复调"等，这一切经过批评家的阐发已经成为传统的、流行的观念。杰出的批评家在心理上不愿意拾人牙慧，他们往往在一些容易被人遗忘、疏忽的地方做文章，按照他们的思路发挥，从心理上说也是满足他们的心理要求。当然，这对批评家的个人素质要求很高，不是所有的批评都能做到的，因为没有深刻独特的分析、诠释就没有强化。

简化与强化相比，它对批评家或许更重要。鲁道夫·阿恩海姆《艺术与视知觉》中说："（正常人在观看外物时）往往是一眼就看到了它的形状……一眼就抓住了眼前物体的粗略的结构本质……看到的是一种十分简单的和规则的图形。"①心理学家的研究也发现，人的眼睛倾向于把任何一个刺激样式看成已知条件所允许达到的最简单的形状。这就是简化的心理依据。

现今社会，信息量非常庞大，艺术作品铺天盖地，已经远远超过了人脑的承受能力。作为一个批评家，要熟悉所有这些当下的艺术作品，已经是不可能的了，更不要说细读、评价与阐释了。尤其20世纪90年代以后，文化消费时代的到来，作品数量更是汹涌蓬勃，纸媒、网络等不同的载体每天都产生大量的文本。面对如此情形，批评家必须要学会简化和淘汰，否则就会在文化信息甚至文化垃圾中迷失自己。"简化并不就是淘汰掉最拙劣的、品质最差的，因为那些劣等品本来就不在话下。简化原则是把人类文明中，艺术中最精华的部分选留下来，即便是对一位伟大的艺术家，也没有必要照单全收，因为伟大的艺术家并非处处伟大，如果照单全收，只表明我们根本不知道他伟大在何处，并且同样伟大的艺术家并不只有一个，即便只把伟大的作品单列起来，在今天看来就已经是一份极其沉重的文化艺术遗产，它们的分量足以压得批评步伐难举"②。因此，优秀的批评家必须具备良好的简化能力，去芜存精，着力于真正的艺术文本。

（2）攻击性气质。批评家是这样一个人，他在同意接受文本强加给他的迷惑的同时，还要求保留凝视的权利。雷内·韦勒克在《批评的概念》中说："批评就是识别、判断"；F·R·利维斯在《伟大的传统》中认为批评就是"唤醒一种正确得当的

---

① 鲁道夫·阿恩海姆《艺术与视知觉》，中国社会科学出版社，1984年，第63页。

② 参看《文艺心理学教程》，童庆炳、程正民主编，高等教育出版社，2001年，第341页。此节的写作借鉴了第五章的部分观点。

差别意识"。这些都表明了批评的非中庸性。我们许多读者责难批评家言论的尖锐性,其实没有了尖锐性也就没有了批评。在真正的批评家眼里是没有"完美"二字的,他们总能从一些传世杰作中找出缺点,而那些二三流作品经常被他们讽刺为垃圾。我们如果强迫他们说话平和,那批评就很难进行下去。

批评领域实际上是各类智慧和见识的搏击场所,取胜的一大因素就是见解是否独到、尖锐,既有独特性又有排他性。蒋原伦先生说得好:"攻击性气质是批评家诸心理素质中最根本的素质,没有这种气质,一个人即使修养、学识、鉴赏力和想象力俱佳,也成不了大批评家。"①批评需要差别意识,需要识别、判断,需要说出自己的见解,一个和事佬是做不了这个工作的。"优秀的批评家首先是一个不安分的挑剔者,一个读者日后是否能成长为批评家,其初始与其说取决于他鉴赏力的高低,毋宁说取决于他是否是一个富有挑剔个性的人物,是否是一个攻击性很强的人物。从极其理智的苏格拉底到从不抑制自己情感的尼采,举凡大批评家,没有几个不以挑剔性批评、攻击性批评为能事"②。这段话虽略有偏激之处,但在很大程度上也揭示出了真理。

第三节　艺术接受的人生底蕴

在人类艺术史上,人们一直非常重视艺术的社会教化和人格陶冶作用。孔子说:"诗可以兴,可以观,可以群,可以怨。"古希腊的亚里士多德也认为艺术能够给人以真理,罗马时代的贺拉斯要求艺术"寓教于乐"。当代西方哲学家马尔库塞认为,艺术不能直接改变世界,但它可以为变更那些可能变革世界的男人和女人的内驱力作出贡献。我们与其说艺术影响了生命的存在,倒不如说它影响了生命的质量。无论如何,这种影响都是非常深邃的。

许多人认为文学艺术的接受似乎是被动的,其实不然。伽达默尔在《真理与方法》中辩证地发展了"游戏"的概念,他认为游戏的真正主体不是游戏者,而是游戏本身,游戏既使游戏者得到自我表现,又使观赏者也参与了游戏,游戏本身乃是由游戏者和观赏者所组成的统一整体。文学艺术的接受也是如此。人们在接受艺术

---

① 《文艺心理学教程》,童庆炳、程正民主编,高等教育出版社,2001年,第333页。
② 《文艺心理学教程》,童庆炳、程正民主编,第332页。

作品的同时,像做游戏一样既参与了艺术,同时也愉悦了自己,提升了自己的道德素质。

一、艺术接受中的情感培育和真理绽放

艺术接受是一种有组织的情感活动。宏观观察,艺术经常唤起接受者的积极情感来对抗异化,提升或重建人性。它的巨大力量就在以情动人,让人们沉浸在积极情感之中,体验到心灵的充溢,认识到人的伟大、人的价值与意义。斯宾塞说:"没有油画、雕刻、音乐、诗歌以及各种自然美所引起的情感,人生乐趣就会失掉一半。"①奥斯卡·王尔德断言,透纳的绘画创造了伦敦的迷雾。这句名言反映了艺术的能动本质和情感效应。艺术可以培养人的感情和对世界的观察力,造就能感受颜色美和形式美的眼睛,创造能聆听和谐音乐的耳朵。

我们知道,艺术最重要的目的之一是给人以审美的愉悦,让人们获得美的享受和精神上的愉悦,从而陶冶性情,提高精神境界。高尔基说:"人都是艺术家。他无论在什么地方,总希望把'美'带到他的生活中去。"②梁启超说:"我确信'美'是人类生活一要素,或者还是各种要素中之最要者,倘若在生活全内容中把'美'的成分抽出,恐怕便活得不自在,甚至活不成。"③

艺术表现,就是对情感概念的显现或呈现;艺术品,说到底也就是情感的表现。接受者在欣赏(审美)之时,按照移情学说,实际上就是一个移情的过程。移情,又叫移感、输感,即把主体的情感"移入"、"输入"对象。审美的欣赏并非对于一个对象的欣赏,而是对于一个自我的欣赏。在它里面,我感到愉快的自我和使我感到愉快的对象并不是分割开来成为两回事,这两方面都是同一个我,即直接经验到的自我。移情带来的"主客默契,物我同一"的境界,在给接受者审美快感的同时,也有利于主体的情感培育。在艺术的欣赏中,懂得了移情的原理,就能更好地欣赏艺术,也有利于情感的培育。

艺术接受的过程不是一蹴而就,或一次性消费,面对伟大的艺术作品,更多的是一个长期体味、玩赏的过程。在《美学》中黑格尔说:"遇到一件艺术作品,我们首先见到的是它直接呈现给我们的东西,然后再追究它的意蕴或内容。前一个因素——即外在的因素——对于我们之所以有价值,并非由于它所直接呈现的;我们

---

① 斯宾塞《教育论》,人民教育出版社,1962年,第30页。
② 高尔基《文学论文选》,人民文学出版社,1959年,第71页。
③ 《中国美学史资料选编》下册,中华书局,1981年,第418页。

假定它里面还有一种内在的东西,即一种意蕴,一种灌注生气于外在的形状的意蕴,那外在的形状的用处就在指引到这意蕴。"①这种意蕴就是人生底蕴、人生意义,就是海德格尔存在主义所说的真理。

艺术鉴赏是一种高级的审美活动,是一种发现。日本美学家厨川白村说,在艺术鉴赏中,读者从作家那里所得到的东西,和从别的科学那里得到的东西是不一样的。人们从艺术那里主要的不是得到知识,而是从作品的事象中"发现他自己的生活内容",感受"自己发见的欢喜"。例如李白的《静夜思》"床前明月光,疑是地上霜。举头望明月,低头思故乡",苏东坡的"明月几时有,把酒问青天",千百年来广为人们传诵,许多人从中发现了自己的存在,诱发了自己的思乡之情,并进而步入宇宙之思。正是这样一大批怀念故乡的诗篇,养成了中国人的明月情怀,即在诗意般的在月光下"思乡"、"爱乡"的人文传统。按海德格尔关于艺术活动是"真理自行置入其中"②的说法,艺术鉴赏对接受者来说,就是真理去蔽、绽放、使鉴赏者进入澄明之境的过程,是作品中的人生底蕴开始生成、展现的过程。

二、艺术接受中的心理净化和境界生成

艺术以其和谐影响个人内在的和谐,同时促使人们保持和恢复心理平衡。人们发现艺术对人的心理有着特殊的、潜移默化的影响,对人的思想感情的感化是明显的。人们常常为艺术作品所吸引、暗示,优秀的艺术往往提升人们的道德境界。

中外古今的许多艺术家、哲学家都表述过相同的意思,在他们的文艺(美学)思想里都很关注艺术接受与道德修养的关系。18世纪的启蒙思想家莱辛在《汉堡剧评》中,就非常重视戏剧的教育意义。古希腊的亚里士多德在《政治学》里说:"某些人特别容易受某种情绪的影响,他们也可以在不同程度上受到音乐的激动,受到净化,因而心里感到一种轻松舒畅的快感。因此,具有净化作用的歌曲可以产生一种无害的快感。"在《诗学》里,他依然强调悲剧引起的哀怜与恐惧,可以导致观众"情绪的净化"。有学者认为:"净化首先表现为对读者的情感和心灵的慰藉作用。文本把读者引入一个超越的艺术世界,可以暂时忘却世俗的困扰和烦恼的人生,恢复心灵的平衡,在一种审美的享受中松弛紧张的神经,使整个心灵得到安慰。""其次,

---

① 黑格尔《美学》第一卷,商务印书馆,1979年,第24页。
② 海德格尔《林中路·艺术作品的本源》之《作品与真理》部分,上海译文出版社,2004年。

净化还表现为使对读者的情绪得到宣泄和疏导,使异化的心态得以矫正,使扭曲的人格得以升华的作用。"①

"净化"在古希腊是一种医疗手段,医生们认为,人体内任何一种成分的过分蓄积,都可能导致病变,所以要通过"净化"把多余的部分疏导出去。当时的医学与宗教、玄学还没有完全分离,"净化"因此也有某些宗教活动的目的,有涤净灵魂的意义。毕达哥拉斯学派也经常使用音乐来洗涤人们不洁的心灵。柏拉图在《斐多篇》中,认为净化可以使人们的心灵挣脱肉体的骚乱,让理想的东西摆脱一切非固有的感性成分而得到纯化,从而精神得以升华。法国启蒙运动的思想家狄德罗在《论戏剧艺术》里说:"只有在戏院的池座里,好人和坏人的眼泪交融在一起。在这里,坏人会对自己所犯过的罪行表示愤慨,会对自己给人造成的痛苦感到同情,会对一个正是具有他那样性格的人表示厌恶,当我们有所感的时候,不管我们愿意不愿意,这个感触总是会铭刻在我们心头;那个坏人走出包厢,已比较不那么倾向于作恶了,这比被一个严厉而生硬的说教者痛斥一顿要来得有效。"②

与西方的文艺鉴赏净化说相比,中国古代文艺鉴赏非常注重道德修养和人生境界的培育。《诗大序》中说:"故正得失,动天地,感鬼神,莫近于诗。先王以是经夫妇、成孝敬、厚人伦、美教化。"汉代思想家王充认为:"文人之笔,劝善惩恶也。"(《论衡·佚文》篇)这些都表明了艺术接受可以增强人们的道德感,提高人们的道德修养。

孟子说:"我善养吾浩然之气。"这种"浩然之气"的养成,对文艺鉴赏具有巨大的影响。义天祥的《正气歌》就直接秉承了孟子这种"上下与天地同流"的气派,留取一片丹心,永照汗青。同时,《正气歌》又在历史上不知激发了多少人的爱国情怀。而李白诗歌的豪放、杜甫的沉郁、白居易的讽喻、苏轼的旷达等等,又使古今多少人生发了浩荡之气和陶然情怀,从而进入了一种道德的,甚至是超越道德的天地境界,即一种无私坦荡、安逸自乐的审美境界,令人神驰心往。

三、艺术接受与人格养成

"人格"是一个心理学范畴,指的是人不同于其他动物的心理特征的总和,那些使一个人的行为时时一致,并且有别于他人的多多少少有稳定性的内在因素。这

---

① 顾祖钊《文学原理新释》,人民文学出版社,2000 年,第 393 页。
② 狄德罗《论戏剧艺术》,载《文艺理论译丛》,人民文学出版社,1958 年,第 150 页。

种特定的人格决定了人对环境与对象的特定反应倾向。而此人格的个体差异既与遗传有关系,更与相应的社会化有关。比如艺术接受中情绪、情感的作用是显而易见的,它是自我在艺术中提升和变化的一种契机。在这个意义上,所有的艺术接受在最终目的上都可以说是一种人格教育,通过艺术的接受,可以改变我们自我中的某些深层的东西。

艺术在对个人发挥价值导向作用时,或多或少要影响到他的世界观和性格。艺术所提出的人与世界和谐的理想,个人内在精神和谐的理想,是唤起人们有目的的社会积极性的手段。艺术可以形成个人的审美理想,养成优秀的人格,促进社会的进步与人类更加诗意的生活。文化人类学家马林诺夫斯基感叹道:"没有别的部分会像艺术这样使我们觉得我们的文化所带有的贵族气了。"①

美国人本主义心理学家马斯洛提出的人的需要层次理论,认为人的需要有七个层次,由低到高分别为:生理需要、安全需要、归属与爱的需要、尊重的需要、认识需要、审美需要及自我实现的需要。我们从中可以看出审美需要占很高的位置。按他的说法,审美需要指的是人对于美的事物的观照、品味与享受的需要。这种需要不像其他需要容易言说,但却容易融入人的人格之中。无疑,人不能缺少这种需要。一个有审美能力的人,对于美是积极地热望着,美会使他们幸福、健康。

我们在接受音乐的时候,并不只是为着某一个目的,而是同时为着几个目的,那就是:一,教育;二,净化;三,精神享受,也就是紧张劳动后的安静和休息。

我们阅读诗歌,也往往在其中得到一种情感的满足,美的享受。比如,在普希金的诗歌里,永远有一些特别高贵的、温和的、柔情的、馥郁的、优雅的东西。就这一点说,阅读他的作品是培养人性的最好的办法,特别有益于青年男女。在教育青年人、培养青年人的感情方面,没有一个俄国诗人能够比得过普希金。

我们古人在论述文学艺术的接受时,也非常强调它的人格养成作用。萧统在评价陶渊明诗时说:"尝谓有能观渊明之文者,驰竞之情遣,鄙吝之气祛,贪夫可以廉,懦夫可以立。"(萧统《陶渊明集序》)而就中国美学来说,与西方的偏重于探讨美的本体不同,它更注重对人生价值的发现,对人生境界的追求。他们非常重视人生修养实践及内省和身心并养。他们的人生体验、审美体验就隐含在这种人生修养过程中。《论语·述而》说:"志于道,据于德,依于仁,游于艺。"在这里,孔子也非常重视"艺"的作用。孔子较早地认识到了艺术对人格养成的潜移默化。"艺",即礼、

---

① 马林诺夫斯基《文化论》,中国民间文艺出版社,1987年,第84页。

乐、射、御、书、数,当时称为"六艺"。钱穆解释"游于艺":"人之习于艺,如鱼在水,忘其为水,斯有游泳自如之乐。故游于艺,不仅可以进才,亦所以进德。"①也就是在审美的人生之旅中不自觉地完成道德、才能的全面发展。

孔子本人就深受艺术熏陶,学问渊博,人品高尚。《论语》记:"子在齐闻《韶》,三月不知肉味,曰:'不图为乐之至于斯也'。"孔子还说:"兴于诗,立于礼,成于乐。"(《论语·泰伯》)钱穆说:"兴,起义。诗本性情,其言易知,吟咏之间,抑扬反复,感人易入。故学者之能起发其心志而不能自已者,每于诗得之。""而八音之节,可以养人之性情,而荡涤其邪秽,消融其渣滓。学者之所以至于义精仁熟而和顺于道德者,每于乐得之。"②艺术接受对于接受者人格的养成,其功甚伟。

思考题:

1. 什么是艺术接受?它有哪些特点?
2. 简述艺术接受与审美生成的关系。
3. 简述艺术接受的心理特征。
4. 为什么说审美批评是一种特殊的文艺接受?
5. 举例论述批评家的心理特征。
6. 谈谈艺术接受与人格养成的关系。

---

① 钱穆《论语新解》,三联书店,2005 年,第 170 页。
② 钱穆《论语新解》,第 207 页。

第四编

审美文化论

第一章　审美文化的性质和特点

审美文化现象纷繁复杂,不同的人们可以从不同的角度、视野入手,去认识、观察、理解和解释它,可以得出不同的结论。

第一节　文化与审美的关系

一、文化的含义和类型

什么是文化呢? 据《大英百科全书》统计,在世界各种出版物中,对于它的解释多达一百六十余种。也就是说,迄今为止人们尚未能够对它作出统一的定义。而最为著名的则是英国文化人类学家泰勒的观点。1871 年,泰勒曾将文化简要归纳为"整个生活方式的总和",他指出"文化,或文明,就其广泛的民族学意义来说,是包括全部的知识、信仰、艺术、道德、法律、风俗以及作为社会成员的人所掌握和接受的任何其他的才能和习惯的复合休"①。

汉语中的"文化"一词,既是固有的传统词汇,又是近代以来的翻译词汇。在中国语言系统中,"文化"是"文"与"化"这两个字的复合。"文"字最早见于商代的甲骨文,是身有花纹、袒胸而立的人,后来引申为各色交错的纹理,并进而引申为文物典籍、礼乐制度、文德教化等等。"化"字出现稍晚,有改易、变幻、生成等含义,最初是指事物形态和性质的改变,后来引申为教行、迁善等社会意义。"文"、"化"二字的复合使用,是春秋战国以后的事。《周易·贲卦·象传》曰:"观乎天文,以察时变;观乎人文,以化成天下。"其意思是为治理天下,要观察天文,掌握自然变化的规律;要观察人文,因势利导,随宜教化,以求理想社会政治局面的实现。西汉时,刘向首次将"文"与"化"联用,其《说苑·指武》中说:"圣人之治天下也,先文德而后武

---

① 　爱德华·泰勒《原始文化》,上海文艺出版社,1992 年,第 23 页。

力。凡武之兴,为不服也,文化不改,然后加诛。夫下愚不移,纯德之所不能化,而后武力加焉。"晋人束晳在《补亡诗·由仪》中说:"文化内辑,武功外悠",意思是:"言以文化辑和于内,用武德加于外远也。"①当然,刘向、束晳的"文化"概念与今天我们所说的"文化"相去甚远,它是相对于"武力"、"武功"而言的,指以文德教化天下,其中包含着政治主张,也有伦理的意义。

在西方,文化一词源自拉丁文 Cultura,意即"耕种出来的东西",是与"自然存在的东西"相对立的"人造自然物"。自从古罗马哲学家西塞罗提出"哲学是心灵耕种的产物"以来,人类的精神产品也被纳入文化范畴。这种状况延续了很长时间,直到 19 世纪中后期,在文化学建立的过程中,泰勒等才从学科建构角度认真思考文化的含义。

最早将英文"Cultura"与"civilization"分别对译为中文"文化"与"文明"的中国学者一时难以查考。但译者使中国人对传统"文化"与"文明"的理解增添了新的内容,却是不允否认的事实。《辞海》对"文化"的界定是:"文化,从广义来说,指人类社会历史过程中所创造的物质财富和精神财富的总和。从狭义来说,指社会的意识形态,以及与之相适应的制度和组织机构。"②

今天我们所说的文化,可以从三个不同的角度来理解:第一,文化作为人类区别于动物界的"类特性",是人类生命活动的基本规定及其产物;从这个意义上说,文化的含义就是区别于其他动物本能的"人化"。第二,文化作为不同社会相互区分的标志,是指不同的生活方式及其活动成果的统一体;在这个意义上,文化即是区别于私人性的"社会化"。第三,文化作为人类社会大系统的一个子系统,所揭示的是一定社会精神生活的方面,是人类意识领域的特殊性问题,因而必然具有一定的价值取向;在这个意义上,文化是体现于外在媒介上的"意识化"。

由于自然环境和生存方式的差异,以及观念、信仰、兴趣、行为、习惯、智力发展方向和心理性格不同,文化形成了不同的类型。一般来说,文化大致可分为物质文化、精神文化和介于二者之间的制度文化。

物质文化,即文化的物质形态,相对于"精神文化"或"非物质文化"而言。学术界对此有两种不同的认识。一种观点认为物质文化指的是人类所创造的物质财富的总和。它主要反映人类在一定历史阶段利用和改造自然界所达到的程度,体现

---

① 《文选》卷十九,束晳《补亡诗》,中华书局,1977 年,第 272 页。
② 《辞海》缩印本,商务印书馆,1979 年,第 1533 页。

于技术装备、交通联络工具、建筑物等具体实物,表现为社会生产力的水平和性质以及劳动者的生产技能。它是一种历史现象,其发展具有历史的连续性和不同民族的传统特色。另一种观点认为物质文化不是人类创造的物质财富本身,而是创造和使用它们的知识和观念。斧头、铁锤等这些实物工具会被消耗掉,因此它们本身不是文化元素,而关于它们的知识、观念、生产方式、使用方法,它们在人类生活中的地位却不会消失,其形状、大小、制作、质料等也会长久保留,这些才是社会的文化元素。

精神文化,即文化的观念形态,是伴随人们的精神活动在头脑中形成的思想体系、行为方式及精神产品的总和。学术界有广义、狭义两种认识。广义论者认为精神文化是指相对于一切"物质文化"而言的存在于人类记忆中的信息,包括人类的知识、风俗、法律、宗教、艺术等;狭义论者的代表人物是法国当代著名的社会学家柳·戈里德曼,他认为精神文化是指一种包容了人类"宏伟感觉"、神秘的内在性和各种积极发展个性、自由观念、超俗性等精神内容的文化,并以此与世俗的、物质的和某一社会、民族具体阶段的特殊文化形式区别开来。它是一种永恒的形而上学的宏伟感,体现人类的心灵与宇宙中最深奥、最崇高的存在者对话的智慧和能力,它排除了一切"洞穴感觉"、停滞和各种各样命中注定的思想。他认为,真正的精神文化造就的是真正的物质繁荣。这种文化既是高层次的审美的,也是效率最高生产性的。

制度文化,就是一整套具有强制性的社会文化规范和惯例。在文化研究领域,主要有两种解释。马林诺夫斯基持功能论观点,认为文化就是由自主的制度和协调的制度组成的一个整合体,制度是人类活动的有组织的系统,它以一种基本需求为中心,把一群人长期结合起来,并通过综合的功能联系产生出强有力的行为规范。这种规范可以传授,并被普遍接受,而违反它则会引起混乱。拉德克利夫·布朗则代表一种结构论的观点,认为一种制度就是一个社会群体或阶级所遵循的行为准则,它与社会结构密切相关,一个社会群体或阶级的制度,体现了他们在社会结构中的特殊的社会关系。

物质文化、精神文化与制度文化既相区别,又相联系,在特定的历史时空中构成一个有机的具有自身结构和功能的整体。

二、文化与审美的关系

文化与审美的关系错综复杂,在人类历史发展的长河中,由于生产力发展水平的影响和制约,二者的关系存在着不同的形式。

从发生学的角度说,先有文化,后有审美。对于初民来说,一切活动都是围绕着生存而进行的功利活动。首先,人类用自己劳动创造了实用价值,然后才创造了美,事物的实用价值先于审美价值。人们在劳动中要解决的首先是物质生活的迫切需要,恩格斯说:"人们首先必须吃、喝、住、穿,然后才能从事政治、科学、艺术、宗教等等。"①所谓"食必常饱,然后求美;衣必常暖,然后求丽"②,"短褐不完者不待文绣"③。人类最初进行生产并不是为了创造美,也没有专门创造出美的对象,美和实用是结合的,有用的有益的,往往也就是美的。因为只有在有用的对象中,才能直观到人类创造活动的内容,才可以感到自由创造的喜悦。

从历史的角度说,随着生产力水平的提高,人类的文化越来越多地被打上了审美的印迹。人们对待物质生产、精神生产的态度随之发生变化。正如马克思所说,"人也按照美的规律来建造"④。审美开始渗透在各类文化中,在人类使用和制造的器物中如此,在人类的精神创造物中也如此,也即任何一种文化现象都可以成为审美对象。人类劳动是从制造工具开始的,工具的制造最明显地体现了人类有意识有目的的活动。上溯到旧石器时代,从南方的元谋人到北方的蓝田人、北京人、山顶洞人,虽然像欧洲洞穴壁画那样的艺术尚待发现,但从石器工具的进步上可以看出对形体性状的初步感受。北京人的石器似尚无定形,丁村人的则略有规范,如尖状、球状、橄榄形等等。到山顶洞人,不但石器已很均匀、规整,而且还有磨制光滑、钻孔、刻纹的骨器和许多所谓"装饰品",装饰品中有钻孔的小砾石、钻孔的石珠、穿孔的狐或獾或鹿的犬齿、刻沟的骨管、穿孔的海蚶壳和钻孔的青鱼眼上骨等。所有的装饰品都相当精致、小砾石的装饰品是用微绿色的火成岩从两面对钻成的,选择的砾石很周正,颇像现代妇女胸前佩戴的鸡心。小石珠是用白色的小石灰岩块磨成的,中间钻有小孔。穿孔的牙齿是由齿根的两侧对挖穿通齿腔而成的。所有装饰品的穿孔,几乎都是红色,好像是他们的穿戴都用赤铁矿染过。"这表明对形体的光滑规整、对色彩的鲜明突出、对事物的同一性(同样大小或同类物件串在一起)……有了最早的朦胧理解、爱好和运用"⑤。随着生产力的进步,审美与文化的

① 《马克思恩格斯选集》第三卷,人民出版社,1972年,第574页。
② 汉刘向《说苑》引《墨子》佚文。
③ 《韩非子·五蠹》。
④ 马克思《马克思恩格斯全集》第四十二卷,人民出版社,1979年,第97页。
⑤ 李泽厚《美的历程》,文物出版社,1981年,第2页。

关系越来越密切,文化越丰富,审美就越精致、越复杂、越个性化。

在工业化社会之前,尽管文化无不渗透着审美因素,但是,并不是所有的文化都是审美的文化。这首先是因为在康德关于审美判断的三个特征中,审美无功利的特征将从根本上把物质文化和制度文化排除在审美文化之外。酒神仪式不属于审美文化,但模仿它而创作的戏剧却属于审美文化。审美的无功利在一定的范围内保证了审美的纯粹状态,使纯美的存在有了可能性,但也限定或者说窒息了美的生命力和传播。审美由于纯粹的个性化和非功利化往往失去了应和,失去了普遍性,也失去了和生活的联系,而导致贫血、苍白甚至死亡。

在我国,20 世纪初,蔡元培提出了以美育代替宗教的主张。留法博士张竞生成立"审美学社",并主张"美的生活",具体说来就是生活艺术化。但他们的唯美主义的大旗并没有得到应有的重视,反而被嘲讽、被冷落,最后无疾而终。原因在于:在一个绝大多数民众还是文盲、还被饥饿所包围的时代,所谓"美的生活"恐怕只是对美的讽刺。随着工业化、后工业化时代的来临,生活的艺术化、审美日常化状态的出现,人们开始把日常生活变成审美的、艺术的、形象的生存了。传统艺术中的虚构变成了当代人的现实,艺术形象和生活样态的界限消失,所以,以前的照相馆现在变成了形象工作室,以前的照相师傅今天叫形象设计师。

通过以上分析,我们可以看到审美产生、来源于文化,审美与文化的关系经历了由疏到亲、由离到合的过程。当然,审美与文化的合一是否意味着人类自由本质的真正实现、人类生存状态和谐理想的实现则是一个值得我们深入反思的课题。

第二节　审美文化的性质

一、审美文化的含义

审美文化是与特定时代政治、经济、科技、传媒联系的具有审美属性或审美价值、审美特点的文化。

"审美文化"这一概念,在 18 世纪德国思想家、文学家席勒的《美育书简》中已有涉及。他比较系统地提出了审美在精神文化、社会活动以及人的现实生存中的重要作用,他甚至认为政治问题的解决必须假道审美学问题,人们只有通过美才能走向自由。席勒将审美提升到一个前所未有的高度,在他之后又经过欧洲思想家的不断阐发、深化、完善,遂使审美成为一个独立的精神文化体系。美国学者对于审美文化概念的探讨,非常注重艺术与生活的融合,侧重把审美文化理解为一种融艺术与生活为一体的文化。早在 19 世纪中叶,美国思想家梭罗就从"生活艺术化"的角度,对审美文化进行了深入思考和实践①。梭罗认为,最高的美来自个人对森林、河流、湖泊、山峦、晨雾、朝霞的灵感和体验升华,美好的生活不是通过积累知识、占有财富达到的,而是通过对自然和人性美的敏锐感受实现的。20 世纪初,思想家和教育家杜威继续阐述了这一思想,并提出"完美的经验即艺术"和"艺术即经验"的见解。在杜威看来,美不等于日常经验,但又不是与经验无关;任何美都不是从天上掉下来的,而是从日常经验中升华出来和由正常经验转变而成的。一种正常经验不管多么好,要想成为审美经验,就必须具备强烈性、完整性和清晰性。艺术的独立恰恰就是艺术与生活的融合,真正的艺术绝不是以取消人的正常趣味和活动为代价,而必须使这些趣味和活动得到非同寻常的满足,只有通过生活向艺术境界的攀登和靠拢,才能达到一种审美文化②。

在审美文化的概念探讨中,以法兰克福学派为核心的西方马克思主义的观点值得我们特别加以重视。从总体上说,西方马克思主义主要是以文化与机械文明的对立为理论前提,并在否定的意义上使用了审美文化这一概念:审美文化就是生活的审美化,它标志或意味着艺术与文化商业化以及人的内在性的消解。阿多诺《美学理论》一开头便指出:"由于社会日益缺乏人性,艺术也随之变得缺乏自律性。那些充满人文理想的艺术构成要素便失去了力量。"③与席勒文化理论的乐观主义相反,法兰克福学派对于人类文化持一种悲观的态度。他们认为,传统美学所具有的精神性和自由性的文化品格,在文化工业时代已泛滥为人的无限制的消费——享乐欲望。审美文化的展开,不仅没有实现席勒所向往的人性的完整,相反却是人性的日益分裂和畸形,是机械文明对文化的全面整合。正是在这一意义上,阿多诺认为审美文化即生活与文化的审美化,是双重的自我异化——一方面是审美自律性和超功利性的丧失,另一方面是个体对精神性的守护和追求转化为一种无限制的消费和享乐欲望,审美文化所表示的只是对文化工业背景下异化现实的合理肯定,它揭示了文化从作为人的自我解放力量到成为资本主义生产逻辑的意识形态的退化演变。法兰克福学派对西方发达资本主义社会的文化异化、商业化、

---

① 参见聂振斌等《艺术化生存——中西审美文化比较》,四川人民出版社,1997 年,第 319 页。
② 参见聂振斌等《艺术化生存——中西审美文化比较》,第 326—329 页。
③ 阿多诺《美学理论》,王柯平译,四川人民出版社,1998 年,第 2 页。

技术化的消极面作了十分深刻的批判,注意到了审美学从传统理论向现代文化转型过程中出现的种种弊端,值得我们借鉴。

在中国文化史上,"审美文化"虽然没有形成明确而独立的理论概念和体系,但孔子早在春秋时代提出的"兴于诗,成于乐"的思想,应该说是审美文化在中国历史上最早的表述。这一思想得到了后世文人的发扬光大。只是到了宋王朝以后,随着礼教的张扬,中国的诗性文化、审美学精神被抑制了,直接造成了中国文化中感性精神和生命精神的弱化。

现代意义上的审美文化概念,在中国最早出现于20世纪80年代中期对前苏联审美学的介绍中。随后,叶朗主编的《现代美学体系》率先使用了这个概念,并把它当作审美社会学的中心范畴,认为审美文化不是一个封闭、孤立的文化形态,而是一般文化这一大系统中的一个子系统;审美文化就是人类审美活动的物化产品、观念体系和行为方式的总和,不仅包括各种艺术作品,也包括具有审美属性的其他人工产品(如服饰、日用工艺品等)和经过人力加工的自然景观,以及传播和保存这些审美化产品的社会设施、审美意识与人的审美行为方式①。

进入20世纪90年代以后,在中国美学界,审美文化则成为描述文化总体性的一个重要概念。而对其内涵的理解存在着许多分歧。一种意见认为,审美文化就是大众文化:"审美文化是审的的文化或文化的审美,据此确认审美文化是历史运动的产物,是对当代文化的规定性的表述,它包含或整合了传统对立的严肃文化与俗文化,但展现为流行性的大众文化形态,不是在价值判断意义上,而是在文化形态上的意义上,可以把审美文化指称为大众文化。"②一种意见认为,审美文化就是当代文化。有人认为,要从中国社会文化转型的角度来看待审美文化,"在一定意义上,审美文化是一个现代范畴,是文化现代性概念的另一种表述,它是现代文化从整合的低分化的文化形态中分化出来的必然结果。审美文化具有媒介的文化与共享文化两大特征。这两个特征都是传统的古典文化所不具备的"③。一种意见认为,审美文化是整个文化发展的高级形式,是把审美原则贯穿于人们的社会日常生活的产物。有人认为,随着文化领域中艺术和审美部分的自治性的增强,其内在原则越出边界,逐渐向其他领域渗透,影响到人们生活的各方面。因此,"审美文化是现代文化的主要形式,也是高级形式,它把超功利性和愉悦性原则渗透到整个文化

---

① 参见《现代美学体系》,叶朗主编,北京大学出版社,1988年,第259页。
② 马宏柏《审美文化与美学史学术讨论会综述》,《哲学动态》1997年第6期。
③ 聂振斌等《关于审美文化的对话》,《哲学动态》1997年第6期。

领域,以丰富人的精神生活"①。

由此可见,尽管"审美文化"这一概念提出得很早,但今天我们所使用的"审美文化"概念,已经不是席勒意义上的了,而是一个比较宽泛的具有多义的概念,就其现实的理论特性而言,它主要的是一种当代性的和描述性的话语形式。其实,审美文化就是与特定时代政治、经济、科技、传媒联系的具有审美属性或审美价值、审美特点的文化。从分析人类审美活动可以得出审美文化的特征:"在人类的物质、制度、精神三种文化形态中,具有超功利性、主体性与感情的行为形式、产品与价值观念,构成了整体的审美文化。"朱立正先生对此作了一定的限定,他认为,审美文化是"以文学艺术为核心的、具有一定审美特性和价值的文化形态或产品"。据此,他认为审美文化的外延较宽泛,"不仅包括当代文化(或大众文化)中的审美部分,也可涵盖中西乃至世界古代文化中的有审美价值的部分"。他还提出了衡量审美特性与价值的尺度:"1.感性意象性。2.无功利或超功利性。3.心灵自由化。4.精神愉悦性。"②

二、审美文化的性质

1. 审美文化的生成性

从人类文明与文化的演进历程来看,审美文化是继人类工具文化与社会理性文化后出现的第三种文化形态,体现了文化积累与量变的生成过程,是人类文化与文明的高级形态。人类文明史(包括审美史)的演变表明,审美文化的产生与完善,有一个与物质文化和艺术文化同步产生、直至相对独立的发展过程。劳动工具、劳动产品由纯粹实用到实用与审美并举,再到审美化;人体装饰由实用到审美;人类居所由纯粹的实用到实用与审美并举的建筑艺术,这无疑都表明了人类审美文化是一个不断生成的过程。

同时,审美文化也是人类审美动机与审美需要的产物。人类强化和拓展自己的审美行为、创造和发展审美文化,根本的动机也是为了满足人类自身的生存需要和发展需要;其对人类最直接的功用,便体现在能够促使个体把自身的生存从日常功利性、工具性行为的限定与束缚中解脱出来,上升到一种独立、自觉的境况,从而不断促进人的内在完善与提升,并在一定程度上调节人类的活动性质与状态,对人

---

① 聂振斌《什么是审美文化》,《北京社会科学》1997 年第 2 期。
② 朱立元《审美文化概念小议》,《浙江学刊》1997 年第 5 期。

类的物质实践和社会理性活动进行必要的补偿与调节。从人类早期非自觉性的审美,到当今时代对审美文化的自觉追求,无疑深刻地表明:审美文化的产生和发展不仅是审美现象史和审美发生学的问题,而且代表了一种突出的文化现象和文明现象,客观地标志着人类文化的整体性进化生成。作为一种新的文化原则、精神与价值导向,审美文化把传统上偏于理性规范和群体认同的文化,逐步改变为感性体验和自由选择的文化,把对立改变为融合、把限定转化为共享,使其成为一种人人都可以接近并参与的文化形态。而这种总体性特征,在当代人类文化进程中表现得尤为迫切与突出。审美文化虽然广泛存在于人类不同形式的活动过程,从方式到内容都同人类漫长的社会实践以及悠久的艺术文化活动有着程度不同的内在联系,但是就本质而言,审美文化形态的成熟与完善,乃至大范围地影响人的生活,成为文化和审美学共同关注的核心,却是建立在现代文化系统,尤其是艺术文化系统不断发展和日趋完善基础上的,是当代文明和文化日益审美化、日益贴近人类文明生存状态的产物。

2. 审美文化的综合性

随着人类生存行为中对审美和精神自身需要的不断增长,随着人类审美意识向生活的各个层面不断扩大与延伸,建立一种以人的精神体验、审美的形式观照为主导的社会感性文化形态,以便消除和补充工具文化与社会理性文化所带来的对于人类个体生存的某种限定和束缚,便成为文化进步和审美学发展的历史性必然。其结果则必然导致审美与文化的内在统一、融合,在理论和实践两方面逻辑地延伸人类审美活动的文化意味,拓展人类审美活动的文化空间,综合成为审美文化的基本属性。

在传统审美文化中,一般来说,它的涵盖范畴主要是文学艺术,其综合性十分有限。但随着工业化时代的到来,随着艺术生活化和生活艺术化的出现,审美文化的范围已经远远超出了传统的界限。审美文化无论从对象、内容、形式还是手段来说,已经成为一个高度综合的概念,它几乎无所不包,生活中存在的每一种现象,都可能是审美文化的内容和构成因素。单从人类审美文化交流方式的角度来看,传统的口头、印刷文化交流方式正在为高技术背景下的大众传播媒介所取代。新的高技术的大众传播媒介以可视、可听、可感的形象直观的传播手段,大幅度地增强了审美观念变化的信息来源。社会热点问题、文化消费趋向、艺术生产动态、大众审美时尚等,通过大众传播媒介的强化,织就成一种全新的审美文化网络。广播、电影、电视、报刊,特别是电视、音像制品、MP3、MP4、互联网等的出现与迅速发展,正在经常地、广泛地参与大众日常生活过程,成为当代社会及其审美文化的重要属性。

3. 审美文化性质的变异

现代审美文化在其生成、综合的过程中,一方面扩大了自己的范围与影响,但另一方面也常常使自己越界,陷入一种无法自我控制的尴尬。两次世界大战后,西方陷入了空前的精神危机,"上帝死了",西方人企图用自我代替上帝的位置。自我的绝对化导致了对形而上学的消解,但同时却使自我陷入了悬置状态。对于这种状态,借用郭沫若《天狗》一诗来说就是:"我便是我了/我的我要爆了"。郭沫若的"天狗"不但吞食月亮、太阳,也吞食自我;不但在地球上飞跑,也在脑神经上转圈,无视人的有限性存在,表现出了丹尼尔·贝尔所揭示的现代人的自大:"现代人最深刻的本质,他那为现代思辨所揭示的灵魂深处的奥秘,是那种超越自身、无限发展的精神。他知道消极之物——死亡——是迟早必至的,但他拒不接受这一事实。在现代人的千年盛世说的背后,隐藏着自我无限精神的狂妄自大。由此,现代人的傲慢就表现在拒不承认有限性,坚持不断的扩张;现代世界也就为自己规定了一种永远超越的命运——超越道德,超越悲剧,超越文化。"①

现代主义及其审美在反叛传统和经典的同时,也走向了生活化甚至是粗鄙化,把日常使用的器物作为艺术品,使艺术与现实的界线模糊。1977 年,刘心武发表的小说《班主任》中的宋宝琦之所以被称为"小流氓"的一大证据是他给书籍插图上的女性脸上添加小胡子,这引起其班主任的忧虑,当然,这种忧虑也源自于"文革"时期对文化的破坏和践踏。但是对于达达主义者来说,他们正是通过这样的方式来进行艺术创作的。我们知道,法国马塞尔·杜尚(Marcel Duchamp)也曾给《蒙娜丽莎》的脸上画上胡子,并命名为"LHOOQ",按法语的意思是"她的屁股发烧"。他的雕塑《泉》不再是浪漫主义时代的《泉》,而是一个日常生活中所使用的小便器。这些都以一种经典的形式写入了现当代审美文化史册,就好像宋宝琦也成为文学史中的形象一样。在我们国家,正是宋宝琦这一代人长大后开始了他们的"达达"式的艺术制作,如生于 1958 年的王广义的《大批判》系列,"采用广告绘画的样式,把中国'文化大革命'时期的工农兵时期大批判宣传画的形象与美国商业文化的标志——可口可乐、万宝路香烟等组合在一起"。具体如《大批判——TANG 果珍》,其正中心部分是代表解放军、工人、农民的三位男性,他们怀抱着红宝书,右手拳头

---

① 丹尼尔·贝尔《资本主义的文化矛盾》,赵一凡等译,三联书店,1989 年,第 96 页。

紧握,砸向右前方的黑体字"果珍"。上方是三个并列的白色长方形小块,中间放置玻璃杯,指示着果珍的用法。下方正中间有一个红色的圆,里面写着"每日所需之维生素 C",并列的是黑体 TANG。整个画面的色彩以红、黄为主,其中形象部分是黄色兼黑色。画中人物面部表情严峻、愤怒。1991 年《北京青年报》刊登以后,有关方面进行了批评。而"画家的原意却确实如'广州油画双年展'中评委对展出的同一系列的作品《大批判——万宝路》所作的评语那样,'在《大批判》中,人们熟悉的历史形象与当下流行符合的不可协调、却一目了然的拼接,使纠缠不清的形而上问题悬置起来。艺术家用流行艺术的语言开启了这样一个当代问题:所谓历史,就是与当代生活发生关联的语言提示'"[①]。抛开其意识形态方面的内容,我们说,主体的悬置、形而上的悬置、自我的虚无,自然会出现这样的多元与无序状态,而在此前提下的艺术确实呈现出黑格尔所说的"艺术的终结",只是它终结在日常生活中、物化中。马尔库塞认为,这是最高文明阶段的纯粹野蛮状态。

第三节　审美文化的特点

当代审美文化与传统审美文化相比,存在着根本性的差异:传统审美文化是生产本位的,当代审美文化走向了消费本位;传统审美文化是卖方市场,当代审美文化走向了买方市场;传统审美文化是生产型文化,当代审美文化走向了消费型文化。而这种变化的核心是,通过文化消费建立起了大众在文化中的重要地位,这是当代审美文化最为突出和重要的特征,也是深刻地改变了当代审美文化内在机制,改变了当代审美文化的命运。

一、审美文化的大众性

当代审美文化的大众性,是指当代审美文化作为消费文化,它不是按照审美文化的规律而是按照文化市场的需要,即审美大众的口味、需要来进行生产的。在当代审美文化市场上,左右形势的是消费大众,尽管他们有时是以个人的身份出现,但他们往往是成千上万消费者的意志的代表。消费大众的形成促使文化走出了象牙塔,走向生活,走向民众。

---

① 易英《从英雄颂歌到平凡世界》,中国人民大学出版社,2004 年,第 183—184 页。

20世纪90年代,电视连续剧《还珠格格》的热播使得疯疯癫癫的小燕子一时之间成为上至八旬老人下至学龄前儿童所尊奉的偶像,小燕子的扮演者赵薇一夜之间成了大红大紫的明星,继而也就成了广告商们的"抢手货"。殊不知《还珠格格》及其续集不过是台湾女作家琼瑶根据传说而加以编改的一个"故事大王系列"而已。它情节雷同,形式大于内容,主要为了迎合大众的口味而缺乏原创精神,以娱乐为主,以营利为目的,把文化变成了消费品,但是现在却鲜有人看它了。

也是20世纪的90年代,随着"第五代导演"中的佼佼者张艺谋、陈凯歌等人在国际电影节上的大获成功,中国电影曾获得一系列重要奖项,如《秋菊打官司》获1992年威尼斯电影节金狮奖,《霸王别姬》又获1993年戛纳国际电影节金棕榈奖。但值得注意的是,与此同时却是国内电影市场的大滑坡时期,也就是大众拒绝从审美和娱乐的角度接受这些"艺术电影"。后来,中国电影将艺术价值与商业利润组合,在标榜"观赏性"的基础上,以艺术形式完成电影的商业追求,以商品的生产—消费形式支撑电影的"艺术"天空。"主旋律"电影如《焦裕禄》是这一组合的成功典型:它往往在编织一个完整故事的同时,把自身的主题叙事尽可能地调整到大众情绪状态,激活大众的日常生活经验,以"政治/道德"实践的日常境遇,来调动大众"同情"。这样就把政治意义上的焦裕禄变成了一个平凡的"好人"形象,"英雄"被改造为同大众日常情绪直接衔接的经验"影像",政治意识形态功能被隐没在一片情绪化的视觉/心理中,而成为某种大众生活的"消费"存在。

很显然,《还珠格格》的走红,是因为适合了大众的文化口味和审美趣味,而张艺谋、陈凯歌等人早期电影明显的启蒙与先锋的偏见并没有被大众看好,所以,大众拒绝接受,也就意味着商品的滞销。我们知道,面对滞销的商品,商家往往以将其改头换面的做法,进行重新包装,然后投入市场。那么后来的电影能够走红的一个最简单的原因就是改变精英口味,加大媒体炒作,凸显江山美人这样一些大众喜闻乐见的叙事模式,以此来赢得票房,这就是商品消费与审美文化的逻辑关系。

为了能够被大众接受和消费,审美文化的制作者不得不在审美观念上将精英与大众、高雅与流俗、赏鉴与娱乐混同和化一。如文学艺术作为最具有审美特质的审美艺术形式,无疑是审美文化的典型代表。20世纪90年代的中国文坛上,王朔的小说和王小波的文学创作都在一定范围内引起了广泛的注意和争论,两者在很多方面都有相似之处,比如叙事的故事化倾向超出世俗的想象力,对某种意识形态或生活形态的反讽。然而,较一致的看法是王朔是大众流行文学的代表,王小波则是纯文学写作的独行侠。原因是王朔的小说原为流行而创作,所以在他的"顽主"

系列中,我们看到了个人欲望世俗化的种种形态,他因而成为 90 年代初市民阶层在文化上的代表,然而当他的自我越来越低俗化后,他被流行抛弃了,不是他不想把握大众的文化时尚,而是他错误地理解了市民阶层的审美趣味,即便他的小说有后现代的流行装束。而王小波的小说是在后来才流行的,其流行的原因是文学评论界对他的好评如潮和普通读者对他小说故事因素的惊奇感,作者本人在写作中表达自己对于"自由"的思考,却并不在乎大众的反应。但二者的区别对作为审美主体的大众来说,却是毫无意义的,他们共同构筑了中国文学的流行潮流,都被纳入了大众性的审美之中。也就是说,大众的前所未有的包容性,已经使得王小波以他奇异的想象、简捷而飞扬的文字之舞建造的文学的迷宫成为研究者的对象,他的作品成为普通读者畅享快感的阅读之旅;王朔的文字既被改编成电影电视,被普通百姓作为日常生活的娱乐性消费,也被人们经常性地用来说明当下的文化特征。

二、审美文化的时尚性

当我们接听的手机传来的不再是单调的"嘀嘀"声,而是千姿百态、富有个性色彩的炫铃时,当我们沉迷于网络游戏的刺激和网络文学的张扬时,当我们为 T 形舞台上身着霓裳、千娇百媚的模特目眩神迷时,当我们去休闲、购物、交友而不由自主地选择了度假村、专卖店、酒吧时,我们的生活实际上已被打上了一个标记,那就是"时尚"。在全球性时代背景下,借助于经济和网络的魔力,"时尚"不再受限于时空的阻隔,可以实现在世界各个角落同步登场,成为引发人们竞相摹仿、追逐的文化消费浪潮。

在西方,时尚被认为是市场经济的产物。为达到产品畅销的经济目的,诱导大众消费,各种商品生产组织通过大众传媒来展示所销售的产品,激发人们的摹仿欲望,以引起人们的购买兴趣。消费群体的数量的庞大会演化成社会潮流,引起更大规模的摹仿。这一经济行为在其销售过程中,最终的经济目的是至高无上的,但其社会意义却在不断地演变。比如,法国巴黎作为时尚之都,T 型台上的时装展示在生产及销售者眼里,只不过是一种促销手段;而在设计师和欣赏者眼里则是一种艺术的展示,是一种时尚、一种审美时尚。因而,"时尚是现实生活中广为流行的某种行为习惯、某种物品或某种观念"[①]。

时尚是在大众内部产生的一种超常规行为方式的流行现象,是指一个时期内

---

① 《心理学百科全书》下卷,浙江教育出版社,1995 年,第 1884 页。

相当多的人对特定的趣味、语言、思想和行为等各种模型或标本的随从和追求。这里的流行,包括物品、语言、行为、趣味甚至思想能吸引大众耳目,甚至为大众所效仿和实践。

事实上,审美文化的时尚性主要体现在生成、传播过程中的商品化运作模式上。也就是说,像商品的生产、流通一样,文学艺术的生产流通无不带有商业化的操作特点,而更为关键的是,由此出发检验和衡量一部作品的标准往往是流行与否。我们知道,流行并不是能够检验作品是否优秀的标准,尽管流行的作品中有许多经受了时间的检验成为经典,但同样有许多今天的经典在它产生的时代却默默无闻,很少甚至没有几个读者。道理大家都明白,无奈的是时代的、世俗的裹挟使作家难以像曹雪芹那样苦心经营了。正如前面我们所提到的,要流行就必须要迁就消费者的口味,而消费者的口味的变化往往是迅速的和难以预测的,由此作家们进入了一个商业写作的怪圈:一方面要有自己,另一方面必须要有消费者。其结果是文学写作变成了欲望写作,文学创作变成了欲望展示。表面上看,这似乎是一个老生常谈的大众化与化大众的问题,但在现实中却实际上是文学商品化的问题,也就是说,作家放弃了对自我、深度的追求,而以平面、欲望的展示代替之。这里所谓的"展示"正是时尚流行所必需的手段和结果,可以说,没有类似的展示,就无法流行,更谈不上时尚。本雅明曾就此说过:"对艺术作品的接受各有侧重,其中有两种极端:一种只看重艺术作品的膜拜价值(Kul twert),另一种则只看重它的展览价值(Ausstel lungswert)。""今天的艺术作品由于绝对推崇可展览性,成了具有全新功能的塑造物。在这些功能中,我们所知道的较突出的艺术功能以后可能会被认为是附带性的。"①除了内容层面的展示外,还有其他方面的展示,如在促销广告中,用大量的带有挑逗性、暗示性的语言等,而在文本中,故意模仿检查制度中经常使用的删节方块符号(□),暗示其色情程度,来展示其欲望内容,吸引消费者的眼球,以达到畅销的目的。

虽然这种运作形式和传统意义上的文学艺术的创造、流通具有明显的差异,甚至已经成为对审美的一种副作用,但我们还是难以对这种运作形式的深层影响进行定性,因为这种审美时尚以时尚展示的形式,从根本上扩张了精神审美的范围,使更多的人进入审美的活动之中,给他们以情感上的愉悦和精神上的满足,并影响

---

① 本雅明《可技术复制时代的艺术作品》,《经验与贫乏》,王炳钧、杨劲译,百花文艺出版社,1999 年,第 269、270 页。

他们的价值判断和审美导向。何况,不同时期的时尚都含有审美的成分,而"审美需要"以时尚的形式出现,所体现的同样是人类向往和追随美的生命历程,体现着人类对于美好事物的观照、追求、品味与享受,体现着人类摆脱羁绊的生命自由。也正是人类的这种不懈追求,才使"美"这条河流不断地得到激荡而源远流长,才使审美不断地演绎、不断地推陈出新,并引领着人们向美的自由境界前进。总之,以辩证的眼光看待时尚,也许是永远不会过时的。

三、现代传媒下审美文化生成的图像特点

"20世纪二三十年代,电影业在上海非常兴盛,看电影成了上海人的一种新的文化消费形式,电影在都会的现代生活模式中扮演了重要的角色,丰富多彩的电影画面构成了与现实生活相交融和对照的'幻像',很多时髦的都市人,尤其是女性,往往把电影当作了他们的'生活教科书',这不仅仅是停留在对影星的服饰装扮、举手投足、风度气质的模仿上,电影的魔力甚至影响到了他们的日常生活品位和情感表达方式。电影文化日益渗透进上海人的私人领域"[1]。这是杨义在《京派海派综论》中对1935年丁聪的一幅漫画的评点。这幅漫画说的是一对时髦男女所陷入的困境——其一在接吻拥抱之后说:"亲爱的,银幕上到此刻就会来一个FADE IN(淡入),我们现在该怎样?"可见现代传媒技术在其早期便以其图像化的手段对文字绘画艺术和人们的日常生活构成绝对影响。

本雅明分析过摄影技术对绘画的冲击和电影对戏剧表演的作用,这种可技术复制的艺术所导致的是本真的消失,大众与艺术的关系的变化。艺术以商品的形式出现,一方面使艺术走向通俗,另一方面又抹去了其灵光。本雅明分析的这一切在今天已经成为事实,成为任何人都难以摆脱的生活内容,更不要说审美图像已成为今天审美文化的流行形式,图像已经成为社会生活中的一种物质性力量。电视、广告、电影、报纸、杂志、录像带、VCD、CD-ROM、网络等等已不再只是我们沟通和了解世界的工具,而且已成了我们生活中必不可少的部分。我们今天的视觉经验大都是一种技术化的视觉经验,世界通过视觉机器被编码成图像,我们——有时还要借助机器,比如看电影、电视的时候——通过这种图像来获得有关世界的视觉经验。"新的视觉方式和视觉对象正在不断被生产出来,进而深刻地改变我们关于世界的看法:虚拟的图像、人造的主题公园、MTV、互联网的虚拟世界等等"。我们所

① 杨义《京派海派综论》,中国社会科学出版社,2003年,第415页。

说的这种现象,海德格尔也有精彩的解释。早在1938年的《世界图像的时代》一文中,他就说:"从本质上看来,世界图像并非意指一幅关于世界的图像,而是指世界被把握为图像了。"①世界被把握为图像,即借助于技术,世界被视觉化了。海德格尔称这一图像化的过程标志着"现代之本质"。也正是由于这种视觉化,视觉的优势被强化为一种威胁,整个世界变成了福柯所说的"全景敞视式的政体",全景式的凝视成为了一种强有力的视觉实践模式,主体被其一一捕捉在它的网络之中。

显然,图像—视觉文化在以前也一直存在,但从来没有对文字—文学艺术造成如此强的冲击力,我们看到,以前的图像—视觉材料只是作为文字—文学的辅助者供初学者、低龄儿童使用的。如明代万历时仁寿堂版的《三国演义》封面印有"句读有圈点,难字有音注,地里(理)有释义,典故有考证,缺略有增补,节目有全像"的广告,这应该说是我们见到的最早的书籍广告之一。而现在文字往往成了辅助性的,这样的颠倒一方面是因为图像本身的优势——直接、明白,但另一方面却也确实是现代传媒技术的产物。

现代传媒技术不仅仅帮助、影响着审美文化的生成,它自己也直接地产生艺术品种。继网络文学之后,又出现了手机短信文学。"黑夜给了他黑色的眼睛,他却用它来翻白眼"——把顾城的诗进行这样拆解的却是近几年流行的"手机短信文学"。手机短信文学并不都是如此的没"正经",如一首名为《琥珀》的诗这样写思念:"来世/我是你胸前悬挂的琥珀/当你注视我的晶莹/可知/那是我凝聚了一生的泪水与思念"。又如"有时,我真想同自己握手,这是人类和解的唯一方式"。尽管手机短信算不算一种文学样式还在讨论之中,但可以肯定的是没有手机,没有手机能够发短信的功能,就不可能有这样的"短信文学"。而现在手机的拥有者们都有这样操作的条件,也就意味着一种平民化的文学狂欢,一种新的书写形式的出现。其运作方式可以以网络写手千夫长的《城外》来说明。《城外》的故事并没有太多的翻新之处,仍以传统流行文化中的情节为叙述中心,意为走出婚姻的围城,享受自由的相遇和情爱,但用的是最新的手机短信技术。千夫长和当年的痞子蔡一样,先是在电子媒体上发表自己的作品的,他以SMS手机短信方式发布,随后则将四万余字的小说以十八万元人民币的价格卖给了百花文艺出版社,印成纸质出版物出版②。

---

① 《海德格尔选集》下卷,孙周兴编,上海三联书店,1996年,第899页。
② 参见《21世纪中国文化地图》第三卷,朱大可、张闳主编,广西师范大学出版社,2005年,第282页。

先有电子文本,后有纸质文本的创作形式和先有电影,后有根据电影改编的小说一样,都是现代传媒技术的产物。就像电影的拍摄一样,首先需要的是机器和技术,只有熟练掌握了手机短信的使用技术,才能谈及短信文学的创作。这就是在传媒技术下的审美文化生成的主要特点。

思考题:

1. 如何理解文化及审美与文化的关系? 结合实际加以阐释。

2. 审美文化的表现形态有哪些? 日常生活审美化说明了什么问题?

3. 审美文化与现代传播媒介的关系如何? 举例说明。

第二章　当代审美文化

　　"当代审美文化"是指在以现代大众传播媒介为载体,以现代都市大众为主要对象,在现代商品社会背景下应运而生的文化形态。这是一种运用现代技术手段生产出来的,以"效益"为最高准则,排除了"自我实现"原则,带有浓厚商业色彩的文化样式,包括言情小说、旅行读物、明星传记、流行歌曲、摇滚乐、卡拉 OK、迪斯科、肥皂剧、个人 DV、武侠片、警匪片、时装表演、西式快餐、电子游戏、婚纱摄影、文化衫等等。当代审美文化不同于其他时代文化的最主要特征一是明显的经济动机,二是现代科技的支撑。当代审美文化是当代文化中最活跃、最有影响因而最值得关注的部分。

第一节　现代资本主义制度带来审美文化的新特点

　　"现代"并不只是一个特定的时间概念,也不是一个特定的只在某个具体的空间生发而与其他地方无缘的概念,它在更多意义上与现代性、现代化、现代主义等概念相联系。也许,对于"现代"最好的定义方式是将其放在"传统"或"古代"、"后现代"等概念中加以比较,才不致产生更大的分歧。由此,我们这里的"现代"是指与资本主义制度相关的一个社会学、政治学意义上的概念。它的关键词大致如下:技术化、城市化、商品化。显然,这样的"现代"概念在时间意义上更接近我们当下的生活,也即"现在"。

　　不管"现代"这一概念如何界定,它给我们的社会、日常生活带来了巨大的变化,并且以其自身的逻辑(按杰姆逊的言说,是资本主义的全球化逻辑),以令人震惊的方式刺激生产和批发着与之相应的审美文化,这是个不争的事实。早在1859年,诗人波德莱尔在《一八五九年的沙龙》中,就描述了"现代"艺术家、现代公众和摄影的关系。令我们感兴趣的是,他认为:"闯入艺术的工业成了艺术的死敌,功能的混淆使任何一种功能都不能很好地实现。诗和工业是两个本能地相互仇恨的野心家,假如他们狭路相逢,只能是一个为另一个服务。"①姑且不论工业与艺术是否是敌人,但工业与艺术的结合(还有商品)也确实从根本上改变了审美文化的走向,出现了巨大的裂变,产生了一种本雅明式的震惊效果。波德莱尔说:"现代性就是过渡、短暂、偶然,就是艺术的一半,另一半就是永恒和不变。"②这种现代审美的短暂和偶然,如果不联想到技术、城市、商品,不联想到城市现代生活就难以理解。对于现代生活或者资本主义制度下人的生活而言,还是马克思说得到位:"生产的不断变革,一切社会关系不停的动荡,永远的不安定和变动,这就是资产阶级时代不同于过去一切时代的地方。一切固定的古老的关系以及与之相适应的素被尊崇的观念和见解都被消除了,一切新形成的关系等不到固定下来就陈旧了。一切固定的东西都烟消云散了,一切神圣的东西都被亵渎了。人们终于不得不用冷静的眼光来看他们的生活地位、他们的相互关系。"③

在弗·杰姆逊看来,资本主义发展到今天,经历了三个阶段:市场资本主义、垄断资本主义、多国化的资本主义。我们所说的现代资本主义即指以科学技术和信息为基础的"后工业社会",其典型特征在于自然和无意识(包括美)这两个领域由于技术、信息的资本化逻辑也被彻底的商品化了④。

一、断裂后的惊奇与怀旧

长期以来,上海一直被视为中国现代化的策源地。20 世纪 30 年代,海派文人叶灵凤在他的小说《流行性感冒》中描述了女性的身体:"流线式车身/ V 型水箱/浮力坐子/水压灭震器/五档变速机/ 她,像一辆 1933 型的新车,在五月橙色的空气里,沥青的街道上,鳗一样的在人丛中滑动……从第四档换到第五档的变速机。迎着风,雕出了 1933 型的健美姿态:V 型水箱,半球型的两只车灯,艾萨多娜·邓肯式的向后飞扬的短发。"⑤汽车是工业文明的产物,更是现代标志之一。对于生活在上海的叶灵凤来说,人体的美和现代小汽车的美具有同等的审美快感。但对后世的读者来说,阅读这样的文本首先会使我们感到震惊,尽管作者也在表明是"她",但是水箱、车灯、滑动、1933 型车的图像和女性的身体之间确实存在较大差距,作者

---

① 《波德莱尔美学论文选》,郭宏安译,人民文学出版社,1987 年,第 402 页。
② 《波德莱尔美学论文选》,郭宏安译,第 485 页。
③ 《共产党宣言》,《马克思恩格斯选集》第一卷,人民出版社,1972 年,第 254 页。
④ 参见《后现代主义与文化理论——弗·杰姆逊教授讲演录》,唐小兵译,陕西师范大学出版社,1986 年。
⑤ 载《现代》1933 年第 3 卷第 5 期。

强行将二者并置在一个语境且让人接受,这就从根本上打破了我们的审美心理定势。因为不论是《诗经》中的佳人,还是《雅歌》中的新娘,用来比喻她们美的身体的词汇大都与农业文明有关,诸如羊、葡萄、凝脂、弱柳等等,较近如"山丹丹开花红姣姣,香香人才长得好,一双大眼睛水汪汪,好像露水珠草上淌",而叶灵凤用一套汽车术语来形容女性身体,自然就令人颇为惊诧了。

其次是与吃惊感并生的新奇感。虽然"太阳底下没有新鲜事",但是伴随现代而来的却是生产、生活、审美的日新月异和几何式的变化,人在这样的变化中往往显得手足无措,以往的经验及想象失去了应有的作用。本雅明称这样的时代为"经验贫乏"的时代,他说在这样的时代,"人使用一种全新的语言,这种语言的关键特征在于与有机体的可任意建构性"①。也许,这种"任意建构性"从审美生成的角度说,正是一种创新,但却是在背弃了几千年的文明传统之上。印象主义画家莫奈的名作《草地上的午餐》(1863 年)描画的是一位裸体女子和两位衣冠楚楚的男子坐在一起,不远处还有一位女子在脱衣服。显然,这幅画带有明显的反讽性,但其效果却是因对传统道德、文明的背离而产生的一种新奇,这就是本雅明所谓的"任意建构性"。而叶灵凤把汽车与女性身体互喻,就像莫奈一样,把"任意建构性"发展到了极致。波德莱尔说:"请记住任何疯狂中都有一种崇高,任何极端中都有一种力量。"②叶灵凤 30 年代的任意建构,在今天已经有了"汽车模特"的职业,也就是说已经模式化、传统化了。香车和美女已经成了现代审美文化的一种经典模式。在这一模式中,美女和汽车一样,没有灵魂,只有身体,只是一种功能性商品符号。香车美女的广告或展示活动,表面上显示的是汽车与美女在功能、品质等方面的同质性,但当美女符号化、商品化时,汽车则人化了。于是,汽车和美女在一起表演着现代人被物化、符号化后的一种人与自己深刻断裂的戏剧。

汽车与现代人的关系也许像传统叙述中的马与侠客一样亲密无间,但汽车与人被置于同一个等级,毕竟是一种异化。从某种意义上说,这种异化对人的生存来说是致命的。按马尔库塞的话来说:"技术社会限制着升华的领域,同时,它也降低了对升华的需求。"③而现代审美文化却恰恰通过对这种致命化的戏讽,企图摆脱钢铁的冰冷、技术化生存的压抑,但越想摆脱却越显示出人对技术、机器的依赖。

---

① 《经验与贫乏》,王炳钧译,百花文艺出版社,1999 年,第 255 页。
② 《波德莱尔美学论文选》,郭宏安译,人民文学出版社,1987 年, 第 500 页。
③ 赫伯特·马尔库塞《单向度的人》,刘继译,上海译文出版社,2006 年,第 68 页。

应当说,从花草/美人到汽车/美人之间的深渊,正是农业文明/工业文明、乡村/城市的差异,是马克思所说的"生产不断变革的结果",所以,现代审美的断裂性可以理解为现代都市生活同传统乡村生活的断裂,自然与机器的断裂。一句话,花草与汽车的断裂。

以固定的土地为中心形成的乡村生活,一般来说是封闭的、内敛的,并且有持久的耐心。它们有自己的语言、风俗和起源。相反,都市生活则是不确定的、无根基的。人口流动的频繁,生存竞争的剧烈,职业分工的细化,机械化的劳动模式,都使个体的人容易产生平面化、无归宿感和孤独感。如果说土地、植物、家族是乡村的有机体,那么,街道、机器、人流则是城市的主要结构。而有意思的是,现代城市又最大限度地激发寻求个性化的欲望,通过消费也即美女香车显示个性,刺激欲望的再生产与再满足。

显然,人与城市生活的历史与乡村生活的历史比起来毕竟短暂得多,乡村生活的印记深深地刻在人和他的记忆中,而审美文化的根基在自然,在乡村,以此形成的审美定势和已经生成、正在生成的现代审美文化之间就具有了断裂性的特点。这种断裂性的特点也体现在现代审美文化之中。如汽车/美女的鸿沟。事实上,汽车在现代审美文化中,已超越了本来的物理意义,它是速度、技术,同时也是商品、欲望的对象,但是人行走、奔跑的速度及其对速度的心理承受能力都是有限的,而对无限的速度的追求,就像对永远无法满足的欲望的追求一样,只能导致人在膨胀的极限下断裂、崩溃进而碎片化。

问题在于"资产阶级按照自己的面貌为自己创造出一个自己的世界"①。它以快速强大的技术生成、难以阻截的资本力量,使乡村卷入城市,使自然变成非自然,使情感功利化。而更致命的是由于对此岸、今世的强调,遮蔽甚至删除了神性与诗意,因而人需要返回家园,修复自己。德国诗人荷尔德林在《帕特莫斯》诗中写道:"神近在咫尺又难以把握。/但哪里有危险,/哪里也生拯救。……让我们以最忠诚的情感,/穿行其中,返回故园。"②返回故园,就是亲近土地,返回人原本诗意的栖居。但在现代性的条件下,钢铁水泥上无法长出清新自然的野花。人自我修复的方式只能是在所谓的无功利性的审美中获得。这就导致了现代审美的典型性场景:驾着汽车去摘野花——审美无可奈何地走向了泛化、日常化。

---

① 马克思《共产党宣言》,《马克思恩格斯选集》第一卷,人民出版社,1972 年,第 255 页。
② 转引自海德格尔《荷尔德林诗的阐释》,商务印书馆,2000 年,第 21—22 页。

　　泛化了的审美形态既可以在外在的生活场景中得到表征,亦可在现代普遍的怀旧风潮中找到其人性化的依据。怀旧从最基本的意义上讲,则是"思乡"和"回家"。尽管人们更习惯于在日常经验的层面上描述怀旧,注重那些触发我们怀旧情感的生活细节,比如近几年广为流传的一部又一部的《老照片》;但实际上,怀旧更多的是人在与社会交往时所产生的一种回归意识。人一方面在不停地追求现代物欲化的一切,但另一方面又在遐想中不断返回花木葱茏、诗意盎然的童年和故园,自然物成为情感寄托及其升华的意象化对象。80 年代初期,一首名为《兰花草》的台湾校园歌曲颇为流行,其词曰:"我从山中来,带来兰花草,/种在小园中,希望花开早,/一日看三回,看得花时过,/兰花却依然,苞也无一个。//转眼秋天到,移兰入暖房,/朝朝频顾惜,夜夜不相忘。/期待春花开,能将凤愿偿,/满庭花簇簇,添得许多香。"关于这首歌,有两点值得关注:其一,歌词里的兰花意象,固然可看作"我"的情感状态与人格形象的外化,但"我从山中来,带来兰花草"所反映的"我"的期待心理的实质是将自然移植到自己的生活中,在自己的狭小的园地中重归故里的乌托邦冲动;其二,这首歌的词作者是 20 世纪初的新文化运动的发起者胡适。1922年 10 月,经作者增删的《尝试集》增订四版中增加了《兰花草》的原诗《希望》:

　　　　我从山中来,带来兰花草,种在小园中,希望花开好,一日望三回,望得花时过,急坏看花人,苞也无一个。

　　　　眼见秋天到,移兰供在家,明年春风回,祝汝满盆花!

六十年的峥嵘岁月后,人们对由此诗稍加改动的歌曲的传唱,反映的是在现代化进程中对中国传统农业文明的依依不舍和情有独钟,是集体无意识的家园意念,是一个民族对美好往昔的集体怀旧。同一时期,张明敏演唱的《外婆的澎湖湾》则以"海蓝蓝"、"仙人掌"、"阳光"、"沙滩"、"外婆"、"童年"等词汇勾画了美丽自然与美好人情相交融的家园景象,将这种集体无意识表达得更审美化。

　　对爱情、自然的看重应该说是浪漫主义的法宝,而爱情不论是罗密欧与朱丽叶的以死为代价的实现,还是现在流行的邵亚星的《死也要爱你》,所表达的都是对人的神性的、诗意的一种赞叹。而在怀旧中,人们更多地把目光放在了人的情爱生活中,放在了内心情感的记忆之中。水木年华演唱的《在他乡》以因为思乡而忧郁抒情的调子,配上单调的架子鼓的突兀的敲击,乞求式地歌唱着:

　　　　我多想回到家乡,再回到她的身旁,看她的温柔善良,来抚慰我的心伤。

这是一个回不去的乡愁病患者对另一个男子的倾诉,总是拉长的节拍是否源自遥远的路途、绵延的乡愁?哀鸣一般的电吉他的 SOLO 是否象征着回不去的惆怅,走出来的懊悔？既是倾听者又是劝说者的男子俨然是古希腊合唱队的角儿，他在惋惜：

> 那年你踏上暮色他乡，你以为那里有你的理想，你看看周围陌生的目光，清晨醒来却没人在身旁；

他在同情：

> 人静的雨夜想起了她，她的挽留还萦绕耳旁，想起离别她带泪的脸旁，你忍不住的哭出声响；

更在叙说他乡的冷漠所给我们造成的伤害：

> 那年你一人迷失他乡，你想的未来还不见模样，你看看那些冷漠目光，不知道这条路还有多长。

有意味的是在男性的目光中，家乡往往又与善良、温柔的姑娘相关，更直接地说，家乡就是善良，就是温柔，就是难以忘怀的姑娘。特别是对一个在城市中漂泊、受挫、伤心的流浪者、打工者来说，只有回到家乡才能有善良与温柔，才能有慰藉与安详：

> 就让我回到家乡，再回到她的身旁，让她的温柔善良，来抚慰我的心伤。

显然，人对于情感世界的回归不仅仅只是一种情感体现，更是一种价值的取向。怀旧是对过去的一种想象性加工，而经过主体加工的过去具有了虚构性文本的特点。从审美生成的角度看怀旧，我们就发现"怀旧不再是对现实客体(过去、家园、传统等)原封不动地复制或反映，而是经过想象对它有意识的粉饰和美化，怀旧客体变成了审美对象，充溢着取之不竭的完美价值"①。

　　简而言之，对于现代人来说，回到自然、家园，回到情感、内心世界，是对抗现代性生存处境、修复碎片化主体存在的一种审美姿势。

　　二、去崇高后的虚无

　　1986 年 5 月 10 日，崔健穿着对襟大褂，首次演唱他的《一无所有》，这一天成了中国摇滚乐诞生的日子，而"一无所有"后来也成为中国式的后现代的典型话语。歌词中写道：

> 我曾经问个不休/你何时跟我走/可你却总是笑我，一无所有/我要给你我的追求/还有我的自由/可你却总是笑我，一无所有/噢……

从文本本身的意义来说，它是一个男子对情人的求爱自白，但这个自白包含了很多

---

① 《文化现代性与美学问题》，周宪主编，中国人民大学出版社，2005 年，第 27 页。

似是而非的东西。一方面是主体在社会物质层面上的"一无所有"——底层的卑微与贫困，另一方面是主体精神价值的张扬——"我"还有"追求"、"自由"，因而"我"有足够的自信去追求爱情；一方面，主体虽然在言说"你爱我一无所有"，但另一方面，"何时"的疑问却始终挥之不去，表明了精神的不自信。尽管崔健骄傲于自己的一无所有，因为他虽然贫困，但却有自由、追求和爱情，应该说，这是一种真正的有；但是在神灵消失之后，主体企图取而代之的姿势却是虚妄，因为这个自我是不确定的，没有安全感的，只是企图"走"，也希望于"走"。"一无所有"在文化意义上来说，是个象征——失去神灵之后，现代人的虚无与空泛。因为没有了神灵，似乎一切都有了可能性，一切都可以改写、复制、戏仿，一切都可以反叛，因此，改写、复制、反讽这样一些词成了审美文化中常见的关键词。其后，他改穿黄军装，用红布蒙住眼睛演唱了相同风格的一系列歌曲，如《红旗下的蛋》、《新长征路上的摇滚》等。但并不是只有崔健一无所有，同时期的王朔也在小说《一半是海水，一半是火焰》中表达这种心态，后来又发展为《千万别把我当人》、《我是流氓我怕谁》。

可以说，摇滚不只是青年人喜欢的音乐，也是一种生活态度——一种对社会/主流的反叛态度，尽管这种态度更多的是孩子式的恶作剧，譬如当时流行的文化衫，在背部印着"我吃苹果你吃皮"之类无意义的文字，显示有趣、个性，更企图在无意义中显示意义的空无。值得注意的是崔健、王朔们用来躲避崇高、反讽一切所使用的改写、戏仿手段，就像叶灵凤的城市女子有着邓肯式的发式所表明的那样，都是西方化的一种移植和改写，而这是全球化语境中审美文化的又一宿命。在西方语境中上帝死了之后，生活中的无中心感直接影响了审美价值的虚无与泛化，进而像癌细胞一样扩散到了资本能够渗入的任何一个地方。就像崔健用嘶哑的音色把黄土地上"信天游"粗犷、野性的旋律中纳入了现代人无所皈依的漂泊、伤感与男性赤裸裸的命令和乞求一样，全球化语境下的审美文化更让人感觉到当初亚当、夏娃被逐出伊甸园时的无助与苍凉。

技术、商品不仅从物质层面改变了我们今日的生活方式，而且以其强劲的资本逻辑作为原动力改变了思想、艺术甚至是无意识领域。面对这样的客观事实，文化多元化的发展趋势依旧有着辽阔的前景，我们不知道我们能走多远，能收获怎样的果实，但毋庸置疑的是，对美及其审美的探讨也必定是在这一历史现实的情景中展开的。"审美的天地是一个生活世界，依靠它，自由的需求和潜能找寻着自身的解放"①。

———————

① 　赫伯特·马尔库塞《审美之维》，李小兵译，广西师范大学出版社，2001年，第104页。

第二节　当代时尚文化

一、时尚文化的含义

狭义的"时尚"是指流行时髦的衣着方式,也就是一般所说的"时装"。广义的"时尚"则是指人们在日常生活中出于感性炫耀的目的,所追求的各种新颖流行的行为方式,一般可以分为装饰时尚(围绕人体以及各种生活用品展开的装饰活动,如服装美容、家具装潢等)、休闲时尚(人们在休闲时间从事的体育健身、旅游探险、电脑游戏等娱乐活动)、艺术时尚(人们广泛参与的通俗音乐、流行舞蹈、闪客漫画等大众艺术活动)三大类。

留心一下荧屏,我们会发现,近些年来,各种介绍时装表演的电视节目明显增多。那些体形修长、姿态妖娆的模特儿们,身上穿着缤纷斗艳的时髦服装,头上顶着别出心裁的新颖发型,脸上涂着五光十色的化装油彩,在 T 型台上迈着猫步,飘然而来、婀娜而去。细究起来,这些时装秀之所以吸引了人们的眼球,成为当前所谓"时尚"生活的主导内容,不就是因为它们不仅呈现出绚丽多彩的感性外观形象,而且弥漫着心猿意马的感性欲望内涵? 再转向休闲生活的领域,那些蹦极、攀岩、滑雪、滑板之类的"极限运动"之所以风行一时、大受年轻人的欢迎,不也是因为它们充满游戏情趣、凸显帅酷爽靓、极具刺激体验? 从这个角度看,人们在严格意义上称之为"时尚"的,其实主要就是那些富有感性内涵、以炫耀为目的的流行行为方式;而人们常常用"炫"这个字来概括时尚文化的本质特征,应该说也是十分贴切的。

当然,除了感性炫耀这一目的外,时尚文化还包含着其他多方面的复杂内容。例如,"时装"在诞生后不久,便成为一门重要的"工业";今天各种与"时尚"相关的"产业",更是构成了国民经济中一个全新的生长点,能够给人们带来可观的效益。有一种说法颇为调侃地认为,世界经济在最初从"资本"时代起步之后,目前已经告别"知本"阶段,开始步入"姿本"时期。与此同时,在日常生活中,时尚文化也往往与社会风气、精神文明、道德伦理等方面的问题纠缠在一起。不过,时尚文化的"感性炫耀"特征,却使它在本质上首先成为一种审美现象,与美的王国保持着密切的联系。事实上,像通俗音乐、流行舞蹈、闪客漫画这类艺术时尚,原本就是一些艺术活动,与那些古典高雅的音乐、舞蹈、绘画相比,在以审美为本质这一点上并没有多少差异。至于美容美发、服装饰物、家居装潢这类装饰时尚,也总是以"美"作为首要的价值取向。休闲时尚虽然与一般的自然美、人体美或艺术美有所不同,相对缺少可供他人欣赏的感性外观,但它们自身的感性本能内涵、自由游戏规则和强烈愉悦刺激,同样会使参与者们获得某种与审美感受十分类似的高峰体验。就连今天大行其道的手机短信,虽然首先是人们交流信息、联络感情的实用工具,但同时也明显具有幽默搞笑、逗人开心的喜剧功能。所以,一方面,时尚文化几乎可以在总体上纳入审美学理论的语境;另一方面,审美学理论当然也应该对"时尚"这种目前正在蓬勃发展的新兴审美现象给予足够的重视,以推动自身的发展。其实,时尚文化在崭新时代背景下呈现出来的一系列崭新审美特点,已经向现有审美学理论提出了许多此前尚未触及或充分展开的重要学术问题。因此,通过对时尚美区别于其他审美现象的独特本质的探讨,我们有可能大大丰富现有审美学理论的基本观念,充分改进现有审美学理论的思维模式。

二、时尚文化的审美特点

时尚美的第一个突出特点是"大众主体性"。在这方面,它与经典艺术美的"精英主体性"形成了鲜明的反差。诚然,按照接受美学的观点,即便精英艺术家创作出来的经典艺术品,也必须经过普通受众的欣赏和评价才算真正完成,因为"一部文学作品的历史生命如果没有接受者的积极参与是不可思议的"①。不过,严格说来,经典艺术美的价值主要还是取决于精英艺术家个人的灵感、才能和创意,普通受众的欣赏评价在很大程度上只是从属性的,并且总是难以摆脱被动、静态、消极的特征。与之对照,流行时尚美的价值却首先取决于普通大众的主动参与、动态鉴赏和积极接受。比如说,同样是欣赏音乐,在观看古典歌剧的时候,观众们总是习惯于不苟言笑、严肃认真、一本正经,坐在那里安详宁静地聆听艺术家们引吭高歌;一直要到一曲终了,才能热情而不失典雅地鼓掌表示赞许。相比之下,在流行歌曲演唱会中,观众们却往往是喜形于色、激情迸放、狂热忘我,站在那里手舞足蹈、声嘶力竭地附和歌手;倘若发现下面的观众不够配合,台上的天王歌后们还会扯大嗓门,富于煽情效应地喊:大家一起来!结果是个人演唱会常常在不知不觉中变成万众大合唱。主要就是由于这一原因,在时尚语境中,"火"这个字似乎具有举足轻重的意义,能够在很大程度上成为衡量一个时尚事件审美价值的准绳,以致我们有理

---

① 姚斯《走向接受美学》,载《接受美学与接受理论》,辽宁人民出版社,1987年,第24页。

由断言:美的就是火的、火的就是美的——这里所谓的"火",其实就是形容一种时尚现象受到人们欢迎和参与的热烈程度。

时尚美的第二个突出特点是"设计性"。在这方面,它与经典艺术美的"创作性"也存在一些微妙的区别。一般来说,精英艺术家在创造艺术作品的时候,很少考虑审美之外的其他因素;他们的全部意图,就是如何在相应的材料或媒介上,充分发挥自己的艺术才能、灵感、创意和技巧,创作出最有艺术价值的杰作。相比之下,时尚设计师在创造时尚产品的时候,不仅要以审美为目的,而且还必须同时兼顾到其他方面的种种因素。举例来说,即便超一流的时尚设计大师,也很少会像一个不入流的传统画家那样,可以在一穷二白的画布上,随心所欲地发挥自己的想象,毫无顾忌地泼洒五彩的颜色。相反,他们往往不得不全方位地考虑到大众的喜好、流行的趣味、产品的用途和市场的需求,几乎可以说是在夹缝中寻找自己的审美生存。换句话说,艺术家们可以天马行空地大展身手,时尚中人却只能够戴着手铐跳舞;而麻烦就在于:即便戴着手铐,也要跳得优雅。所以,如何在种种非审美因素的限定下确保审美目的的充分实现,便构成了时尚设计的一大难题。也正是由于时尚美的这种"设计性",在各类时尚产品的创造过程中,往往少不了目标定位、市场调查、趋势预测等一套程序,听起来倒好像与投资办厂更为接近。至于在当前时尚语境中频繁出现的"包装"一词(不仅指各种时尚产品的"包装",而且指某些流行偶像的"包装"),更是形象地体现了时尚设计所具有的顺应大众口味、不惜八面玲珑的独特之处。例如,广告公司在"打造"英国著名球星贝克汉姆的形象时,可以说是煞费苦心、绞尽脑汁,拼命扭转以往人们以为足球运动员铁定了就是四肢发达、头脑简单、粗野不逊、缺少教养、不修边幅、大大咧咧的偏见,最后成功推出了一位温文尔雅、风度翩翩,既洒香水、又修发型,刚柔并济、阴阳谐调,陪妻子购物、带孩子游玩的头号绅士,在男人眼里是光辉榜样,在女人眼里是完美偶像。

时尚美的第三个突出特点是"扬肉身性"。在这方面,它与经典艺术美的"抑肉身性"同样形成了巨大的反差。这里说的"肉身"主要是指那些与人们的肉身生理存在保持直接关联的感性因素,包括肉身实体、生理本能、欲望冲动、情绪体验、个性气质等等。其实,某些特定种类的经典艺术(如西方古典人体绘画)本来也潜藏着肉身感性的丰富内涵,在很大程度上甚至就像弗洛伊德所说的那样,是"性感领域的衍生物"①。不过,值得注意的是,在创作这类作品的时候,艺术家们往往会

---

① 弗洛伊德《弗洛伊德论美文选》,知识出版社,1987年,第172页。

尽量去除肉身感性的蛛丝马迹,着重凸显那些远离本能欲望、具有精神意蕴的心灵内容,设法通过隐饰和变形的手段,把肉身本能的因素提升到神话宗教、纯真爱情乃至追求真理的高度,极力做到"出淤泥而不染"。结果,这些艺术作品越是能以"犹抱琵琶半遮面"的方式遮蔽人的肉身欲望,它们的审美价值似乎也就越是纯洁和高雅。意大利画家波提切利的名作《维纳斯的诞生》,就是这方面的典范例证。相比之下,在这方面,当前的时尚文化很容易使人们产生"审美休克"的震撼体验,因为某些人体彩绘、性感时装、通俗歌曲、流行舞蹈,仿佛根本就不屑于掩饰它们蕴含的肉身感性因素,反而通过种种精心设计的感性形式,有目的地敞开和显现它们;甚至某些与本能欲望本来没有什么关系的时尚事件(如家具装潢、汽车造型等),也往往拉大旗作虎皮,拼命渲染自身在肉身感性层面的诱惑意味,以致"性感"已经成为当前时尚语境中滥用程度最高的词汇之一。结果,时尚现象越是能以"一枝红杏出墙来"的方式凸显人的肉身本能,它们的审美价值似乎也就越是本真和原初。

三、时尚文化生成的动机

实际上,今天人们之所以会广泛地参与各种时尚活动、积极地投身到时尚文化之中,一个最基本的动机,就是他们力图通过"自我表现"的感性途径,炫耀自己的肉身感性存在,尤其是炫耀以下三方面的内容。

首先是与生本能直接相关的生命活力。生本能是一切生物都具有的一种基本本能,一种旨在保持或维系生物个体自身存在的生理性冲动。从广义上说,人们在自己生活中追求的所有目标,可以说都是生本能的变形、升华和体现,从经济领域的财富到政治领域的地位,再到伦理领域的德性,乃至到认识领域的真理,因为它们都是人们个体生存状态的内在构成要素。不过,在肉身感性层面上,生本能主要是指人们维持个体肉身生命存在的一种生理—心理性欲望,尤其是追求肉身生命的健康存在和持续绵延的一种内在冲动。这种意义上的"生命活力",在生理维度上主要表现为身体各器官机能的爆发力、耐久力、强度和柔韧度等等,在心理维度上则主要表现为人们对于运用和释放这些生理机能所持有的心理态度,诸如积极性、进取性、执著性等等。换句话说,生命活力不仅是指生理性的"精力旺盛",而且也包括心理性的"心力充沛"。

在休闲和艺术时尚中,人们的生命活力往往可以得到最充分最直接的表现。例如,从通俗音乐和流行舞蹈的某些精品杰作中,我们很容易发现美国审美学家苏珊·朗格所说的"艺术结构与生命结构的相似之处"①,因为它们的艺术节奏和旋律与人们肉身生命活动的节奏和旋律在许多方面极为契合,所以能够通过内摹仿的机制,引起人们的生理—心理性共鸣,不由自主地随声附和、手舞足蹈。这一点应该说是它们能够受到广泛欢迎、具有持久魅力的主要原因。进一步看,如果说古典音乐和舞蹈着重展示了人们生命活力的和谐统一、宁静安详的一面,那么,由于时代背景方面的种种原因,当代通俗音乐和流行舞蹈所展示的,却首先是人们生命活力的张力迸发、动荡起伏的一面,因而特别投合年轻人的审美趣味。这个特征可以从美国歌星迈克尔·杰克逊、韩国歌星 Rain 等人的表演中看得很清楚。在休闲时尚中,各种体育健身和探险活动主要也是通过在生理维度上增强身体素质、在心理维度上灌注活力意志,来炫耀当代人生命活动的强力、张力、刚力;不少时尚女性甚至因此在很大程度上改变了自己的心理取向,不再青睐古典淑女式的温柔娴和、文雅恬静,而更愿意彰显自己的外向性、进取心和阳刚气。与此相关联的,还有各类运动服装和休闲服装的热销,因为它们不是像传统服装那样,旨在突出对身份、地位、民族、性别的认同,而是更倾向于在肉身存在的层面上,充分展示感性生命活力的强健旺盛。至于各种以军事战争、警匪追杀、武打格斗、恐怖灾难为题材的电影、电视、电脑游戏,从某种意义上也可以说是由于契合了潜藏在人们生本能之中的暴力倾向(也可以看成是一种诉诸暴力手段反抗外来威胁、实现自我保存的本能倾向),才会受到许多人尤其是年轻人的喜爱,甚至使一些人陷溺其中、难以自拔。

再就是与性本能直接相关的性感惑力。性本能是某些生物具有的一种特定本能,一种旨在通过性活动保持或维系生物族类种群存在的生理性冲动。在人类生活中,性本能具有丰富而深刻的意义,包含着伦理、法律、情感、精神等方面的社会性内容,因为它要涉及人与人尤其是男女之间的关系,并由此构成了氏族、部落、家庭、婚姻这些社会结构的细胞组织得以建立的生理基础。在肉身感性层面上,性本能主要是指人们通过性活动繁衍种群存在的一种生理—心理性欲望,其满足往往伴随着强烈的感性愉悦体验。但时尚文化所炫耀的"性感",并不是指人们在实际性活动的过程中体验到的那种生理性机体快感,而是指人们身体(尤其是第二性征部位)的特定形象所具有的性表征意味,以及这种意味通过感性直观所引起的一种具有性本能激发效应的心理性愉悦感受。

性感惑力在休闲和艺术时尚中也能够得到一定程度的鲜明体现;例如,当代流行舞蹈不仅十分强调对生命活力的展示,而且也很注重对性感惑力的宣泄。不过,在

---

① 苏珊·朗格《艺术问题》,中国社会科学出版社,1983 年,第 55 页。

炫耀性感惑力方面,主要围绕人体展开的装饰时尚明显具有得天独厚的特殊优势。与以往那种尽可能加以掩饰、弱化或遮蔽的意向不同,今天人们越来越热衷于通过美容化装、衣饰打扮、药物治疗甚至外科手术的途径,敞开、强化和彰显自己身体形象的性表征意味,有时候甚至不惜为此付出忍饥挨饿、伤筋动骨的巨大代价。结果,那些在透、露、瘦方面日趋开放之极端的性感时装,那些前赴后继、此起彼伏的减肥法和隆胸术,总是一次又一次地引起人们的广泛关注和激烈争论。一般来说,由于生理、文化、习俗等方面的原因,年轻女性对于炫耀性感惑力似乎具有较大的兴趣;不过,值得注意的是,这种兴趣现在也开始向男性以及其他年龄阶段的女性蔓延。

最后是与气质个性直接相关的气质魅力。在心理学上,气质一般是指人们在从事各种心理和行为活动时具有的某些固有而稳定的倾向特征,如所谓的多血质、粘液质、胆汁质、抑郁质等;个性则是指人们的气质、性格、才能等多种因素在心理层面上的有机结合体。由于建立在机体生理结构的感性基础之上,一个人气质个性的基本内容通常都比较稳定,所以才会有"本性难移"这样的说法。

如果说时尚文化是人们在肉身感性层面上展开的一种自我表现,那么,通过面部表情、行为举止、衣物装饰、生活爱好等感性途径炫耀自己的气质魅力,可以说就构成了时尚表现的最高境界。比较而言,生命活力和性感惑力更富有生理性和一般性,气质魅力则更富有心理性和个体性;前二者通常可以通过有目的的锻炼或设计"打造"出来,因而是"有法而法",后者则往往积淀着一个人在人生旅途中形成的丰富经历、深刻体验和高度自信,甚至可以说是以肉身感性的方式浓缩着一个人全部生存过程的精华,因而是"无法而法"(在这个意义上说,"气质魅力"也不同于那种通过遵守公认的仪表规范和行为准则所形成的"风度翩翩")。所以,像鲁迅、爱因斯坦这些人的独特气质,是其他人很难单纯通过摹仿或学习达到的;甚至演技水平很高的演员,也只能摹仿他们的风度,很难摹仿他们的气质。正是由于具有这种深度性、神秘性和独特性,气质魅力的时尚炫耀,往往可以给人们留下不可言说而又难以忘怀、独一无二而又极具吸引力的深刻印象。

时尚文化对于这些肉身感性内容的集中显现,在美的王国中十分独特,很有典型性,但有时候却会成为人们批评它"媚俗"或"低俗",甚至干脆取消它的"审美"身份的一个主要理由。隐藏在这些批评背后的,其实是下面这种历史悠久的传统观念:只有理性、道德或信仰才是人之为人的独特本质,因为它们可以把人与其他动物区别开来;相比之下,生本能和性本能则是人与其他动物共同具有的,因而是"兽性"或"恶"的。既然时尚文化中通体弥漫着感性化、欲望化、肉身化的因素,却很少去展示人们的理性、道德或信仰,它就没有资格被视为一种"文明"、"高级"的审美现象,最多也不过是代表了当前消费文化中一种格调不高、意义不大的低级趣味。这种传统观念当然是一种有很大局限性的偏见。从根本上看,人的生本能和性本能依然是人的整体性存在中不可或缺的内在组成部分,是人的本质力量的有机构成要素,并且对于人类的理性、道德或信仰生活也具有不容抹杀的正面意义,我们没有任何理由仅仅因为其他动物也有这些因素就把它们说成是人性中的"兽性"内容。诚然,时尚文化的确较少去展现人的存在中那些与精神性心灵直接相关的因素,诸如纯洁爱情、道德规范、善良品格、政治信念、人生理想等等;不过,应该看到的是,它对人的肉身感性存在的充分炫耀,依然是对人的本质力量或人性的一种富有审美意味的积极肯定,并且因此才会受到普通大众的广泛欢迎,成为大众"通俗"文化的重要组成部分。此外,时尚文化在自己的历史发展中,也涌现出不少具有较高审美价值的精品杰作;像披头士音乐以及某些长盛不衰的时尚品牌等等,就在质的意义上丰富了人们的审美生活,拓宽了美的领地。不可否认,在当前时尚文化中,也有一些由于不适当地炫耀肉身感性存在所引起的负面现象,诸如某些渲染暴力、色情的不良倾向,并且对青少年产生了这样那样的消极影响。但是,我们不能因噎废食,完全禁止它的存在或是取消它的"审美"身份(在某些传统的艺术作品中,其实同样存在着类似的低级趣味)。重要的是如何在时尚文化中真正确立"以人为本"的原则,使时尚文化服务于人的人性生活,满足人的丰富需要,实现人的全面发展,成为普通大众积极参与审美文化的一块适宜平台,并且采取各种措施规范和推动时尚文化的可持续正常发展,逐步提高它的文化品位、审美价值和精神内涵,帮助它从"通俗"上升到"通雅"(而不仅仅是那种精英式的"高雅"),引导人们采取正确的时尚审美态度,选择健康的时尚行为模式,培育高尚的时尚鉴赏趣味,形成良好的时尚流行风气,最终让每个人都能从时尚文化中获得正当的审美享受。

第三节 大众审美的二重性

一、大众审美的含义与性质

1. 何为大众文化

什么是大众文化? 大众文化既不是"大众"与"文化"的简单相加,也不是"大众的文化"。大众文化是一种具有自身独立的质的规定性的文化形态。"文化"已如前述,是一个复杂而多义的概念。在西方,"大众(mass, the masses)"的产生与工业化、都市化、教育的普及化、政治的民主化和经济的市场化有密切关系。"从15世纪起,mass 一直被广泛使用。最接近的词源为法文 mass 和拉丁文 massa——意指可以用来铸造的一堆材料(其词源意涵也许是捏面团),并进而扩大指涉一大堆材料。我们可以看到其演变出两种明显的意涵:(1)没有定型的无法区隔的东西;(2)一个浓度的集合体"①。在审美与消费意义上的"大众",事实上更多的是指法兰克福学派所批判的"大众文化"中的大众,也即具有一定的知识和欣赏能力、消费水平和闲暇时间的生活在城市的民众。这样的"大众"接近于我们所熟悉的"有产阶级",但绝不等同于我国20世纪出现的"人民大众"、"革命群众"或"普通群众"等意义上的大众。相反,"大众"的显著标志就是一个没有定型的、无法区隔的、浓密的集合体,即无法对他们进行传统式的宗法和阶层区分。

大众文化到来的表征是节目主持人扮演着代表公正的"领袖"式的形象。青年人的崇拜偶像不再是政治英雄而是娱乐明星,就像20世纪50、60、70年代的青年崇拜刘胡兰一样,而现今的青年人则崇拜"四大天王"。不用说,处在一个处处都能见到"粉丝"的文化氛围中的人们,对于大众文化是有切身体验的,并且也是直接参与的。

大众文化是由一整套功能齐全的文化产业的技术和意识形态所支撑的。如在20世纪80年代,最"酷"的形象是身穿大喇叭裤,留长发,戴不撕标签的蛤蟆镜,提着录音机听邓丽君的《毛毛雨》,跳交际舞。现在看起来当然过时了,但是没有当时录音机的生产与进口、经济的相对富裕、政治上的相对宽松,这样的"酷"是不可能出现的。自然,这与20世纪四五十年代的苦大仇深的贫下中农聚集在一起,在组织的领导下,翻身诉苦扭着秧歌唱《东方红》就大不一样了。

要强调的是大众文化的出现不仅仅依赖技术装备,也依赖于经济的繁荣和意识形态方面的宽松与民主。想一想如果城市市民依然用粮票购买食物,依然用布票添置衣物,恐怕也很难"文化"起来;同样,如果我们还"以阶级斗争为纲",穿着仿军装,别着毛主席像,绷着阶级斗争的面孔,恐怕也很难"大众"起来。最典型的莫如1979年《辽宁青年》第8期曾就年轻人穿"奇装异服"发表文章,认为这是"追求资

---

① 雷蒙·威廉斯《关键词:文化与社会的词汇》,刘建基译,生活·读书·新知三联书店,2005年,第282页。

产阶级颓废腐朽的生活方式,模仿资本主义国家有些青年的古怪打扮",这"已经不是一个喜欢什么服装发式之类的单纯生活问题",而是"败坏中华民族的尊严,损害中国人民的形象"的问题①。可见,穿什么衣服,留什么发型,也是与意识形态相关联的。

在时尚文化一节,我们谈到时尚文化的特点在于它的"大众主体"、"设计性"、"扬肉身性"等,而这一切确实可归之于一个"炫"字,一个"火"字,这是大众文化"大众性"的表现。事实上,大众性就在于对传统意义上的诸如"传统"与"现代"、"精英"与"大众"、"高雅"与"通俗"的突破。比如说,北京大学的严家炎、孔庆东先生解读金庸《鹿鼎记》中的韦小宝时,发现他和鲁迅的阿 Q 具有同样的典型意义,这意味着"高雅"与"通俗"的区别,只是一种学术上的话语权力,也许,随着大众普遍性的审美能力的提高(教育的普及,信息传播的广泛、透明使精英与大众处在一个平台上),"传统"与"现代"、"精英"与"大众"、"高雅"与"通俗"的区别恐怕就会在消费化、日常化的旗帜下化解。

概括地说,大众文化的品质就是:与科技相依赖的机械化、模式化、复制化,与市场相依赖的产业化、商品化、消费化。

2. 何为大众审美

大众审美的概念是与大众文化相关联的,从大众文化的角度审视,支撑审美文化运作的大众显然是作为休闲者或消费者存在的,在过剩经济时代,大众的休闲与消费已经被整合进了整体的经济活动体系了,在一定意义上,离开了大众的休闲与消费,当代经济的机器就无法运转。因此可以说,大众审美首先是一种当代经济现象,必须在当代经济活动的领域来理解它的存在方式和意义。大众审美文化首先是一种世俗性的文化,它关注的是当下、现世的生活,是对人们日常生活层面的积极凸现,体现出芸芸众生的普遍生存状态和情感要求,在一定程度上充分满足了大多数人在物质生活水平提高的前提下的精神吁求;大众审美文化在审美化的外衣与艺术的面目下,更多地是商品的内核;从生产的角度来看,它是凭借现代科技与大众传媒进行的一种机械的制作文化。大量复制生产,千篇一律;遵循商品的规律,追求经济利益。大众审美文化以大众性、娱乐性与畅销性来衡量其价值。

大众审美文化,具有明显的安抚、娱乐功能。我们以 20 世纪 80 年代曾红及大江南北的电视连续剧《渴望》为例来说明。《渴望》讲述着一个千古不变的话题——

---

① 蓝克林《20 世纪:谁创造我们的形象》,敦煌文艺出版社,2000 年,第 145 页。

善恶有报,好人一生平安。该剧为我们塑造了一个非常具有传统妇德的女性形象
——刘慧芳。由于她的忍辱负重、尊老爱幼、勤奋吃苦而又温文尔雅的品质,也由
于她尽管历经磨难但最后依然是幸福和团圆的结局,赢得了大众的好感,成了中国
妇女的形象楷模。如果我们把她和曹禺笔下的繁漪进行对比,那么后者的启蒙、反
叛功能和前者的安抚、顺从功能就非常明显了。如果说繁漪是"雷雨",那么,刘慧
芳则是"圣母"。前者对个性的追求、欲望的实现导致了他人、幸福和生命的毁灭,
使观众陷入思考和焦虑之中。后者则时时把自己的愿望、个性放在他人之下,其宽
容、理解的"圣母"般的生活态度和方式,使"好人"理想在普通妇女身上得到了最完
美的演绎。她在满足男性对于女性想象认同的同时,也满足了大众对于社会的想
象认同,也即生活是美好的,苦难是暂时的,过去了的一切都是美丽的。"生年不满
百,长怀千岁忧"的心态经此被化解为娱乐享受的精神性资源,变成了《渴望》主题
歌中的"谁能与我同醉,相知年年岁岁,此情温暖人间",变成了"好人一生平安"的
祝福。由此可见,能否赢得大众的认同,这是大众审美的一个必要前提。与之相
较,艺术的独创性、启发性等重要因素都退居其次。因此,大众审美要比精英审美
更具有审美接受的普遍性。

二、大众审美的特征

当代大众文化有一个非常奇怪的、然而又是普遍的特点:二律背反(自身悖
论),即在多层次、多方面上具有二元因素的冲突、对立、互补特点。尽管在表面上,
它消解或试图消解其他文化形态的二元对立或中心意识形态,但它并不能真正摆
脱二元冲突对立,只是使之具有了更新的形态,并为对立面的互补与融合提供了新
的挑战和契机。在具有以上品质的文化土壤上生存的大众审美出现二重性自然在
所难免,原因在于:审美的情感性、超功利性、个性化原则与科技、与市场的冲突和
矛盾。而根本性的问题是马尔库塞所揭示的使人"单向度"的问题,诸如主体的无
自主性和由此导致的平面化、模式化;以消费为目的的文化审美的粗俗化和被引
导、被操纵的"虚假需要";对现实生存的逃避和抚慰等。但是,马尔库塞并没有因
此否定大众文化审美的全部力量,因为大众文化毕竟含有人性自由和解放的要素。
这样的大众文化的一些特点和后现代文化是相类似的,这不仅仅是因为其产生的
土壤、时间,也是因为气候的相同性,诸如主体的失落(从尼采的"上帝死了"到福柯
的"人死了",再到德里达的"语言死了"等一系列死亡通知书可以看出),技术主义
的控制,资本使文化产品的商品化等等。

1. 自由与媚俗

尽管我们难以就自由做出一个令人满意的定义,可是,我们确实能够感觉或意识到这样一个现象:只有在审美中我们才能超越人的日常存在,才能看到乌托邦的曙光,而这样的曙光得之于人的内在的审美要求,得之于人对于自我的超越。看见曙光就意味着马斯洛的高峰体验,更意味着诗意的、神性的人的存在并不只是虚幻。按照马尔库塞的说法,则是"艺术体现了革命的终极目标:个人的自由与幸福"。对日常生活的超越并不意味着日常生活的无意义,而只是表明:正是对日常生活这个谁也摆脱不了的事实存在的认可和肯定,我们才想给它一种意义,但只有艺术才能做到;只有艺术在自由的状态下才能做到,因为只有自由才能保证个性存在的各种可能性,能够摆脱各种繁复的束缚,使个性的发展不再受到各种非审美的束缚。就像我们在《渴望》中所感觉到的近乎神话般的完美结局,是人对自身生活幸福感的渴望,但只是存在于叙事中一样。当然,自由必须在限定性的基础上才具有符合审美的意义,也就是说,如果自由意味着一种无原则、非人性,那么,自由就走向了非审美、走向了媚俗(Kitsch)。

米兰·昆德拉曾说过:"Kitsch 这个字源于上个世纪中的德国,它描述不择手段去讨好大多数的心态和做法。"[1]可以互文解读的是尼采、鲁迅等人对大众的藐视与批判。实际上,审美意义上的媚俗是大众文化中的一种最为现代主义者们所诟病的现象,那就是不管出于什么动机,丧失自己的审美个性和原则,有意识地以大众的、流行的审美情趣为自己的情趣,并"用美丽的语言和感情把它乔装打扮,甚至连自己都会为这种平庸的思想和感情洒泪"。也许,这是大众文化流行的必然结果,也是艺术商品化的产物,但存在的问题是:大众审美的自由在保证审美自由、个人情趣的同时,这个自由却并没有带来应有的审美自律,反而在非审美的各种动机下,使审美变成非审美的理由和借口。从表面上看,是"火",是"酷",但实则是低俗,无助于审美的创新和意义的提升,有些"产品"甚至可以用一个词来说是"脏"。如 20 世纪 50 年代流行的一部小说《新儿女英雄传》的开头一句为:"牛大水今年二十一岁了,还没有娶媳妇。"60 年代的《艳阳天》的开头一句是:"萧长春死了媳妇,三年还没有续上。"这样的开场到了 90 年代的《白鹿原》中则变成了:"白嘉轩后来引以为豪壮的事业是一生续娶了七房女人。"显然,后者的叙事所潜在的是欲望及其对欲望的炫耀,而更为潜在的是对女性的一种冷酷。

---

[1]　米兰·昆德拉《生命不能承受之轻》,许钧译,上海译文出版社,2003 年,第 394 页。

有意思的是,就像商品需要包装一样,现今一切审美性的和非审美性的事物也都处在包装之中,从人造美女到一些文学作品的出版发行都得经过媒体的包装,使我们的生活无处不在"形象"之中,这一方面好像是日常生活审美化的表现,但另一方面却是一种对现实及自然的伪造,结果使现实非真实化。故此,消费的不再是文化产品,而是审美精神,使文化消费在虚构的幻想中,把审美变成纯粹的生理满足,把自己变成一个消费符号或中介物,而对欲望的短暂时性满足,意味着对更大欲望消费的追求,到头来只能重蹈西门庆之路,因为这种消费已不是人性的真实性需求,而是虚假的社会性需求。对于大众文化来说,它和普通民众、日常生活具有天然的联系,它的一个审美追求也在于日常生活的充分审美化,而如果不取得大众的审美认同,那么它就失去了它的品格——大众性。因此,自由和媚俗成为大众审美中一个明显的悖论存在。

2. 神性与物性

在历次思想解放运动中,审美从神学中走了出来,从专制文化中走了出来,审美变得自由而自在,使创造成为可能,它所依靠的更多是社会革命。而现今的审美却变成了阿Q式的"我喜欢谁就是谁"的物质性占有欲,其使用的手段更多的是解构。

什么是解构? 在中国古代,有着众多的历史象征物,它们都是诗人们表达生命意识、忧国情怀、理想抱负的最佳造型,诸如"念天地之悠悠,独怆然而泣下"的幽州台,"秦时明月汉时关,万里长城人未还"的塞外边关等等。而面对西安的大雁塔,诗人杨炼感受到的是:

山峰式的一动不动/墓碑式的一动不动/记录下民族的痛苦和生命。[1]

而另一位诗人韩东却有迥然不同的情感体验:

有关大雁塔/我们能知道些什么/我们爬上去/看看四周的风景/然后再下来。[2]

这样一种懒散、平实的语气和行为拆解了英雄、理想、历史的深度,近而告别深沉走向平庸。比如在一般人的心目中,英雄是那些为了祖国和人民的利益而牺牲自我的人,但韩东的英雄却是:"也有人由衷地往下跳/在台阶上开了一朵红色的花/那就真的成了英雄"。这就是解构,就是米勒所说的:"它使人联想起一个比喻,

---

① 《朦胧诗新编》,洪子诚等选编,长江文艺出版社,2004 年,第 280 页。
② 杨晓民《中国当代青年诗选》,河北教育出版社,2004 年,第 30 页。

即一个孩子把父亲的手表拆开,把它拆成毫无用处的零件,根本无法重新安装。解构论者并非寄生者,而是做亲者。他把形而上学的机器拆毁,使其没有修复的希望。"①大雁塔是历史的见证,在它身上铭刻着历史风风雨雨的痕迹,登上大雁塔举目远眺,应该说能够产生一种历史的沧桑感、生命的苦难意识等,所以杨炼以第一人称的语气说道:

> 我被自己所铸造的牢笼禁锢着/几千年的历史,沉得像一块铅,我的灵魂/在有毒的寂寞中枯萎/灰色的庭院呵/廖落,空旷……②

这样,"我"和大雁塔成为诗人反思历史、表现历史的颓败,思考民族、国家前途命运的意象。但是这对韩东来说,第一太沉重,第二没必要,第三要怀疑,所以他的大雁塔不再是关乎历史记忆的象征物,而只是一个风景游览区的景点。也确实,如果抹去大雁塔的历史痕迹,如果个体不想承担历史、国家的命运之责任,如果认为历史文本往往只是以某种观念为中心的叙事结构,那么,大雁塔只不过是大雁塔——一个无生命、无历史、无审美存在的砖木结构的建筑物。故此抒情中心的历史意象被置换为旅游景点,杨炼沉重、焦虑、浪漫、理想的主体意识被韩东游戏、麻木、功利、现实的态度所覆盖;而韩东的冷漠口气则恰恰形成了对杨炼抒情风格的反讽,崇高变成了平庸,神性变成了物性。

革命,在文化意义上的革命,就是这样通过对各类文本的拆解,通过对各类"中心"、各类"唯一"的有意无意的冒犯,而暴露出麒麟下的马脚、废墟中的结构。一句话:正统严肃全部被消解掉,玩的就是心跳。这种在开放的、自由的、嬉戏的状态下的颠覆就是解构。

在上述意义上,解放使解构具有了可能性,反过来,解构又给解放一种理论上的支撑。当它们互为因果在审美领域中任意穿行于文本的缝隙中时,其超常的游戏、置换、拆解功能使中心、真理、权力、本质等都失去了昔日的尊严,和边缘、底层、弱势处于平等的地位,这应该是一种自由的表征。但问题是:解构是一把双刃剑,由虚无和怀疑为原料冶炼而成。它在拆解中心、权力等的同时,也在拆解着人本身及其赖以存在的本真性的结构,当然也包括它自己;解构也由于其天然的游戏功能,往往被资本、商业所利用,形成更加平面、更加游戏化的生存界面。可以想见的是,如果把人的本质经过拆解还原成动物,再经欲望的置换,人就只是欲望的表现

---

① 米勒《作为寄主的批评家》,《最新西方文论选》,王逢振主编,漓江出版社,1991年,第184页。
② 《朦胧诗新编》,洪子诚等选编,长江文艺出版社,2004年,第285页。

形式,欲望就成了人的主宰、世界的主宰,而欲望会使人与人的世界变成废墟,上空飘扬的是享乐的大旗。对此,霍克海姆、阿尔多诺在批评大众文化的所谓"享受生活"时说道:"享受意味着全身性的放松,头脑中什么也不想,忘记了一切痛苦和忧伤。这种享乐是以无能为力为基础的。实际上,享乐是一种逃避,但是不像人们所主张的逃避恶劣的现实,而是逃避对现实的恶劣思想进行反抗。娱乐消遣作品所许诺的解放,是摆脱思想的解放,而不是摆脱消极东西的解放。"①享乐是人的天性,但当把它夸张为人的唯一天性、人生的唯一目的时,享乐就会成为放纵,就会成为支配各类权力的法典,就会把他人、社会也包括享乐者自己作为享乐的祭台,供品则是懦弱与欲望。这不仅是因为在今天享乐对许多人来说还是个讽刺,他们还在为基本的生存需要而四处奔波,同时也因为享乐是一种消耗性的需求,就像肺结核一样,除非自己死亡,否则永远无法满足。

3. 审美与消费

应该注意的是:自由和解放使大众有了自己的审美权和话语权,不再是沉默者,但是,这个权力却很快被"代言人"所掌控:欲望、消费、资本是它的筋骨,广告、娱乐、世俗是它的衣裳,而解构则是它的行走渠道。如果说解放是自由的目的,是对人的还原,如卡尔·马克思所说:"任何一种解放都是把人的世界和人的关系还给人自己"②,那么,人类在经历了诸多的解放历程之后,如今需要的是如何从解放中把自己解放出来,具体说来,就是如何把自己从虚假的社会性需求、从世俗神话的幻境中,从自己的代言人那里把自己救赎出来,在那里,人的世界和人的关系成了欲望的世界和消费的关系,人自己又一次被异化,被消费化;审美变成了欲望和消费的借口,并且冠冕堂皇。这也是阿尔多诺把大众文化和法西斯主义相提并论的原因之一。因为在这样的消费过程中,艺术更多体现出交换价值,明星相当于商品的广告或商标,同时还是偶像,大众只是盲目地模仿,从他(她)的发型到他(她)的行为,在近乎宗教般的狂热之中,就像我们开头说到的那样,人在不知不觉中失去了自己,出现了所谓的"活动就是受动;力量就是虚弱;生殖就是去逝"的现象,所以如此,关键在于大众文化从骨子里解构了意义存在,解构了价值判断和主体存在。我们失去了自己,就自然会失去审美的创造性,因而也就失去了超越的可能性。

---

① 霍克海姆、阿尔多诺《启蒙辩证法》,重庆出版社,1990年,第135—136页。
② 马克思《论犹太人问题》,《马克思恩格斯全集》第一卷,人民出版社,1956年,第443页。

思考题:

1. 资本主义给审美文化带来了什么新特点? 举例说明。

2. 何为时尚文化? 如何理解时尚文化的审美特点?

3. 如何理解大众审美及其性质?

4. 大众审美有何特点,结合你所熟悉的一种审美样式加以分析。

第三章　民族审美文化

　　最为常见的是关于中华民族和西方各民族审美文化的对比分析。同时,我们要强调的是,中华民族是由五十六个民族组成的多元一体的民族共同体。在这一共同体中,既有作为中华民族文化之魂的共同文化精神,也存在着各个民族文化之间的显著个性和差异。中华民族大家庭中的五十五个少数民族的文化同样具有十分鲜明的审美特征,充分体现着民族的审美理想、审美观念、审美情趣和审美追求。

第一节　礼仪、习俗审美文化

一、礼仪与对和谐美的追求

　　中国被称为"礼仪之邦"。在漫长的封建社会,"礼"是社会生活的总规范,包括我们常说的国家政治制度、法律等等。所以《说文》说:"礼,履也",就是要求必须服从和执行,没有任何让步的余地。显然,"礼"不仅是国家权力的运行机制,也是能够运行的理论基础,《礼记·仲尼燕居》云:"礼也者,理也。"《礼记·礼器》有"经礼三百,曲礼三千"之说。这些礼仪格式的基本特征就是恭敬。《左传·僖公十一年》说:"敬,礼之舆也,不敬则礼不行。"《孔子集语·劝学》引《尚书大传略》说:"子曰:……不敬无礼,无礼不立。"《管子·五辅》说:"夫人必知礼,然后恭敬,恭敬然后尊让,尊让然后少长贵贱不相逾越。"可见,恭敬作为礼的基本特征,是先秦儒家及其他各学派都公认的。只是后来"礼"才逐渐从此重负下摆脱出来,仅是今天我们常用的意义,但其基本功能依然存在。孟德斯鸠认为:"中国人的生活完全以礼为指南……中国统治者就是因为严格遵守了这种礼教而获得了成功。"[①]今天在我们的习惯中"礼"常常和"仪"连用。"仪"主要指的是准则、仪式等,可以说它和"礼"是

---

　　① 孟德斯鸠《论法的精神》上册,商务印书馆,1982年,第316页。

同义词。也就是说,我们谈论的礼仪,是贯穿华夏文明的一条主线,虽然如果没有它,有没有华夏文明我们不能断定,但没有它,我们的文明及其表现形式就会和现有的截然不同,这是毫无疑问的。

任何一个有生命力的民族和民族文化都是有理想的,有理想的民族和文化必然是具有审美精神的。而这种审美精神一方面体现在民族、集体所遵从的礼仪制度上,另一方面也体现在人的外在的行为、形象上,而礼仪制度和行为形象之间有着直接或间接的关联,如进一步探讨则是,通过"乐"的、审美的方式,将"礼"渗透在人的吃、穿、住、行等日常生活当中。

华夏文明的特征可概括为"礼乐文明"。礼乐是"寓教于美"的教化艺术。汉族是一个古老的民族,历史上被称为华夏族。"华"即服饰。"有服章之美谓之华"[1]。《尚书正义》注"华夏":"冕服华章曰华,大国曰夏。"《左传·定公十年》疏云:"国有礼仪之大,故称夏;有章服之美,谓之华。"可以说,华夏是华服大国的简称。

在中国传统文化中,服饰文化作为社会物质和精神的外化,是"礼"的重要内容,是显示人们礼仪观念的社会标志。中华服饰文明一开始就与道德、政治联系在一起,传说黄帝"垂衣裳而天下治"[2],"作冕旒,目不斜视"[3]。《周礼·地官·大司徒》云:"衣服不贰,从容有常,以齐其民",认为"同衣服"的风尚可安定万民,可见服装之功能。服装除能蔽体之外,还被当作分贵贱、别等级的工具,是阶级社会的形象代言人。如此,服装就是一种符号。在古代服装有严格的区分,不同的服饰代表着一个人属于不同的社会阶层,这种"礼"的功能还表现在服装的色彩上,如孔子曾宣称"恶紫之夺朱也"[4]。因为朱是正色,紫是间色,他要人为地给正色和间色定名位,别尊卑,以巩固等级制度。历史上"白衣"、"苍头"、"皂隶"、"绯紫"、"黄袍"、"乌纱帽"、"红顶子"等等都是在一定时期内,某种颜色附丽于某种服饰而获得了代表某种地位和身份的例子。如西汉中期以后,黄色成为皇帝的专用,任何人不得染指。隋唐以后,紫、朱、绿、青等色,成为官员专用色。唐初规定:三品以上服紫,五品以上服绯,六品、七品服绿,八品、九品服青;平民百姓只能穿黑袍和白衣,而"白衣"成了平民百姓的代名词,甚至连没有功名的读书人也被称为白衣,于是,白衣、

---

① 《左传·定公十年》:"裔不谋夏,夷不乱华。"孔颖达《疏》说:"中国有礼仪之大,故称夏;有服章之美,谓之华。"
② 《周易·系辞》。
③ 《世本》。
④ 《论语·阳货》。

布衣、白丁成了同义词。从纹饰上来说,特有的图案纹饰,属于固定的等级,如十二章纹,就是指古代帝王及高级官员礼服上绘制的十二种纹饰图案,它们分别是日、月、星辰、群山、龙、华虫、宗彝、藻、火、粉米、黼、黻等,皇帝用十二章,王公用九章,以下的各级官员依次用七章、五章、三章等。另外,与几乎涵盖了生活方方面面的"礼"相匹配,发展了各种不同场合的冠服制度。祭祀有祭服,朝会有朝服,婚嫁有吉服,从戎有军服,服丧有凶服,日常则有便服。纵观几千年的华夏衣冠,有一个很有趣的现象:男子礼服多为衣裳制,常服则趋向于一体制(连裳或通裁),而女服式样则正好相反,常服多用襦裙,礼服却为深衣制——关于这种现象也有部分解释:男子礼服上衣下裳,取义上法先王古制;女子礼服深衣,隐喻女子德贵专一。这就是"礼"的表现。所有这些,都集中体现了"贵贱之别,望而可见"①的社会模式。

饮食是人们基本的日常生活行为。在中国这个礼仪大国中,饮食习俗经过数千年的发展,形成了诸多饮食礼仪。中国饮食礼仪集中表现在宴会当中。设宴请客,开始于周代,这是"礼"的重要组成部分。邀客用请柬,客人来后敬茶、敬酒;宴会桌的规格要与客人地位身份相称;入席时,以长幼、尊卑、亲疏、贵贱排座次。叶梦珠在《阅世编·宴会》中记载:"向未筵席,必以南北开桌为敬,即家宴亦然。其他宾客,即朝夕聚首者,每逢令节传贴邀请,必设开桌,若疏亲严友,东客西宾,更不待言……"《清稗类钞》又记载:"若有多席,则以在左之席为首席,以次递推。"宴会上敬酒、敬茶都有各种具体规定。

另外,在建筑、交通及住行等方面,中国传统文化中也都形成了严格的礼仪制度,如皇帝坐什么车、住什么样的房,各级官员坐什么车、住什么房都有明确的规定,并不得僭越,否则将会受到严厉的惩罚。

进入现当代以后,中国传统文化中的这些礼仪有的被改造,有的被扬弃,但其基本精神仍然为中华民族所继承。

综观上述各种礼仪,其社会基本功能是秩序,其情感追求则是和谐。和谐也正是中华民族传统审美思想的内核。

二、民俗与审美表征

民俗是在特定的民族、时代、地域中由广大民众所创造、享用和长期沿袭下来的礼节、风尚、习俗的总和。民俗是生活文化,是一个地方人们的生活方式、价值取

---

① 《阅世编》卷八。

向、审美情趣等的重要标识。

民俗是人民传承文化中最贴近身心和生活的一种文化——劳动时有生产劳动的民俗,日常生活中有日常生活的民俗,传统节日中有传统节日的民俗,社会组织有社会组织的民俗,人生成长的各个阶段也需要民俗进行规范——结婚,人们需要有结婚典礼或仪式来求得社会认同。在人的精神意识领域也有民俗——许多生活中的禁忌就是如此,如在汉族中,大年三十至初二,家中不许扫地,认为扫地会破坏来年的财运……民俗常常因为时过境迁而不断改变,却自有分明的类型或模式。

从民俗学的角度看,民俗可以区分为物质民俗、精神民俗、社会民俗、岁时民俗、口承语言民俗等等。

节日民俗属于岁时民俗的范畴,是各种民俗中最具代表意义的一种。中国传统的节日中著名的有春节、元宵节、清明节、端午节、七夕节、中秋节、重阳节等等。春节是中华民族最重要最传统的节日,俗称“过年”。进入腊月就是年,春节的序曲就开始了。从腊月二十三“祭灶”开始,腊月二十四“扫房”……一直到“接灶”的“除夕夜”和大年初一达到节日的高潮。初二拜年(媳妇回娘家),初三老鼠娶亲,初四迎神接神,初五破除忌讳、撤供,初六送穷,初七人日,初八顺星,初九玉皇大帝诞辰,初十石头节,十一至十五元宵节,至此新年才到尾声。在春节这个时段,每天有每天的仪式、礼节甚至服装;每天有每天的说法,而每种说法的背后又都有一个精美的故事。它告诉人们为什么是这样而不能那样的道理(禁忌)。实际上,正是通过这样的形式,使人们记住并传承着这一习惯,经此又进一步加强了民族的凝聚力。我们看到,由于时代的变化,过年的形式和内容都有所变化,但这个节日的意义却没有变,它深深植根于民族的意识之中。

如果我们问为什么要过年,会得到许多答案,而每一个答案都是似是而非。但仔细探究,则会发现:第一,在时间上,春节与农业生产有关,与农历的节气有关。按照传统理论,春生、夏长、秋收、冬藏正好是一个生长周期,而这个周期的得出来自于北方的气候与植物生长的关系。冬与春是阴阳交替的关键所在。春节就处于这样一个关节点上。《大戴礼记·诰志》说:“虞夏之历,正建孟春……物乃岁俱生于东,以顺四时,卒于冬分……抚十二月节,卒于丑。日月成岁历,再闰以顺天道,此谓岁虞汁月。”第二,在生存意义上,春节与生命轮回有关。按照天人合一的观念,人的生命和动植物的生命有着一样的生长周期,即四季。而我们也知道中医把“五行”、把人与四季时序的关系作为其基本理论。显然,春节体现的是天、地、人之间的一体性,体现的是生命的轮回,正是通过这种方式,“季节与生命”之间有了密切的关系。而十二生肖所代表的十二种动物不仅纪年而且纪时,生命和物质的因素得到了有机的统一。

　　不管怎样,过年应该是每个中国人记得最清楚的节日。春节中的具体情感表现是欢乐。春节中的欢乐是直接与天地之运行、时序之变化相关的,它具有如下特点:第一,时间与空间的普泛性。从时序更替角度看,春节正是肃杀之气消减、喜庆之气生长的时候,故"普天同庆"的说法正表明了天、地、人的欢乐;从空间角度看,在汉文化空间内,在春节的节庆活动中没有哪片土地能够例外。而对于每个人来说,无论贫富贵贱,任何人都在春节中感受过年所带来的欢乐(当然,也有"几家欢喜几家愁"的局面)。更重要的是这样的"万众一庆"使我们具体地感受到了"万众一心"的力量。第二,喜悦的庆祝与希望的期盼。应该说,春节表现的是丰收(不管是物质的,还是人的)后的喜悦与满足,表现的是合家团聚的激动与快乐,显然,对于生活来说,没有比团聚(活着的证明)更美的事情,没有比富足更美的期盼了。春节是欢乐与希望的舞台,是修养生息准备来年的时段,也是祈求与祝福的场所。人们在这期间反观自己及与自己有关的一切,和自己的社会圈交流,表现自己的才能,炫耀自己的富足。饮水思源:感谢天、感谢地、感谢父母、感谢亲朋知己;期盼来年:敬祝天、敬祝地、敬祝父母、敬祝亲朋知己。长命百岁,年年有鱼(余),知足长乐。这些是人们在过年期间的口头禅(俗语),但确实表达了人们的愿望。这也是我们前面说的"礼乐"文化的具体表现。如此的生命欢乐,如此的美感释放,抵消了劳作的艰难,生命的痛苦。春节就这样肯定了生命的意义,养育了我们的感性存在。其他各个节日也都各自具有特殊的文化功能和情感内涵。也许,民间、民俗审美的根本功能就在于此。

三、礼仪与民俗的关系

　　民俗与礼仪既有联系又有一定的区别。可以说,民俗是民间的礼仪,礼仪是官方化了的民俗。一般来说,最初礼仪只不过是风俗习惯的一部分,是各个部落出于生存的需要如祭祀、联姻、交换等而举行的一些仪式活动,后来随着国家、阶级的出现,统治者将符合自己利益的风俗习惯作出统一的规定并加以推行,使其具有了国家法典制度的性质,这被称为礼制,而它与普通人的生活关系并不太大,所以有"礼不下庶人,刑不上大夫"之说。自孔子始,将"礼"下庶人,也意味着用教化的方式对于普通人的规范,而由于普通民众的认识水平、知识水平的限制,教化就更注重形式,更注重艺术因素、游戏因素。如果说形式就是美的话,那么这种"寓教于乐"的教化的美就体现在形式(仪式)之中了。如是国家的礼制,因为教化的目的而形式(仪式)化、节日化、习惯化,也成了风俗的一部分。前面我们说过风俗是变化的,而变化的一个根本原因恐怕与国家体制的变化有关。远的不说,近的如现在的"国庆节",只是在1949年以后,由国家自上而下推行,普通人慢慢接受并习以为我们的风俗的。

应当注意的是礼制民俗化以后,和原有的一些民俗之间的冲突。在此情况下,往往现在的对过去的进行遮蔽、删除,使之被遗忘。这也表现在个人的身体上,比如近两百年来,我们在对头发和脚的态度上,所进行的革命以及所付出的代价就足以说明问题。而发型的样式和是否缠脚所体现的是意识形态因素,也就是说,在意识形态的作用下,礼和俗合二为一了。

就审美倾向来看,首先必须要肯定的是任何礼俗都由一定的仪式、套语等组成固定的模式,并体现其意识形态意义。其次,任何礼俗都经过民间化的修饰后,各具地方性,就好像腊月三十的年夜饭一样是"十里不同俗"的。正因为此,礼俗的审美特点,第一,表现为浓郁的本土色彩,这是谁也无法更改的事实,比如在纽约的唐人街过春节,依然能看出是"中国的春节",而不是西方的圣诞节;第二,所有的节日由生命过程划分为喜剧的和悲剧的。但一般来说,国家、团体的都具有一种庄严、宏大、崇高的特点,而个人的更具随意性。

总之,礼仪、风俗是民族根性的具体可感的形式,是意识形态的具体传达方式,是养育民族、个人感性生命的摇篮,是民族审美精神在日常生活中的表现场所。

四、全球化背景下的礼仪与民俗

全球化(globalization)正在冲击着世界各国的经济、政治、文化、艺术等各个方面,按照西方后现代思想家们的说法,他们绘制的是一幅"意识形态终结"(丹尼尔·贝尔),历史的终结(福山),"文化冲突取代资本主义/社会主义冲突"(亨廷顿)的"世界新秩序"的地图,它的基本前提是资本主义现代性在全球的胜利。而事实上,全球化和现代化一样是美国为代表的西方所制造的文化、经济、政治等各方面的霸权战略景观。应当看到,来自美国的全球化,是在苏联解体以后甚嚣尘上的。首先是所谓的"经济全球化",接着是"技术全球化",而在这一过程中提出其他的全球化也就顺理成章了,溯其根源应该是在马克思、恩格斯的《共产党宣言》里所说"资产阶级,由于对世界市场的开拓,使一切国家的生产和消费都成为世界性的了"。显然,从根本上讲,全球化源于资本主义市场的内在欲望的驱动,是单方面的、强制性的运动,是强势的全球化——主体对他者的自我化。针对我们本节的内容来说,就是圣诞快乐代替春节快乐,麦当劳代替馒头花卷。近些年来,民间及其商家有模有样地过起了"情人节"、"圣诞节"就意味着已经在被全球化了。其结果就是首次提出"全球化社会"概念的美国前国家安全事务助理布热津斯基所期盼的:"美国在60年代就成功体现了全球化社会,在历史上第一个接近全球化社会和地球村平台的国家是美国。"与美国的全球化模式相比,"在东方国家只存在着一种使人感到无聊和烦恼的文化,所以美国代表了唯一行得通的人类演变的模式"①。这样,全球化就是美国化以及随之而来的民族文化的最终消亡。

回过头来看在全球化语境中的礼仪、民俗文化,我们马上就会想起一系列词组:捍卫、保护⋯⋯但是,我们同样又会想起民族的就是世界的、本土的就是全球的等等这样一些说法。就本节所论述的问题来看,确实,现在春节远远比不上圣诞节时髦,西装要比中山装流行,但如果我们前面对礼仪民俗的意义描述还有道理的话,那么遗失传统就意味着我们被"全球化"了。所以,我们面临的问题就是在全球化的语境下,如何把根留住的问题。

2005年12月,河南大学高有鹏教授在《保卫春节宣言》中把保卫春节提到"保卫国家民族文化安全"的高度,并在宣言开端直接提问:我们的春节会丢失吗?我们的节庆活动在短短的不到二十年的时间里竟面临着消亡的困境!原因何在?出路何在?仔细思考,这并不是危言耸听,但要寻其原因,却非三言两语所能讲明白的。首先是近百年来对民族文化的心态上所表现的自卑与虚无,想想当年曾经有人要废除汉字,有人要把经济的不发达归之于儒家文化,实质上就是数典忘祖,东施效颦。其次,民间审美方式的衰落是现代性痼疾——趋同、时尚——的自我暴露。但是,在欧洲生长出来的现代生产方式和现代文化,能够使当下的我们(包括以后的他们)获得鲜活的生命力和深厚的审美感吗?答案是否定的。就像现代存在主义哲学和现当代许多文学作品已经昭示的那样,越是处在现代工业文明中,越是被时尚文化所浸染,人就越是渴望回家,回到原初的、质朴的、自我存在的家。这个家就是保留优秀民族传统和审美内涵的民族文化。这一点,不仅能够从旅居海外的作家作品中深切地感到,而且还能从近年来的"寻根文学"中发现。

前面我们所讲的许多礼仪和民俗,之所以能够在全球化的背景下存在、发展,原因正在于立足地域和民族根性,挖掘民俗文化的审美价值和实用价值,发挥了华

---

① 阿芒·马特拉《世界传播与文化霸权》,中央编译局出版社,2001年,第296页。

夏文化深层心理中的超强的融合功能,在现代生活的土壤之中创造性地使民族的审美功能得以光大的缘故。

再如甘肃省庆阳市是中国第一块旧石器出土地和周先祖"教民稼穑"之地,拥有丰富的民俗文化资源,包括香包刺绣、皮影、剪纸等工艺美术,陇东秧歌、道情、民歌、荷花舞等表演艺术,以及地坑院、窑洞建筑等黄土风情。庆阳的民俗文化产品集民族性、地域性、历史性、艺术性、实用性于一体,极具个性和特色。从姑娘的嫁妆、婚庆的衣饰、常用的枕顶鞋垫到民间的纸扎、剪贴的窗花、除夕的灯盏、元宵的面塑等,无不散发着浓郁的乡土气息,展现出独特的艺术魅力。他们在保持特色的前提下适应时代要求,在继承传统的基础上不断创新,从而使地域性的民俗文化保持勃勃生机。目前,环县道情皮影已被列入全国民族民间传统文化保护工程,庆阳剪纸已被列入联合国教科文组织公布的世界非物质文化遗产名录。也许,民俗审美的生存之路就在此。

1987 年,甘肃环县道情皮影队应邀出访意大利期间,曾巡回世界名城罗马、米兰、威尼斯、佛罗伦萨等十三个城市演出,轰动一时,名震域外。高度重视民俗传统产品的保护,积极申报人类口头与非物质文化遗产,并运用法律手段对民俗文化加以保护,保住传统民间艺术,防止文化血脉断流,这不仅是民族文化保护方面的课题,也是全球化背景下民族审美文化发展的课题。只有发达的民族审美文化,才是全球化背景下的强势话语,它不仅不被全球化,反而还会"化全球"。

第二节　少数民族的审美文化

中国少数民族文化,从其最为原始的巫术文化形态到现代的电子文化形态都无不渗透着审美内涵,其内在的价值尺度无不充分体现着审美精神。

一、信仰与审美精神

想象和幻想是宗教信仰和审美得以结合的粘合剂,其动因则是各民族超越现实有限、追求自由无限的内在精神需求。正如乌格里诺维奇在《艺术与宗教》中指出的,"在艺术和宗教中,人的幻想都起着极其重要的作用。艺术创作无法离开幻想、离开想像来进行。……艺术中幻想的作用即创造性想像的作用,其表现之一就在于艺术家对世界的看法是独出心裁的"。"宗教的观念和信仰没有人类幻想的活动也无由产生和发展。还在最古朴的宗教信仰形式中,譬如在巫术中,便可清楚地看到幻想的作用。原始人举行巫术活动时,在自己的心目中,把这种活动同他所期的一定结果连在一起。他的意识在两种现象之间建立起虚构的幻想的联系。往后在宗教向前发展的历史进程中,人们开始创造赋有意识和意志的超自然物的虚幻形象,即精灵和诸神。所有宗教的主要标志就是相信超自然物,相信真实地存在着人类幻想所创造的各种实体、特性和关系”。“幻想是艺术和宗教的一个必要的因素”①。我国的少数民族大多有自己的宗教信仰,而这些宗教信仰文化中深刻地体现其审美精神。仅以藏传佛教来说,藏传佛教明确地把善作为人生境界中的最高追求和理想。在藏区影响最为广泛的格鲁派便把人生境界区分为依次递进、价值不同的三重:三恶趣(地狱、畜牲、饿鬼)、三善趣(天、人、阿修罗)、涅槃寂静(常、乐、我、净)三个层次。三恶趣、三善趣都是苦难的深渊,是六道轮回的世界,只有涅槃寂静的世界是对苦难的六道轮回的世界的超越,它是出离世间的最高理想境界。面对上述三个截然不同的世界,每个有情众生何去何从,这完全取决于个人的自由选择。可以看出,在其中善是人生的最高追求和目标,是既合于“规律”,也合于目的的“自由”境界,它最为充分地体现了人的本性和潜能,带给主体的是一种出离生死,走向绝对、无限、永恒的大畅快,因而它也就是最彻底的美②。

由于生产力发展水平的影响,我国许多少数民族中存在着原始的宗教信仰。如原始的自然崇拜、动植物崇拜、祖先崇拜和鬼魂崇拜、图腾崇拜、灵物崇拜和偶像崇拜等等。使用驯鹿的鄂温克人认为太阳是母亲,给人类带来温暖,月亮是父亲,夜间给人们带来光明。猎人捕获不到猎物时,要请萨满占卜狩猎运气,跳神祈求“太阳神”、“月亮神”赐给猎物。萨满的神衣上挂有太阳、月亮的铁制模型,训练新萨满或举行祭神仪式时,也要挂太阳和月亮木制模型,表示对太阳和月亮的崇敬③。而在鄂伦春人的心目中,森林是有灵性的。猎人、在林中采集的妇女,甚至小孩到森林中都常能听到说话或奇怪的哭喊声的回音,认为即是森林之灵的声音。因而,鄂伦春妇女带孩子进入林中,严禁喊叫,以免小孩被林精的呼叫声引逗,走向森林深处而迷路。在众多的树种中,鄂伦春人尤其崇拜柳树,认为柳为净物,最为圣洁。凡神偶、神像多选柳树悬挂。当疾病、瘟疫、传染病、流感、白喉等侵染氏族时,就要举行以柳祭神仪式,祈祷瘟神远离氏族。著名文化人类学家泰勒在谈到“万物有灵

---

① 乌格里诺维奇《艺术与宗教》,三联书店,1987年,第4—5页。
② 参见郭郁烈《藏族审美观念初探》,《西北民族学院学报》1999年第2期。
③ 《中国各民族原始宗教资料集成·鄂温克卷》,第94页。

论"时认为:"万物有灵观既构成了蒙昧人的哲学基础,同样也构成了文明民族的哲学基础。虽然乍一看它好像是宗教的最低限度的枯燥无味的定义,但在实际上我们发现它是十分丰富的,因为凡是有根的地方,通常都有支脉产生。"①"作为宗教最低限度的定义,是对神灵的信仰。"泰勒进一步认为,宗教的一个极为重要的因素是道德因素,虽然在原始部族中这种道德因素表现得极为微弱,但"这并不意味着在这些部族中缺乏道德感或道德标准,在这些部族中二者的特征是很鲜明的。虽然没有正式的教义形式,但至少有那种我们称之为公众意见的社会的传统舆论,按照它来确定特定行为的好坏对错"②。由此可见,人类最初是在有了善与恶的道德标准之后,才确立了与之相对应的审美标准,源于神灵信仰的道德标准决定了早期人们对于审美对象及形式感的取舍。在原始艺术发生之时,早期人类对形象的认识并不仅仅是被动地接受客观外界的信息,而是在其外向的观察中体现了人们内心深处道德化(在万物有灵论的支配下)的审美补充和取舍。在原始信仰时期,自然崇拜的对象在人们的心目中往往是一种美的象征,人们正是借助于此将美好的生活理想用幻想的形式揭示了出来。

　　与宗教信仰相联系,我国少数民族中还广泛存在着吉祥崇尚和民俗禁忌。所谓吉祥崇尚就是指人们把某些事物作为吉祥的好兆头而加以崇尚和喜爱,并期待吉兆应验。一般说来,吉祥崇尚主要包括对安康长寿、多子多孙、荣华富贵、婚姻美满等幸福和好运的期盼与追求。从表现形式上看,则主要是吉祥话、吉祥物、吉祥画等等,其来源主要是物性寓意、谐音寓意、传说附会等。如傣族崇尚孔雀的美丽、灵秀、温柔;彝族崇尚虎的威猛、强壮、勇武;塔吉克族崇尚鹰的敏捷、迅疾、高瞻远瞩;赫哲族崇尚鹿的温驯、天鹅的纯洁;蒙古族崇尚马的矫健、骏逸、威风。这种追求期盼中既有对物质的需要,更有精神层面的审美和自我价值实现的高级需求。

二、日常生活与审美追求

　　少数民族生活文化包括服饰文化、饮食文化、建筑文化、出行文化等等。正如马克思说的:"人们为了能够'创造历史',必须能够生活。但是为了生活,首先就需要衣、食、住以及其他东西。因此第一个历史活动就是生产满足这些需要的资料,即生产物质生活本身。"③少数民族的生活文化既是为了能够创造历史而从事的基

---

① 爱德华·泰勒《原始文化》,连树声译,广西师范大学出版社,2005年,第349页。
② 爱德华·泰勒《原始文化》,连树声译,第350页。
③ 马克思、恩格斯《费尔巴哈》,《马克思恩格斯选集》第一卷,人民出版社,1972年,第32页。

本活动,同时,在历史发展的长河中,其生活文化已经具有了某种精神性因素,成为少数民族审美追求的外在体现。

以其服饰来说,我国少数民族的服饰大多都是就地取材,因材施艺,与生活环境相协调。居住在西双版纳傣族自治州景洪县的基诺族妇女所戴的三角形尖顶帽来自于创世神话史诗。传说天地混沌之时,水中浮出一头戴白色尖顶帽、身穿素白衣裙的世间万物的创世女神。于是基诺族奉她为始祖母。因为基诺族崇拜太阳,所以妇女喜欢在胸前颈上挂块绣有"太阳"花纹的小肚兜。男子穿背部中间绣着圆形太阳花纹图案的自织麻布"砍刀布"做的紧身短褂。

藏袍是藏族的主要服装款式,种类很多,从衣服质地上可分锦缎、皮面、氆氇、素布等。藏袍花纹装饰很讲究,过去僧官不同品级,严格区分纹饰,因藏袍较长,一般都比身高还长,穿时要把下部上提,下摆离脚面有三四十厘米高,扎上腰带。藏袍可分牧区皮袍、色袖袍、农区为氆氇袍,式样可分长袖皮袍、工布宽肩无袖、无袖女长袍和加珞花领氆氇袍,男女穿的衬衫有大襟和对襟两种,男衬衫高领女式多翻领,女衫的袖子要比其他衣袖长四十厘米左右。跳舞时放下袖子,袖子在空中翩翩起舞,非常优美。

裕固族妇女的头饰颇富有民族特色。当姑娘到了十五岁时,要戴"萨达尔格",意味着姑娘长大成人,可以婚配了。"萨达尔格"是在用红布做成的一块方形布牌上,缀以贝壳和各色珊瑚而成。裕固族妇女有戴帽子的习惯。这种帽子是用白色羊毛压制的毡子制成,前缘镶有两道黑边,帽檐不宽,后沿微翘,前沿平伸,帽顶缀有红线穗子垂在帽顶周围。有的还饰有各色花纹,戴在头上像一只倒扣的喇叭,很是别致。未婚少女和已婚妇女的帽子略有不同:未婚少女的前额戴"格尧则依捏",即在一条长红布带上边缀以珊瑚珠,下边缘是用红、黄、白、绿、蓝五色的珊瑚和玉石小珠串成的许多穗,它像珠帘一样齐眉垂在前额。梳五条或七条发辫,辫梢内有彩色的丝绒线,系在背后的腰带里。盛装的妇女,戴宽沿圆筒平顶帽,帽顶上垂下大红彩络。已婚妇女戴长形的头面,即先将头发梳成三条辫子,一条垂在背后,左右辫由耳后垂在胸前。头面是三条,系在三条发辫上,每条又分三段,是用金属环子连接起来的,上面镶有银牌、珊瑚、玛瑙、彩珠、贝壳等饰品,构成美丽的图案。戴的头面要求上齐耳环,下至长袍底边,头面长短以身材高矮而定。

蒙古族服饰的色彩基调,既反映在蒙古袍的颜色中,也反映在腰带和包头的颜色中。蒙古长袍的颜色通常是大红、黄、深蓝,颜色鲜艳,色调纯正。长袍的腰际,不分男女,都扎着红色或绿色的带子,既使长袍更为贴身不妨碍行动,又使衣饰的色彩更为丰富。除隆冬季节而外,妇女在春、夏、秋三季还用色彩鲜艳的布或绸包头,颜色多为红、粉红、深蓝、天蓝等。可见,蒙古族衣饰色彩鲜艳,从大处着眼,大红大绿、大黄大蓝中表现了蒙古族人民奔放热烈的性格特点。

少数民族服装,具有极高的艺术价值,它是传统美、自然美与艺术美的高度统一。

三、社会文化生活与审美境界

中国的少数民族在漫长的历史岁月中积淀下了极其丰富浓厚的社会文化,集中地体现了少数民族的审美境界。

1. 崇礼好客与重友尚情

藏族视客人临门为全家荣幸的喜事。"孔雀是森林的装饰,客人是帐房的光彩"。当客人乘骑临近帐房时,全家人走出帐外,妇女和儿童为客人挡狗,男人为客人接马,全家向客人问好。客人进帐时,一家人在帐门两侧满面笑容地弯腰恭请。进帐后,客人坐在尊贵的位置上,由男主人作陪,女主人双手捧上奶茶,使客人产生一种宾至如归的感觉,对客人怠慢,不仅是主人的羞耻,而且会败坏全部落的名誉,会受到舆论的谴责。

不同的民族有不同的见面礼俗。这是各族人民在人际交往中美好心灵的具体表现和审美意识的物化形态。维吾尔族老人见面握手以后,常常双手摸脸做"都瓦"(一种祝福的宗教仪式)。哈萨克族在亲人久别重逢时,则以抱首痛哭为礼。塔吉克、俄罗斯、乌孜别克等族都以拥抱作为见面礼俗。青海藏区的牧民在路途中两骑相遇,不论是否相识都会勒马停步注目相视,把横插在各自腰间的长刀从鞘里拔出一段,用闪闪的刀光向对方致敬,然后互道"秋歹摸"(您好)。各民族的见面礼俗各不相同,但他们都以自己独特的方式,表达自己真挚的情感和淳美的心地,体现了一种亲善友好的审美观念。

古罗马著名演说家西罗塞说:"我们之需要友谊,正像日常生活中离不开水和火一样。""由于友谊蕴含着极多的和极大的裨益,因而它比一切都优越,它能用美好的希望照亮未来,它能弥补心灵的创伤,或挽救心灵的堕落。的确,人们想起真正的朋友,就像在镜中看到自己的形象一样。因此,不在场者却随时在场。贫困者富有了,软弱者也坚强了,并且更难论说的是,死去的也还活着。"[1]每个人都需要朋

---

① 西塞罗《老年·友谊·义务——西塞罗文集》,高地、张峰译,上海三联书店,1989年,第66、67页。

友、需要理解和真诚。从真挚的友谊中,人们可以获得一种归属感和安全感,更深刻、更生动地体会情感交流的价值。

藏族传统文化认为"无论何时,行恶得善者百中得一,行善得善者比比皆然","俗语云,因祸得福,但无论何时不会有因福得祸者"①。表现出对善的十分强烈的认同和对其至高无上地位的绝对肯定。而这种向善的伦理道德的观念基础则是"利他",一切从他人出发,对照比较,发微探幽,从而成就自我的高尚道德人格。"对人有益,对己永远有利;危害他人,对己永远有碍"②,在藏族传统审美观念中,以忠厚善良为美德。与人交往总是以诚相待,信守诺言,注重友谊。藏族谚语说:"好人爱朋友,好马亲主人。"他们十分珍视友谊,挚爱自己的朋友,与友相交,讲究忠实,言行一致,最忌狂言妄语与诈骗行为。朋友之间注重礼尚往来,有经常互访的习惯。"礼尚往来,有恩必报",这是藏族人民在交往中信守的一条原则,同时也充分展示了藏族人民诚挚、淳厚、忠于友谊的传统。

关于友谊的重要性,11世纪维吾尔族伟大思想家尤素甫·哈斯·哈吉甫在《福乐智慧》中谈到:"为人四方都应有知交,有了知交,事事如意","无论在欢乐或忧患之中,好朋友事事都对你有用","要和可靠者知己深交,他会给你带来好处无穷"③。在日常交往中,维吾尔族人民十分珍视友谊,敬重和信赖朋友是普遍的社会风尚,特别在遇到困难之际,伸出热情之手,往往会给朋友莫大的安慰。正如维吾尔族民间谚语所说:"朋友是否真诚意,患难之中识知己。"患难见真情,人格美在这真挚的感情和心灵的契合中得到了最充分的体现。

2. **团结互助与尊老爱幼**

由于生产力发展水平和文化传统的制约,我国许多少数民族,还保留着浓郁的以尊重集体、维护团结为美的古朴道德风貌。如锡伯族很早以前,就以狩猎和捕鱼为生,因而打围(又称撒围或狩猎)成为锡伯族的传统习惯。锡伯人不但将打围看成是取得食物的手段,同时还把这看成是一种团结和吉祥的象征。按锡伯族人古老的习俗,不论猎取的野味多少,所有参加者无论大小都是平均分配,即便过路人碰到分猎物时,也毫不例外分得一份。锡伯人认为,猎物是大自然赐予大家的,不是属于哪一个人的,不能独吞。这种从平等观念出发的分配方式,是团结互助的民族集体意识的一种体现,也是原始公社道德风尚的遗存,体现着一种传统的道德审

---

①② 《礼仪问答写卷》,王尧、陈践《敦煌古藏文〈礼仪问答写卷〉译解》,《西北史地》1983年第2期。

③ 何星亮《维吾尔族传统伦理道理》,《西域研究》1995年第2期。

美观念。

生产生活中的这种团结协作的意识,同样扩展到西北各民族的相互关系中。在抗击共同的入侵之敌的斗争历史中,西北各民族就始终互相支持,互相帮助,同仇敌忾,共同抗击,充分表现出中华民族固有的内聚力和不屈不挠的斗争精神。如世居新疆各地的维吾尔、哈萨克、回、蒙等各族人民,为捍卫民族的利益、保卫祖国的统一,同俄、英帝国主义进行了不懈的斗争。1855 年,塔城挖金矿工曾掀起烧沙俄贸易圈的斗争,赶走了洋官和洋商;巴尔喀什湖以东以南地区的蒙古族、哈萨克族、柯尔克孜各族人民不服从清政府与沙俄签订的"公民随地归俄辖"的协定,纷纷内迁到阿尔泰山南居住,誓不作沙皇的臣民。在历代的反对外来侵略的斗争中,各族人民相互援助,共同战斗,不仅保卫了祖国的神圣领土,而且更进一步结成了生死与共、血肉不可分割的亲密关系和民族友谊。

家庭关系的本质也是一种社会关系,而且是历史最悠久、最稳固的关系。在现实生活中,和睦的家庭往往体现为一种人际关系的美。母亲伟大而温柔的爱,父亲严格而慈祥的关怀,爱人的宽容和自我献身精神,儿女的理解和尊敬,构成了一个诗意化的情感世界,和睦的家庭总是充满着浓厚的亲情。

尊敬老人是藏族自古就遵行的一种美德。产生于吐蕃王朝松赞干布时期的《在家道德规定十六条》中就曾明文规定,子女要"报父母恩"、"敬贵尊老",并积久成俗,形成了许多尊老敬老的礼节。如藏族不准对老人直呼姓名,视年龄称呼爷爷或老爷以示尊敬。在行进路上,老年人骑马走在前面,其他人按照年龄、班辈的顺序跟在后面衔尾相随;行路不分长幼,争先恐后,会遭到耻笑。年轻人路遇长者,不论是否相识,都要下马脱帽,向老人进行一连串的问候。就座讲究先长辈后晚辈,老人总是被让在上席落座。吃饭、喝茶、饮酒都要先端给老人。向老人赠送礼物或接受老人的馈赠,须双手递接,态度恭敬。在帐房里,有人要从老人座位前经过,必须低头弯腰,平伸双臂,掌心朝上,请求老者对这种不得已的冒犯行为给予宽恕。在许多节日里,都有向老人祝拜的习惯。孝顺父母、尊敬老人是社会行为的善举,也是藏族人民社会美思想的重要体现。

在家庭关系中夫妻关系是核心,夫妻双方忠贞不渝,这是维护婚姻的根本条件,也是建构和睦家庭的基础。信仰伊斯兰教的民族,过去虽允许多妻,但绝大多数以和睦相处的一夫一妻制为美德。受伊斯兰教规的影响,他们反对纵欲,提倡节欲,除正当合法的婚姻外,严禁两性之间发生不正当的男女关系,认为非婚性生活是最不道德的、最卑污的行为,是犯罪的行为,一旦发生,将会遭到严厉的惩处,并为大家所唾弃。锡伯族要求夫妻双方行为端正,感情专一。裕固族人的家庭一般是四五口人的小家庭。家庭成员和睦相处,大小事情都由家庭全体成员共同商量决定。在家庭中老人受到尊敬和赡养,儿女得到抚养和爱护,长幼之间恩爱和睦。正是这有序和谐的家庭关系,使裕固族人更多地感受到了天伦之乐。

"没有什么比美德更可爱,没有什么比美德更能吸引人们去努力追求"①。我国各族人民在长期的人际交往中,和睦相处,平等友好,团结互助,形成了相互尊重、与人为善、崇尚礼仪的美德,并以此作为自己的理想追求,从而加强了家庭、民族内部的团结,美化了社会环境。这些良好的社会风尚和传统美德,成为各民族团结和睦、繁荣发展的巨大精神动力。同时,少数民族中这些与美德紧密相关的行为模式,既是道德准则,又是审美形式,形成了与都市的重个人感官享受、轻群体伦常之乐,注重外表装饰、轻视身心修养的审美文化的鲜明对照,更具有人生的审美意蕴及和谐社会的作用,值得审美学的深度关注。

四、文学艺术与审美理想

我国少数民族大多具有能歌善舞的特点,有所谓"会说话的就会唱歌,能走路的就能跳舞"的说法。

民间文学在少数民族文化史中占有特别重要的地位。少数民族民间文学丰富多彩、源远流长。各民族的神话、传说、故事、歌谣、叙事诗、谜语、谚语等作品,构成少数民族民间文学的宝库。它们通过生动形象的艺术画面,向我们展示了各民族人民的现实生活和精神文化以及他们的理想。

少数民族神话宝库极为丰富。学者采集到的有影响的神话作品有彝族的创世长诗《阿细的先基》、《查姆》、《勒俄特依》,纳西族的《创世纪》,白族的《创世纪》,瑶族的《密洛陀》,侗族的《侗族祖先哪里来》,苗族的《苗族史诗》、《苗族古歌》,哈尼族的《奥色蜜色》,佤族的《西冈里》等。其中大部分神话作品,通过丰富奇特的想象,叙述了原始人类对宇宙开辟、人类起源、自然万物生成、民族起源等的认识和解释。各民族的创世纪神话,还对民族文化发展的历史作了独特的记叙。少数民族神话作品数量众多,至今仍完整地流传在人民的口头,内容古朴,想象奇特,具有很高的审美价值。

少数民族叙事长诗包括史诗是中华民族文学的亮点,它弥补了汉族民间叙事

---

① 西塞罗《老年·友谊·义务——西塞罗文集》,高地、张峰译,上海三联书店,1989年,第70页。

长诗偏少的缺憾。民间叙事长诗中以爱情为题材的占大多数,也有些是一般生活叙事诗。优秀作品有《阿诗玛》(彝族)、《召树屯》(傣族)、《哭婚调》(哈尼族)、《艾里甫和赛乃姆》(维吾尔族)等。这些长诗反映了各民族的现实生活。它提供的有关少数民族生产、生活、风俗习惯、民族性格等的形象画面,对文学研究、民俗学研究等极有价值。除神话、史诗、叙事长诗以外,少数民族民间文学还展示了其他文学形式。如西北地区的花儿会、广西壮族的歌圩、仫佬族的走坡、苗族的芦笙会、白族的石宝山歌会等,都是这些民族传统的歌节,被人们认为是少数民族的"诗与歌的狂欢节"①。少数民族叙事诗中最有代表性的是英雄史诗。其代表作是藏族的《格萨尔王传》、蒙古族的《江格尔》和柯尔克孜族的《玛纳斯》。这三部史诗被列入世界英雄史诗之林。它们均为宏篇巨制,结构庞大,气势磅礴。这些史诗体现了英雄时代各个民族崇高、雄壮的英雄主义和积极进取的精神,体现着各民族追求真善美的社会和人生理想。它们往往跨越时空界限,在民间长期流传,成为这一民族的形象化的历史和百科全书,蕴含了各民族的审美理想与追求,成为"一个民族所特有的意识基础"和"一种民族精神标本的展览馆"②。

第三节　敦煌审美文化

以敦煌莫高窟中的经卷和艺术品构成的敦煌文化,是万国艺术博览馆,是人类学术的海洋。敦煌是中华民族在身处西部腹地的敦煌所创造的文化奇迹,是佛教文化、中国传统文化的一个寓言、一个象征,更是一种伟大的审美的创造。

敦煌莫高窟,始建于前秦建元二年(公元 366 年),是我国、也是世界现存规模最宏大、保存最完整的佛教艺术宝库。世界遗产委员会的评价是:莫高窟地处丝绸之路的一个战略要点,它不仅是东西方贸易的中转站,同时也是宗教、文化和知识的交汇处。莫高窟的 492 间小小石窟和洞穴庙宇,以其雕像和壁画闻名于世,展示了延续千年的佛教艺术。

一、敦煌石窟艺术

莫高窟石窟是艺术的海洋,其艺术作品由壁画和雕塑两大部分构成。其中,圆

---

① 柯杨《花儿会——甘肃民间诗与歌的狂欢节》,《中国典籍与文化》1997 年第 3 期。
② 黑格尔《美学》第三卷下册,商务印书馆,1981 年,第 108 页。

雕立于窟中,影塑与圆雕相配并与周围和顶部、地砖上的壁画和图案相连。莫高窟中存留2 400身圆雕塑像和1 000多身影塑,以及45 000平方米的壁画。"敦煌莫高窟是建筑、彩塑、壁画三者相结合的统一体,主题是彩塑"①。书法、绘品、乐谱、琴谱、曲谱、舞谱和文学作品都保留在文献当中。

敦煌石窟艺术中数量最大,内容最丰富的部分是壁画,最广泛的题材是尊像画,即人们供奉的各种佛、菩萨、天王及其说法相等;佛经故事画,是以佛经中各种故事完成的连环画;经变画,是隋唐时期兴起的大型经变,综合表现一部经的整体内容,宣扬想象中的极乐世界;佛教史迹画,表现佛教在印度、中亚、中国的传说故事和历史人物相结合的题材;供养人画像,即开窟造像功德主的肖像,这是一部肖像史。在莫高窟各个时代的壁画中,有反映当时的一些生产劳动场面、社会生活场景、衣冠服饰制度、古代建筑造型以及音乐、舞蹈、杂技的画面,也记录了中外文化交流的历史事实,为研究4世纪到14世纪的中国古代社会提供了宝贵的资料。

莫高窟的彩塑多属佛教人物及其修行涅槃事迹的造像。因为莫高窟的岩质疏松,无法进行雕刻,工匠们用的是泥塑。唐朝以前的泥塑在其他地方很少保存下来,因此莫高窟的大量彩塑更为珍贵难得。

另外还有民族传统神话题材及各种各样的装饰图案。从壁画中,可以看到各民族各阶层的各种社会活动,如帝王出行、农耕渔猎、冶铁酿酒、婚丧嫁娶、商旅往来、使者交会、弹琴奏乐、歌舞百戏等世间万象,林林总总,琳琅满目。

莫高窟作为艺术的宝库,不同时代的艺术风尚在这里汇集成斑斓景观。敦煌唐代艺术代表了中国佛教艺术最灿烂的时代,外来的艺术与中国的民族艺术水乳交融,空前丰富多彩。那雄伟浑厚高达十几米的巨大佛像;灵巧精致仅有十余厘米的小菩萨;场面宏大、人物繁密的巨幅经变;形象生动、性格鲜明的单幅人物画无不使人印象深刻。飞天,是佛教中称为香音之神的能奏乐、善飞舞,满身异香而美丽的菩萨。唐代飞天更为丰富多彩,气韵生动,她既不像希腊插翅的天使,也不像古代印度腾云驾雾的天女,中国艺术家用绵长的飘带使她们优美轻捷的女性身躯漫天飞舞。飞天是民族艺术的一个绚丽形象,也是敦煌艺术的象征。

在敦煌壁画中所描绘的当时的一些社会生活场景,反映了我国古代狩猎、耕作、纺织、交通、作战以及音乐舞蹈等生产活动和社会活动各个方面的内容。壁画中各类人物形象,保留了大量的历代各族人民的衣冠服饰资料。壁画中所绘的大

---

① 段文杰《敦煌艺术论文集》,甘肃人民出版社,1994年,第136页。

量的亭台、楼阁、寺塔、宫殿、城池、桥梁和现存的五座唐宋木结构檐,是研究我国古代建筑的形象图样和宝贵资料。

敦煌石窟艺术的构成无论从题材内容,还是从形式技法以及风格而言,都堪称万国艺术的博览会。这里有古希腊罗马艺术的技巧,佛教艺术的题材,犍陀罗艺术的痕迹,西域艺术的风格,中原艺术的理念,它是世界艺术的第一次大融合和民族艺术的世界性蕴涵的见证。如莫高窟285窟中就有印度教中的象鼻子人形象、佛教人物形象,古希腊神话中的月神狄安娜、太阳神阿波罗,中国道教中的伏羲、蟾蜍、女娲、羽人等形象,就形象地说明了西方艺术中国化的历史过程。

敦煌艺术是中华文化同化和吸收其他民族文化艺术的产物,也是全球交往和东西方艺术交融的典范。从时间上看,中国历史上的各种思想都在敦煌发生过实际影响;从空间上看,世界上不少有代表性的文化也在敦煌起过作用。敦煌的石窟雕塑、壁画、建筑,深深烙有外国文化影响的印记和中外文化碰撞、交融的痕迹。陈垣先生说过:"自汉以来,敦煌文化极盛,其地为西域与京洛出入必经之孔道,实中西文化交流之枢纽。"[①]季羡林先生更将其提升到世界文明史的高度加以阐发:"世界上历史悠久、地域广阔、自成体系、影响深远的文化体系只有四个:中国、印度、希腊、伊斯兰……而这四个文化体系汇流的地方只有一个,这就是中国的敦煌和新疆地区。"[②]就莫高窟的壁画和雕塑的成就而言,不仅体现了画家本人的艺术造诣,而且也显示了近一千年间中国透视学、色彩学、建筑学所达到的高水准。而这种高水准实际上是中国西部多民族本土文化精神与中国内陆汉文明、印度古代文明、古希腊文明这世界最古老的三大文明在壁画和雕塑上的从内容到形式,再到风格和技法的全方位的多文化渗透和融合的结果。

总之,敦煌艺术从内容到形式,从思想到技巧,无不体现着全球各大文明在民族化过程中的精华,展示着丰富多彩的人类精神世界。这一丰富的精神世界已经并必将永远丰富着人类的情感、想象和思想,给人类文明以隽永的启迪与昭示。

二、敦煌文化的审美意缊

在全球化语境的今天看来,敦煌艺术,不论它的原始形态还是它的复原形式,

---

① 陈坦《跋西凉户籍残卷》,载沙知、孔祥星编《敦煌吐鲁番文书研究》,甘肃人民出版社,1984年,第2页。

② 季羡林《敦煌学、吐鲁番学在中国文化史上的地位和作用》,《红旗》1986年第3期。

甚或它的再生(再创造)形态,都具有同化别人而不被别人所同化、永远创新而不停滞的特点。这些特点正是借全球化便利而又消解全球化威胁的基因,是中华文化长盛不衰的秘密。

近年来,学术界主张从审美学视野观照敦煌,即突破传统的敦煌美学的思路,而进入"美学敦煌"的新领域。"美学敦煌",这一概念范畴不是"敦煌美学"的倒装。敦煌美学可能成为敦煌学中的一支,而美学敦煌则指美学视野中的敦煌,即把整个敦煌,不管是地理学上的、考古学上的、文字学上的、文献学上的还是影像学上的敦煌研究都纳入审美学的视野进行整体性审视,而不是只进行局部研究。美学敦煌的确立不仅因为敦煌文化以敦煌艺术为其表征,也不仅在于敦煌得天独厚的文化旅游资源,还在于它凸显了敦煌文化的审美学价值。人们对敦煌的认识主要是通过对壁画和雕塑等感性形象的感悟而进入的,是从审美进入的。审美价值一直是敦煌吸引力的取之不尽、用之不竭的源泉。因此,美学敦煌不同于敦煌美学之处就在于,它用艺术的眼光看敦煌,用审美的眼光看文化,从而将过去可能只是作为敦煌学之一支的敦煌美学提升到一种超越敦煌学学科界限但又囊括和穿透一切敦煌学学科的大视野、大审美学。不仅如此,美学敦煌还是在全球化背景下的特殊视域,连带着一千六百多年的历史风云和近代全球化带来的痛苦和欢乐,美学敦煌在现代性与民族性之间形成了强大的张力,在历史与现代的视域融合中积淀了越来越深厚的审美底蕴。

美学敦煌不仅是一种新的视野,而且还是一种强势话语。之所以为强势话语,就在于它的民族性、独立性、同化性和创新性。在敦煌石窟中,庄严而又俊美的佛像、美丽而又慈悲的观音、让人神思飞扬的飞天、神秘而又狞厉的经变故事、神圣与肉欲交相辉映的宗教故事、充满功德意识的供养人业绩和保留在画幅中的历史记载等无不充满了审美的激情和想象,令人心神向往。敦煌的其他价值如果离开了敦煌的艺术性和审美性,都将是剥离了审美后的单一的实用价值、宗教价值、考古价值和不具全面吸引力的价值。美学敦煌就是要立足于敦煌这块曾经吸纳和同化世界文化和艺术的土地上,用艺术和审美的强势话语,在全球化大背景下担当起"化全球"的历史使命①。

美学敦煌的使命之一就是要绘制这一基因图,开垦这一秘密地②。占有地利优

---

① 参见杨守森《"全球化"与"化全球"》,载《全球化语境与民族文化、文学》,童庆炳、畅广元、梁道礼主编,中国社会科学出版社,2002年,第54页。

② 王建疆《美学敦煌——全球化背景下的敦煌文化、艺术和美学》,《西北师范大学学报》2004年第6期。

势的甘肃省《丝路花雨》剧组,在学者、专家的帮助下,经过深入研究,从累积了两千多身彩塑、四万多平方米壁画的莫高窟里保存着的历代舞姿图绘中,选取、提炼出典型化的静态舞姿,探讨其动作流程态势——使其复活,在此基础上建立起这部舞剧自成体系的舞蹈语汇,由此而引发了"敦煌舞派"的兴起,丰富、拓展了中国古典舞的园地。《丝路花雨》不仅使敦煌艺术复活,而且使得整个中华传统艺术复活,并且继往开来,创造了我们时代的民族艺术的强势话语,在全球化背景下传播中华文化,扩大中华影响。当代敦煌艺术的成就不仅是中华文化魅力的见证,而且是尘封的敦煌艺术、被破坏了的敦煌艺术和作为全球化消极后果的敦煌艺术的生命力延续的见证,是我们在全球化面前能够保持民族性而不被同化的见证,也是唤起民族自尊心和自信心的见证。当然,仅靠敦煌学和敦煌艺术去完成化全球的伟大历史使命是不够的,但敦煌学的繁盛和敦煌艺术的萤声世界,无疑为我们在全球化背景下如何化全球做出了有益的尝试,取得了初步的成果,树立了光辉的典范。

敦煌是人类文明的最大磁场,敦煌艺术是在全球化背景下化全球的先声。以美学敦煌的眼光看敦煌,虽然在全球化背景下,现存敦煌艺术品不能继续被当代人加工、改造,敦煌文化的迫切任务是保存、保护、尽量延长其物理寿命,并供有限的人群观赏、研究,因此,敦煌艺术作为地域性存在,其艺术创造功能已无可奈何地让位于世界性的观赏和学术研究;敦煌艺术在随着全球化而走向全球的同时,其艺术的原创功能却风光不再,这也是所有历史遗迹和器物文化的共同命运。但是,另一方面,敦煌艺术作为中华艺术传统,作为精神文化仍不断地激发人们去进行有关敦煌传说、丝绸之路、大漠故事、民族风情、伎乐飞天、反弹琵琶、千手千眼观音等的艺术想象,从而成为在全球化背景下民族文艺创作的灵感之源。《丝路花雨》、《大梦敦煌》、《敦煌韵》、《敦煌古乐》、电影《敦煌》、敦煌艺术动画、作为城市象征和著名品牌标志的飞天、菩萨的雕塑、敦煌艺术工艺品,以及无数的中外艺术大师和创作者都从这个大漠石窟的灵感之源获得赏赐的事实却说明,敦煌艺术没有死亡,而且也不可能死亡;不但不会死亡,而且还会随着全球化的进程进一步发扬光大。正是在这个意义上我们说,敦煌艺术绝不是莫高石窟中的几尊泥雕和几幅壁画,而是在全球化背景下,在现代性中不断生成的中华艺术传统,是不尽的中华文艺之流,是一部打开的艺术宝藏,同时,也是一部永远读不完的艺术巨著和不竭的文化之源。这部宝藏和巨著中的至宝不是它的作为物理存在的历史遗迹,而是作为灵思之源的精神启迪,是一个不断生成新的艺术创作的生命体。这种生命体的强大功能就在于它不受作为物理存在的敦煌石窟艺术品的时空有限性的制约,甚至在未来的某一天,因了不可抗拒的历史和自然原因,石窟艺术品终于会在荒漠中消失的时候,敦煌艺术作为中华文化传统的现代生成,其艺术的启迪作用仍然会长存人间。

三、敦煌文化审美精神的表现

从上面的描述可看出,美学敦煌之所以能够或者正在承担化全球的历史使命源自于其独特的审美精神,我们认为,美学敦煌所体现的审美精神主要体现在以下几个方面。

1. 明灯般的开放意识

汉唐盛世的恢弘阔大、河西走廊的四通八达是开放意识的契机。诸多民族的杂居,历代不合规范者的被流放(最早有关流放的记载见《史记·五帝本纪》舜"窜三苗于三危",三危即三危山,莫高窟所在地),给形态各异的文化以碰撞、交流的机会,使开放意识的出现得以可能。开放的敦煌以其海纳百川的胸襟,以本土文化为基准,从葡萄琵琶到佛典八卦,无一不是拿来主义式的吸取贯通,无一不扩张着本土文化,使其达到了世界最高水平。

作为敦煌美术最高成就的莫高窟菩萨,被称为东方维纳斯,是从印度佛教的男性脱胎为唐代的"男相女身"和唐以后的"女相女身"的,它是希腊艺术与佛教艺术碰撞后产生的犍陀罗艺术,经由于阗、吐鲁番等地的石窟造像流传到敦煌,与中原信仰和艺术理念的合璧。按有些学者的说法,中国的菩萨兼具佛、母亲、爱神和美神的角色,集中体现了中国人的生活理念和宗教信仰,又体现了西方艺术的审美原则和艺术技巧,如"对偶倒列"即倒S曲线手法的运用等。这是典型的借西方的技巧表达民族的思想、感情和信仰,因而是一种典型的文化复合体①。

对于这样的开放意识,居住在河西走廊西端——酒泉的诗人林染曾唱道:"为你/为你以颤摇的青枝绿叶/以一轮明灯般的开放收揽我/我应该永恒"②。显然,在这样的开放意识下,所创造的美学敦煌已经永恒。

2. "飞天式"的创造意识

创造是审美的前提,创造是生命力的象征,是文化绵延不息的保证。而开放意识本身就是创造,开放的目的更是为了创造。就现存的敦煌文化来看,它确实证明了以汉民族为代表的西部人登峰造极的审美创造能力。想象是审美的动力。早在

---

① 穆纪光《敦煌菩萨塑像的文化意蕴》,《甘肃社会科学》1995年第4期。
② 《致向日葵》,《飞天》1986年第11期。

汉民族的传说中,民间巧匠鲁班就制造出飞行自如的木飞鸟。在古希腊的神话中就有人借着羽翅飞翔而遭不幸的故事。它们都是人类理想的形象显现,是美的创造。从西晋开始,宗教信徒就在三危山下开凿洞窟,一代代的艺术家把自己的艺术乃至生命自觉地化迹于石尘粉末之中。长袖善舞的飞天,千手千眼的观音,反弹琵琶的伎乐天……无不渗透着西部人的创造意识,无不表现出审美的标新立异、想象的诡奇鲜活、激情的恣肆汪洋。很显然,创造使人的本质力量得到了充分的对象化,创造是美,创造是自由。

敦煌学研究的最新成果表明,敦煌飞天系由佛经中的乾闼婆(梵语歌神)、伽陵频迦("神鸟")、紧那罗("伎乐")和迦楼罗("金翅鸟")等形象经由中亚的石窟艺术如共命鸟等演变而来。但是,古代美索不达米亚、古埃及和希腊罗马及印度文化中原有的那些有翼的天神并没有随着佛教的传入中国而流行起来,相反,古埃及和希腊罗马的有翼天神、佛教艺术和中亚艺术中的有翼飞鸟、飞人,道家文化中的"羽人"、"飞仙"都在敦煌壁画中变成了无翼飞人——"飞天",就充分显示了敦煌文化的独立性和创新性①。敦煌飞天,经历了千余年的岁月,展示了不同的时代特色和民族风格,许多优美的形象、欢乐的境界、永恒的艺术生命力至今仍然吸引着人们。

通过如此的"飞天式"创造,我们看到敦煌文化既不受缚于儒家文化,不囿于印度的佛教文化,也不拘泥于道家文化,而是将青牛白马化合为一,创造出中国的佛教文化,并成为佛教文化的圣地。

3. 有容乃大的民族自我意识

民族意识是每个民族都具有的自我意识,但是与自信相连的民族自我意识并不是每个民族和它的每个时代都所能具备的,而这样的民族自我意识是开放意识、创造意识的首要条件。敦煌文化的开放意识、创造意识与民族的自我意识是唇齿相依、互为伯仲的,没有民族的自信、自我发展的需求,就不可能开放。封闭就不能激活创造的潜能,而其文化就不可能大气,就不可能具有同化力。

敦煌文化是民族自信、文化自觉的表征,更是审美自由的典范。这不仅仅表现在它以有容乃大的的气质把印度、阿拉伯、古埃及、古希腊审美文化融入自己的胸怀;把道教、伊斯兰教、佛教这历史悠久、自成体系的三大宗教文化统摄在一片沙漠之中,注入整个西部人的生命之中,繁衍广布成独具个性的文化基因,而且也是因为在这过程中所体现的审美品格——为我所用、天马行空、自由自在、任意而为。

---

① 赵声良、久野美树《十年来日本的中国佛教美术研究综述》,《敦煌研究》2004 年第 4 期。

如在敦煌壁画中,大量的以佛经为题材被称为"经变"的画,这些画一方面是佛法的宣传和演绎,而另一方面又是人间生活的写照和人生经验的总结,是世俗的情感愿望的表达。由此,我国古代曾把佛教称为"像教",可见其画的力量。著名的《九色鹿王本生图》是根据《佛说九色鹿经》而绘成的一组佛本生故事图。描述菩萨转生为九色鹿,常常在恒河边食用水草,被自己所救的溺水者告密,国王和卫兵在森林捕获了九色鹿。九色鹿在即将被杀死之前知道了出卖自己的是溺水者,当场揭露了他的忘恩负义。国王痛斥了溺水者并下令不准捕杀九色鹿,让其回归自然。故事情节惊险生动,寓意丰富,既可以从宗教的角度,也可以从社会生活的角度,还可以从生态、自然的角度给予理解,从中可看到国人对自然的谦恭与顺从的态度。这一壁画故事的主要情节分为九个场面,采取了从两头开始、至中间结束的方式构图,线条圆浑流畅,色彩艳丽醒目,充满浓郁的生命、生活气息。也许,这应该是现时代的连环画、影视剧的最初模式。

4. 热爱生命的信仰意识

西部是太阳回家的地方,也是信仰落脚的地方。西部高远的天空、圣洁的雪山、苍茫的戈壁沙漠,使人战栗恐惧,信仰便由此而生。传说在一千六百多年以前,有个从东土来的乐僔和尚,上西天拜佛求经,寻找极乐世界,路过敦煌,这时候,太阳已经西沉,夕阳的余辉映照在三危山上,乐僔和尚看见像缎子一样的群峰霎时间闪烁出万道金光,在灿烂的光芒中,弥勒佛和千万尊菩萨围坐山崖,他们情态微妙,形象各异,在紫烟萦绕的层楼叠阁中谈笑风生。接着又见金光中拥出无数婀娜多姿的仙女,怀抱各种乐器弹奏起来……于是,他立誓要在此山崖石壁上开凿洞窟,把看到的佛祖巨像、群仙奇景都塑画出来。因为这些洞窟都是开凿在沙漠中最高的地方,所以起名叫"漠高窟",后来又叫成"莫高窟"了。

传说毕竟只是传说,但其中所传递的信息仍使我们感受到信仰的力量。应该说,莫高窟是信仰的杰作。一把凿子,一布袋干粮,一皮袋清水;一个信仰者,一群信仰者,百代信仰者。生生死死,信仰永存,创造永存。信仰使他们把愚公移山、夸父逐日的神话锤炼成现实。事实是,这种信仰意识正是创造文化、热爱生命的表现形式,因为它的本质不仅仅是对某个神、某种教义的敬畏,更是对生命本身、对生存能力的崇拜和热爱。生存能力激活了创造能力,激活了审美能力。也正是有了这种信仰意识,才有了文化火种的自觉主动的保留,有了藏经洞,有了世界上罕有的"博物馆"。

5. 苦难与激情的超越意识

河西走廊依傍皑皑祁连,横穿茫茫戈壁,严酷的自然条件决定了生存的艰难及生存代价的巨大,农耕文化与游牧文化的冲突曾导致了其历史的刀光剑影,这使生活在这里的信徒和文人对于人的悲剧性存在有着独特的感悟和体验,使他们生发了更为浪漫、更为诗意的理想主义激情。生命的激情是创造的内在机制,是对信仰的礼赞,是对日常生活的超越,也是审美想象的原动力。现在海内外常演不衰的敦煌系列歌舞剧,就把这种壁画中凝聚的超越意识活灵活现地展示在了世人的面前,成了审美激情和审美狂热的催化剂,从而赢得了海内外观众的共鸣。

激情的超越意识不仅仅是莫高窟审美精神的体现,更是一种人生态度,一种生存观念。以此超越了生命的悲剧性、生存的功利性,弥补了时空的有限性,抚慰着生命的疼痛和死亡的印记。使活着的人在日出日落的重复中,有滋有味;给予沉默的天空一种人的声音,使审美的存在成为可能。正是在存在与超越的意义上,我们说美学敦煌把握住了历史与现世、此岸与彼岸之间的张力,提升了人类审美的境界。

思考题:

1. 何为民族审美文化? 如何认识民族审美文化的价值和意义?
2. 中国传统中的礼仪、民俗审美文化的现代意义何在?
3. 如何认识多元一体中的少数民族审美文化及其价值?
4. 谈谈你对全球化背景下民族审美文化的困境与出路的认识。
5. 敦煌审美文化的主要特点和精神实质是什么? 举例说明。

第五编

审美人生论

第一章　审美与人生境界

第一节　人生境界的一般表述

一、何谓人生境界

"境界"一词的原本含义是指疆界。后来引申为事物在发展过程中所达到的某种程度或者发展到一定阶段时表现出来的某种状况。然而,通常我们所说的"思想境界"、"理想境界"、"人生境界"等却是一种心灵化的体验与感悟。因此,境界是一个生成的概念,在当代语汇中,境界总与人自身的心灵、精神紧密关联,是指一种心灵境地。叶朗说,"人生都是有限的,但同样是有限的人生,每个人人生的意义和价值是不同的,这种不同的人生意义和价值就构成了每个人的精神境界"[1]。王建疆认为,"境界"概念"从汉人的境界到汉译佛经的境界,经历了一个汉语言语义的生成转换过程,即从客观到主观、从界限到程度,从世俗到宗教,再从宗教到人生、到艺术的生成过程。这种生成机制大概在于对精神修养程度进行概括"[2]。蒙培元认为,境界必然与人的心灵相关,是精神状态或心灵的存在方式,是心灵存在经过自我提升所达到的一种境地和界域[3]。这些分析的角度尽管不同,但都说明境界在"精神"或"心灵"上的相通之处。人生境界(the realm of life)就是人对于自身存在的意义、价值进行体悟而达到的觉悟。

1. 人生境界是人的一种生存方式

人作为人首先是以生理性、肉体性方式存在的,在这一点上,人与一般动物一样,人为了满足生理、肉体的存在而要从事各种不同的生产劳动,这些生产活动的目的就是要维持人的肉体性存在,即延续人的生命;但人又区别于一般动物,即人

---

[1]　叶朗《说人生境界》,《西北美术》2002 年第 3 期。

[2]　王建疆《淡然无极》,人民出版社,2006 年,第 3 页。

[3]　蒙培元《心灵超越与境界》,人民出版社,1998 年,第 455—457 页。

是有思想、有意识、有情感、有灵魂的,同时人又是有目的、有计划和自觉地展开生产活动,并以其心灵、精神的创造性为自身也为他人进行生产,这时的人就从物化形态的生存方式进入到心灵化的生存方式。另一方面,人的生存及由人形成的社会的运行,必须要与特定社会的规范、制度、纪律以及道德、风俗、习惯等相融合,才能求得人自身的整体和全面的发展,也才能保证社会的有序运行,当人意识到规范、道德等对人、对社会的不可或缺性并自觉地去遵守这些规范、道德,也即当人能够做到知规守矩时,人就成为伦理性的人,是伦理层次上生存的人。还有一种,就是心灵感悟了人生的一切,也包容了一切,从而通达无碍,能够避实就虚,游刃有余,并能以物观物,物与人通,心与物合,进入顺遂如意、天人合一之境;或者在对现世人间、尘世风云以精神驾驭之,用心性静观之时,当下与过去接连,过去与未来相通,心跨越了具体时空之限,在空旷中情感激越亢奋,思接千载,视通万里,在无所拘囿中自由驰骋,这就是审美的或艺术的生存方式。

2. 人生境界是一种心灵的创造与超越

人是有思维、有情感、有思想的动物,也是有理性的高级动物,总而言之是具有灵魂、有精神的意识性动物,所以人在社会现实中总会通过心灵来自觉设计、构建自己的一切活动和行为方式,自觉地在社会中显现自身的独特个性和魅力。这个过程可称作创造的过程。自觉的心灵创造是人之为人的重要属性之一,也是人与动物相区别的重要之处。人们常说的"创造的人生"即指此意。有创造的人生是有意义、有价值的人生,有创造的人生也是有追求的人生,人的生存的完满性、积极性、崇高性正可从创造中见出。创造是一个过程,而创造的结果是一种状态,从过程上看,心灵的创造是一种动态的生成,而从结果上看,心灵创造的最终是静态的存在;但动态的生成是绝对的,即人生始终是创造的,而静态的存在是相对的,即已经创造完成的结果在不同时空中还需进行完善,或者说要不断加以修正和充实。人生境界同样也是如此,人生境界是人对自身应有的生存方式、生存状态的心理期望,但心灵期望要成为可能,要成为现实,除了心灵的独特设计,独特的心灵创造,还要有心灵创造引导下的创造行为,当创造的心灵与创造的行为相结合时,就会创造出真正丰富多彩、绚烂生辉、积极全面的人生境界。所以,用心灵体悟或在心灵指引下创造的人生境界,可以用精神去领悟、可以用直感去顿悟,一句话,人生境界能以心谛听、以神凝视,所谓"心领神会"用于人生境界大约就是如此。

伴随心灵创造的是精神性的超越。超越是另一意义上的创造。一方面,人的肉体性和生理性对人是一种物质化的束缚,而人的高贵处在于人在具体可见的肉体化存在基础上,又能以不可见的、无形的精神、灵魂、思想支配自身,并超越肉体的制约,即人以有意识的、自觉的和高尚的精神向往、精神追求来设计和引导自身的外部行为。这时的人的无形的精神既附丽于有形的肉体,又主导、统率肉体的行为方式,所以人是基于生理又是超越生理的精神性动物。另一方面,社会规范在促使人的社会化、保障社会有序运行的同时,也使原本具有的本能欲望,以及内在情感等会受到一定程度的压抑,所以人就必须在精神领域寻求对压抑的抗争、突围甚至颠覆,这抗争、突围的过程就是精神的超越过程。没有精神的超越,就不会有更加完满、丰富和多彩的人生;没有精神的超越,也就不会有激奋昂扬的人生体验;没有精神的超越,也就难以创造出内涵更为深广、意义更为重大、绵延更为持久的人生境界。只有精神、心灵上的超凡脱俗,才能有真正自由、宽广的人生境界。

3. 人生境界在人生不同阶段具有不同的内涵

冯友兰将人生境界分为四种,即自然境界、功利境界、道德境界、天地境界。冯友兰认为,从人生发展的角度看,"自然境界是黑格尔所谓自然的产物。道德境界及天地境界是黑格尔所谓精神的创造。自然的产物是人不必努力,而即可以得到的。精神的创造,则必待人之努力,而后可以有之。就一般人说,人于其婴儿时,其境界是自然境界。及至成人时,其境界是功利境界。这两种境界,是人所不必努力,而自然得到的。此后若不有一种努力,则他终身即在功利境界中。若有一种努力,'反身而诚',则可进至道德及天地境界"①。从这里我们不难看出人生境界在人生不同时期、不同阶段的不同内涵,当然更为重要的是,人生更高境界的形成与人的努力与创造是有着密切关系的。

由于我们所说的人生境界是一种与心灵相关联的创造和超越过程,由此在人生的不同阶段心灵对生命存在、对自然万物、对凡尘世事等的思考、追问、求索就有不同的层次。一般而论,在初涉世事时,虽然不乏"真"、"纯",但由于知识水平不足,人生阅历肤浅,感悟能力较弱等,对自然宇宙、人生景象、俗世常态、情感魂灵等的把握就流于浅表,其人生境界还较为简单。在进一步发展的人生阶段,由于知识的不断累积,人生阅历的不断丰富,对人生体验的角度、方式渐趋成熟和多样,对宇宙人生形态的思考较为深入,在心灵深处有较多对世态情境的深层性领悟,同时由于在精神层面上能与人格情操、道德品行融合交汇,能从万物表象深入到内在机理和本源进行追问,这时期的人生境界就较为复杂,但大多数人在这一阶段往往会为

---

① 《冯友兰经典文存》,洪治纲主编,上海大学出版社,2004年,第201—202页。

名利所诱,追求物质欲望的满足和享受。若能超越这种追名逐利的阶段,人则能用自己的精神统观人间万象、体味宇宙乾坤、把玩时空景象,用精神鉴照人生百态,达到"水流心不竞,云在意俱迟"(杜甫诗)的境地,从而"宠辱不惊,闲看庭前花开花落,去留无意,漫随天外云卷云舒"(《菜根谭》)。

禅宗青原惟信老和尚说:"老僧三十年前未参禅时,见山是山,见水是水。及至后来,亲见知识,有个入处,见山不是山,见水不是水。而今得停止休歇处,依前见山只是山,见水只是水。"①关于这段著名公案,张世英曾引用日本神学家阿部正雄《禅与西方思想》一书中的分析,认为在"见山是山,见水是水"的阶段,人与物彼此分明,两相对立;在"见山不是山,见水不是水"的阶段,则是超越自我、超越主客二分之后出现的不分彼此的情形;最后在"见山还是山,见水还是水"的阶段,则进入到否定之否定后的阶段,即认识到事物有各自的个性,见到"万物皆如其本然",万物各有独特性,又相互融合,圆融无碍②。这同样表明,人生境界在不同的阶段确有一定区别,从而为我们自觉地把握人生境界提供了参照。

二、人生境界的培养

人生境界作为心灵创造、心灵超越的结果,其创造、形成的过程很复杂,甚至是异常艰难的,特别是崇高的人生境界的形成,更是一个精神反复锤炼的过程。若从整体上看,人生境界的培养需要从以下方面入手。

1. 洞察世事

曹雪芹《红楼梦》中有这样一副对联:"世事洞明皆学问,人情练达即文章。"其意是说只要对纷纭多样、变化万千的人间做深入细致的观察、精深独到的体悟,你就会发现人间处处都是学问;深刻体会、把握、体认人际关系的复杂性、人间情感的丰富性,以及为人处世的各种方法和道理,你就会懂得怎样去描述人生面临的各种问题,并学会处理、解决这些问题的方法。当然"人情练达"有时也会造就一种圆滑世故、心口不一的做人技巧,这是另一种具有负面意义的方式。而我们所谓洞察世事、人情练达则是指通过对人生的深刻体察而达到对人的生存问题、生存价值更加全面、深入和精深的理解,以追求一种既能充分展现个体丰富性、又能使个体融于社会的积极的生存方式和人生境界。从人的现实生存性上看,人是自然界的产物,

①《五灯会元》卷十七。
② 张世英《哲学导论》,北京大学出版社,2002年,第92—94页。

同时又离不开以其独特思维进行社会观察、社会审视的社会特性,这就使人具有了在更高社会层次上来看待人生的非自然性功能,因此,"世事洞明"就是从人的现实状况出发并对未来生存处境所做的理性追问,"人情练达"是从人的情感、精神方面对人生关系中的矛盾、冲突以及对人际和谐性的思考与求索,是涵养人生境界的必经途径。未经染污的儿童其心灵固然纯洁,但未经世事磨炼,是不能形成稳定的人格特征的。因此,自觉地洞察世事,练达人情,也是人生境界的自觉性表现。当人们达到世事洞明、人情练达之时,就会与游刃有余的艺术化生存方式接近,从而具有了审美的意蕴。

2. 砺炼心性

心性即精神心理特性及行为个性。人生存在于由自然和社会构成的广袤世界中,处在纷繁复杂的社会系统之中;同时,人在现实中总是要经历众多的曲折、痛苦、孤寂、失败和恐惧不安,甚至会有人生不同阶段上的生离死别、大起大落、反复磨难。所以人生就像是"考试",社会这位严肃的主考官让现实的芸芸众生常常进入考场应试。试想,人在这种严格的"考试"中有"不合格"的成绩难道不是自然之理? 人生也像在大海上航行的小舟,风浪起处难免没有颠簸,甚至会有翻船之危;人生更像从起点奔赴终点的旅程,更令人激动的风景恰在深沟壑岭、险径孤道、高山大漠、奇石异峰之中,如果这条路全是水泥铸就的高速公路,从这一头到那一头都平坦得感觉不到任何起伏,那么,这种风景就会单调无聊、索然无味。所以,人生之路并非总是理想彩石铺就的宽广通途。从人的本能欲望看,苦难、失败等应该不是人在生命的漫长历程中所希望看到和遇到的,但遭受苦难、失败甚至人生打击却是人生中无法避免的,这就有一个怎样看待和面对人生不幸的问题。如果能在人生经历的不幸与痛苦中炼成坚强刚毅的精神意志和承受巨大苦痛的心理能力,从而能以豁达之心思考人生苦痛,以乐观精神面对人生打击,以平常之心直面人生失败,这就是心性的成熟。从某种程度上说,人生中遭遇磨难与痛苦对人的成长、成熟是有益处的,或者说它是对成功、快乐、幸福的某种衬托。"不经历风雨怎么能见彩虹"? 人生道路上的风雨很多,美丽与神奇总是出现在风雨之后的天际。只要我们随时准备迎接风雨,那么,"山重水复"之后便是"柳暗花明"。

3. 宽容忍让

人类的不宽容有种种不同表现,大到民族、国家间的仇视,小到个人之间的怨怒等等,但从人类社会文明发展的必然要求上说,宽容是人类文明发展的必需。"只要不宽容是我们的自我保护法则中必不可少的一部分,要求宽容简直是一种犯罪。等到像屠杀无辜的俘虏、烧死寡妇和盲目崇拜一纸文字这样的不宽容成为荒诞无稽的事,宽容统一天下的日子就到了"①。在现实社会生活中,人需要确立和维持各种人际关系,但在这一过程中常常会产生冲突与矛盾,甚至在人际关系发展中会出现波折甚至破裂。在这种时候,人们以怎样的心态去看待和处理人与人之间的矛盾关系,对生活、生存、工作等都会产生很大的影响。有些人以小人之心揣摩他人,从而就有了愤恨、怨怒甚至仇视的心理;有些人则从大局出发,认为人际之间的矛盾是关系处理过程中的必然,矛盾需要分析,需要解决,更需要相互之间的妥协、谅解、隐忍、退让,这时他会尽其所能进行悉心沟通,在沟通中化解矛盾、协调冲突。生活中处处存在类似的问题,我们需要的是用第二种心态去面对这些问题。能宽容忍让既是一个人崇高品性情操的表现,也是一个人胸襟大度、虚怀若谷的精神世界——人生境界——的表现。我们常说的"宰相肚里能撑船",指的就是宽宏大量者具有的一种很高的人生境界,只有这样的宽容心态和忍让精神才能构建、维持和谐的关系形态。从审美学上讲,宽容不仅意味着道德境界,而且说明宽容者具有超越狭隘功利的审美心理。以审美的心理去看待他人,自然会使自己的人生境界得到升华。

4. 处喧见寂

人间万象,各具形态。有些人期待个人欲望的满足或者宣泄,为追求自身的利益满足而竭尽所能;有些人渴望为他人做点力所能及的事情,在特殊的情境中义务性地承担起照料、赡养或抚养他人的工作,或者在身处高位时仍能关心平民的痛苦;有些人紧盯着眼前,有些人向往着未来;有些人为自己的一时不快鸣冤叫屈,有些人则将个人的痛苦置之度外;有些人经年累月在为个人利益是否得到满足而四处奔波,有些人则为社会的不平奋力呐喊……在面对如此纷纭复杂的人生百态时,能从喧闹中固守精神的悄寂,能从物质的表层感受灵魂的吸附,能做到不为利诱,不为害动,不随波逐流,这就是对尘世喧嚣的超越,对物化世间的摒弃。《菜根谭》中说:"水流而境无声,得处喧见寂之趣;山高而云不碍,悟出有入无之机。"心无挂碍时,世事纷乱亦能存精神上的安宁;心在空灵处,遇有阻拦也会以精神超越之。牟宗三先生在解释"道家玄理性格"中的"无"时说,"无"是基于对自然而然的追求和对"造作"的反对。而人在现实中由于"造作"引起的人生痛苦有三个层次:最低层的是自然生命的纷驰使得人不自由自在;第二层是心理情绪,即喜怒无常的情绪

---

① 房龙《宽容》,三联书店,1985 年,第 388 页。

影响;第三层是思想,即意念的或者说是意识形态的造作。牟宗三先生认为,"自然生命的纷驰、心理的心绪,再往上,意念的造作,凡此都是系统,要把这些都化掉"①。道家追求的"无"就是要在精神上"化"掉这些不自然的东西,就会达到自由自在。从审美学的观点看,这种"无"或"化",就是老子"涤除玄览"后人生的"澄怀"、"澄明"之境,是庄子所说的"澹然无极而众美从之"的内审美境界②。

第二节　人生境界的审美性质

一、人生境界与审美的关系

传统美学理论对美的界定往往是在非功利意义上进行的。其实对美的非功利性可以有两种解释,其一是从与日常生活的利害关系看,美或美感与利害无涉,关于这一点,朱光潜曾具体分析过不同的人在面对一棵古松时会形成三种不同的态度:

> 假如你是一位木商,我是一位植物学家,另外一位朋友是画家,三人同时来看这棵古松。我们三人可以说同时都"知觉"到这一棵树,可是三人所"知觉"到的却是三种不同的东西。你脱离不了你的木商的心习,你所知觉到的只是一棵做某事用值几多钱的木料。我也脱离不了我的植物学家的心习,我所知觉到的只是一棵叶为针状、果为球状、四季常青的显花植物。我们的朋友——画家——什么事都不管,只管审美,他所知觉到的只是苍翠劲拔的古树。我们三人的反应态度也不一致。你心里盘算它是宜于架屋或是制器,思量怎样去买它,砍它,运它。我把它归到某类某科里去,注意它和其他松树的异点,思量它何以活得这样老。我们的朋友却不这样东想西想,他只在聚精会神地观赏它的苍翠的颜色,它的盘屈如龙蛇的线纹以及它的昂然高举、不受屈挠的气概。③

朱光潜的分析说明,审美与现实的实用性利害关系相去甚远。但如果从更为宽广的视域就审美与现实人生的关系来看,用审美的理念、审美的情感、审美的尺

① 牟宗三《中国哲学十九讲》,上海古籍出版社,1997年,第88—89页。
② 参见王建疆《澹然无极——老庄人生境界的审美生成》,人民出版社,2006年。
③ 朱光潜《谈美》,安徽教育出版社,1997年,第15—16页。

度去把握人生现实,就能使我们在更为高远的层次上细细品味、把玩、体验人存在的价值,从而获得更好的生存方式,应当说这是审美在人生意义上的功利性。从这个角度认识审美功利性,我们才能充分理解审美与人的生存之间存在着密切关联,通过审美能充分提高人生的质量,从审美的层面去对待人生,人才能成为人本身。

在人生境界特别是崇高的人生境界的培育生成过程中,由于有心灵的激动、精神的超越而使其具有了审美的性质。特别是当我们用“人生的审美化或艺术化”去衡量人的生命形态及其生存过程时,更会体认审美人生对人之生存的重要性,这不仅会使我们用审美的方式去对待人生,而且会使我们用审美的方式去创造人生,使人的生命过程的每个环节都充满着诗情画意。所以,现代审美教育的意义就在于强化人们对自身生存境遇的审美关注,提高人们在现实生存中的审美意识,提高人在自身生存过程中的审美自觉性,激发人们在生存过程中的审美创造激情,并进而促进从审美修养到人生修养的意识转换。

人生境界作为人生修养的基本表现形态之一,其根本在于如何以审美的方式去面对人生现实,并以此在更高层次上营造审美的人生氛围、创设人生境界、表现人生价值。就是说,只有使人生境界的塑造与锤炼在审美的维度上展开,人生才会拥有阔大的空间,人在这样的空间中才能体验和感受人生的丰富与美丽,也只有这样的丰富与美丽才可体现高质量、高品位的生存样态。由此可见,人的生命的存在和延续过程须以审美观照为基础,以审美超越为手段,以审美创造为方式。总而言之,以审美活动过程为目的,就会创造出崇高的人生境界。

二、人生境界的审美性质

《庄子·秋水》中有一段为人熟知的“游于濠梁”的故事:

> 庄子与惠子游于濠梁之上。庄子曰:“儵鱼出游从容,是鱼之乐也。”惠子曰:“子非鱼,安知鱼之乐?”庄子曰:“子非我,安知我不知鱼之乐?”惠子曰:“我非子,固不知子矣;子固非鱼也,子之不知鱼之乐,全矣。”庄子曰:“请循其本。子曰‘汝安知鱼乐’云者,既已知吾知之而问我。我知之濠上也。”

朱光潜从“宇宙的人情化”角度解释说:“我们通常都有‘以己度人’的脾气,因为有这个脾气,对于自己以外的人和物才能了解……人与人,人与物,都有共同之点。所以他们都有互相感通之点。假如庄子不是鱼就无从知鱼之乐,每个人就要各成孤立世界,和其他人物都隔着一层密不通风的墙壁,人与人以及人与物之中便无心灵交通的可能了。”他认为“美感经验是人的情趣和物的姿态的往复回流”,这既体现为"物的形象是人的情趣的返照",也表现为"人不但移情于物,还要吸收物的姿态于自我,还要不知不觉地模仿物的形象"①。还有学者指出:"游鱼之乐所体现的思维,是一种会通万物的思维,在诗意的心灵中,打通'我'与世界的界限,通世界为一……正因'我'来到这河边,徘徊在河的桥梁上,正因'我'心情的从容,在这从容游荡中,'我'感到无拘束的快乐,所以'我'觉得……游鱼是快乐的,山风是快乐的,白云是快乐的,鸣鸟是快乐的。这是诗意的目光、审美的目光。"②从表面看,庄子与惠子是在进行名实之辩,但这里同样反映出庄子与惠子各异的人生取向和人生态度,也就是两个人不同的人生境界。这就是道通天地的境界跟认知境界之间的区别。庄子的高明处就在于超越了人类认知的有限性,打通了人与物、主与客之间的界限,而以自我的觉悟和感受来观赏万物之美,从而进入了审美的人生境界,同时也是天人合一的天地境界。高级的人生境界都是与审美境界相通的,这主要表现在以下几个方面。

1. 生命过程维度的相通

人的生命的短暂性以及生命结局的共同性,决定了人生的意义就是生命活动过程的意义,人生价值就体现在人的生命存在的过程之中。"人生短暂,转瞬即逝,如白驹过隙,似飞鸟过目,是风中的烛光,倏忽熄灭,是叶上的朝露,日出即晞,是茫茫天际飘来的一粒尘土,转眼不见,衰朽就在眼前,毁灭势所必然。世界留给人的是有限的此生和无限的沉寂,人生无可挽回地走向生命的终结"③。人只是在这个世界里的短暂旅行者,或许还来不及欣赏这个世界的哪怕是一个完整的侧面,来不及在下榻的住宿处体味房屋的大小与舒适,便成为萧瑟落叶,并迅速化为乌有。人的生存价值就在于是否活得自由洒脱,是否最大限度地超越了私利的拘囿而表现出乐于为人的情怀,是否超越了理性的桎梏而表现出感性生命的活力,是否在生命活动中充分张扬出奔放无羁的个性,是否有情感的自在宣泄同时又不伤害别人等等。人生的价值不是看生命结束后给人留下了多少价值连城的物质财富,或者像埃及法老那样让已经干瘪的肉体永不腐烂,而在于他的存在过程留给当世和后来人们的启示和念想。就人生的最终结局而言,一个亿万富翁与一个一生流浪行乞的人并无不同。但如果他们中有人在有限的人生之旅中做了有益于人们的事,那么,他的生命过程就有可能在他的身后因为人们的念想和崇敬而继续下去。否则,

---

① 朱光潜《谈美》,安徽教育出版社,1997年,第33—38页。
② 朱良志《中国美学十五讲》,北京大学出版社,2006年,第5页。
③ 朱良志《中国美学十五讲》,第192页。

损人利己、蝇营狗苟之人，即使是肉体的生命还在延续，也只能是行尸走肉而已。

人的肉体存在的有限与人在精神世界中追求无限之间存在永远无法调和的矛盾。因此，重视生命过程，并努力追求精神方面的丰富性、自由性、灵动性，超越渺小生命在时空秩序中的有限，从而使生理生存的有限达于精神心灵的无限，正是人生是否具有价值的基本内涵。"天行健，君子以自强不息"、"地势坤，君子以厚德载物"（《易经》），所表达的就是要人像大自然那样展示生命的强健活力，像宇宙空间那样具有包容万物的宽广胸怀。孔子为何会有"吾与点也"的赞美？庄子为何向往"鲲鹏展翅"而"扶摇直上"的宏伟气势？为何去追求"游戏于污渎之中自快"的生命自在？从根本上看，就在于他们的灵魂深处都期待着诗意浪漫的人生过程。

审美活动也是一种精神实践过程。审美活动中人的生存的感性愉悦、情感奔涌时的难以控制、想象驰骋时的心境飞跃、灵感到来时的无拘洒脱等等，都体现为心灵冲动和精神勃发的具体过程。宗白华在分析中西艺术的差异时曾多次提到这样一个问题：西方人对宇宙空间持追寻、控制、冒险、探索的态度，因而西方艺术遵循透视原理，在一个固定的视点透视深空；而中国人的根本宇宙观是"一阴一阳之谓道"，所以艺术逃避透视法则，在不同的方位表达自由心性，画面的空间感也凭借一虚一实或一明一暗的流动节奏表达。他说，中国"画家的眼睛不是从固定角度集中于一个透视的焦点，而是流动着飘瞥上下四方，一目千里，把握全境的阴阳开阖、高下起伏的节奏"，因而中国诗画所表现的"空间意识"是在"俯仰自得"中节奏化和音乐化了的宇宙感，中国艺术是"于有限中见到无限，又于无限中回归有限。他的意趣不是一入不返，而是回旋往复的"①。"游心"、"流动"、"节奏"、"回旋往复"等特点都表明了艺术对过程性的重视。艺术的审美创造就是要内在地表达运动中的节奏，犹如音乐在节律变化中表现心灵情感的跌宕起伏和抑扬顿挫。人的生命形态高于一般动物之处就在于人能够在生命的过程中不断生成心灵感悟并出现悦乐情怀，就如庄子看到鱼的从容"出游"时心中生成快乐一样。

海德格尔认为，宇宙世界是由天、地、神、人四维一体构成的四重（四元）整体，人的生存就是要守护或保护这个四重整体。人的栖居，一方面是要人清醒认识生命的短暂，要珍爱人类、珍爱万物；一方面要使人的栖居更富有意义，就必须使包括人在内的整体世界始终持有其天然的本性（"本己的本质"），人仰望并尊重宇宙万物，一切任其自然，这样人与宇宙才能圆整一体，才能护持短暂生存的人以本然（最

---

① 宗白华《美学散步》，上海人民出版社，1981年，第97—113页。

自然)的方式走向最终。这样的栖居就是以生命自身的天然运行为目标,亦即以感性生命的生动流转为追求,使善良、纯真等自然天性常"与人心同在",让人的生活成为"栖居生活",这就是"诗意的栖居"①。可见,生命的快乐是在过程中生成的快乐,审美的快乐也是过程性的快乐;生命享受就是享受过程,审美享受也同样如此。

2. 心灵创造维度的相通

人在现实生存中的心灵创造,所追求的是要实现"宇宙的人情化"。朱光潜认为,西方文化中"神"的深层意义就是"神"作为"一片精灵"从而显示出绝对的自由,但人由于肉体需要的限制而没有这种自由。不过,"人愈能摆脱肉体需求的限制而作自由活动,则离神愈近。'无所为而为的玩索'是唯一的自由活动,所以成为至上的理想"。而"无所为而为的玩索"就是首先要对"许多事物都觉得有趣味",且到处"寻求并享受这种趣味",这就是情趣。"情趣愈丰富,生活也愈丰富,所谓人生的艺术化就是人生的情趣化"。所以人生的趣味源于"你是否知道生活"以及"你对于许多事物能否欣赏","在欣赏时人和神仙一样自由,一样有福"。由此,朱先生深情呼吁人要在短暂旅程中学会"慢慢走,欣赏啊!"②"慢慢走"并不是要人在生理层面上放慢节奏,而是要对人生自身拥有心灵的真趣精心欣赏,在欣赏中发现、创造乐趣并享受这种乐趣。

有不同志向和追求的人对事物所抱的兴趣大有差异,但也许这种异趣能够更好地领略人生:他或为生命的完善而执著于精神探询,或为人间不幸而痛心疾首,或在关注生命时生发出赞美万物、宽人爱物之情等等。显而易见,这样的人在面对纷乱多样的人生世界时,能看到一个浓艳与纤柔、肃穆与生动、深沉与活泼、动荡与寂静、痛楚与欣喜、怪异与常形、散乱与有序相伴相生的美妙世界,并以轻松、洒脱、自由的心态慢慢咀嚼、细细品味其间的隽永。有人在分析以"气化"哲学为基础的中国艺术创造问题时说:

> 大千世界,生烟万象,都是灵气的往来,都是生命的吞吐。一推一挽,一舒一卷,一往一来,构成生命勃郁的世界。庞大的宇宙就是个气场,你在这个世界存在,不是一个定在,而是一个飘动者,一个有机的活动体,一个世界的参与者,自然生命在这气场中吞吐,心理生命在这气场中优游。
>
> ……艺术是灵的世界,这世界是为揽天地之云气而设的,同时也是为人的

---

① 海德格尔《演讲与论文集》,三联书店,2005 年,第 214—215 页。
② 朱光潜《谈美》,安徽教育出版社,1997 年,第 151—152 页。

心灵而设的,它要舒卷西山的云雨,更要舒卷人心灵的烟云。对于外在的世界来说,艺术家所创造的世界是收摄,是凝结,以微景而囊众景,以一气通大千。对于鉴赏者来说,艺术世界又是一个渐次打开的世界,将你心灵中的烟云风暴推出,你的记忆、想象,你的生命体验,都在这艺术的空间中舒卷。也就是说,大千世界,相与吞吐,俨然而成生命世界。艺术创造过程也就是与外在气化世界相与吞吐的过程,艺术家的创造就是表现这样的生命之吞吐。①

"心理生命"就是用心灵唤醒的精神性生命,而作为"灵的世界"的艺术,在面对外在世界时,既要活脱脱传达出自然生命的吞吐运动,更要映射出心灵独思奇想时产生的如幻如真、似实似虚。只有这样,鉴赏者才能通过一扇扇逐次敞开的艺术之门、一道道曲径通幽的艺术回廊,在与现实暂时隔开的那个"完满自足"的空间小心翼翼地穿过,聚精会神地体味,静观自然生命的生生不息,谛听心灵创造的空灵剔透。

需要指出的是,我们没有必要为自己的人生过程确立一种超出自身能耐的人生目的,譬如一定要当一位卓越的科学家、艺术家、哲学家、思想家等等,因为这本身有违于人的自然性。同时,既然人既是具有丰富心理活动的自然生命体,也是具有高远生存理想的精神生存体,向往某种理想化的生存境界并以这种境界勤勉自励,那么,哪怕理想境界最终并未像一幅地图那样具体实在地展开在面前,但也已经对得起生命的存在。还应该看到,艺术家所创造的艺术世界毕竟是对外在世界的"收摄,是凝结,以微景而囊众景,以一气通大千",因此艺术世界是以理想化的形式对现实世界的一种微缩,而且总是以心灵化的方式用形象去曲折婉转地诠释人的生存样态。在这种诠释中艺术境界已与人生境界相通,因而在人生境界的创造中,我们不必拿某部具体作品中的情境去对应地校验、核对自己的人生境界是否与之相符,而只需思考人生的必然和偶然,让人的生存过程尽可能地自然而然,不乏诗情诗性,从而使人生境界在心灵的创造中得到升华,并最终通向审美之境。

3. 情感体验维度的相通

从心理学的角度看,情感形成于人对外在世界的体验过程之中,是在体验中不断生成的内心感受,体验愈深感受愈多,感受愈多情感亦愈丰富。情感体验的特点是主体与对象之间的会通融合、交互感应,这是指体验须使主体对对象要"入乎其内",要通过身份置换的方式进入对象之中,使自身能与对象相互交融,你中有我,我中有你,这样才能达到"心有灵犀一点通"。同时,情感体验中的主体也要能够从

---

① 朱良志《中国美学十五讲》,北京大学出版社,2006年,第113—114页。

对象中抽身而出,以适当的距离保持对对象的静观,使主体的特殊感受在一定理性意识的约束下升华为某种思想理念,从而达到情理相通,这就是所谓体验时的"出乎其外"。因而情感体验既是一种"入"于对象之中的感性生发、直觉感受,也是一种"出"乎对象之外的理性提升与观念合成,海德格尔人生栖居论中所说"诗意的思",大概说的就是这种情感体验中的清理圆融,富有诗意。

但是,人生存于无限延展、无限绵恒的宇宙万千网结之上,何以能做到"入乎其内"呢? 这首先取决于人对宇宙人生在多大程度上用其"心"的问题。我们常说,"心有多大,世界就有多大",此言"心"之包容能量的不可限量。世间之事,凡以"心"品读之、用"心"涵咏之、拿"心"玩索之、尽"心"体悟之,即会有大千世界的美丽流动。"心"的世界在何处徜徉,大千世界的美丽就在何处生成;"心"的能量何时释放,宇宙世界的灿烂就在何时绽开。用"心"其上,取法天然,不动而动,无为而为,这是"心"的境界,也是人生的境界。由此看来,审美境界就是"对人生境界的一种诗意的提升和凝聚","是一种诗化了的人生境界"①。审美也是一种"特殊的人生境界"。因此,审美的世界其实就是情感映照下人生世界的诗意凝聚。

审美的境界是在人生体验的过程中展开的。由于审美活动是心灵化的精神活动,又是贯通现实人生与审美世界的必要中介,因而,内在地看,无论是审美境界还是人生境界,都是在直观、洞察人生的基础上对人生价值与意义的体验和直觉感悟。没有对生生不息之大千世界的深刻关注与深入体验,就不会有人生的情感激荡;没有对现实世界的静心观照与感受,也不可能有审美世界的丰富与深远。艺术审美境界始终要有贯穿作品整体的情感内涵。因为情感乃人之所以为人的本性之一,也是人生存过程中不可或缺的心理交流方式之一,是维系人间关系、强化生存质量、扩展生存空间的手段之一,因而作为人生心灵的呈示与表露的艺术审美活动,就必然要面对情感世界的复杂与深刻,并在审美活动中注入强烈而深沉的情感内涵。中国艺术的审美创造历来都特别重视对情感的表达。《礼记·乐记》之"情动于中,而形于声"、《毛诗序》之"情动于中而形于言"、陆机之"诗缘情而绮靡"、白居易之"感人心者,莫先乎情"、汤显祖之"因情成梦"等主张都表明情感在审美活动中的核心作用。明代李贽在"童心说"的基础上认为,真正成功的优秀艺术作品形成于对生活体验之后的"见景生情":"且夫世之真能文者,比其初皆非有意于为文也。其胸中有如许无状可怪之事,其喉间有如许欲吐而不敢吐之物,其口头又时时

---

① 朱立元《美学》,高等教育出版社,2001 年,第 68 页。

有许多欲语而莫可以告语之处,蓄极积久,势不能遏。一旦见景生情,触目兴叹;夺他人之酒杯,浇自己之垒块;诉心中之不平,感数奇于千载。既已喷玉唾珠,昭回云汉,为章于天矣。遂亦自负,发狂大叫,流涕恸哭,不能自止。"①将参天地、系人生的浩莽情怀寄于具体事物的描绘或咏叹,实现了激昂愤慨之情与自然含蓄之美的统一。王国维亦从"境界"角度指出:"境非独谓景物也,感情亦人心中之境界。故能写真景物,真感情者谓之有境界,否则谓之无境界。"②不唯如此,西方文化同样重视艺术审美中的情感意蕴。黑格尔把"情致"的表达看作是艺术审美活动过程中的灵魂之所在。英国浪漫主义诗人华兹华斯也认为一切好诗"都是从强烈的感情中自然而然地溢出的"。尼采更是把艺术审美视作如痴如醉的几近癫狂的"酒神精神"作用下情感的释放与宣泄。

现实的人要塑造真正的人生,成就有价值的人生,须以诗化境界来观照并玩味人生的奥妙,以期追求崇高庄严而美丽如画的人生过程。王国维认为,崇高境界的形成,须经历"西风凋碧树"般的艰辛磨难,必持"衣带渐宽终不悔"式的执著追求,还要有在"众里寻他千百度"后"蓦然回首"的偶然发现。王国维用诗歌意境的名句来表述人生境界的生成,本身就具有十足的美学意味。艺术成就了美好诗意的人生和和谐多彩的世界。反过来,人生丰富的体验,人生价值和意义的不断拓进成就了艺术最为动人的篇章。人借着物我合一之境兴发生命的律动,艺术又从这个律动中焕发出夺目的光彩。人生境界之达于审美境界、审美境界之通于人生境界就是如此而然地开显,人生现实的此岸与艺术审美的彼岸也由此而得以联结为一。当我们用审美的意识、审美的方式去有意识地营造自己的人生时,才能有真正审美的人生,才能活得更有意味、更有价值和意义。

总之,正是在生命过程、精神创造和情感体验方面,人生境界与审美境界达到了共生共融。

第三节　人生境界与艺术境界

这里有几层关系需要作点简单说明,即审美境界与艺术境界、审美境界与人生

---

① 参阅《中国历代文论选》第三册,郭绍虞主编,上海古籍出版社,1980年,第121页。

② 滕咸惠《人间词话新注》,齐鲁书社,1981年,第39页。

境界、人生境界与艺术境界。由于审美境界"一般是指在生活中和艺术中出现的审美的情境",因此"在艺术中,审美境界与艺术境界可以相互切换",但现实与艺术毕竟存在区别,所以"审美境界一般不能被称为艺术境界"。"审美境界小于人生境界",因为人生境界中"除了审美境界外还有更广大的其他境界",不过人生境界可依赖人生修养的条件"转换成审美境界",其转换又是"一个不断生成的过程",而其生成的基本机制"在于精神上的修养功夫或内在实践"①。这说明,审美境界是包含了艺术境界的一种审美情境,而人生境界又是包含了审美境界的、从而是在更为广阔的人生领域中生成的审美情境,在人生境界向审美境界的转换生成中,人的修养、心灵、精神上的完善与否成为重要的条件。另外,就人生境界与艺术境界的关系看,由于人生境界的审美性质就是人在自己的心灵创造中完成的诗意化境界,高级的、超越了功利和认知的人生境界在本质上与艺术境界有相互贯通联结的方面,因此,人生境界成为艺术境界的基础,艺术境界则是人生境界的诗意表现。

一、人生境界是艺术境界的审美基础

现实中的人总是生存于具体、实在的生活形态之中,这决定了人的生存首先是满足生存的必需即衣、食、住、行、眠、性等方面的需求,所谓"食色,性也"即为此意。也就是说,满足生存需要的人的活动是最基本的生存活动,但人的生存活动如果只是整日忙碌于生理生存的层面,那么人也就成了没有灵魂的行尸走肉。人除了满足生理性的需要之外,应有更高级的人生追求与期望。马斯洛需要层次理论将人的需要分为由低至高的七个层次:生理、安全、归属和爱、尊重、认识、审美、自我实现的需要。可见,人的需要是有高低差异并有不同内涵意味的,特别是最高层次的自我实现需要,倘若从人生境界的角度看,其实就是最为崇高的人生境界,因为这一境界是人的所有潜能得到最大而全面发挥后产生的"顶峰体验",这样的"顶峰体验"会伴随着领悟人生所有要义后的痛彻淋漓和心灵自由的极致快感②。

另一方面,艺术境界并非是空洞的人性假想,更不是空幻无际、不可捉摸的缥缈人生。在人类艺术史上,那些以众所周知的一般方式来思考人生存在问题的艺术品与现实人生的密切关联自不必说,即使是最为变形、最为抽象、最为怪诞的艺术作品,也莫不与人生存在密切联系,如西方现代派艺术中的表现主义、荒诞戏剧

---

① 王建疆《淡然无极》,人民出版社,2006 年,第 8—9 页。
② 可参阅戈布尔《第三思潮:马斯洛心理学》一书中的相关分析,上海译文出版社,1987 年。

派、印象派、抽象主义、意识流、黑色幽默等艺术现象,无一不与艺术家对当时特定时代社会现状、人生现实的深刻拷问与心灵冥想相关,通过变形手法展示的变形心理、变形形象、变形世界,正是当时西方社会物欲横流、人欲横流从而导致人的精神扭曲、人性异化的生动写照。在此意义上,我们认为,人生境界是不同于艺术形式又作为艺术形式审美的基础而存在的,离开对现实人生的生存体验,抛弃对现实生活的内心观照,忽视对社会历史的精神思索,搁浅对人生修养、人生境界的锤炼提高,那么所谓艺术也就成为"金玉其外,败絮其中"的华丽装饰,它从来就不会让人产生情感的激动和痛切入骨的人生启迪。

正因为人生境界是艺术审美境界生成的基础,所以有无崇高的人生境界就是能否造就深远艺术审美境界的必要前提。而且,在人生境界的锤炼形成中,人生修养或品格修养的完善与否,也成为影响艺术审美境界的重要因素。王建疆在以"内审美"理论分析中国古代修养美学问题时曾说:"修养美学探索人生修养过程中审美体验的特点和规律,并将其作为人生美化的一个课题进行理论上的概括和总结……尽管修养美学只是修养学的副产品,但它却给美学以深厚的思想内涵和永久的精神启迪。它将人的本质、本质力量和理想以不同的修养方式或内化为自觉观照,或外化为形象显现。""在一个普遍缺乏自省和自悟的时代,外在的教育不管打扮得如何华丽,最终也是不能塑造国民的灵魂的。同样,一切好为人师和训导者的教育家,如果缺乏人生的底蕴,那么,不管你的手段多么高明,终归是要与教育背离的。在这方面,传统审美文化中对人格美的尊崇,对人生境界的追求,则无疑会成为美育和德育的本根所在。"①可见,在现代美育的角度上,人生境界又可表述为以人格美化为基础的品格境界与人生态度,也即把美的意识、美的观念、美的人格融入人生境界的培育、塑造之中,并以此打造现代人全面、健康、高尚的心灵世界,这样才能一方面促进每个个体具有良好的生存素质,促进整个社会的和谐运行,另一方面也才能使我们的艺术家在自省、自悟的过程中,以更为高尚的人生态度创造出能鼓舞人心、激励精神并富含深刻人生底蕴的艺术品和动人心魄的艺术境界。

日本画家东山魁夷有这样一段描写树叶的文字:

你的绿意,不知不觉默然失色了,终于变成了一片黄叶,在冷雨里垂挂着。夜来秋风敲窗,第二天早晨起来,树枝上已经消失了你的踪影。只看到你所在的那个枝丫上又冒出了一个嫩芽。等到这个幼芽绽放绿意的时候,你早已零

---

① 王建疆《修养 境界 审美》,中国社会科学出版社,2003年,第9—10页。

落地下,埋在泥土之中了。

这就是自然,不光是一片树叶,生活在世界上的万物,都有一个相同的归宿。一叶坠地,决不是毫无意义的。正是这片片黄叶,换来了整个大树的盎然生机。这一片树叶的诞生和消亡,正标志着生命在四季里的不停转化。

同样,一个人的死关系着整个人类的生。死,固然是人人所不欢迎的。但是,只要你珍爱自己的生命,同时也珍爱他人的生命,那么,当你生命渐尽,行将回归大地的时候,你应当感到庆幸。这就是我观察庭院里的一片树叶所得的启示。不,这是那片树叶向我娓娓讲述的生死轮回的要谛。①

余秋雨认为,东山魁夷之所以这样写,是由于"他把一切零星的自然物都与整体自然的精灵相联结,然后又直接向人生疏通血脉",因而,即使是小小的一片树叶,"也饱含着人生的魅力"②。因为自然与人的内在同一,使自然与人类的生存都必须遵循一般的生存法则,一片树叶终归要零落,但一片树叶的零落换来的是整个大树的绿色;一个人终归也要零落,但个体的生存过程如果是建立在既能"珍爱自己的生命"也"珍爱他人的生命"的基础上,那么,个体生命在走向终结的时候也会换得整个人类的快乐与幸福。

由于在人生过程中快乐与痛苦相伴而生,因此对人生痛苦的品味玩索、追问思考常常成为艺术的必需。在艺术家的心理世界中,痛苦使人成熟、深刻、完满,痛苦也使人丰富、使人灿烂,因而艺术审美中的幸福与快乐就来自对人生痛苦的深刻反思与追索。在现实中,如果能将痛苦、悲伤、不幸、挫折当作人生过程中的某种补充,那么痛苦时痛苦是你的朋友,悲伤时悲伤是你的助手,凄清时凄清是你的享受,受挫时挫折是你的参谋。当我们把痛苦、孤寂、悲哀、挫折等当作人生中一道绚烂的风景慢慢加以玩索、细细进行品味,当我们把它们当作人生驿站上一束斑斓多姿的花朵,芳香会在休歇寝卧中迷漫飘散,当我们把它们当作阳光灼照下难得的一抹白云、一场清凉的细雨,那么我们的每一天就都会充满快乐。孔子盛赞颜回能在"人不堪其忧"的恶劣环境中"不改其乐"。这样的以苦为乐的境界又何尝不是一种艺术化的诗意境界?

当然,在现实人生体验中,切不能以为痛苦、不幸、失败等等人生磨难是人生的必要补充和对人生过程的丰富,所以就要刻意追求痛苦或不幸等等,更不能为别人

---

① 转引自余秋雨《艺术创造工程》,上海文艺出版社,1987 年,第 114 页。
② 余秋雨《艺术创造工程》,第 115 页。

有意制造痛苦和不幸。而是说在面对随时可能出现的痛苦、不幸等等时,要善于和敢于去直面它们,要能抱有一种宁静的平常心态,从中体味、把玩人生多样化的意义从而进入悦志悦神的内审美境界。

二、艺术境界是人生境界的诗意表现

艺术境界是对人生境界的诗意化、审美化表现。人生境界的审美可能性决定了人生境界是心灵化、情感化、诗意化的培育过程,并由此与艺术的审美境界相贯通。人生境界的基础性又决定了艺术境界离不开对现实人生的心灵体验与感悟。艺术境界基于人生境界,但又不同于人生境界,它是对人生的心灵浓缩与收摄。打一个不太恰当的比喻,可以把人生境界视为浩瀚宇宙中的地球,那么艺术境界就是一只小小的地球仪,地球仪虽小,却在那个圆形球体上收摄了地球上的一切。艺术境界对人生境界的表现自然不能像地球仪那样作科学微缩。艺术靠的是心灵,心灵是映射精神的"胶片",是映照情感的"光源",因而艺术境界对人生境界的表现所需要的是灵与情交织而成的诗意处理。

众所周知,著名诗人余光中是一个有着浓郁怀乡情结的艺术家,身处台湾的他,切身感受到无数台湾同胞为乡情、亲情所困扰的铭心刻骨之痛,为本该是一家人的祖国得不到统一而深感焦虑不安,为原本是血肉相连的兄弟姐妹不能团聚而深感苦闷压抑。两相分离的情感折磨着诗人的精神,煎熬、灼烧着诗人的灵魂深处,日思夜想的故乡就在可望而不可即的那边,一种"近在咫尺,远在天边"的独特、深沉的思乡之情常常萦绕于胸际。于是,人生历程中的深重压迫感促使诗人将其化作极为朴素却相当具有情感穿透力、震撼力的《乡愁》:

> 小时候/乡愁是一枚小小的邮票/我在这头/母亲在那头/长大后/乡愁是一张窄窄的船票/我在这头/新娘在那头/后来呵/乡愁是一方矮矮的坟墓/我在外头/母亲呵在里头/而现在/乡愁是一湾浅浅的海峡/我在这头/大陆在那头

这是一首大家都耳熟能详的诗作,语言朴素得甚至有点直白,但亲人与亲人间的联系却只能用"邮票"、"船票"作情感负载的工具,同时在"邮票"、"船票"的后面我们能品尝到"这头"的"我"与"那头"的母亲、新娘不能相聚的那种揪心撕肺、肝肠寸断的离别之苦,而"邮票"、"船票"也在向我们传递着关于人生漂移、游离的非安定性信息。更为令人痛楚的是,当自己还没有能够向母亲给予必需的抚慰时,她已带着"思儿不见儿"的深深遗憾魂归泥土,这是何等的人生不幸,何等的情感打击!然而,诗人写"邮票"、"船票",写母子阴阳两分,最终是在为"乡"之"愁"作铺垫,真正的"乡愁"是由"一湾浅浅的海峡"相隔阻的祖国母亲与台湾儿女的血脉深情。由此诗人将个人的愁痛升华为集体成员的恋情——对祖国统一、亲人相聚的企盼与渴求!余光中以自己切身的体验、简朴的语言,将民族的大情感浓缩在"我"的具体"乡愁"之中,如果不是在现实中生成那样深挚灼热的"剪不断,理还乱"的人生思绪,我们很难在"以小见大"的品读中感受到如此揪人心魂的情感震动。余光中还有一首《乡愁四韵》(见"思考题"),也可以从这个角度去理解。

　　艺术境界的难能可贵基于刘勰所说的"为情造文",情感因而成为造就艺术之境的心理源泉。但是,情感不是空穴来风,不是凭空捏造,而是源于人生现实。独具慧眼的艺术家以自己特有的心灵去感悟宇宙人生,并由此形成积叠极厚的情感空间。这一情感空间是寥廓深远的,也是丰富细微的。说寥廓,是因为情感空间在心的世界中如"赋家之心,包揽宇宙",因而是通脱空灵的。说丰富,是由于情感又指向并表达具体的人生存在,是实的。宗白华所说的意境既是"空灵"的又是"充实"的,也就是这个意思。所以,艺术境界既基于人生境界又超越了人生境界,是对人生境界诗意化、审美化的表达与呈现。罗丹说:"艺术,就是所谓静观、默察;是深入自然、渗透自然,与之同化的愉快。"[①]作为审美主体的人,要进入"物我同化"的艺术化之境,领悟其中蕴含的愉悦和快感,必要的前提是具有明确的审美态度。就是要在静观、默察中深入到自然,渗透到自然,敞开心扉与复杂的自然展开心灵的、情感的对话与交流,使自然之物成为精神之物,让自然成为有灵性的、能够进入我们心田的生命有机体。

思考题:

1. 请谈谈你对人生境界的理解。

2. 我们应该怎样培养、塑造自己的人生境界?

3. 请观看美国影片《美丽心灵》,分析作品中的"美丽心灵"包含了怎样的人生意蕴?

4. 请阅读杰克·伦敦的小说《热爱生命》,你会从主人公"他"的经历中得到怎样的人生启迪?

5. 联系余光中的《乡愁》再读他的《乡愁四韵》,说明艺术境界是如何表现人生

---

① 罗丹《罗丹艺术论》,人民美术出版社,1987年,第64页。

境界的。

乡 愁 四 韵

　　给我一瓢长江水啊长江水/酒一样的长江水/醉酒的滋味/是乡愁的滋味/给我一瓢长江水啊长江水　给我一张海棠红啊海棠红/血一样的海棠红/沸血的伤痛/是乡愁的伤痛/给我一张海棠红啊海棠红　给我一片雪花白啊雪花白/信一样的雪花白/家信的等待/是乡愁的等待/给我一片雪花白啊雪花白　给我一朵腊梅香啊腊梅香/母亲一样的腊梅香/母亲的芬芳/是乡土的芬芳/给我一朵腊梅香啊腊梅香

第二章　人生境界与美化

　　人生境界的锤炼、塑造过程,其实也是一个人在自己的人生旅程中如何认识、理解、把握人与社会、人与自然、物质与精神等诸多关系从而美化自己人生的过程。本章我们将视内容的要求从不同角度研究人生境界与美化的问题。

第一节　美化是自然向人的生成

　　人生美化首先是人格的美化,而人格美化又首先是心灵的美化,然后以美化了的心灵去透视他人及他物,那么人格境界也罢,宇宙自然也好,都会被精神所爱恋、抚慰、浸润,一切也都成为自身精神生命的一部分,并使精神生命在一切中得以表现和印证。这个过程也就是自然向人的生成过程,即自然的人化过程。

一、美化的主要内容

1. 人格美化

　　人格(personality)概念的最初含义是指戏剧演员所戴的面具,类似于我国京剧中的演员脸谱,红脸、白脸、黑脸分别代表忠义、奸诈、刚强的意思,这是说不同的面具代表着不同的角色特点和人物性格。现代心理学中的人格心理学借用此词,转意为人格,但其意义较为复杂。"在科学心理学的范畴中,人格被界定为是在自然与社会因素的交互作用下所形成的个体特有模式,这一模式是一个人思想、情感及行为的统一体,它包含了一个人区别于他人的稳定心理品质"①。不过,从　个人　生所受影响因素的角度考虑,人格即使作为一种"模式"也会有不断生成的特点,即人格形成后还会随不同环境因素的影响而发生相应的变化,当然其内在的根本性方面应是具有相对稳定性的。下面我们对中国文化中的人格美化问题作一简单考察分析。

---

　　① 《社会心理学》,沙莲香主编,中国人民大学出版社,2002 年,第 292 页。

中国文化影响下的自我美化过程,主要就是对人的品格、情操、个性等人格修养的培育和提高,这既影响到中国人在现实生活中怎样提升人生修养的方面,也影响到审美性的艺术创作方面。在现实人生修养方面,要求有自强不息、宽厚通达、谦柔虚心、率真坦荡、静性洁身、中庸平和等等品性。在个人修养得以完善提高后,应该追求的是兼及他人、社会的人生理想,这就是儒家思想的"八修"观,即"格物、致知、诚意、正心、修身、齐家、治国、平天下"。《大学章句》云:"古之欲明明德于天下者,先治其国。欲治其国者,先齐其家。欲齐其家者,先修其身。欲修其身者,先正其心。欲正其心者,先诚其意。欲诚其意者,先致其知。致知在格物。物格而后知至,知至而后意诚,意诚而后心正,心正而后身修,身修而后家齐,家齐而后国治,国治而后天下平。"儒家思想的这种以个人人格美化为起点的浓烈的社会忧患意识,促使很多士大夫终生抱有奉献于国家天下的高远目标。孟子的"达则兼济天下,穷则独善其身"成为很多士大夫的人生信条。能够支撑范仲淹具有"不以物喜,不以己悲,居庙堂之高则忧其民,处江湖之远则忧其君"之高尚情怀的,是他内心世界中"先天下之忧而忧,后天下之乐而乐"的精神境界(《岳阳楼记》)。可见,在中国文化中,个体人生修养所追求的终极目标是将个人的发展、成长及个人的命运维系于社会的发展,而且每个个体必须融于他人、社会之中才能求得个体的更好发展。个体人格的修养与美化是融入社会的必然要求,而美化的最终目标则是整个社会的完善和谐,而且也只有这样美化之后形成的人生境界才是高层次的人生境界。

以格物为基础的人格美化,其基点是物即自然,因而所谓人格美化就是自然向人的心灵的生成。反过来看,人格美化对自然的人情化起着重要作用,它使自然、社会在人的心灵深处被美化的人格所灼照、燃烧、蒸煮,从而也使自然和社会成为美的人格特征的组成部分,美的人品因而也成为美的艺术品的基本保证。由此我们认为,审美教育不只是用艺术教会人怎样运用美的规律自觉地进行艺术审美,重要的是还要学会用美的眼光去审视自己的人格品性,提升自己的人格层次,美化自己的人生过程,要能正确认识个体与他人、个人与社会、人与自然、物质与精神之间的关系,在追求个体利益满足的同时注重他人利益的满足,在追求小集团利益满足的同时注重社会利益的满足,在珍爱人类自身的生命存在的同时也珍爱自然万物的生命形态,全面提高自己的精神境界。

2. 环境美化

在人生美化中,人格美化是以"格物"为基础的内在心灵、修养、品性的美化,是起决定性作用的方面,而环境的美化则是外在事物的美化,它外在地表达着人格的美化程度。在现代意义上看,"环境"是一个包括了自然环境、社会环境以及文化环境、教育环境、农村环境、城市环境、生活环境、工作环境甚至日常用品等诸多内涵的系统性概念,环境美化因而是一个相当复杂的审美学工程。

如就城市环境美化而言,在当代城市生活领域,如何进行整体性的长远规划,在保证传统文化遗迹不受损害的前提下进行适度发展,在城市道路、楼宇房屋、园林绿化、休闲娱乐、运动健身等相应设施、场所的建设中,适时导入高尚的审美理念,运用审美学原则进行审美设计,在保证实用性的基础上,须给人们提供心理、精神方面的美感享受。要注意城市建设中现代都市人对自然的向往与追求心理,还须考虑建筑布局的公共性与私人性关系的正确处理等等,这都是城市环境美化过程中值得认真对待的方面。哈贝马斯曾指出,现代城市建设的变化很重要的一种表现就是家庭正在失去"塑造个人内心的力量",家庭以外的力量直接作用于个人,家庭作为私人性的"内心领域"日渐变为"伪私人领域"。哈贝马斯指出:"从建筑层面来看,楼房建筑和城市建设也说明了家庭内心领域正悄悄消失。过去,私人住宅呈现出独立封闭的特征,在外部,屋前花园和篱笆说明了这一点,在内部,这一特征通过诸多空间分隔方式得以表现。现今,这一住宅格局被打破了,正如沙龙与会客室的消失不利于住宅为了公共领域的社交而保留的开放性。现今城市的居住方式和生活方式的特点是,私人领域以及进入公共领域的途径丧失了,不论是技术经济发展默默改变了大城市的居住方式,还是人们根据这种经历发展了新的市郊住宅形式。"[1]哈贝马斯所指的当然是发达工业社会中的城市建设,但如果从城市建设更应保证私人领域的隐秘性从而真正体现城市环境人文性的角度看,这对经济高速发展影响下的当今中国而言,同样具有启迪作用。总的来说,环境的美化是一个涉及面广、问题多、要求高、难度大的应用性审美工程,只有我们从多个层面、多种角度去深思熟虑,才能为大家建设一个美丽的城市环境。

对当代中国大多数人来说,正面临着一个更为迫切从而也更有必要进行进一步探讨的问题,那就是对中国未来发展具有深远影响的教育环境美化。我们先看荀子《劝学》中说过的一段话:

> 南方有鸟焉,名曰蒙鸠,以羽为巢,而编之以发,系之苇苕,风至苕折,卵破子死。巢非不完也,所系者然也。西方有木焉,名曰射干,茎长四寸,生于高山之上,而临百仞之渊,木茎非能长也,所立者然也。蓬生麻中,不扶而直;白沙

---

[1] 哈贝马斯《公共领域的结构转型》,学林出版社,1999年,第184页。

在涅,与之俱黑。兰槐之根是为芷,其渐之滫,君子不近,庶人不服。其质非不

美也,所渐者然也。故君子居必择乡,游必就士,所以防邪辟而近中正也。①

这段话中的"蓬生麻中,不扶而直;白沙在涅,与之俱黑"现已成为家喻户晓的名言,
是说蓬草在麻中生长,借麻的直立不用扶它也会长得很直;白色的沙粒与黑色矾石
混在一起,它跟黑矾石一样也会是黑色的。不言而喻,荀子意在说明环境对人、事
物的影响,他特别强调人要择善而从,要接受良好的环境熏陶。

后汉刘向所编《列女传》中记载的"孟母三迁"的故事也为中国人家喻户晓。中
国还有一句古话叫"近朱者赤,近墨者黑"。这些故事、名言都是说明周围环境对人
具有的重要影响。人的成长过程以及对人的教育过程,如果没有一个十分有利的
环境作基础,那么完满、高尚的人性品格的培养和造就会遭遇特别的困难,所以,注
重教育环境的美化,对我们培育品学兼优、德才兼备、通情达理、举止文雅、言语得
体、尊敬师长、富有爱心的优秀人才就是一项长期而艰巨的任务。

教育环境的美化,首先是整个社会要为教育提供良好的外围条件。这是宏观
的环境氛围,是校园环境美化的前提。其次是学校环境美化,这是与学生的身心、
生活、学习直接相关的具体环境,它应该是广泛渗透了审美文化内涵的、从而使学
生时时能感受到美的滋润的环境。学校环境美化一方面要在校园绿化、整洁方面
下工夫,一方面在具体的教学活动中,教师要以高尚的德性品格、优美的言行举止、
得体的服饰打扮、健康的学习内容、生动的教学方式濡染化育学生的心灵,把"其身
正,不令而行;其身不正,虽令不从"作为教师要求自身的基本原则。要通过因材施
教、尊重个性的方式挖掘学生的个性创造性、想象性;要积极诱发学生对美好人生、
美好社会、美好未来、美好理想的憧憬之情。再次要倡导人人参与美化校园环境活
动,学校要通过各种途径开启学生美的心灵,激活他们对美的创造能量,让他们积
极参与到校园环境的美化,通过具体的操作,切身体验美的创造过程并享受自己的
创造成果。最后,家庭教育要与学校的审美教育紧密配合。家长与孩子之间有最
为亲近的血肉、亲情关系,家长既是孩子理想、信念、人生观的第一个教育者,也是
孩子心灵世界、精神领域的第一个启蒙者,因而家长要在日常生活的各个方面或通
过与孩子之间的各种交流美化孩子的心灵,或通过自己在待人接物中表现的良好
修养潜移默化地影响孩子的心理和行为,或通过循循善诱让孩子做一个意志坚强、
品性高尚、敬重他人、乐于奉献、珍爱生命、怜惜万物的人。通过社会、学校、学生个

---

① 引自《中国历代文学作品选》上编第一册,朱东润主编,上海古籍出版社,1979年,第168页。

人、家庭等要素的共同作用,会为我们的教育环境的美化造就一种系统而不教条、规范而不呆板、生动而不放浪的良好局面,把青少年逐渐培育成富有高远人生信念、宏大社会理想的以及身心全面协调、均衡发展的人。

二、人格美化与艺术审美

人格的美化是塑造、锤炼人生境界的主要方面,同时人格的美化对艺术创作、艺术品位的提高有重要影响,这里专就人格美化与艺术审美展开论述。

中国诗歌艺术非常注重艺术创作中人格、人品对艺术的内在影响性,所谓"诗品出于人品"就是要使人品成为诗品的基础,诗品成为人品的诗化表现,这就是中国古代艺术观中所讲的"人即是诗,诗即是人"的诗化人格境界。清初诗人杜濬解释明代李梦阳等人的"真诗"观时说:"世所谓真诗,不过篇无格套,语切入情耳,弟以为此佳诗非真诗也。何也? 人与物犹为二物也。古来佳诗不少,然其人不可定于诗中。即诗至少陵,诗中之人,亦仅有六七分可以想见。独陶渊明片语脱口,便如自写小像,其人之岂弟风流,闲情旷远,千载而上,如在目前。人即是诗,诗即是人,古今真诗,一人而已,可多得乎?"①要造就"人"与"诗"完全合一的"真诗"境界,没有高尚的人格精神是难以达到的。这就要求艺术家的人生首先应是诗化的人生,就是要不断进行自我建构、自我完善、自我美化,并将自己独特而高尚的人格完美地融入艺术之中。范仲淹在"霪雨霏霏,连月不开,阴风怒号,浊浪排空"时登岳阳楼,为何会有"去国怀乡,忧谗畏讥,满目萧然,感极而悲者矣"的伤感? 在"春和景明,波澜不惊,上下天光,一碧万顷"、"皓月千里,浮光跃金"之时登岳阳楼,又为何会生出"心旷神怡,宠辱皆忘,把酒临风,其喜洋洋者矣"的快乐? 其原因就在于作者将自己崇高的人生境界即"先天下之忧而忧,后天下之乐而乐"视作自己的行为的准则,并将其融入到作品之中。这种人格精神,在人们过度追求物质利益满足的今天,无疑仍然有相当深刻的人生教育意义,对艺术的审美创造来说同样具有令人深思的价值。

在现实人生中,自然向人的生成通常表现为将自然作为人生的一部分,用美的心灵去静观自然万象、大千世界,使自然万物皆着我色、皆生我情、皆通我意,即如刘勰所说的那样"登山则情满于山,观海则意溢于海"(《文心雕龙·神思》),外在物事都能具有人的心灵的印迹。这在中国传统自然观中有突出表现,如以"比德"之说延展出来的各种喻说自然的观念都是如此,因而在艺术中,松柏、杨柳、腊梅、牡

---

① 杜濬《变雅堂文集·与范仲闇》,《续修四库全书》第1394册,第88页。

丹、秋菊、翠竹、莲花、夜月等等或成为观照人之个性、情感的载体,或成为人之刚毅性格、不屈气节的象征,或成为思乡团聚、喟叹人生短暂的符号。所以,写莲有"出淤泥而不染,濯清涟而不妖,中通外直,不蔓不枝,香远益清"(周敦颐《爱莲说》)之美,写梅有"雪虐风饕愈凛然,花中气节最高坚"(陆游《落梅》)及"无意苦争春,一任群芳妒"、"零落成泥辗作尘,只有香如故"(陆游《卜算子·咏梅》)的惊羡,亦有"待到山花烂漫时,她在丛中笑"(毛泽东《卜算子·咏梅》)的从容,写菊则有"怀此贞秀姿,卓为霜下杰"(陶渊明《和郭主簿》)、"寒花开已尽,菊蕊独盈枝"(杜甫《云安九日》)等等赞赏,孔子"岁寒然后知松柏之后凋"的叹咏,庄子"澹然无极而众美从之"的思想,无不通过观自然以喻人情的方式表达自然万物与人的内在关联。

唐君毅说,中国人的自然观,就是视自然万物皆含德性,人与自然直接感通,且人应当对自然有情,人在日常生活中重在顺应自然而生活,"故中国人恒能直接于自然中识其美善,而见物之德,若与德相孚应……中国哲人之自然观,乃一方观其美,一方即于物皆见人心之德性寓于其中……故依中国先哲之教,君子观乎天,则于其运转不穷,见自强不息之德焉;观乎地,而于其广大无疆,见博厚载物之德焉;见泽而思水之润泽万物之德;见火而思其光明普照之德;此《易》教也……于水观其柔谦善下之德者,老子也;于水观其虚明如镜之德者,庄子也;于水观其泉源混混,不舍昼夜,放乎四海,如性德之流行者,孟子也……"。他还指出,"夫仁者之心,必乐观万物并育、并行而不悖,故中国人之视天地万物之关系,恒其重'连而不相及,动而不相害'一面",故此,"于草木中,中国人之特爱松、竹、梅,一方诚是爱其为岁寒三友,一方亦爱其不与万卉百花争荣。菊之独荣于秋,亦见赏于君子。松柏与竹,直上直下,乃象征一无求于外,而通天地之精神。松柏之叶如针,上凌长空而生长极慢;如依其自然之性,以伸展上达,而无凌驾他物,或傲慢争雄之心者"[1]。观自然之性,思自然之序,见自然之德,从观物、思物中见出自然内在的特性,源于人能够用自己的主观心灵的"思"与"见"。人思自强,故见天之"健行";人思宽厚,故见地之"博大";人思柔美,故见水之"润泽";人思直率,故见竹之"外直";人思洁净,故见莲之"无泥";人思无争,故见梅之"独荣"等等,心灵观照自然万物,赋予自然万物以人的期望,自然物即具有人所向往的象征性品格,深深打上了人的精神烙印。

中国美学发展至魏晋时,除了它对老庄之学中形而上学玄想的继承外,"作为它在当时立身的却恰恰是觉醒的人的意识以及由此而来的对于自然景物的真

---

① 唐君毅《中国文化之精神价值》,广西师范大学出版社,2005年,第214—216页。

正的亲和、关怀和欣赏。在将自然玄化的同时将自然人情化,形成了六朝美学独有的特色"①。这充分说明六朝美学的特殊性。尽管自然审美作为美学上显示的最为显著的独特性出现在魏晋六朝,但自然审美与人格紧密关联的精神在中国古代美学发展的各个时代都有不同形式、不同程度的表现,这也表明自然向人的"生成"体现出动态性、流变性的特点。

在艺术领域,要形成美化或诗化的人格主要涉及人间真、善、美几个方面。首先是求真。罗丹说:"艺术是一门学会真诚的功课。"艺术让人学会真诚有两层意思,一是艺术家要真,二是给鉴赏者以真的启迪。艺术家要有"童心"、"童意"和"童趣",以真诚敲开世界的大门,以真诚唤醒人们的良知,以真诚昭示被遮蔽的真理,以率性而然的真诚态度热情拥抱人类生存的世界。学会真诚、敢于真诚,对艺术家至关重要,它能拒无病呻吟和矫揉造作于艺术之外,从而创造出真正能启人心智、震人魂灵、撼人肺腑的作品。

其次是求善。"善"是一种悯怜天下万物的人性情愫、内在良知、品格德性与行为方式。从内在本性看,"善"或善愿、善行不完全是一种外在的价值评价,也有人在本能上的先天性期待。台湾学者邬昆如说,"善是伦理道德所追求的存在特性,它所呈现的是人的思想行为符合内在的良知标准,同时又符合天命。这样,善本身不是一种存在,而是附属于存在的一种特性",但西方社会自从柏拉图的理念论将"善"作为一种存在("善自体")以来,"善"即成为一种追求的对象,而西方哲学发展到德国哲学以后,道德的善逐渐摆脱存在论困境,但所追求的人格境界依然是"至善"。可见,对"至善"的追求在中西文化中其最终的目标是内在地一致的。由此,"善恶问题并非全是外在的价值批评,而是人内在的价值感受;人心向往善,这向往在内心兴起卓越的感受,而产生各种行为的目的性。目的性以及追求完美是一体的两面,人心追求善,首先作为人性追求完美的表现,再来就成了人生目的。这是先天的内心涵养"②。从艺术创作角度看,艺术家要有对一切生命存在的深切的悲悯情怀,他从善良的德行意愿出发,观照生活的各个层面,把对具体个体生存境遇的形下思考扩散到整个生命界的形上思考,由此而创造的艺术世界便具有了普遍的、全面的和整体性的生存价值,能引领人形成兼济天下、忧思万物、关注一切生存命运的高尚情操,追求为人类、为社会、为宇宙奉献一切的"大我"品格。

---

① 王建疆《修养　境界　审美》,中国社会科学出版社,2003年,第87页。
② 邬昆如《人生哲学》,中国人民大学出版社,2006年,第222—225页。

第三是求美。美国学者埃伦以物种中心主义的观点分析说,艺术是人类的一种行为,审美能力是每个人基本的心理成分,审美是人的生物需求。她说,"把艺术看作一种生物需求不仅能够给我们提供一种更好地理解艺术的方式,而且通过把艺术理解成我们的自然组成部分,我们就能够把自己理解成自然的一部分"。因而,人的艺术行为可以帮助人们更好地生存。埃伦还指出:"物种中心主义者不是把艺术看成一种实体或性质,而是看成一种行为趋势,一种做事方式。这种行为趋势是遗传的,因而既是持久的也是普遍的。也就是说,它不是精选出来的少数人的独享之物;而是像游泳或做爱一样,艺术是人人都有潜力来做的一种行为,因为所有人类都有做这件事情的心理倾向。"①这种观点从一个特定的侧面揭示了人对美的需求心理。在艺术中,艺术家的独特之处在于,他在面对花鸟虫鱼、行云流水、草木砂砾、风霜雪雨、春花秋叶等自然万象时,或在面对人生际遇、世间沧桑、社会变故等社会形态时,能够赋予这些外在无序的自然、社会现象以内在的组织结构,能够随时从美的角度用心灵去审察万物,并引发心灵世界中独特的审美冲动。如陈子昂的《登幽州台歌》、李白的《静夜思》,以及被闻一多先生誉为"诗中的诗,顶峰上的顶峰"的张若虚的《春江花月夜》等等,都莫不如此。

第二节 美化是人向自然的回归

自然向人的生成、人向自然的回归是一个问题的两个方面,就如一枚硬币的两面,两者之间密切关联,没有自然向人的生成也就无所谓人向自然的回归,没有人向自然的回归亦无自然向人的生成。从上面的分析中我们可以看出,中国人追求的是自然规律、自然秩序,与自然并行不悖,即顺应自然,取法自然;同时,要通过自然运行见出人与自然的内在结构以及特征上的相互贯通和联结,即人应像自然那样谦柔、虚静、宽大、无争,这就是人向自然的回归。但这里有一个人类的自然观问题,我们先由此谈起。

一、现代视野中的自然观

在人类社会的早期,由于对自然认识能力和水平的相对低下,使人对自然形成

---

① 埃伦·迪萨纳亚克《审美的人》,商务印书馆,2004年,第64—65页。

了一种相当虔敬的心理,出现了以崇拜自然为表现形式的"万物有灵论",自然之"神"于是广泛出现于原始民族之中,各民族在自己的原始生活期形成的图腾崇拜大多是这方面的典型形式,同时也突出地反映在各民族的原始神话之中。原始的朴素自然观带有对自然的不自觉的迷信色彩,灵与肉的一体性(未分离性)成为"万物有灵论"自然观的基本特征。"原始思维实际上通过它的直觉的特别易变的短暂的特性和个体存在的概念来显示自身的特征。在这里灵魂还没有作为一种与肉体分离的独立单一的实体;灵魂并不超越生命本身,灵魂存在于并且必然依附于肉体……生命作为不可分割的整体寓于肉体的整体中,并且还寓于肉体的各个部分中"①。宗教产生以后,自然之"神"被人创造的宗教之"神"所取代,宗教中的神成为人类的主宰,因而人的情感、灵魂被无处不在、无时不有的"神"所控制。这在中世纪的西方社会发展为"宗教禁欲"时期,并实现了社会统治中的政教合一。宗教神学自然观是神学家自觉地将宗教神学和哲学唯心论相结合而成的理论,其目的在于借助人自身创造的异己力量来弥补人本身的力量的缺陷。因而,不管是在以自然为神的时代,还是在以人创造的宗教为神的时代,这种以"神"的力量来主导人、甚至奴役人自身的观念,常常给人类自身带来沉重的精神苦痛。"文艺复兴"运动借复兴古希腊、罗马文明之名扛起"人文主义"大旗,使人真正成为自身的主宰,也体现了人向自然回归的倾向,形成了人文主义的自然观,但同时也导致"人类中心主义"的出现。对此,18世纪的启蒙思想家卢梭早就进行过深刻反思,在《爱弥尔》中他提出自然是一本"宏伟的著作"的论述,在《论科学与艺术》等著作中他又提出了"自然人"的理论,认为世界上的人可分为两种:由自然创造出来的并依自然法则成长起来的人,具有天赋的良心、正义、善良和优美的感情,此即"自然的人";在文明社会中成长起来的人,沾染上文明社会的罪恶与低劣意识或行为,失去了天赋的淳朴人性,此谓"社会的人"。卢梭进而主张人要"回归自然"。卢梭的思想促成了19世纪初期欧洲浪漫主义文学思潮,许多诗人几乎都是大自然的观察者、爱好者,并提倡"返回自然",因而好多作品也都以大自然为背景,着力描绘淳朴的自然生活,以对照城市文明的喧嚣、虚伪。华兹华斯是其中杰出的代表。华兹华斯在《抒情歌谣集》序言中认为,从根本上看,人与自然相互适应,人的心灵能照映出自然中最美也最有趣的东西,所以他在很多作品中表达了向往自然、回归自然的情感愿望。他认为,"自然中有一种存在",

---

① 卡西尔《神话思维》,中国社会科学出版社,1992年,第178页。

这种存在以"一种动力和精神,推动着一切有思之物和一切思维的对象,并在宇宙中运行"(《丁登寺赋》);"上苍把一切筹划,寂寞的草就这样开着花,一年葬一次也不怕"(《岩石上的樱草》);"树林、峭壁、风声、云朵,全是同一心灵活动方式,神喻的语言,永恒的象征"(《序曲》)。在华兹华斯眼里,自然犹似一种无处不在的神值得自己崇敬、追随。

在中国,儒道释传统中强调的层面尽管有所不同,但其精神实质则大体上一致。儒家孔子"智者乐水,仁者乐山"和"吾与点也"等思想,孟子的"浩然之气"等观念,虽因其积极入世的主导思想而使其难免带有较浓的政治和道德色彩,但对自然的亲近之心仍显得非常明显。道家强调"人法地,地法天,天法道,道法自然"(老子),这里的"自然"是指道本身。因为,天地本身就是自然,天地都在效法道,所以,道不可能反过来效法天地。但是,由于道在老子的著作中被描述为"朴"、"大"、"一"、"水"等,所以,道本身就又有了大自然的自然无为之性。道家思想中的"复归"意识,即"见素抱朴"、"复归于婴儿"、"既雕既琢,复归于素朴"中"复归"的对象其实都可以理解为一种系统的自然,"自然"就是整个宇宙自然的整体秩序,人被纳入其中而成为自然的一部分。同时,道家还主张人与自然是平等也是统一的,人是道家思想中所认识的自然宇宙中的四"大"(道、天、地、人)之一,人类的一切都源于自然,是自然赋予的,因此人必须放弃"有为",而只有放弃了"有为",才有利于人的自然本性的张扬,更有利于人与自然的和谐统一、人与自然的和睦相处。而佛禅之"道"则指向人"心"这一精神绝对本体,用"心"后你就会体会到人与法、人与自然的相通。禅宗所谓"郁郁黄花,无非般若;青青翠竹,总是法身",就是指在"心"与"自然"之间的一种无间离的融会,就是要追求"风来树动,雨过山青"的原态自然。儒、道、释学说中内在一致的自然观,对后世艺术作品产生了很大影响。从陶渊明"少无适俗韵,性本爱丘山"、"此中有真意,欲辨已忘言"中,我们不难看到"遗形忘生"、"得意忘言"、"得鱼忘筌"(庄子)的精神内涵。《桃花源记》描绘的"阡陌交通,鸡犬相闻……黄发垂髫,并怡然自乐"的情形,既有儒家的"大同"理想和道家的至德之世,也类似卢梭所称羡的"自然状况",他"打破了现在的界限,也打破了切身利害相关的小天地界限,他的世界中人与物以及人与我的分别都已化除,只是一团和气,普运周流,人我物在一体同仁的状态中各自徜徉自得,如庄子所说的'鱼相与忘于江湖'。他把自己的胸襟气韵贯注于外物,使外物的生命更活跃,情趣更丰富;同时也吸收外物的生命与情趣来扩大自己的胸襟气韵。这种物我的回响交流,有如佛家的'千灯相照',互映增辉"①。亦如徐复观所说,"陶渊明的伟大表现能力,是来自他的生命与环境事物的融合一致","他自己的生命,实已和这些环境事物融合无间"②。在大自然的怀抱中,陶渊明过着雅净简素的乡村生活,享受着淳朴憨厚的农家风情和清新秀美的田园风光,使他在心灵深处听到自然发自远古的朴茂之声,也使他在灵魂深处发现了生命与自然的熹微晨光。陶渊明、谢灵运以后的诸多诗人则发扬光大了山水田园诗创作,而唐代王维、宋代苏轼更是在艺术创作或艺术理论中表达了对大自然的向往、亲和之情。

在现代社会,由于对以商品为核心的物质利益的追求,使人原本具有的"自然物"的意义也被严重商品化,而当"物"在商品意义上的交换价值、使用价值被放大后,就不仅造成大自然自身的危机,也造成人的生存危机。从辩证唯物主义自然观的角度认识人与自然的关系,我们应该看到,随着科学技术日新月异的发展,人类利用自身掌握的各种先进技术手段对自然产生的影响愈来愈深刻,自然界的发展变化,已经和人类的行为及人类运用技术手段的方式密切相关,人类对自然过度的开发利用,一方面促使自然资源面临枯竭的危险,另一方面也导致整个生态环境体系的严重失衡,"温室效应"、"厄尔尼诺"、"拉尼娜"③等引发了一系列异常自然现象的出现,如地球温度升高、沙漠化程度加剧、海洋气候反常等等,大自然开始以无声无息的方式向人类显示出它不友好的一面。这也警示我们,人类已经走过的发展物质文明的曲折道路,是一条物质文明程度的高低与破坏自然的程度正相关的道路,这不能不说是人类将自身强行从"物"中分离以后一味强调满足人类需求(人类中心论)造成的恶果。正如马尔库塞指出的那样:"在现存的社会中……商业化了的自然界、污染了的自然界、军事化了的自然界,不仅在生态学意义上,而且在存在本身的意义上,切断了人的生命氛围。这样的自然界阻挠了人从环境中得到爱欲

---

①　朱光潜《诗论》,北京出版社,2005 年,第 323 页。

②　徐复观《中国文学精神》,上海世纪出版集团、上海书店出版社,2006 年,第 50 页。

③　厄尔尼诺:西班牙语 El Nino 的音译。在南美厄瓜多尔和秘鲁沿岸,海水每年都会出现季节性增暖现象,因为这种现象发生在圣诞节前后,则被当地渔民称为厄尔尼诺——"圣婴"(上帝之子)的意思。此词现已被海洋气象学家用来专指发生在赤道太平洋东部和中部海水大范围持续异常增暖的现象,该海域海水表层温度高出气候平均值 0.5 ℃以上,且持续时间超过六个月以上时称厄尔尼诺现象。拉尼娜:西班牙语 La Nina 的音译,"小女孩"的意思。气象和海洋学家专用来指发生在赤道太平洋东部和中部海水大范围持续异常变冷的现象,海水表层温度低出气候平均值 0.5 ℃以上,且持续时间超过六个月以上时称拉尼娜现象。拉尼娜也称反厄尔尼诺现象。厄尔尼诺与拉尼娜现象通常交替出现,对气候的影响大致相反,通过海洋与大气之间的能量交换,改变大气环流而影响气候的变化。从近五十年的监测资料看,厄尔尼诺出现频率多于拉尼娜,强度也大于拉尼娜。

的宣泄(以及变革他的环境),剥夺了人与自然的合一,使他感到他在自然界之外或成为自然界的异化体。"由此马尔库塞强调要从审美的意义上理解解放自然的问题,"解放自然,就是要重新恢复自然中促动生命的力量,就是要重新恢复在那种徒劳于永无休止的竞争活动中不可能存在的感性的审美性能"[①]。我们必须从"生态文明"的角度看待人与自然的关系,人作为自然一分子,衡量其价值大小的基本标尺主要不是看人对自然的控制、统治或支配程度,而是要看与自然整体之间关系的和谐程度、平等共荣程度。

随着人类对人与自然关系认识的深化,上世纪 90 年代西方出现了生态批评理论,其主要任务是通过文学来重新审视人类文化,展开文化批判——探讨人类思想、科学文化、经济社会发展模式如何影响甚至决定人类对自然的态度和行为。它以生态学研究成果为基础,对相关现象加以人文科学或文学式的研究批判,并吸收了生态哲学中关于人与自然平等共存、和谐相处的思想,展开艺术或文化的生态学研究。生态批评学在进行文学研究和批评时,力图探索人类在思想、文化、社会发展进程中,人对自然的态度,并考察这些态度的变化对自然环境的变迁和生态系统的演化影响,使人们能够真正认识到,保护和修复人类的精神生态,是保护物质生态环境的重要前提条件。这表明,要真正实现包括人在内的整个自然界的生态平衡、实现人与自然的和谐共存,就要求人自身在内心世界中必须具备人是"自然物"这一基本观念,彻底改变人凌驾于一切之上的"人类中心论",真正从人的内部使人自己回归到自然状态。

二、回归自然在艺术中的表现

从上述分析中我们已经看到,无论在中国还是在西方,在走向自然、崇尚自然、珍爱自然、与自然相亲和的自然观影响下,在艺术领域已有不少表现向自然回归倾向的艺术家和艺术品。这里就此问题再做具体分析。

海德格尔在《艺术作品的本源》中评价凡·高的画作《农民鞋》时有过一段非常精辟的分析:"从农民鞋磨损的内部那黑洞洞的敞口中,劳动者艰辛的步履显现出来。这硬邦邦、沉甸甸的破旧农鞋里,聚集着她在寒风料峭中迈动在一望无际永远单调的田垄上步履的坚韧和滞缓。鞋皮上粘着湿润而肥沃的泥土。夜幕降临,这双鞋底在田野小径上踽踽而行。在这农鞋里,回响着大地无声的召唤,成熟谷物宁

---

① 马尔库塞《审美之维》,广西师范大学出版社,2001 年,第 121—122 页。

静馈赠及其在冬野的休闲荒漠中的无法阐释的冬冥。这器具聚集着对面包稳固性无怨无艾的焦虑,以及那再次战胜了贫困的无言的喜悦,隐含着分娩时阵痛的哆嗦和死亡逼近的战栗。"[①]海德格尔对自然情有独钟,他常常在乡下的田野中徘徊,为自然所吸引,为自然所感动,因而在一幅看似简单的农民鞋画作中敏锐地嗅到了自然的气息、农民生存于自然之中时无限的期求与渴望。其实,西方现代主义艺术在其表面上看,是对统治西方很长时间的宗教理性、哲学理性的反动,但其更为重要的内在意义主要是要在本源的角度恢复被现代文明所破坏的人的自然本性,恢复人原本具有的感性生动性。美国作家塞林格的《麦田里的守望者》是一部寓意深刻的小说。故事是这样的:十六岁的中学生霍尔顿出生于纽约一个富裕的中产阶级家庭,老师和家长强迫他好好读书,为的是出人头地。但他在学校里一天到晚所干的,就是谈论女人、性、酒。他看不惯周围的一切,也没心思读书,因而老是挨罚,到第四次被开除时,他不敢回家,便只身在纽约城游荡了一天两夜。他的内心十分苦闷,企图逃出虚伪的成人世界去寻找纯洁与真理。这种精神上无法调和的极度矛盾令他彻底崩溃,最终躺倒在精神病院里。小说通过霍尔顿的探索与追寻、突围与反抗,揭示了二战后美国社会成人世界的虚伪和庸俗、杂乱和肮脏,发出了要做"麦田里的守望者"的呐喊,由此隐含了作者深深渴望回归人类的童年、回归美好大自然的良好愿望,体现了一种深刻的生态哲学思想。

从电影的角度看,20世纪40年代后期至50年代初期,意大利新现实主义运动,其主要美学追求就是走向自然,他们不仅提出"扛起摄影机上大街"的口号,而且在题材、演员、照明等方面规定要注重表现真实发生的故事、使用非职业演员、采用自然光等,呈现出令人耳目一新的美学风貌。50年代至60年代,在西方现代主义电影运动中出现的很多作品(如《野草莓》、《8½》、《四百下》、《精疲力竭》、《红色沙漠》等),都不同程度地隐含着对大自然的亲近欲。80年代以后的电影更多表现出对大自然的崇尚,如《青春珊瑚岛》(1980)表现因沉船落难的一对少男少女在小岛上自由奔放、无拘无束的生活,影片将南太平洋的碧海蓝天、瀑布沙滩、奇花异草尽情展露在银幕上,使人无法不产生对大自然的向往;《海难》(2000)则在拍摄时专门跑到泰国的一个小岛上选景,影片表现的小岛景色如画、美不胜收,宛如人间天堂,几个西方青年在岛上耕作捕鱼,几近不识人间烟火,令人生出诸多向往。今天我们常常提到的《人猿泰山》,早在上世纪30年代就已出现,后经几次重拍,在1999

---

①　海德格尔《诗·语言·思》,文化艺术出版社,1990年,第35页。

年由迪斯尼改编成动画片,2005 年又推出动画续集《泰山 2》,还出版了连环画册。"泰山"的生命力主要源自作品中表现的自由无拘的原始生活气息,并在其中寄托着人类对清新、宁静的大自然的崇尚以及对人类仁厚、淳朴、真挚人性回归的渴望。

　　世界戏剧也正兴致勃勃地开发着广阔的户外自然空间,寻求与自然的融合。自现代主义戏剧打破戏剧"三一律"的束缚之后,寻求戏剧解放的艺术尝试就一直没有停止过,传统戏剧的箱子式舞台及其艺术表达方式由此不断经历着变革。20 世纪 90 年代国际戏剧奥林匹克委员会诞生,并相继举行了三次露天竞赛汇演。这种街头戏剧可溯源至法国戏剧家让·维拉尔,他曾萌发灵感,把建筑历史和现代艺术融合在一起,在室外搭建了一个戏台,将戏剧引向大自然;1947 年,维拉尔在阿维尼翁首创戏剧艺术节(即今阿维尼翁国际戏剧节),这个戏剧节有一个奇特的景观,即那些未正式入围参赛的剧作常在大街上圈地表演。2003 年春,俄罗斯戏剧大师圣彼得堡马林斯基剧院艺术总监瓦列里·捷尔吉耶夫在克里姆林宫的教堂广场排演了《鲍里斯·戈都诺夫》,将戏里的主人公引领到露天之中。目前,欧亚和拉美一些国家的戏剧也正致力于走进大自然,寻求走向自然、与自然的融合。

　　总而言之,人在向往着回归自然,艺术也在力图表达着人回归自然的这种强烈期盼。由此,人向自然的回归也就不仅具有了重要的审美意义,其本身也表达了人进入自然、融入自然之后,以自然之性陶养心灵、悦情怡性的美化愿望。唐君毅认为,当我们把自己的精神和生命凝注于一切物时,就会视一切物为艺术品,这时候"一切存在物都是艺术品,都是我精神生命凝注寄托之所,便都是我的身体。我的生命遂无往不存……我的生命,是日光下的飞鸟,是月夜的游鱼;我的生命,是青青的芳草,是茂茂的长林;我的生命,是以长林为髻的高山,以芳草为袍的大地;我的生命,以日月为目而照临世界,照见我在长空中飞翔,在清波中游泳。我所生活之所在,即我之所在。我信仰我,也信仰世界,亦如婴儿"[①]。这说明,人只有在自然中观照人自己,才能发现人自身的生命价值,才能理解自身生命在与自然相融会时才有真正的生存意义。

　　台湾诗人席慕容有一首诗叫《雨后》,诗中这样写道:

　　　　生命　其实也可以是一首诗/如果你能让我慢慢前行/静静盼望　搜寻/怀带着逐渐加深的暮色/经过不可知的泥淖/在暗黑的云层里/终于流下了泪/为所有/错过或者并没有错过的相遇/生命　其实到最后总能成诗/在滂沱

[①]　唐君毅《人生之体验》,广西师范大学出版社,2005 年,第 123 页。

的雨后/我的心灵将更加洁净/如果你肯等待/所有漂浮不定的云彩/到了最后终于都会汇成河流。

自然之雨是一首诗,人的生命也是一首诗。但是,生命是诗,意味着你必须在努力前行中盼望;生命是诗,意味着你必须在风雨中洁净自己的心灵,你漂浮不定的一生终将汇成一条精神的河流。诗意的生命就是这样自然,你不必苦心经营,只要心静若水,只要在静心中慢慢等待,生命中的一切就会化成一首隽永的诗歌之流,沁润你的肺腑,滋浸你的心田,这正是"月到天心处,风来水面时"的自然胜境!

第三节 美化是人生境界的提高

人格的美化、环境的美化既使人自身具有了生活审美的追求,也使艺术作品的创造中体现出对自然的神往。但从另一个角度看,无论是哪一层面的美化都表明,凡是美化都是人生视野的一种拓展,人生历程的一种完善,也就是人生境界层次的一种提高与升华。

一、人格美化与人生境界的提高

人格美化的着眼点是个体人格修养、品性情操的提高,但中国传统文化中基于个人的人格美化的最终落脚点即终极目标却是国家、天下的平安、稳定。这就是说,个体人格的美化不是为个体而美化,而是为社会而美化。这里就有一些需要进一步深入思考的关系问题,即人与社会、人与自然、物质与精神等。关于个体与自然的关系我们在前面从不同角度已作了相应分析,这里就人与社会、物质与精神之间的关系问题展开论述。

1. 人与社会的关系

人的基本存在形态是个体性的,那么,这是否意味着个人的生存完全是那种"天马行空,独往独来"的个体化生存过程呢?从生命的单元看,个体是生命的最小单元,但这不是指生命生存的过程只是个体性的。在整个生物界,生物生存过程是一个相互依存的关系,也是在相互关联的生态链中求得平衡的过程。就人而言,既然人是自然界的一部分,人是生物性的人,那么人也应该生于自然生态链的相互制约之中,个体只是人类社会的基本单位,但人的生存过程不仅不以个体的独立生存为目标,而且也不以个体的幸福美满为理想,所以马克思认为人是"类"的存在物,人在其现实性上是各种社会关系的总和,这就意味着个体在自身的生存过程中总会与他人发生各种不同的社会关系,即人的生存是一种关系性生存。

人在现实中结成的关系是非常多样化的,但无论哪种关系,其核心是以人的生产活动(内在或外在生产)为轴而衍生出的。人的生产又有几种:人自身的生产,即人为了种的繁衍生息而进行的生育生殖活动;物质性生产,借助各种物质形态的工具所展开的复杂的物质生产劳动,如农业、工业生产等等;精神性生产,以特定的物质工具为媒介进行的各类精神创造活动,如艺术、哲学、宗教、道德及多样的理论研究、科学研究活动等,其目的是为了满足人不断发展的心理需求。

心理学的研究证明,人一生的成长过程是一个不断接受社会影响(包括传统文化、法律制度、社会道德、风俗信仰以及语言、艺术、人情、习惯等等)从而进行社会化的过程。质言之,人的"社会化"就是人由自然人逐渐成为社会人的过程①。人不能永远是自然性的人,这样人就会是一般意义上的生物体,人须受纳来自社会的各种影响,才能为社会所认同,由社会认同并为社会接纳的个体才是既具有生物性、也具有社会性的个体。

人的社会关系的形成、人的社会化过程表明,人的生存与发展过程始终处于由关系构成的"关系环境"之中,这里所说的"关系环境"也可叫社会环境,但称之为"关系环境"则更能明确表达环境因关系而具有的相互制约、相互影响和相互依存的特性。在特别注重个性的当今时代,从观念意识上明确这种关系条件中的相互性,就会更能深刻地认识个体"小我"与社会"大我"之间彼此互动的意义。个性是个人的个体性特征,它以个人独有的思维方式和心理方式而区别于他人,也以与他人共有的属性而融会于社会之中。因此,从价值实现的角度看,整个社会价值的实现建立于每个个体价值实现的基础之上,但个体价值的实现又以整个社会的社会价值实现为前提,即是说个体价值的实现与群体价值的实现具有内在的统一性。这就要求,一方面,整个社会要为个体价值的实现提供合理、有效的环境氛围和良好的运行机制,以使个体的能动性、想象性、创造性等得到全面发挥,使个体的才能、水平、力量得到充分展示;另一方面,个体在追求自身人生价值实现的过程中,要以必需的奉献精神自觉为社会整体的发展着想,以社会普遍要求来衡量自己,使个人价值与社会价值有机统一起来。

---

① 这里的自然人、社会人与卢梭所区分的自然人、社会人的含义不同。卢梭是在受社会发展中的各种劣行影响导致人的自然本性逐趋消失,从而期望恢复那些自然本性的意义上区分自然人与社会人的;这里则从人出生之后的成长这一"过程性"角度运用自然人、社会人两个概念。

值得注意的是,在当代社会中,商业文化、流行文化在以"大众"命名之后,成为日常大众狂欢的舞蹈,日益强化的消费意识拨动着被商业浸淫了的琴弦,搁浅了社会精神的个体被隆重地推到社会的前台,青年人尤其是那些被称作"新生代"或"新人类"甚至"新新人类"的个性青年以"消解"、"颠覆"权威话语的方式,头顶五颜六色的发丝,身着令人惊叹的奇装异服,呢喃着只有自己才能听得清楚的流行乐曲,在大街小巷的茶肆酒屋、网吧歌厅中发泄着对生活的不满,或在众目睽睽的公共汽车站、熙熙攘攘的都市广场、绿草荫荫的街区花园,或在滚滚东逝的大河岸边旁若无人地享受着他们自己的柔情蜜意。平心而论,这一切,原本应该使我们的生活景观多几分靓丽,但由于缺少了众所认同的价值意味,因而在更大程度上却成为人们眼中的"异类"。究其实,个人在没有准备向社会做些应该做的努力时,社会的目光常会与其期望发生偏离。在这种情景中,普及全民性的审美教育,通过种种有效途径(不只是通过艺术审美教育)实施人生"美化"工程,使人们树立"我为人人,人人为我"的社会观念意识,就显得尤其重要。

2. 物质与精神的关系

无疑,人类社会发展过程的创造性的基本方面就是为了人自身的生存问题,即围绕着人的生命存在和延续,因而人的创造首先是物质的创造。但是,人作为人,其物质创造和物质需求的满足达到一定程度时,内在精神需求就随之产生,而且人类社会发展中的物质化程度越高,人的精神需求领域也就越广,层次也就越高。能够获得精神需求满足的方式有两个方面,一是通过他人创造的精神产品,一是自身进行精神创造。当然通常情况下,人既通过他人创造的精神产品来获得精神需求的满足,也通过自身进行的精神创造活动及其产品得到精神享受,只不过每个人自身进行的精神创造活动无论在内容的深广度、还是层次的高低上都有巨大的差异,其能够满足精神需求的程度也就存在很大的不同。

从物质与精神两者之间的基本关系看,物质的创造活动及其产品既为人类及人类社会的发展提供了必需而可靠的物质保障,也是人能够从事包括精神活动在内的各种活动的必要前提;精神创造活动及其产品,既能允分满足人的心理、精神方面的需求,而当人的精神需求得到充分满足后,反过来又能以巨大的精神能量促进物质创造活动的展开。所以从哲学辩证法的角度而言,物质创造活动与精神创造活动二者之间是相辅相成、相互关联和相互促进的关系,没有物质创造活动及丰富的物质产品,人类将无法维持生存,也就根本不会为其他活动的展开提供相应的物质基础;而没有精神创造活动及多样化的精神产品,人的生存也只能是动物性的生存,人会成为空有皮囊的行尸走肉。

但是,目前人类社会发展的基本现状是,物质创造与精神创造以及物质利益满足和精神利益满足之间往往出现严重的不平衡现象,其主要的表现是对物质及物质利益的重视和对精神及精神需求的忽视,这种情况在西方社会中较早就有了突出表现。大工业机器化生产方式在给人们提供丰富的物质产品、制造丰富的物质盛宴、营造丰富的物质梦幻的同时,也彻底掏空了人的精神、全面吞噬了人的灵魂,整个社会物欲横流,人的真诚、人的情感、人的理想为物化利益所取代。由此,文学艺术中的批判现实主义以尖锐反思的方式登场,对赤裸裸的金钱关系、物质欲望、人性裂变展开挞伐,于是我们在巴尔扎克的《人间喜剧》中看到金钱怎样一步步地腐蚀人的灵魂,从而使人成为金钱的奴隶,在契诃夫笔下的小万卡(《小公务员之死》)、奥楚蔑洛夫(《变色龙》)、别列科夫(《套中人》)等艺术形象中看到现实如何扭曲人的灵魂,在托尔斯泰的《安娜·卡列尼娜》中看到社会地位的差异怎样将人送上了生命的终点……现代主义在消解了批判现实主义的艺术手法之后,以更加曲折隐晦的甚至是荒诞不经的艺术方式开始了对物质欲望支配下的社会现实的批判,在"非理性"、"非逻辑"的叙事表层下凝聚着对人的物质异化的深沉忧愁、焦虑和愤慨,以及由此产生的情感上的极度压抑、绝望和对生命方向的迷离性彷徨,现代主义通过充满浓烈形而上意味的哲学思考追问物质化社会对自然人性、生命本质的歪曲和异化,内在地表达了对人的精神世界极度无聊、空虚之现实的厌弃和莫名的愤怒。

中国在改革开放特别是在确立了市场经济体制以后,当人们普遍地尝到了市场经济、商品经济带来的甜头后,原本具有的人性情感、道德情怀、高远理想等为物质、生理欲望之类的实利性追求所取代,金钱关系日益渗透在人们的日常生活和人际关系中;娱乐化中的大众开始寻求物质利益得到满足后的心理刺激,并导致娱乐与商业的结合。一个前所未有的物质时代、商品时代已经实际地成为我们必须面对的现实,无论在艺术方面还是在生活领域,"审美疲劳"已不是一个纯理论性的概念或空谈,而是一个已确确实实地出现在人们面前的事实,审美原本应有的乌托邦性质已不复存在。如今,审美已不再具有黑格尔所说的令人解放的功能,而表现为伴随商品推销而来的廉价的、铺天盖地的、令人生厌的炫耀。当广告商人明白无误地宣称"美丽,当然也可以定做"时,老子所不屑的"五色,令人目盲,五音,令人耳聋"的时代已经来临。但与这种感官型审美的猖獗相比,内审美或境界型审美却日益式微。不仅如此,"后现代主义"也趁机进入中国大陆,一大批盲目崇拜者在作品创作中有意进行碎片化、平面化、商业化、游戏化、娱乐化的"后现代"实践,将本来严肃的艺术置放于与商品同样的货架上待价而沽。本雅明认为,技术条件下的可连续复制性使艺术的神圣"光环"消失了,艺术与日常大众的距离也消失了[①]。同时,戏仿也使杰姆逊所说的艺术中的"盗袭"以及艺术作品甚至理论成为商品的现象普遍地出现于我们的现实中[②]。

我们正在面临一个物质与精神逐趋失衡的时代,如果没有必需的精神方面的引导以及精神世界的重新完善与调整,如果没有对物质与精神之间关系的准确认识,那么,过度的物质利益、生理欲望追求将势必造成普遍的精神空虚,精神荒漠时代的出现将不会是一种遥远的未来。因此,通过多种方式的审美教育,可以帮助人们切实思考物质与精神、物质利益实现与精神利益实现之间的平衡、协调的必要性和重要性,深刻认识物质与精神之间的互促互动的关系,从审美的角度重新确立人生观、价值观、世界观,使人们能不断地、自觉地充实自己的精神世界、心灵世界,全面培育、丰富自己的精神领域,提高自己的精神品格,树立高远宏大的人生理想和信念,使人们在得到物质利益满足的同时也享受到精神世界的充实与完美给人生带来的无限快乐和幸福,在感官型审美与内审美之间保持必要的张力。

二、环境美化与人生境界的提高

环境美化既体现了人类对人与自然之间的和谐关系的追求,也体现了人类对个体与社会之间的均衡关系的向往,还体现了人对与自身生存直接联系的生活环境进行美化的愿望。关于自然环境的美化问题在前面已有不同方面的论述,这里,我们主要从整体的社会环境美化与人生境界的提高方面展开分析。

社会环境的美化,要求美化者自身必须要有强烈的人文情怀、普遍的人类意识。这是说,社会环境的美化其目的是要为整个社会的全面发展提供一种协调、有序、安定、祥和的文化环境、制度环境、教育环境、人际关系环境等等,而社会环境的美化是由美化者即美化主体来实施和完成的,因而美化者须有强烈的同情社会、关爱他人的人文要求和社会意识,要有关注社会甚至整个人类发展的高度社会责任感,要有为社会所有成员着想的忧思,他能够以实现社会的全面幸福、和谐共荣为

---

①　具体内容可参阅本雅明《机械复制时代的艺术作品》,中国城市出版社,2002年,第90—93页。

②　按杰姆逊的说法,"戏仿"即滑稽地模拟原作独特风格以制造作品的方式,可引起某种讽刺或幽默的效果;"盗袭"也称"剽窃",也是一种模拟,但盗袭是失去幽默感因而是空洞的模拟,即对已有作品某些场景、情节的搬用。"戏仿"、"盗袭"等方式促使艺术品、理论的商品化。具体内容可参阅詹明信(杰姆逊)《晚期资本主义的文化逻辑》中的相关论述,三联书店,2003年,第396—407页。

已任,心系全社会公民道德情操的充分提高与完善,为社会全面繁荣而努力。这既是一种崇高的人生境界,也是一种强烈的人文情怀和普遍社会意识的具体表现。深厚的人文情怀、人文观念以及普遍的社会意识,体现的是美化者对人的自然本性的理解与尊重,是他对人类美好未来的期望与热情。基于这样的理解,我们认为,美化主体要努力培育、提高自身的社会品格、文化品格、审美品格,要切实使自己具有悯怜生命万物、钟爱生命现象的诚挚而崇高的爱人之心、爱物之心,要使自己的追求与向往、自己的审美趣味和审美理想与整个社会的追求和理想保持内在的一致性。还应该看到,社会环境的美化或优化不只是哪几个部门、哪几个人应当完成的事业,而是由于社会环境的美化与优化是一项巨大、艰辛、长期、复杂的系统工程,因而要把社会环境的美化看作是整个社会成员共同的责任和义务,这就要求整个社会成员都应是美化社会环境的主体,要使人人都参与到社会环境的美化过程之中,这样社会环境的全面美化才能真正实现。这也要求全社会成员都能强化学习、提高知识和审美水平、完善人格品性。前苏联学者科恩说:"道德力量和人的个人限度首先是由他的责任感决定的,不仅是对自己,而且包括对别人的责任感。"①当然社会环境的美化不只是个人在道德力量方面所具有的责任感,也包括文化生活的建设、制度体系的建设和维护、育人环境的建设与美化等多方面的责任感。

这里仍以教育环境的美化作说明。改革开放、市场经济、媒介发展、外来文化等使我们的青少年既拥有充分展示个性的机会,并在认识、接触西方文化、流行文化、商业文化的过程中拓展了视野,但他们还比较缺乏准确的良莠识别能力,这使青少年在体会到个性释放的快乐时,却忽视了社会品格的修炼与提高。目前我国青少年在成长过程中,遭遇这样几个方面的困境:一是生理、心理成熟提前,因而较早具有了个性独立的要求,但在怎样认识个性与社会性的关系上存有困惑,在人生的价值取向上存在偏差;二是受广泛普及的大众传媒对多种文化传播的影响,在选择什么样的文化形态方面感到迷茫,特别是在流行的商业性大众文化与传统优秀文化之间感到手足无措;三是在得到更多物质利益满足的同时,普遍缺乏对社会、对他人的感恩意识,由此导致协作精神的弱化、人情意味的淡漠;四是直接面对无奈的周边环境,如在大街小巷的角落里,网吧、茶吧、酒吧、舞厅、卡拉 OK 厅等等娱乐性场所比比皆是,这既是青少年的文化场所,但如果把握不好,也会成为青少年成长之路上的陷阱。目前我国青少年犯罪率的不断升高以及日益小龄化的趋势,

① 科恩《自我论》,三联书店,1986 年,第 460 页。

就是摆在我们面前的一个十分严峻的社会课题。无论从家庭教育、学校教育的角度看,还是从社会教育的方面说,必须要净化、优化、美化教育环境乃至整个社会环境体系,让青少年在优美、舒适、协调、健康的环境中体味人生的诗意年代,让他们在有活力、有朝气、有美感的环境中活泼生动地成长。

社会环境的美化就是美化主体从高度的爱心出发,为他人、为社会、为全人类呼唤爱,并付出自己的真挚爱心,以使人人都能听到爱的声响回旋,看到爱的心灵的美丽闪光,在使所有人都能享受到因爱而造就的美的行为、美的语言、美的建筑、美的街区、美的生活即美的环境的同时,让每个人也成为爱的给予者、环境的美化者,并使每个人都能够切身体验自己的付出给整个社会带来美丽时的人生美感。当我们给他人、社会以美的享受时,我们自己才会享受到充满爱心的人生过程、完善的人格品位、崇高的人生境界所带来的生存快乐与幸福。以前中央电视台"正大综艺"的主题歌《爱的奉献》中唱道:"爱是人类最美好的语言/爱是正大无私的奉献/我们都在爱心中孕育生长/再把爱的芬芳撒播到四方/我们要在爱心中大声地歌唱/再把爱的幸福带进每个人的身上"。爱的无私撒播、诚心奉献就会使我们拥有优美的、优质的生存环境,就会拥有令人惬意舒心、协调完美的社会环境,我们的下一代也就会在快乐的成长中拥有每天的灿烂笑容和幸福人生。

应该认识到,今天我们所实施的素质教育中的审美教育,除了从理论上阐明何以为美、何以为丑,什么是美的人生等,从而让人学会美的活法之外,还要通过健康的艺术欣赏,提高人的审美能力,激发人自觉地追求美的人生境界,同时还应当把人的生存环境的美化与优化作为审美教育的重要组成部分,以使我们的生活环境、工作环境以至整个社会环境到处都有美的环绕,因而,审美教育,指的就是通过美的创造物、美的环境等,潜移默化地影响大众的心灵,培育其美的人格。这就要求在人类社会生活的各个领域都应遵循美的原则,体现审美的精神。

思考题:

1. 人生美化主要包括那些方面的内容?

2. 从环境美化的角度观察你周边的人的表现,思考他们的日常行为对环境产生的不同影响。

3. 请你阅读陶渊明的诗歌,想一想诗歌的心灵抚慰与人格美化之间存在怎样的关系。

4. 目前我国的教育环境现状如何?怎样从审美学的角度认识、对待这种现状?

第三章　美育的意义与途径

第一节　美育与美化的关系

一、美育及其特征

美育概念的提出是在近代,发展到现在,对于美育概念却有多种理解。概括起来,主要有以下几种观点。

美育是美学理论知识的教育。这种观点认为,美育就是通过美学理论知识的教育,使受教育者掌握一定的美学理论知识,提高美学理论水平。从历史上看,美育思想的探讨与美学理论的探讨向来是联系密切。如古希腊柏拉图对于人进入审美最高境界的描述,既是其美学理论的一个侧面,也是其美育的目标和结果。康德把美学看成是沟通其哲学中认识论与伦理学,也就是人的知性与理性分裂的桥梁,其美学理论本身就肩负着完善人性的重任。第一个明确提出美育概念的席勒也认为美育是人的感性冲动与理性冲动的矛盾分裂之间的桥梁。从理论探讨的角度上讲,这种观点揭示了美育的部分特征。但是,真正的美育是通过审美活动影响对象的心灵,提高其精神品质,从而提升人生境界的途径。所以,单纯美学理论知识的传授和灌输无疑会和知识教育一样成为人全面发展的障碍,会阻碍人的审美鉴赏力、感受力、想象力、创造力等,所以,把美育视为单纯的美学理论知识教育,其局限性也是很明显的。

美育即艺术教育。这种观点认为,美育就是通过艺术欣赏活动培养受教育者的艺术感受力、鉴赏力、创造力。正如艺术是美的最典型的体现者一样,艺术教育也是美育的最集中和最典型的途径。然而,也像美不仅体现在艺术中一样,美育也超出了艺术教育的狭小范围。倡导"以美育代宗教"的蔡元培对此有明确的论述:"我所以不用美术而用美育者,一因范围不同,欧洲人所设之美术学校,往往只有建筑,雕刻,图画等科,并音乐文学,亦列入;而所谓美育,则自上列五种外,美术馆的设置,剧场与影戏院的管理,园林的点缀,公墓的经营,市乡的布置,个人的谈话与容止,社会的组织与演进,凡有美化的程度者均在所包;而自然之美,尤供利用;都不是美术二字所能包举的。"①特别是现代社会,生活环境的美化、社会关系的和谐、个人修养的努力,都会成为美育的重要内容。所以美育应该渗透在家庭生活、社会生活、学校教育的各个角落和部分。我们目前的素质教育中,有许多人认为素质教育就是给学生开设艺术课,这种观念至少是不全面的。

美育是情感教育。朱光潜就认为,"美感教育是一种情感教育"②。美学学科创立之初,美学的含义就是感性学,康德就认为美学解决的就是快与不快的情感问题。而且,美育都是以情感人,使人通过受到情感触动来感染人。所以,这一观点符合美学自身的特点,有一定的合理性。然而,虽然美育一般是通过感性对象,诉诸人的感官来进行的,可是其目的则在于提高受教育者的精神品质,提升其人生境界。所以美育更多关注的是人的精神方面,而情感本身毕竟更多地属于感性方面。因此,单纯地说美育是一种情感教育,也是有失偏颇的。

通过对以上几种美育观点的讨论,我们认为,美育是以美学理论为基础,以各种审美现象为媒介和手段,通过触动受教育者的情感来感动其心灵,从而内在地提高其审美感受力、审美鉴赏力、想象力、创造力及其精神品质,完善和健全和谐的人格,提升人生境界的教育活动。这一概念内涵本身表明,强化审美教育对人的生存过程、社会的发展过程具有重要的意义。

就其特点而言,概括起来看,美育主要有以下几个特点。

1. 形象性

这是和智育的抽象性相对而言的。智育一般是通过概念、原理、公式等等抽象的东西,培养受教育者的逻辑思维能力。美育恰好是从另外一个方面进行的教育。它是通过生动具体、具有审美价值的可感形象,直接诉诸感官,感染人,陶冶人,从而收到教育效果的。比如面对一棵古松,生物学教给学生的是它的种、属,生长环境、生长习性等抽象知识。而在美育中,则要让学生退出逻辑思路,只是观赏它的伟岸的身姿、婆娑的身影,使人感到自己的精神为之而振奋、而昂扬向上。

美育的形象性也是由美的形象性所决定的。日本美学家今道友信说:"无论谁想起某种形象,不管它是对过去的回忆,还是对未来的想象,如果是具体的表象,那

---

① 蔡元培《以美育代宗教》,《蔡元培美学文选》,北京大学出版社,1983 年,第 179 页。
② 朱光潜《谈美感教育》,《朱光潜全集》第四卷,安徽教育出版社,1988 年,第 145 页。

就是对某种美的感知。美是直接的感知，是活生生的，确确实实的感知，就是对那种浮现在眼前的状态的感知。"①康德也说，当我们说"这朵玫瑰花真美"时，是审美判断；而当我们说"花是美的"或者"玫瑰花美"时，只是从许多个别的审美判断概括出来的逻辑判断，而不是审美判断。也就是说，只有实实在在地出现在我们脑际的具体表象才可能是审美的。大自然中的层峦叠嶂、茂林修竹、苍松翠柏等等，以其形象令人陶醉。宋元山水画、唐诗宋词以及《蒙娜丽莎》、米罗岛的维纳斯等，均以生动具体的形象感动人。所以说，正是那些多彩多姿的美的形象，才能唤起我们的审美情感，使我们获得审美愉悦和审美享受，从而实现审美教育的目的。

　　形象性并不意味着就一定是视觉形象，还有听觉形象。维也纳新年音乐会上经久不息的掌声，是对那感人肺腑的声音之流的诚挚回应。一曲《春江花月夜》，能够使人久久地沉浸在那纯净无瑕的美好世界而忘却世俗的困扰。潺潺的溪流，叮咚的泉水，婉转的鸟鸣，也都能够给人以不同的审美感受。这些都是以声音和节奏直接诉诸人的听觉，感染人、影响人，从而提高人的审美素养和人生境界。

　　其实，听觉形象和视觉形象在具体的欣赏中也不是那么判然分明的。往往是在视觉形象的欣赏中能够感受到听觉的因素，听觉形象的欣赏中也可以得到视觉的享受。比如柱子和窗口的排列，就可能出现柱、窗、柱、窗的 2/4 的拍子或柱窗窗，柱窗窗的 3/4 的拍子。再如寒来暑往，四时变化，波浪起伏，山脉绵延，都会形成自然的节奏。我们也都十分熟悉朱自清《荷塘月色》中的名句，荷塘在月色笼罩下，"像梵阿玲上奏着的名曲"。这些都充分说明，在审美活动中，视觉形象的欣赏的确可以使主体感受到听觉的效果。相反，听觉形象中给人视觉感受的例子也不少。我国古代著名的高山流水遇知音的故事，就是钟子期从俞伯牙的琴声中听出了高山流水的视觉形象。贝多芬的《月光》奏鸣曲也是因为听者从中感受到了月光的形象。这些就说明了视觉形象与听觉形象在具体的欣赏过程中是完全能够互相渗透、互相交叉的。而且这种渗透与交叉更加增强了艺术的力量，让人在欣赏一种审美形象时得到丰富的、无穷无尽的审美感受，从而受到更加深刻强烈的审美教育。

　　还有，独特的内审美体验也是审美活动之一。在内审美活动中，有时有具体形象，即内景呈现，如庄子说的"虚室生白，吉祥止质"，禅宗讲的"禅悦"。有时没有具体形象，只有悦志悦神的审美感受，即审美主体对于自身生存状态的一种自

---

① 　今道友信《关于美》，黑龙江人民出版社，1983 年，第 7 页。

得其乐的独特审美感受。不过,这种审美活动也以自我个体的生存状态为依据,其形象性就体现在这种个体的生存状态中,也是与抽象性、逻辑性相区别的。比如孔子所赞同的曾子"浴乎沂,风乎舞雩,咏而归"的人生境界,就是一种从自身的生存状态中体验人生之美的"源于道德修养而又高于道德修养的审美的境界"①。

2. 情感性

欧·亨利《警察与赞美诗》中的小苏比在听到教堂的赞美诗时,突然感到灵魂的震动,使他完全超越了物质欲望的追求,达到了更高的人生境界。这比给他多少教条的说教都有效。这一点正好体现了美育的情感性特点。和其他教育相比,美育更强调以情感人,通过以情感人,使受教育者的精神、灵魂发生内在的难以察觉的变化。这种变化一旦发生,则其持久性比简单的抽象说教要牢靠得多。贺拉斯就曾说:"诗人的愿望应该是给人益处和乐趣,他写的东西应该给人以快感,同时对生活有帮助。"②朗吉弩斯说:"和谐的乐调不仅对于人是一种很自然的工具,能说服人、使人愉快,而且还有一种惊人的力量,能表达强烈的感情。"③美育之所以有一种"惊人的力量",就是因为其强烈的情感性,这种情感性使美育对人的影响是内在的而非外在的。中国古代就明确地认识到这一点,《乐记》说:"乐由中出,礼自外作。"④"其感人深,其移风易俗,故先王著其教焉。"⑤正是人们认识到音乐能够以情感人,所以十分重视音乐教育,并以此来提升人生境界。

美育的情感性也就是以审美形象诉诸人的感官,从而激发起人的情感体验,以陶冶情操,涵养性情,从而完成和谐健全人格的建构,最终提升人生境界。其实,在美育中,情感体验是和形象感知相伴而生的。在审美形象为主体所感知的瞬间,审美主体的内心随之也就产生了情感体验。正如英国著名美学家科林伍德所说:"感觉因素和情感因素两者不仅在经验中结合起来,而且是按照一定的结构样式结合起来的,这种样式可以说成是感觉先于情感。'先于'在此并不意味着时间上在前,如果是那种情况,就不会是一种经验而是两种经验了。"⑥正是这种和审美形象感知紧密结合的情感体验,使审美教育具有对受教育者的深层影响,即内在地、而不是

---

① 王建疆《修养　境界　审美》,中国社会科学出版社,2003 年,第 126 页。
② 《西方美学家论美和美感》,商务印书馆,1980 年,第 46 页。
③ 《西方美学家论美和美感》,第 49 页。
④ 《四书五经·礼记》,北京市中国书店,1985 年,第 207 页。
⑤ 《四书五经·礼记》,第 211 页。
⑥ 科林伍德《艺术原理》,中国社会科学出版社,1985 年,第 166 页。

外在地影响其精神品格。

3. 精神性

哲学家在划分人的心理结构时,大多把感性和理性想对立,并且认为感性是一种低级的动物性,而理性才是能够体现人的高级特征的方面,由此就具有了以理性来规范感性、压制感性的观念。我国宋明理学"存天理,灭人欲"的思想,比较鲜明地体现了这种观点。按照康德、席勒等人的观点,人的这种感性与理性的对立,应该沟通。那么如何才能沟通呢? 他们都把目光集中到审美上来。认为正是审美活动,一方面是感性的活动,直接通过感观进行,另一方面又是精神性的活动,超越了物质感官欲求,进入无功利的自由状态,从而体现出人的精神性追求。所以,如果我们只是强调美育的形象性和情感性,而不注意其精神性,则美育会沦为感官享受而失却其精神性品格,而这才是审美活动的真正价值所在。

美育的精神性是指在审美教育中,虽然是以审美形象诉诸人的感官,以情感体验感染激发人的心灵,但是美育的最终指向却是人的精神领地,而不是停留在感官享受上,更不是引向物质欲望追求上。也正是在这一点上,如席勒所论证的,美育显示了其沟通感情冲动与理性冲动的桥梁作用。当我们驻足桂林山水时,并不是因为它能带给我们旅游收入;当我们面对《蒙娜丽莎》而出神时,并不因为它能带给我们性欲的满足;当我们沉浸于《二泉映月》时,并不因为乐曲中流动的泉水能够解渴;当我们惊叹于哥特式教堂的高耸入云时,并不因为它能提供我们宽敞的住宿……当我们面对这些让人沉醉的美时,我们感受到的是精神的震撼,得到的是灵魂的陶冶与净化。美育从感性出发,而达于理性之巅,从形象感知开始,而终于精神自由之园地,正是其超越性和精神性的体现。

4. 潜移默化性

美育的潜移默化性是指美育看起来不刻意教给受教育者什么知识,也很难明确地感受到受教育者在某一次审美教育之后有什么明显的变化。可是在这种日积月累的审美体验之后,他的气质、素养、人格以至人生境界,都会不自觉地受到影响。这种影响是很难以数字或显在的特征来衡量的。如果抱定需要立见功效的教育,则美育恕难当此重任。在高考应试指挥棒下的当代高中教育,美育仅成其"五育并举"旗号下的巧妙点缀,而真正的美育却是超越急功近利的要求的,它的特征和规律还有待我们进一步深入的认识和更为宽阔的教育视野。

美育的潜移默化性是由美育的上述几个特征所决定的。美育是以审美形象影响人的情感,从而达到精神的提升与超越。亚里士多德讲,悲剧的作用是"借引起怜悯与恐惧来使这种情感得到陶冶"①,就是指在艺术欣赏过程中使欣赏者得到内在的精神素质的提高,既然是"陶冶",就需要一个历史的渐进的过程。比如我们看了一部电影,记住了它的情节,这并不属于真正的审美教育,而只是说从电影中获得了一定的知识。它的审美教育则体现在通过对电影的欣赏,使欣赏者受到情感、气质、素养等的内在变化上。这样的变化当然不会在几次审美活动之后就明显地看到,而是需要相当多的审美活动,然后才逐步缓慢地发生的。

5. 过程性

和德育、智育相比,美育体现出明确的过程性特点。我们知道,德育、智育中,最重要的是教育的结果,看通过教育是不是形成了明确的道德思想,是不是掌握了所学的知识。而审美教育与此完全不同,它重视的是审美活动中的心理体验过程,甚至也可以说,审美体验过程本身就是美育。比如陶渊明就在对于田园生活的审美体验中实现了自己的人生价值,获得了自己的审美人生。苏轼在赤壁前所引发的对于宇宙人生的深思中,使自己的存在得到确证。我们每一个人都能在欣赏陶渊明的田园诗和苏东坡的《前赤壁赋》的过程中得到审美体验,从而在使自己的人生审美化的过程中显示出自己的存在。在这些审美活动中,我们没有获得什么知识,也没有形成什么道德戒律,而只是获得了一种审美体验,在这种体验中丰富了我们的人生。审美的过程性特点,正好证实了现代存在主义哲学家揭示出的人自身的存在。人的存在并没有一个先在的本质,而是在人向世界敞开的过程中,世界也向人敞开并以其所是地呈现于人面前,也就是说,人只有在和世界的交互过程中才能显示自己的存在。而美育中的审美活动正好体现了人的这种存在本性。也正因为这样,西方许多现代哲学家都把人回归本真存在的希望寄托于艺术或审美,海德格尔所说的,"人,诗意地栖居在大地上",正是审美的过程性对于呈现人的存在本性之意义的真实表达。

在这一点上,我们许多教育者并没有认识到,或者认识不清。有些学校认为素质教育仅仅就是加上几节音乐课和美术课,或者利用学校现有的艺术类师资,训练一个乐队、排练几个节目,作为自己学校素质教育的业绩,实际上成为其应试教育核心之外的一点点缀。许多家长不懂培育与引导孩子的爱好与特长,盲目地给孩子报舞蹈、音乐、绘画、书法等培训班,以便在别人面前有一点炫耀的资本或在未来高考中获得加分。但这些想法都是与审美教育的原理相悖的。它实际上把审美教

---

① 亚里士多德《诗学》,人民文学出版社,1962年,第19页。

育的过程性的特点完全忽视了,在艺术教育中追求结果,放弃过程。这样的艺术教育、审美教育不符合审美教育的规律,注定是劳而无功的。

二、美育与美化的关系

从美育和美化的关系看,美育和美化有重复交叉的方面,也有不同之处。在求美的层面上,美育和美化是重复交叉的,即都以对美感的追求为目的,同时美育过程本身也包含了美化。但是,另一方面,美育又是通过感性、生动、具体的多样化方式让人深刻理解并懂得什么是美,怎样才是美,以培养关于美的意识,形成相应的审美观,因而美育是美化的主观方面的前提和保障,它以丰富全面的审美观念指导人们美化自己的人格,提高自己的品性,并美化自身的生存环境,营造一种令人惬意舒心的生存氛围;而美化是主观内在的审美意识和审美观念在人的行为和创造物中的具体体现,是通过人的行为及其创造物显现出来的,因此美化是美育的物质见证,它以物化形态体现着美化者的审美观念、审美追求和审美理想。可以说,美育是内在的审美观念的教育,而美化是对内在观念的外部表达。下面我们着重从环境美化的角度对此展开说明。

首先,环境的美化是由具有审美追求的主体来完成的。人类的审美能力是随着人类社会的产生和不断发展而产生和发展,并且作为人类独特的、有意识的追求成为和动物相区别的重要特征之一。正如马克思所说:"动物只是按照它所属的那个种的尺度和需要来建造,而人却懂得按照任何一个种的尺度来进行生产,并且懂得怎样处处都把内在的尺度运用到对象上去;因此,人也按照美的规律来建造。"也就是说,人与动物不同,在于建造之初从自己的审美需要出发来建造。从人类历史的发展来说,对于美的追求很早就已经出现了。在石器时代,原始先民们就开始在制作日用品时追求美,也就是注意到了对于环境和日常生活用品的美化。新石器时代,那人面含鱼的彩陶盆,在日常用品中饰以彩色和人面鱼纹,应该是其有意美化的结果。山顶洞人的许多装饰品更能显示他们对于生活的美化与审美的追求。"所有的装饰品都相当精致,小砾石的装饰品是用微绿色的火成岩从两面对钻成的。选择的砾石很周正,颇像现代妇女胸前佩戴的鸡心⋯⋯所有装饰品的穿孔,几乎都是红色,好像是他们的穿带都用赤铁矿染过"[①]。即使它们是宗教用途,当时的人花那么大工夫把那些装饰品做得那样精致,在制作过程中有意无意地按照他们

---

① 贾兰坡《"北京人"的故居》,北京出版社,1958年,第41页。

所理解的美的样式完成的,其中无疑也蕴含了他们的审美追求。这些都建立在他们已经形成了自己的审美能力和具有审美追求的基础上。我们很难想象,一个没有审美能力的人能够美化自己的生活环境、美化自己的生活用品。

而且,美化的范围和美化水平也是随着人们审美能力的不断提高而不断扩大和提高的。原始时代的美化水平还比较低,对于生活的装饰美化还常常结合、渗透在生活、生产用具的实用性之中。比如他们使用的劳动工具,美化主要体现在外表的光滑、造型的匀称等等,这些虽然带有形式美的意味,可更与他们劳动中的实用目的相关。上述的装饰品,现在看来似乎是用来做装饰的,但又很难脱离原始人的宗教信仰等内容。到了文明时代,随着社会分工的不断发展,有了专门从事文化工作的知识阶层,就使那些淡化甚至脱离实用目的、完全用于美化生活目的的器物的出现成为可能。比如我国近古时期的许多瓷器,虽然在造型与外表上保留了原来实用器皿的特点,可它们被人们用于纯粹的装饰品,成为单纯的生活美化用品。纯艺术的出现更是人们审美范围扩大、审美水平提高的体现。不仅有了专门从事艺术创作的艺术家,而且艺术品又成为美化人们生活的特殊创造物,在人们的生活中因其独特的审美特征而具有特殊价值。现代科技的发展又开拓了人们的审美视域,一方面艺术复制时代的来临使原来仅仅局限于个别人小范围的对于艺术品的欣赏成为大众共同欣赏的对象,从而使艺术在更大范围内美化人们的生活起到美育作用;另一方面,工业社会的极大发展影响到每一个人的日常生活,工业产品成为我们每天无可避免地接触、使用的对象。现代社会快速的生活节奏使人们没有闲暇去吟风弄月。于是,日常生活的审美化和审美的日常生活化被作为理论探讨的议题。不论讨论的结果如何,现代社会日常生活工业用品的有意精心美化却是不争的事实。几乎包围着我们的广告牌以及充斥着整个电视节目的电视广告节目,在推销各种产品的同时,又在实实在在地以其感性美的魅力吸引着广大的观众。无疑,这些现象的出现在有力地促进着我们对于外在环境的美化。

其次,美化环境的目的是为了在美育中使欣赏者得到精神的提高、人格的和谐与完善。人们之所以不断地孜孜于自己生存环境的美化,其根本却是为了人自身。人们很早就注意到生活环境与人自身成长的关系。古希腊柏拉图在《理想国》中说:"我们不是应该寻找一些有本领的艺术家,把自然的优美方面描绘出来,使我们的青年们像住在风和日暖的地带一样,四围一切都对健康有益,天天耳濡目染于优美的作品,像从一种清幽境界呼吸一阵清风,来呼吸它们的好影响,使他们不知不觉地从小就培养起对于美的爱好,并且培养起融美于心灵的习惯吗?"①明确提出艺术家的艺术创作应该与环境美好结合起来,目的是为了青年的审美教育与心灵健康。按柏拉图的说法,艺术家的创作应该而且能够成为生活环境美化的一个方面。

现代社会把美育作为学校教育的一项重要内容,这不仅从教育内容上体现出来,而且从校园环境以至社会环境的美化上得到体现。随着我国经济的不断发展,不同层次的学校建设也有所改善,原来许多简陋狭窄黑暗的校舍得到了改观,变得窗明几净、豪华舒适。近几年,许多经济较发达地区的学校建设中,校园环境绿化同样搞得有声有色,这些都从校园环境的美化上为学校美育提供了基础和条件。当然,这些还是校园环境美化的初步方面,如果要让学生更加深刻全面地受到艺术熏陶和审美教育,校园环境的美化中艺术作品是重要的一个方面,这方面也许还值得进一步加强。另外,从社会环境的美化上来说,随着城市化的不断推进,自然景观越来越成为人们生活中稀有的东西,于是,城市建设中花园的建设、绿地的建造、喷泉的设置,已经成为城市建设的新景观。这些美化工作在审美教育中也具有一定的作用。

最后,欣赏者要从环境的美化中得到审美教育,也需要欣赏主体具有审美的能力与审美的态度。马克思曾说过,"对于不辨音律的耳朵说来,最美的音乐也毫无意义"。如果我们费尽心力创作的艺术品、费时耗力精心美化的环境不被人们所欣赏,那我们的努力至少就要白费了。所以,环境的美化还需要观赏者具有审美能力,能够从美化的环境中得到陶冶和净化等作用,从而起到审美教育的目的。而要使欣赏者具有审美能力,则是艺术或美育本身所应该承担的任务,也正如马克思所说,"从主体的方面来看,只有音乐才能激起人的音乐感"。我们美育的目的一方面培养受教育者和谐健全的人格,另一方面,也培养了受教育者敏锐的审美鉴赏力、审美感受力、审美想象力和审美创造力,从而能够敏锐地感受到各种各样美化的对象,受到美的感染。

总之,美育与环境美化之间是一种比较复杂的关系,环境美化是美育的表现形式之一,而美育又是环境美化的前提,因为环境美化既需要美育来创造美化的主体,也需要美育来创造美化环境的欣赏者。不过总体来说,无论是美育还是美化,都是围绕人自身的完善而进行的。抓住了这一点,对于它们关系的认识就不会有什么偏差了。

---

① 柏拉图《理想国》第三卷,《柏拉图文艺对话集》,人民文学出版社,1980年,第62页。

第二节　美育思想与人生境界

一、美育思想的历史回顾

美育的明确提出虽然在近代,但是美育的实践和理论探讨却由来已久。西方从古希腊时期开始,中国从先秦时代开始,已经在教育中十分重视美育。回顾美育思想的历史发展,对于我们正确认识美育的重要性以及它与人生境界的关系很有必要。

1. 中国美育思想

中国古代的美育思想可以追溯到遥远的上古。《尚书·尧典》中记载:"夔,命汝典乐,教胄子:直而温,宽而栗,刚而无虐,简而无傲。"主管音乐的夔的任务是"教胄子",说明远在舜的时代,我们的祖先就已经十分重视艺术教育在儿童教育中的重要作用了。这应该是中国美育思想的源头。

西周时期,随着宗法制度的健全,文化、学术思想空前发展,教育也随之形成比较完备的体系。当时周室以比较系统的礼、乐、射、御、书、数"六艺"为内容来教育贵族子弟,充分显示出周代文化的"礼乐"传统。"六艺"中的"礼乐"占据核心地位。"礼"指道德伦理教育,是为了培养人格健全和谐、有节制品质的君子,可以看成是教育的最终目的;"乐"包括音乐、舞蹈、诗歌等艺术教育,在当时的教育体系中,对于形成健全和谐的人格有着重要意义。而且,不仅"礼乐"教育,其他四"艺",也都贯穿和浸透着艺术教育的色彩。

作为儒家最重要的代表人物和中国历史上最伟大的教育家,孔子把"礼"教和"乐"教结合起来。他提出"兴于《诗》,立于礼,成于乐"(《论语·泰伯》)的人才培养模式,认为君子的修养以《诗》为基础,以礼为骨架,以乐为最终目标。艺术教育在这一教育模式中占据了最重要的两端。他把中和之美理想渗透在美育之中,认为"《关雎》乐而不淫,哀而不伤",有利于贵族子弟的教育,又因为"郑声淫",所以其理想的社会要"放郑声,远佞人"。这样就可以培养出符合他的理想的具有中和特点的贵族君子。他的审美理想是"尽善尽美",所以符合中和节制理想的《韶》乐因"尽善尽美"被他完全肯定,而崇尚武力的《武》乐则因"未尽善"而受到批评。他认为:"《诗》可以兴,可以观,可以群,可以怨。迩之事父,远之事君。多识于鸟兽草木之名。"把诗歌的功用拓展到认识和伦理领域,从而使诗歌在教育中担当起完善、健全和谐人格的功能。孔子"礼乐相济"的美育思想,奠定了中华民族"温柔敦厚"的人格理想基础,从而对于后世的美育思想产生了极其深远的影响。

战国时期的《乐记》和荀子继承并进一步发展了孔子的美育思想。《乐记》认为:"乐者为同,礼者为异。同则相亲,异则相敬。乐胜则流,礼胜则离。合情饰貌者,礼乐之事也。""乐由中出,礼自外作。"荀子适应时代发展的需要,在礼不再是人的内在需求的时候,区分出"礼"和"乐"的不同特点和功能,认为"礼"能够区分等级,规定秩序,"乐"则可以使不同等级之间的人和谐相处,两者不可偏废。与此相一致,荀子也深刻认识到美育对人的内在感染作用:"夫声乐之入人也深,其化人也速。"所以好的音乐就能够把人引向"好善",从而能够达到"移风易俗"的目的。

秦汉之后,由于专制集权国家的形成,"礼"教逐渐成为维护专制政权的工具,因而得到不断的加强和完善。而对"乐"教的继承则显得比较薄弱,仅在少数儒家学者的理论中可以看到。宋代大哲学家、教育家朱熹注意以歌舞、吟诗、讲故事之类使儿童"乐学",有一些美育的痕迹,明代王守仁也有相似的观点。然而和孔、荀的美育思想相比,这些思想很明显已经使美育沦落为教育工具,而不是主要的教育内容。美育思想的复兴还得等到近现代才有可能。

19世纪末20世纪初,怀着救国图强的热诚,一些教育家、学者从振兴民族国家的角度,企图从美育中寻求救国途径,从而形成一股重要的美育思潮。其中梁启超、王国维都做出了许多努力,不过最重要、影响最大的还要数蔡元培先生的"美育代宗教"说。

蔡元培是在寻找救国图强药方的道路上倡导美育的。当时许多学者认为,中国之所以如此贫弱,无法走上正常发展的道路,是因为中国人过于注重功利,缺乏比较超脱的精神追求。审美的无功利性经过西方康德等人的论述,已经成为共识。所以,蔡元培提出"美育代宗教"说,带有浓厚的美育救国的色彩,希望借此淡化国人心中过于深厚的利害得失思想,从而通过改造国民性来拯救自己祖国的危难现状。虽然以美育来担当宏伟的救国任务显得力不从心,然而他对于美育的重视以及为此所作的一系列努力,却为创立近代中国美育体系做出了卓越的贡献。

蔡元培的美育思想所关注的是审美教育对人的情感陶冶作用。"人人都有感情,而并非都有伟大而高尚的行为,这由于感情推动力的薄弱。要转弱为强,转薄而为厚,有待于陶养。陶养的工具,为美的对象;陶养的作用,叫作美育"①。所以,他所提倡的美育比艺术教育或美术教育的范围都大,他也因此反对把美术教育当成美育的狭隘美育观。他说:"所谓美育者,则自上列五种(指建筑、雕刻、图画、文学、音乐)外,美术馆的设置,剧场和影戏院的管理,园林的点缀,公墓的经营,市乡的布置,个人的谈话与容止,社会的组织与演进,凡有美化的程度者均在所包,而自然之美,尤供利用。"②强调以各种美的对象来感染人、熏陶人,从而起到潜移默化的效果。

2. 西方美育思想

古希腊人也在很早就注意到美育的重要作用,到柏拉图时美育思想已经比较成熟。像中国的孔子主张"放郑声"一样,柏拉图在其《理想国》中把他认为不利于城邦公民教育的"伊俄尼亚式"和"吕底亚式"音乐以及史诗中描写诸神坏行为的部分驱逐出其"理想国",而只留下那些能够通过感染、熏陶产生美好高尚心灵的部分。"应该寻找一些有本领的艺术家把自然的优美方面描绘出来,使我们的青年像住在风和日暖的地带一样,四周一切都对健康有益,天天耳濡目染于优美的作品,像从一种清幽境界呼吸一阵清风,来呼吸它们的好影响;使他们不知不觉地从小就培养起对于美的爱好,并且培养起融美于心灵的习惯"③。而这些努力都是建立在他对各种艺术作品特别是音乐对人心的强大感染作用的认识基础上的,因为他认为"节奏与乐调有最强烈的力量浸入心灵的最深处"。亚里士多德认为观赏悲剧能够引起怜悯和恐惧,从而净化和陶冶人的情感。认为音乐的作用有"(1)教育,(2)净化,(3)精神享受,也就是紧张劳动后的安静和休息"④,对艺术的功用认识比较全面。古希腊美育思想虽然从实用的目的出发,但是美育本身注重通过对人的情感的感染、净化等来培养健全和谐的人格,并以此来达到其实用目的。

古罗马的贺拉斯提出著名的"寓教于乐"的观点,认为"寓教于乐,既劝谕读者,又使他奋发,才能符合众望"⑤,在明确伦理道德教育的同时,也注意使其"奋发",也比较重视情感激发作用。不过和古希腊美育思想相比,对情感感染和陶冶功能的重视程度有所下降,显示出向伦理道德教育为主的教育思想的趋向。

---

① 蔡元培《美育与人生》,《蔡元培美育文选》,北京大学出版社,1983年,第220页。
② 蔡元培《以美育代宗教》,《蔡元培美育文选》,第179页。
③ 《柏拉图文艺对话集》,人民文学出版社,1963年,第62页。
④ 引自《西方美学家论美和美感》,商务印书馆,1980年,第44页。
⑤ 贺拉斯《诗艺》,人民文学出版社,1982年,第155页。

此后是漫长的中世纪,整个西方的教育都笼罩在基督教教义的影响下,美育思想也有所发展,但都是在神学思想的前提下进行的,美育主要成为宗教教育的手段和工具。

从文艺复兴开始,西方美育思想进入一个新的时期,挖掘古希腊艺术资源,以古希腊艺术中的人性对抗神性,以艺术中的感性来对抗理性,本身就是对艺术具有强大感染力量的肯定。启蒙运动时的卢梭特别注重让儿童到大自然中亲身体验,以此培养其想象力和感受力,可以说是对美育思想重新重视的表现。

19世纪席勒在《审美教育书简》中正式提出"美育"概念,成为美育理论形成独立体系的标志。席勒认为,古希腊人是完整的人,而他那个时代的人是分裂的人。是人的两种冲动,即感性冲动和理性冲动的矛盾造成了人的分裂。艺术的起源就在于在这两种冲动之间的另一种冲动,即游戏的冲动。游戏冲动所创造的"活的形象"在感性冲动和理性冲动之间架起桥梁,"感性的人通过美被引向形式与思维,精神的人通过美被带回到物质,又被交给感性世界"①,从而完善了人性。所以,在席勒那里,美育的目的就在于"培养我们感性和精神力量的整体达到尽可能和谐"②。从席勒开始,美育又受到高度重视,它在教育体系中又有了独立的价值。

二、美育与人生境界的关系

通过前面对于美育思想的历史回顾,我们可以看出,历史上的美育思想基本上都是通过艺术教育等方式,注重培养和谐健全的人格,并进而达到提高人生境界的目的。人生境界的提高是靠人生修养来完成的,而美育又是人生修养的主要手段和内容。所以,美育和人生境界之间有一种十分密切的联系。

首先,人生境界包含着诸多方面,从人的自然生存状态到道德诉求、再到超越性境界,是由低级向高级发展的一个序列。美育可以借助审美的无功利性,提升人生境界,使其从较低的自然生存状态的境界发展到更高的超越性境界。所以,美育也就是提高人生境界的重要途径之一。

道德、宗教是人生境界中比较高的层面,它主要通过道德的、宗教的修养来实现提高,审美教育也常常用来作为提高道德宗教境界的辅助手段。宗教艺术,或者以宗教为题材的艺术就是为了以艺术美来感染人、熏陶人,从而达到提高其宗教境

---

① 席勒《审美教育书简》,北京大学出版社,1985年,第91页。

② 席勒《美育书简》,中国文联出版公司,1984年,第108页。

界以至人生境界的目的。比如著名的敦煌艺术本来就是与佛教和道教联系在一起的,那些神态超凡脱俗的佛像、轻盈飘逸的飞天,都给人以强烈的艺术感染力,从而在审美感染过程中实现道德宗教层面人生境界的提升。欧·亨利《警察与赞美诗》中的小苏比在听到赞美诗之后的那种感受,是典型的通过审美活动的提升达到宗教以至道德境界的提升的事例。当然,这种道德宗教境界的提升也同时伴随着审美境界的提升。从美育对于道德的促进上来说,中国传统的"文以载道"的观念正是美育促进道德的功能的理论表达。如宋元话本以及明代三言两拍等短篇小说,还有我们的许多传统戏剧,其中大都蕴含了对于传统道德的宣扬和倡导,人们在欣赏艺术作品的同时,也得到了道德教育,通过审美活动提高道德修养,又通过道德修养的提高来提升人生境界。

审美层面人生境界的提升只能由审美教育来实现。这应该是审美教育的更加直接的功能和作用,也更能显示出审美教育在教育体系中的独立价值和意义。中国传统文人的赋诗作画,一方面显示出的是自己的闲情逸致和高雅的人生态度,另一方面在展示自己的审美能力的同时,也在进一步培养和训练自己敏锐的艺术感受力和创造力,提高自己的审美境界,从而提高自己的人生境界。唐代著名书法家张旭观公孙大娘舞剑器而悟笔法,清代郑燮"晨起看竹","勃勃然胸中有画意",都是因为作为艺术家,在长期的欣赏与创作中得到审美熏陶,具有敏锐的审美感受力和审美创造力,一旦受到外物的触发,便会产生审美冲动和审美创造力的勃发。而且,对于各类艺术品或者任何一个审美对象的欣赏,需要欣赏者具有欣赏这种对象的能力,而这种欣赏能力却是由这种审美对象发展起来的,正如马克思所说:"从主体方面来看,只有音乐能激起人的音乐感;对于没有音乐耳朵的人说来,最美的音乐也没有意义。"这就是说,人们的审美能力也是在具体的审美活动中形成和发展起来的,而具体的审美活动则是审美教育的最重要方面。这种审美能力的提高对提升个人的人生境界具有重要作用。我们看到,中国古代许多艺术家同时也具有极高的人生境界,像陶渊明、苏轼等,常常能超越于功名利禄,能够通过艺术表现出自己超脱、飘逸、潇洒的人生追求,从而显示出自己高层次的人生境界。

不过,审美教育在历史上往往并不是单纯地作为审美,审美境界也常常是融合在整个人生境界的大背景之中,作为对于整个人生境界的整体促进来看待的。这一点可从孔子等儒家代表人物对待艺术的态度上,也可以从蔡元培先生"以美育代宗教"的现实努力上表现出来。儒家讲的"兴于《诗》,立于礼,成于乐",把作为审美欣赏的"乐"放在其整个人生教育体系中,而且摆在最终的位置,美育构成完美人生境界的最终的重要因素。朱光潜先生对此有精到的分析:"美感教育是一种情感教育。它的重要我们的古代儒家是知道的。儒家教育特重诗,以为它可以兴观群怨;又特重礼乐,以为'礼以制其宜,乐以导其和'。《论语》有一段话总述儒家教育宗旨说:'兴于诗,立于礼,成于乐。'诗、礼、乐三项可以说都属于美感教育。诗与乐有关,目的在怡情养性,养成内心的和谐(harmony);礼重仪节,目的在使行为仪表就规范,养成生活上的秩序(order)。蕴于中的是性情,受诗与乐的陶冶而达到和谐;发于外的是行为仪表,受礼的调节而进到秩序。内具和谐而外具秩序的生活,从伦理观点看,是最善的;从美感观点看,也是最美的。儒家教育出来的人要在伦理和美感观点都可以看得过去。"①也就是说,儒家教育的核心其实是一种审美教育,通过审美活动,即通过诗、乐对于人的心灵感染,辅之以礼的秩序追求,全面提升其人生境界,形成和谐健全的人格结构。儒家的这种人生境界理想,在其追随者中有具体生动的事例。颜回食无求饱、居无求安而又乐在其中的人生境界,之所以为孔子所极力称赏,就是因为他已经达到排除其他的一切感性欲求,以完满的人生境界为唯一的追求目标的高层次人生境界。这正如孔子说的:"求仁得仁,吾何患焉!"这种以外在的悦目悦耳为基础的、在高层次人生境界规范下的内在精神性愉悦,正是审美教育的最高目标,在这里也是美育与高层次人生境界的完美统一。而这种高层次人生境界的获得却是通过以审美为主要途径的人生修养超越了人自身的感性欲求之后实现的。孟子通过"养浩然之气"进行内审美式自我修养②,从而达到"舍生取义"的人生境界,也是通过审美活动逐渐淡化以至祛除内心的利害之心,从而能够使自己达到高层次的人生境界。蔡元培极力倡导"以美育代宗教",他希望以此来祛除我国国民心中过于执著的名利之心,从而以美育来重塑我国国民的新形象,完成民族启蒙和祖国振兴的任务。虽然蔡元培的主张在后来没有得到真正的实施,而且对于"美育代宗教"的现实可行性和它的实际效果也有人持怀疑态度,但是,美育超越功利的特点,超越于目前社会上的过于注重实用的拜金主义、自私自利的价值趋向却有着其他教育所无法替代的作用,对于形成健全的人格,提高人生境界,从而构建和谐健康的社会关系,具有很重要的作用。蔡元培是充分认识到审美教育对于提高人生境界的重要作用的。

在审美活动中往往能够引人进入一种对于宇宙人生的深入思考,从而把审美

---

① 朱光潜《谈美感教育》,《朱光潜全集》第四卷,安徽教育出版社,1988 年,第 145 页。

② 关于"内审美"概念,可参阅王建疆《修养 境界 审美》第一编第二章,中国社会科学出版社,2003 年。

境界与人生其他层面的境界浑融起来。如陈子昂《登幽州台歌》、苏轼《前赤壁赋》，通过宇宙历史之无限与现实人生之有限的对比，引人思考人生之意义何在的问题。这样，在审美境界中自然地融入了道德境界、天地境界的内容，并使之融合渗透在一起，从而从总体上提高了人生境界。

其次，崇高的人生境界又可以反过来促进审美教育，能够在进一步提高自身审美素养的同时，又能在审美方面通过各种途径影响、熏陶、感染其他人，从而实现更大范围的审美教育。孔子一方面强调诗、乐在人格和谐建构中的作用，同时他也以其超越的人生境界不断地提高自身的审美修养。孔子在欣赏古代乐舞时，认为"《武》尽美矣，未尽善矣；《韶》尽美矣，亦尽善矣"。又认为"《关雎》乐而不淫，哀而不伤"。这些对于艺术作品的审美欣赏虽然带有比较浓厚的伦理色彩，但其崇高的人生境界对于其自身的审美修养无疑具有重要的促进作用。也正因为他有如此崇高的人生境界，崇高的人生境界又对审美能力具有重要影响，所以他的人生追求是审美的。孔子在与弟子谈论志向时所表达的最高理想是："暮春者，春服既成，冠者五六人，童子六七人，浴乎沂，风乎舞雩，咏而归。"这是一种审美的境界。庄子更是以其超脱飘逸的人生境界而走向审美人生，达到对于世俗功利的绝对超越。他不以贫困为苦，安贫乐道，在对功名利禄的超越中，"宁其生而曳尾于涂中"，在对生活的深刻体验与享受中获得自己的审美人生，达到"独与天地精神往来，而不敖倪于万物"的审美境界。无论是孔子，还是庄子，他们不仅以自己崇高的人生境界影响到自己的审美人生，而且还以自己的人生境界影响到后来许多知识分子的审美境界，从而影响了一代又一代的追随者。这样，他们崇高的人生境界本身就成为审美教育的取之不尽的资源。

事实上，人生境界与审美人生在实际生活中常常是交融互渗，无法清晰地区分开来的。中国古代儒家所强调的温柔敦厚的诗教理想，既是处理艺术风格的原则，也是具体的审美感受，更是其人生境界的自觉追求。孟子的散文中充满着雄辩之风，其中所透露出的"浩然之气"既是他人生境界的写照，也是其审美追求的结果，我们很难分清那种飘逸超脱是其人生境界，还是其审美风格。可以看出，美育与和谐健全的人格及崇高的人生境界的确很难分清，两者的影响是相互的。

三、现代社会矛盾与美育的当代使命

现代科学技术的高度发展，在给我们带来了极为丰富的物质财富的同时，却使人类越来越被物质所奴役。人们的生活境界越来越沉沦于物质生存层面，超越性的较高层次的人生境界成为人们无法企及的幻想。面对这种现状，审美教育应该

受到更多目光的关注,也只有审美教育才能承担起这一重任。

现代科学技术的发展为人们的生活提供了前所未有的物质财富,正如马克思所说,资本主义在近百年的历史中所创造的财富比人类历史上所有社会创造的财富还要多。但是,与物质领域的极大发展不相一致,精神的贫困也成为不争的事实。高度发展的物质文明也同时使本来自由的人成为了物质的奴隶,物质严重地压抑、窒息、吞噬着人们的心灵,使人的心灵、人格异化了。这样,高度发达的物质文明与深刻的精神危机和空虚形成巨大的反差。事实上,自从机器化大生产产生以来,物质对精神的压抑所造成的人的"异化"问题受到哲学家、艺术家前所未有的关注,无论是卡夫卡《变形记》中人变成甲壳虫的隐喻,他对"城堡"似的制度和精神双重困境的描写,还是尼采"上帝死了"的断言,叔本华悲观主义的唯意志论哲学,甚至萨特关于"他人即地狱"的现代言说,弗洛伊德精神分析学关于深层潜意识的挖掘,以及法兰克福学派对于技术文明的批判,都是在充分注意到人类心灵被"异化"这个现实的基础上,所作出的独特的诠释。在这种情况下,当代文化以其平面化、技术化、复制化、传媒化、大批量的生产优势,迅速攻占了人们的心灵据点,造就了许多"单面人",现代社会出现了许多人性异化、道德沦丧、精神悲观、人性压抑、人格失衡、单向发展的新问题。

改革开放以来,我们大量引进西方先进的科学技术,在短短的几十年中取得了经济发展的瞩目成就。然而,在发展经济的过程中,由于过于强调经济的作用,从而在很大程度上忽视了人性自身的构成与发展,忽略了人生境界的审美层面,从而出现了许多社会问题。拜金主义、物欲横流、诚信丧失、道德沦丧、人们之间充满了仇恨怨怼,从而导致人与人之间的冷漠、官员的贪污腐化、社会上暴力的盛行以及欺诈失信的蔓延,成了我们周围无法避免的生活常态。目前,政府已经充分注意到这种局面的弊端,将建立和谐社会提到议事日程上。那么,如何才能使这个社会和谐呢? 这首先得依靠每一个在人格上和谐健全的个人,而个人人格上的和谐健全,科学技术是无能为力的,而审美教育在这里就可以发挥其巨大作用。

其实,关于审美在摆脱现代工业社会所带来的人的异化、重新回归人性本真状态中的重要作用方面,西方许多人本主义哲学家都不约而同地注意到了。康德很早就把美学当成是沟通其知性与理性的人性分裂的桥梁,席勒也把美育看成是解决现代人感性冲动与理性冲动的矛盾冲突的桥梁。海德格尔更是把"诗意地栖居"看成是人回归人性本真状态的必由之途。审美教育的这一重要作用,在我们国家现阶段构建和谐社会的背景下,显得尤为重要。所以,在目前的情况下,审美的情感浸染应该比理论的说教更有效。朱光潜先生就认为:"我坚信情感比理智更重要,要洗刷人心,并非几句道德家言所可了事,一定要从'怡情养性'做起,一定要于饱食暖衣、高官厚禄等等之外,别有较高尚、较纯洁的企求。要求人性净化,先要求人生美化。"①标语口号式的教育是表面的、浮浅的,所以不会对人产生深刻的影响。只有审美教育的情感体验才是内在的教育,能通过审美教育的潜移默化对人的心灵产生深刻影响,并产生持久的影响力。特别是物质在社会生活中占统治地位的今天,审美教育就尤显其独特魅力。

而且,现代社会的人性问题还在于随着人的理性的发展,人的感性要么充斥着欲念的内容,要么被理性所压制。而审美教育恰好在这两个方面能够弥补人性的不足。朱光潜认为,美育是把带有野蛮性的本能冲动和情感提到一个较高尚的较纯洁的境界中去的活动。美育首先有提高人的感性到纯洁的精神境界的功能。另外,审美发展作为个体感性方面能力和意识的发展,它意味着个体感性方面的成长和成熟,是人的感性从肉体到精神的贯通与和谐,也就是个体感觉、知觉、想象、情感、直觉的激活与深化。人之所以为人,也不单纯在于其理性,也不单纯在于其感性。只有将理性与感性结合起来,才是一个完整的人。现代社会逻辑理性的发展到了极度膨胀的地步,感性的空间越来越狭小,人也逐渐成为有些哲学家所说的"单面人",人性不再丰富。而美育可以通过审美教育活动,在审美活动中使自己的感性丰富和深厚,从而使自己的各种心理能力在感性审美能力的调动下达到活跃与和谐,这样才能使现代人在人生境界的完善上发挥其应有的作用。

第三节　美育的基本途径

审美教育作为教育的一个重要内容,像教育一样,也是一个系统工程。社会的任何一个单方面的力量都无法单独承担起这个重任。作为教育这个系统工程中的一个子系统,与教育相应,它应该包括学校审美教育、家庭审美教育、社会审美教育三个方面。

一、学校审美教育

学校审美教育应该是美育的最重要途径。这首先在于,对于每一个人,学校教

---

①　朱光潜《谈美》,《朱光潜全集》第二卷,安徽教育出版社,1987年,第6页。

育阶段是其审美观、人生观、道德观等形成的最重要阶段。而且,学校又是集中专门进行教育的机构,美育自然是教育的内容之一。所以,学校审美教育应该放到审美教育的核心地位。

学校审美教育首先体现在艺术类课程的开设上。随着素质教育的提倡,从小学到中学的整个教育体系中,音乐课和美术课比以前受到重视。这对于审美教育具有很重要的意义。由于长期以来应试教育的影响,艺术课教育在提高学生的素质方面的作用还需要进一步加强,然而,音乐课、美术课的全面开设毕竟为提高学生的艺术素养和审美修养提供了一个基础和平台。在这个基础上,我们可以尽最大可能发挥艺术教育作为审美教育的核心作用,提高学生的审美感受力、审美鉴赏力、审美创造力,并由此提升学生审美的人生境界,从而全面达到审美教育的目的。当然,如前所述,在应试教育体制下,学校考核教师、家长考量学校的主要标准还是考试成绩,所以艺术课程还在很大程度上仅仅是一种可有可无的点缀。美育的过程性以及它在建构和谐健全的人格过程中的重要作用还有待于家长、学校以至整个社会认识的进一步提高,要充分发挥艺术课程的审美教育作用,还需要我们每一个人的共同努力。

其实,学校审美教育中的艺术类课程不仅体现在美术和音乐中,语言类课程也是承担这一任务的中心力量之一。语文课本中选了许多文学作品,这些内容在审美教育中和艺术课程一样有着同等重要的地位。不过,语文课教学显得比较复杂一些,因为其中渗透的东西、肩负的任务是多方面的,科学知识的、道德的、审美的,各种教育内容都有。近几年来,对于其中审美教育因素的重视有所提高,不过到目前为止,注重考试成绩,而且考试中标准化命题的阴影还没有完全散去。所以,语文课中审美因素的发掘还是有待进一步重视的。

学校审美教育不仅体现在音乐、美术和语文课的教学中,而且在各门课程中都可渗透审美教育的因素。如体育课中,优美的身体造型、强健的体魄、许多运动中所显示的力之美、意志力的考验所带给人的崇高感等等,都是可以挖掘的审美因素。政治课、历史课中更是有审美的内容存在。政治课中一些具有道德价值的故事等,其中许多也同时渗透着美感的力量。历史课中历史文物、历史文献中也充满了审美内容。即使是一些自然科学中,如数学、物理、化学学科,那些抛物线、圆形等形式,物理世界中的许多自然物,化学中的分子结构,也都可以作为审美的形式来看待。

另外,学校教育中无论是什么课程,教学过程本身也是审美教育的途径之一。

这首先表现在老师所使用的语言的艺术性上。老师的语言对于学生有着重要的影响,如果老师在课程教学中使用的语言优美、标准、简洁,那么对于听课的学生就是一种美的享受,审美教育就蕴含于其中了。课程所使用的板书又是另一种审美教育因素。书法是中国传统的独特艺术样式,虽然毛笔在现代社会逐渐淡出了人们的日常使用范围,但它所创造的独特的审美价值可以在板书中重新显示出来。上乘的板书应该具有优美的线条、和谐美观的字体结构、均衡匀称的结构布局。此外,老师上课时的穿着打扮、行为举止,都可以成为教学中的重要审美因素。可以说,学校教育中几乎没有哪一处没有审美教育的因素。

除了课程教学,学校教育的每个细节都是审美教育的园地。校园的布局美化、校园环境的布置、教室的布置,都应渗透审美教育的考虑。比如可以在校园、教室中悬挂一些具有较高艺术水平的美术作品,课间可以放一些优美动听又有高雅的艺术品味的音乐,让学生在学校的每时每刻、每一个角落都可以受到审美教育,从而尽最大可能性发挥学校的审美教育作用。

二、家庭审美教育

家庭是孩子最初的教育园地,而且即使在进入学校之后,家庭也还是其生活的最重要场所环境之一。所以,对于孩子来说,家庭审美教育也是审美教育的重要途径。

家庭审美教育首先要求家长具有较高的审美素养和人生修养,在日常生活之中有意无意地去感染孩子、影响孩子,达到对孩子进行审美教育的目的。这首先表现在家长平时的语言的文明与艺术性。有些家长自己随口说粗话,可要求孩子文明用语,有高素质,那是不可能的。还有,家长在行为举止方面也应该成为孩子的表率,用自己文雅得体的行为举止使孩子受到审美感染,从而提高其审美修养。家庭还可以有意识地通过布置优雅的家庭环境来创设一种有利于审美教育的氛围,比如张贴悬挂高水准的艺术作品、播放一些好的音乐作品,这也有助于孩子敏锐的审美感受力的形成与发展。

家长还可以根据孩子的爱好特长,发展和促进孩子在某方面艺术特长爱好的发展,这在家庭审美教育中是很重要的一个方面。现在的家庭在这方面都很重视,这是很好的一种趋向。不过在具体实施时,一定要根据孩子自己的特长和爱好进行选择,不必要因为赶时髦而去发展孩子本来没有特长的方面和学习一些没有爱好甚至很厌恶的东西。还有,家长还可以多带孩子参观一些艺术展览、艺术表演等,在身临其境的欣赏活动中得到艺术的熏陶。旅游中注意在自然美景、人文景观中接受审美教育也不失为一种有效的方法,这些都是家长应该而且也是可以做得到的。

另外,信息时代的环境、网络技术、影视平台等,给人们提供了各种获得新信息的途径和方法,但在信息传播途径中,也充满了各种诱惑和不健康的东西。这些不健康的东西一方面得靠政府、社会的力量尽可能去清除,另一方面也需要家长有效地指导、引导孩子获得信息的途径和方法,使孩子在充分接受现代文明带来的美的享受的同时,避免误入歧途。

三、社会审美教育

审美教育也是一项系统工程,其实施对象并不限于学龄阶段的孩子,我们每一个人,在整个审美教育的社会系统中既可以是教育者,也同时是受教育者。如果说家庭教育、学校教育的主要对象是学龄的少年儿童的话,那么社会审美教育则与全社会的每一个成员关系密切。而且,不管是家庭教育,还是学校教育,没有全社会成员的关注,也都会成为空想。这是因为我们每个人,包括家庭成员、学校教师,都是社会中的一员。社会的风尚喜好、审美趣味会直接影响到每个实施家庭审美教育的家长、每个实施学校教育的教师。而且,社会的审美趣味和风尚喜好也会通过家长对学校形成影响和施加压力。比如整个社会的风气还处在应试教育的氛围下的话,家长不会允许学校过多地注重审美教育而只会追求分数的提高。而且,学生自身也会直接和社会发生接触,这种接触中所受到的负面影响常常会弱化学校、家庭教育中的正面教育。所以社会审美教育在整个教育体系中也有着相当重要的地位和意义。

社会审美教育首先表现在对社会环境的美化上。随着社会经济的不断发展,人们的生活环境越来越显示出人化的面貌。现代化的城市以钢筋水泥建筑为主体,与传统社会和自然的和谐融洽截然不同。这种钢筋水泥建筑的城市环境,容易造成与自然的对立,容易形成机械、死板的环境特点,不利于人们形成和安置自己敏锐、灵巧的心灵。我们对社会环境的美化主要是对这种环境的艺术化和自然化。如在城市自然植被越来越少的情况下,城市绿化便是美化和自然化的有效做法。建筑设计在原来一体化的背景下,出现个性化和艺术化追求。城市公园建设也是为了适应城市居民的审美文化需要而建设的,其中也就具有充分的审美追求。城市环境美化中,城市雕塑的作用不可低估。现代城市大都采用一些或者传统风格、或者更多的是具有现代抽象风格的雕塑作品,成为美化城市环境的重要内容。还有,现代许多应用性建筑也成为人们体现审美需要、追求审美理想的载体,而且客观上也能够起到审美教育的作用。如现代城市中许多立交桥,其巨大的规模、流畅的曲线,显示出具有浓郁现代特色的美来。这些对于社会环境的美化,都可以作为审美教育的内容,通过对于现代性的美的欣赏体验,影响、感染现代人对于美的感受能力。

其次,社会审美教育还表现在艺术作品的普及上。现代社会科学技术的发展,一方面使艺术与审美的格局发生了巨变,许多传统的艺术需要重新寻找自己的生存空间,有些甚至面临生存困境。另一方面,许多新的艺术品种应运而生并得到极大发展,如电影、电视剧等,借助现代传媒,有些传统的艺术样式突破了传统狭窄的流传范围,能被更加广大的人们所欣赏。如传统的绘画作品只能由少数人所收藏、拥有,许多人无缘得见。现代印刷术的高度发展,使许多经典的绘画珍品能够进入寻常百姓家,为数量广大的人们所欣赏,从而增大了其作为审美教育手段的作用范围和影响力度。音乐也随着录音技术、数字传送技术、网络技术的发展得到更大范围的流传,我们普通人甚至可以与维也纳人同时享受维也纳新年音乐会的那些典雅的古典音乐。现代电影电视的发展,也使许多传统叙事类文学作品被搬上银幕,为更大范围的观众了解、熟悉和接受这些作品提供了契机。这些都为我们现代社会的审美教育提供了很好的条件和可能性。

旅游景点的许多自然美景也能够成为社会审美教育的内容。现代社会交通工具的不断发展,给人们的出行带来了极大的方便。现代社会高强度的工作压力,使许多人在工作之余,希望能够在旅游中得到精神的放松,为进一步的工作做好精神上、身体上的调整。旅游景点一般都是自然美景与人文景观交相辉映的,两者都是实现审美教育的具体内容。桂林山水的秀峰丽水、黄山云海的千变万化、泰山的雄伟壮丽、华山的险峻陡峭,都能给人带来美的享受。

社会审美教育的具体实现一方面得由政府筹划和引导,另一方面更是由每一个社会的个人来协助实现和完成的。比如现代网络技术的发展,为我们的信息传播带来了极大的便利,使我们的审美教育的普及有了更为方便的途径;但同时它也为一些有害的东西的传播增加了可能性。如何以美的形象、美的内容来影响人的心灵、实现审美教育对人生境界的提高、对人的心灵的美化,是当前一个重要的理论命题。政府力量当然是重要的,然而无论如何,网络的真正纯净美善最终都是由每一位网民来完成和实现的。所以,在这种情况下,提高全民族的整体素质,特别是每个个体的审美素质就显得尤其重要,审美教育功能的真正实现,还得靠每一位具有崇高人生境界和高层次审美修养的个体来完成。

思考题:

1. 你是如何认识审美教育的重要性的?
2. 请谈谈你对审美教育特点的认识。
3. 传统的人格修养与人生境界有何现实意义?
4. 请留意身边一些环境的美化,并思考这些美化的审美学意义。
5. 结合自己的审美实际,谈谈如何才能有效达到审美教育的目的。

参 考 书 目

1. 于民《气化谐和》,东北师范大学出版社,1990年。

2. 马克·西门尼斯《当代美学》,文化艺术出版社,2005年。

3. 马克思《1844年经济学哲学手稿》,人民出版社,1979年。

4. 王建疆《修养 境界 审美——儒道释修养美学解读》,中国社会科学出版社,2003年。

5. 王建疆《自调节审美学》,甘肃人民出版社,1993年。

6. 王建疆《澹然无极——老庄人生境界的审美生成》,人民出版社,2006年。

7. 王朝闻《美学概论》,人民出版社,1981年。

8. 中国少数民族文化史编委会编《中国少数民族文化史》,辽宁人民出版社,1994年。

9. 中国敦煌壁画全集编辑委员会编《中国敦煌壁画全集》,天津人民美术出版社,2002年。

10. 丹尼尔·贝尔《资本主义文化矛盾》,生活·读书·新知三联书店,1989年。

11. 本雅明《发达资本主义时代的抒情诗人》,生活·读书·新知三联书店,1989年。

12. 叶朗《中国美学史大纲》,上海人民出版社,1985年。

13. 叶朗《现代美学体系》,北京大学出版社,1999年。

14. 让·波德里亚《消费社会》,刘成富、全志钢译,南京大学出版社,2001年。

15. 让·诺安《笑的历史》,生活·读书·新知三联书店,1986年。

16. 皮亚杰《发生认识论原理》,商务印书馆,1996年。

17. 朱立元、王振复《天人合一——中华审美文化之魂》,上海文艺出版社,1998年。

18. 朱立元《美学》,高等教育出版社,2006年。

19. 朱光潜《文艺心理学》,《朱光潜全集》第一卷,安徽教育出版社,1987年。

20. 刘东《西方的丑学》，四川人民出版社，1986年。

21. 齐奥尔格·西美尔《时尚的哲学》，费勇等译，文化艺术出版社，2001年。

22. 玛克斯·德索《美学与艺术理论》，兰金仁译，中国社会科学出版社，1987年。

23. 李泽厚、刘纲纪《中国美学史》第一卷、第二卷，中国社会科学出版社，1984年。

24. 李泽厚《美的历程》，天津社会科学出版社，2001年。

25. 迟轲《西方美学史话》，中国青年出版社，1983年。

26. 张同道《艺术理论教程》，北京师范大学出版社，2004年。

27. 张岩《从部落文明到礼乐制度》，上海三联书店，2004年。

28. 张法《中西美学与文化精神》，北京大学出版社，1994年。

29. 阿恩海姆《艺术与视知觉》，中国社会科学出版社，1984年。

30. 陈望衡《艺术创作之谜》，红旗出版社，1988年。

31. 范文澜《文心雕龙注》，人民文学出版社，1958年。

32. 林同华《审美文化学》，东方出版社，1992年。

33. 周宪《文化现代性与美学问题》，中国人民大学出版社，2005年。

34. 宗白华《艺境》，人民出版社，1987年。

35. 宗白华《美学散步》，上海人民出版社，1981年。

36. 胡经之《论艺术创造》，中国社会科学出版社，2001年。

37. 柳鸣九《二十世纪文学中的荒诞》，湖南教育出版社，1993年。

38. 姚文放《当代审美文化批判》，山东文艺出版社，1999年。

39. 姚斯、霍拉勃《接受理论与接受美学》，周宁、金元浦译，辽宁人民出版社，1987年。

40. 顾希佳《礼仪与中国文化》，人民出版社，2001年。

41. 恩斯特·卡西尔《人论》，上海译文出版社，1985年。

42. 特里·伊格尔顿《审美意识形态》，王杰、傅德根译，广西师范大学出版社，2001年。

43. 徐万邦、祁庆富《中国少数民族文化通论》，中央民族大学出版社，1996年。

44. 徐复观《中国艺术精神》，春风文艺出版社，1987年。

45. 席勒《审美教育书简》，冯至译，北京大学出版社，1984年。

46. 诺伯特·维纳《控制论》，科学出版社，1963年。

47. 桑塔耶那《美感》,中国社会科学出版社,1983 年。

48. 黄海澄《系统论、控制论、信息论美学原理》,湖南人民出版社,1986 年。

49. 萨义德《文化与帝国主义》,李琨译,北京三联书店,2003 年。

50. 康德《判断力批判》,宗白华译,商务印书馆,1964 年。

51. 维克多·特纳《仪式过程——结构与反结构》,黄剑波译,中国人民大学出版社,2006 年。

52. 蒋孔阳、朱立元《西方美学通史》,上海文艺出版社,1999 年。

53. 黑格尔《美学》第一卷,商务印书馆,1981 年。

54. 童庆炳、程正民《文艺心理学教程》,高等教育出版社,2001 年。

55. 普列汉诺夫《普列汉诺夫美学论文集》(Ⅰ),人民出版社,1979 年。

56. 谢少波《文化研究访谈录》,中国社会科学出版社,2003 年。

57. 雷诺兹等《剑桥艺术史》,中国青年出版社,1994 年。

58. 詹明信《晚期资本主义文化逻辑》,三联书店,1999 年。

59. 鲍姆加登《美学》,文化出版社,1987 年。

60. 鲍桑葵《美学史》,商务印书馆,1983 年。

61. 赫伯特·马尔库塞《审美之维》,李小兵译,广西师范大学出版社,2001 年。

后　记

　　记得是 2003 年春天的一个下午,我和在沪工作、生活和学习的一帮师友泛舟于华东师大近旁公园的一个湖上,复旦大学出版社的宋文涛先生当时问及我的研究情况,我向他做了简介,其中有关人生境界方面的研究引起了他的兴趣,于是约我写一本有关这方面内容的教材。我答应了,但不久就闹“非典”,一晃就到了 2004 年。没想到文涛先生还记着教材的事,并特地参加了我的博士学位论文答辩。答辩结束后,他再次约我编写这本教材。我只好再一次答应下来并写了一个教材大纲。没成想我于 2005 年由于健康原因无法进行写作。到了 2006 年春,文涛先生又专程来兰州约定此稿。为这种精神所感,我只好求救于我的一些学友来帮助写作。在他们的帮助下,这本教材终于面世了。因此,我首先要感谢这些在我困难时期放下自己手头的任务,甘愿帮我的朋友。没有他们,这本教材的写作是不可能完成的。同时,我也要感谢文涛先生的执著,没有他的这份热情,这本教材还不知何时才能面世。

　　本教材贯穿了我在拙著《自调节审美学》、《修养　境界　审美》和《澹然无极》中所体现的自调节审美、内(境界)审美思想,同时也吸收了近年来广大美学工作者在审美学研究领域里的新成果。主要体现了通过人生修养或自我调节而取得审美经验,进而达到一定的人生境界,并最终获得超越感官型审美的内审美至境的思想。我们的编写原则就是尽量吸收最新研究成果,尽量考虑教材的通识性,尽可能多地关注审美与人生的关系,关注审美的现实意义和实践路径,使学生在比较全面地掌握审美学知识的同时,提高其审美修养和人生境界。为此,本教材增设了“审美文化论”和“审美人生论”两编,意在凸显审美的现实意义和人生底蕴。我们的这一目标是否能够实现,还要经受广大师生的教学检验。

　　需要说明的是,我曾经参加了朱立元老师编写的《美学》教材的第三编、第四编及导论第三章第三节的修订,有关人生境界、审美形态、自调节审美的核心观点已经被吸纳其中。本教材仍然坚持了这些核心观点,但尽量采用了新的表述。

　　有关本教材各编章的撰者及统稿,大致情况如下:

全书统稿及绪论:上海师范大学王建疆教授。

第一编统稿:广西师范大学朱寿兴教授。

第一编第一章:朱寿兴、陈小珍(湖南文艺出版社副编审)。

第一编第二章:朱寿兴、陈大德(贺州学院讲师)。

第一编第三章:袁志准(湖南城市学院副教授)、朱寿兴。

第二编统稿:云南大学王卫东教授。

第二编第一章、第三章:王卫东。

第二编第二章:兰州大学张进教授。

第二编第三章第五节:天水师范学院叶毓副教授。

第三编统稿:兰州大学程金城教授。

第三编第一章:程金城。

第三编第二章:兰州大学郭茂全教授。

第三编第三章:西北师范大学杨光祖教授。

第四编统稿:西北民族大学郭郁烈教授。

第四编第一章、第二章:西北民族大学张天佑教授。

第四编第二章第二节:复旦大学刘清平教授。

第四编第三章:郭郁烈。

第五编统稿:西北师范大学黄怀璞教授。

第五编第一章、第二章:黄怀璞。

第五编第三章:兰州财经大学王圣副教授。

在各编基础上,我又进行了仔细的推敲和修改,个别章节数易其稿,还不满意,最后只好由我改过重写,终于形成了现在这样一个比较完整的教材。但问题肯定还不少,恳望广大读者和使用者提出宝贵意见。

在此,我要再一次对各位参编者和编辑宋文涛先生的辛勤劳动表示我崇高的敬意和衷心的感谢。

补记:由于本教材编者之一朱寿兴教授不幸离世,主编和其他编者的身份与工作单位多有变动,故于此次重印之际,谨对编撰者情况予以更新和说明。

王建疆

图书在版编目(CIP)数据

审美学教程/王建疆主编.—上海:复旦大学出版社,2007.5(2021.8重印)
美育·通识教材
ISBN 978-7-309-05486-6

Ⅰ.审… Ⅱ.王… Ⅲ.审美分析-教材 Ⅳ.B83-0

中国版本图书馆 CIP 数据核字(2007)第 054390 号

审美学教程
王建疆 主编
责任编辑/宋文涛

复旦大学出版社有限公司出版发行
上海市国权路 579 号 邮编:200433
网址:fupnet@ fudanpress.com http://www.fudanpress.com
门市零售:86-21-65102580 团体订购:86-21-65104505
出版部电话:86-21-65642845
大丰市科星印刷有限责任公司

开本 787×960 1/16 印张 24.5 字数 425 千
2021 年 8 月第 1 版第 7 次印刷
印数 13 601—14 700

ISBN 978-7-309-05486-6/B·275
定价:48.00 元